粮油工业设备
安装技术与工程施工管理

梅卫东　齐景春　章春生　王俊峰　王燕翔◎编著

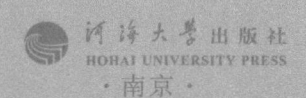

河海大学出版社
·南京·

图书在版编目(CIP)数据

粮油工业设备安装技术与工程施工管理 / 梅卫东等编著. -- 南京：河海大学出版社，2023.5
ISBN 978-7-5630-8222-3

Ⅰ.①粮… Ⅱ.①梅… Ⅲ.①粮油工业－设备安装－研究－中国②粮油工业－工业企业管理－研究－中国 Ⅳ.①F426.82

中国国家版本馆 CIP 数据核字(2023)第 076431 号

声　明

为编好此书，编者与本书部分图片的作者进行了广泛联系，均得到了他们的大力支持，在此，我们表示衷心的感谢。但由于个别作者的姓名和地址不详，无法与之取得联系，谨于此深表歉意。敬请拥有著作权的作者尽快与我们联系，以便支付稿酬，并致谢忱！

书　　　名	粮油工业设备安装技术与工程施工管理
书　　　号	ISBN 978-7-5630-8222-3
责任编辑	杜文渊
特约校对	李　浪　杜彩平
装帧设计	徐娟娟
出版发行	河海大学出版社
地　　　址	南京市西康路 1 号(邮编:210098)
电　　　话	(025)83737852(总编室)
	(025)83722833(营销部)
经　　　销	江苏省新华发行集团有限公司
排　　　版	南京布克文化发展有限公司
印　　　刷	广东虎彩云印刷有限公司
开　　　本	787 毫米×1092 毫米　1/16
印　　　张	35
字　　　数	810 千字
版　　　次	2023 年 5 月第 1 版
印　　　次	2023 年 5 月第 1 次印刷
定　　　价	198.00 元

序

《粮油工业设备安装技术与工程施工管理》历经数载编撰，即将付梓，这是江苏省工业设备安装集团有限公司（以下简称：江苏省安）在各级领导及诸位行业专家的支持下完成的一件大事。它系统梳理了粮油工业设备安装各项技术及全面的工程施工管理，分享了大量实践案例，提供了丰富的参考经验，是江苏省安为工程安装行业献上的一份厚礼。

开门七件事，柴米油盐酱醋茶。粮油作为基本生活物资，在中国人的生活中占据着极其重要的地位。中国既是全球最大的食用油消费国，也是油料生产大国、油脂加工大国。在短短几十年间，粮油安装行业与中国食用油工业，共同经历了一段腾飞的发展历程。

20世纪90年代初，伴随着小包装食用油市场的快速崛起，以1994年的中粮东海粮油项目建设为起点，江苏省安在粮油工程安装领域迎来了历史的新机遇。从陌生到熟悉，从专业到专家，实现了我们一直以来的目标，那就是成为这个行业的领跑者。

近三十年来，一系列关系国计民生的大型重点工程，见证了江苏省安在粮油安装工程领域的成长。

粮油工程，特别是大型榨油厂项目，体量大，建设跨度大，涉及专业广泛，工艺技术复杂，拥有大批进口国际生产线，对安装精度有严格要求。凡此种种，要求施工单位必须既博且专：博，是对粮油工程项目所涉及的各方面都能够从容应对；专，是要在技术与工程管理方面都有独到之处。如此，才能克服重重困难，以实力赢得客户认可与行业信服。

一直以来，江苏省安作为专业工程安装公司，以专业服务优质生活为使命，秉承"成为客户、员工和经营伙伴的首选"之愿景，在粮油安装领域显示出雄厚实力和杰出专业能力。三十年如一日，赢得了中粮、中储粮等央企一直以来的信任，也与益海嘉里这样的国际公司建立了长期稳定的合作关系。

从这本书中，可以看到江苏省安的专业优势与社会担当。《粮油工业设备安装技术与工程施工管理》以江苏省安近三十年来的多个重点施工项目为基础，对大型榨油厂工程涉及的各项安装技术进行了总结提炼，同时提出了行之有效的工程施工管理方案，对客户、业界公司及相关行业来说，都有很好的参考价值。

百尺竿头，更进一步。衷心希望江苏省安以《粮油工业设备安装技术与工程施工管理》出版为新的起点，不断书写新的辉煌。

陈 超

2022年12月于南京

前言

随着建筑市场转型升级,越来越多的业主从速度效益型,转向谋求高质量发展,希望建设高品质和良好寿命周期的工程。江苏省工业设备安装集团有限公司(以下简称"江苏省安")依靠优秀的专业团队,精良的图纸设计和深化能力,良好的工期保障能力和对问题的快速响应能力打动了业主。七十多年来,江苏省安在石油化工、电力、粮油、盐化工、医药、电子、高级民用等行业,深耕细分领域市场,用勤劳的双手和聪明智慧,创造了无愧于时代,无愧于历史的辉煌篇章。

习近平总书记说:"中国人的饭碗任何时候都要牢牢端在自己手中。"江苏省安在粮油工程建设行业持续耕耘二十八年,全力建造优质工程,赢得业主信任,成为粮油工程安装行业的佼佼者。

1　进入新兴粮油市场

20世纪90年代初期,中国第一瓶金龙鱼牌小包装食用油上市,刷新了国人食用油消费观念。油企通过品牌运营和广泛的经销网络,开启了快速增长的小包装食用油市场。经过精炼加工,安全卫生的小包装食用油适合煎、炒、烹、炸、凉拌多种烹饪手法,迅速受到中国消费者的青睐。巨大的消费市场,吸引益海嘉里集团、中粮集团、中储粮集团等大型企业和众多投资者在粮油行业战略布局投资建厂,中国粮油工业迅速发展起来。

江苏省安凭着对市场的敏锐洞察力,捕捉到粮油工业在中国市场的巨大发展前景。1994年,由副总经理杜国良带队,承担了中粮东海粮油工业有限公司张家港厂区工程建设任务。施工内容包括大型榨油、精炼生产线设备安装,52台储油罐制作安装,工艺管道、电气仪表安装,钢结构厂房加工制作安装等。从那时开始,江苏省安在粮油工程建设领域迈出了坚实的第一步。

2　积累经验

20世纪90年代,先进的粮油加工生产线都是大型成套进口设备,安装技术资料缺乏,国内没有安装经验。江苏省安凭着在工业设备安装行业的巨大优势,拥有起重、焊接、钳工、管道工、电工(强电、弱电、仪表)等工种齐全、技艺精湛的自有技工队伍,凭着过硬的基本功,组织精兵强将,没有图纸,就根据工艺流程自己动手画图;没有安装说明书,就先放大样。硬是边学边做,保质保量完成了中粮东海粮油一期工程项目建设,初战告捷。

在随后的几年里,江苏省安在粮油工程安装行业不断开疆拓土,中标了更多大型粮油工程项目。第一蒸发器、浸出器等大型设备吊装与安装,钢结构制作安装,大直径管道焊接,精密设备安装,压力容器与压力管道安装,电气仪表安装,非标件设计制作安装……江苏省安越干越有经验,积累了大量安装工艺技术资料。

在施工过程中,江苏省安积极开展全面质量管理活动。遇到技术难题,由技术负责人牵头,组织技术攻关,解决了易燃易爆车间设备、管道安装的难题。施工中不断总结提高,积累经验。因高质量完成众多粮油工程项目,江苏省安在业内知名度和美誉度越来越高。

3 蓬勃发展

从 1994 年开始,江苏省安在粮油工程施工安装领域业务迅速发展,打造了国内粮油行业安装一流的形象。通过不断创新安装技术,承担了国内粮油行业中益海粮油、中粮、中储粮以及其他投资集团的大型粮油项目建设。经过二十多年的持续努力,足迹遍布江苏、天津、山东、安徽、广西、四川、河北、辽宁、浙江、广东等十一个省、市、自治区。承建了大型粮油企业厂房钢结构制作安装,压榨、浸出、精炼设备工艺制作安装,大型储油罐制作安装,筒仓、电气仪表制作安装等方面的工程。经过众多项目的历练,可以熟练安装国际著名粮油设备制造商的产品,如皇冠、鲁奇、迪斯美、布勒、迈安德等知名品牌国际一流水平的大型设备,拥有了良好的合约能力和全球化的采购渠道,锻造出能打硬仗的技术团队和掌握关键工艺技术的技工队伍。凭借不断创新的安装技术和优质服务,成为国内粮油工程行业的领跑者。

据初步统计,从 1994 年 9 月到 2022 年 12 月,江苏省安先后承建张家港东海粮油、益海粮油、大海粮油、江海粮油,中粮、中储粮、中纺粮油等多家单位项目,完成粮油工业安装工程项目 408 个,合同金额达 23 亿元人民币。

4 精细化管理

粮油工程项目,肩负着国计民生的重大保障职责,关乎千千万万国人的粮油食品安全。每念及此,江苏省安人倍感责任重大。他们怀着强烈的责任感和使命感,在项目建设的每一个环节,始终把建设质量放在首位。

长期以来,江苏省安以高水平的专业技术、精细化管理和优质服务,打造了众多优质工程。

严肃认真对待每一项工程。组织强有力并富有同类工程施工经验的现场管理团队和技艺精湛的专业技术人员,严密组织、科学安排施工作业计划,协调各分部、分项和各工序的施工,做好工序衔接和各工种的配合,做到计划周密,环环相扣。配备良好的机械装备,确保配备充分,及时到位,指定专人管理和维护机械设备,全面为生产服务。

在施工前,项目部各专业施工员全面详细熟悉设计施工图及相关的技术、质量要求,基于BIM(Building Information Modeling)技术,对图纸进行深化优化,及时编制施工方案,编制施工预算,做好施工前的各项准备工作。编制详尽的作业指导书,做好施工班组的技术安全交底和各项培训工作,做到全员交底,每个人对施工的每一个环节都清楚明了,确保工期和质量。将各专业、各工种的矛盾消除在施工前,做到设备布置合理、管线布置紧凑、操作维修方便,避免返工。

浸出车间为一级防爆车间,使用的溶剂正己烷属低毒易燃易爆化学品。正己烷对眼和上呼吸道有刺激性,人吸入高浓度正己烷会出现头痛、头晕、恶心等现象,重者引起神志丧失甚至死亡;极易燃,其蒸气与空气可形成爆炸性混合物,遇明火、高热极易燃烧爆炸。鉴于此,在施工中,对车间内含有大量正己烷的设备浸出器、蒸脱机、工艺管道等,必须确保安装精度和高度密闭性;设备、照明器具、电气仪表等,也必须满足防静电防爆要求。

5　科技创新,为项目增值

应用先进的专业技术,为工程项目增值。

江苏省安粮油工程项目团队,在工程实践中精益求精,坚持科技创新,取得丰硕成果。《粮油工业大型设备综合安装技术创新研究与应用》荣获2022年度江苏省安装行业科技创新奖一等奖;《基于BIM的大型榨油厂关键设备综合安装技术》荣获2020年度江苏省安装行业科技创新奖三等奖;《大型榨油厂软化锅安装施工工法》等4项工法荣获省级工法;《中粮(东莞)榨油厂BIM成果应用》《中粮东海粮油3 000 t/d菜籽压榨项目BIM成果》等2项BIM技术应用,分别荣获第五届、第六届江苏省安装BIM技术创新大赛三等奖;《研发榨油厂正己烷储罐吊装与安装施工技术》等26项QC(Quality Control)成果,荣获江苏省安装行业、南京市建筑业优秀QC小组成果奖;《大型榨油厂箱形浸出器设备安装技术创新》等41篇论文,荣获中国安装行业、江苏省安装行业优秀论文奖。经过多年不懈努力,江苏省安初步掌握行业先进施工技术,综合技术水平稳步提升。

多年来,由于重视团队建设和科技创新,江苏省安在同行业中始终保持施工工艺先进、报价合理、社会信誉好、技术力量雄厚等美誉。凭着专业技术水平高、人才团队技艺精湛、实践经验丰富、服务意识强等优势,江苏省安成为全国粮油建设行业的排头兵。今天,江苏省安正在智慧建造、工业化施工、标准化管理等方面做出更多努力。

6　明师惠徒,薪火相传

师徒传艺,是江苏省安人长期坚持的优良传统。在粮油工程施工中,经验丰富、身怀绝技的师傅们,手把手把自己的绝活和积累多年的经验迅速传授给徒弟。师傅们传绝技,带高徒,带出众多技术骨干。年轻人勤学好问,师傅们答疑解惑,一代代年轻人迅速成长起来。明师惠徒,薪火相传,成了江苏省安七十多年蓬勃发展的强大动能。

20世纪90年代开拓粮油工程事业的江苏省安人，如杜国良、袁金余、焦永胜、杨晓平、陈国才、史厚军、岳顺林、曾少龙、成守祥、王祖跃、周密、吴祥荣、沈太金、袁如金等，现在很多已退休或即将退休。他们带出的徒弟，如王俊峰、齐景春、章春生、吴晓平、郝红亮等，成了活跃在生产一线的中坚力量，又成为年轻一代的师傅。长江后浪推前浪，"80后"滕磊、陆锋、苏幸幸、栾晓军、李郁华、孙春峰、张祥等，毅然挑起了重担。如今，"90后""00后"们也当仁不让走上了工程建设的舞台。

2022年初，中粮东海粮油张家港榨油五厂投料生产。一座工艺先进、装备精良的现代化榨油厂全面投产，年大豆加工能力达到500万t。中粮张家港基地，跃升为亚洲最大粮油加工生产、储备、转运基地。承建榨油五厂项目的江苏省安东海粮油项目部，创造了质量创优、技术创新、安全管理等多项纪录。项目部由老、中、青三代22人组成，平均年龄只有34岁，是一支专业技术水平高、人员搭配合理、特别能战斗的团队。正是有了这些专业团队，江苏省安才能走在粮油建设行业的前列。

本书各章内容，都来源于真实工程案例，在工程实践中总结提炼而成，是江苏省安人心血和汗水的结晶，分享给大家。

本书编写过程中，承蒙中粮、中储粮、益海等企业业主方支持，迈安德、迪斯美、捷赛、力必浩、通惠等各兄弟单位大力协助。马记总工程师对本书编写给予指导。撰稿过程中，还得到曾少龙、栾晓军、李郁华、孙春峰、陆锋、张祥、滕磊、李东初、苏幸幸、赵家顺、高强、吴祥荣、周密、张建国、周强、王可等支持。书稿编辑过程中，受到沈明玥、李明等友好协助。在此一并表示感谢！

还要特别感谢河海大学出版社的编辑们，是他们付出辛勤劳动，使本书得以顺利出版。

由于编者水平所限，疏漏谬误之处难免，恳请各位同行批评指正。

目录

第一章　榨油工艺与设备概述　001

第二章　粮油工业设备安装技术　009
大型榨油厂环形浸出器设备安装技术　010
大型榨油厂箱链式浸出器设备安装技术　022
大型榨油厂第一蒸发器吊装与安装施工技术　033
大型榨油厂调质塔设备吊装与安装施工技术　046
大型榨油厂斗式提升机安装施工技术　055
大型榨油厂脱溶烤粕机设备安装技术　080
大型榨油厂豆皮仓设计制作与安装技术　101
大型榨油厂埋刮板输送机安装施工技术　121
基于 BIM 技术的大型榨油厂钢结构预制装配式施工技术　152
大型榨油厂豆粕打包装车线设备安装技术　174
大型榨油厂 5.2 万 t 储油罐制作与安装技术　196
大型榨油厂自动平仓系统安装施工技术　230
大型榨油厂防爆电动葫芦的安装与交付　257
大型榨油厂溶剂罐吊装与安装施工技术　268
发酵豆粕车间综合安装施工技术探讨　282
大型粮油产业园管架沉降矫正施工技术探讨　287
网格式电缆桥架在粮油工业工程中的应用　293
大型榨油厂除尘系统设备吊装与安装施工技术　298
粮油产业园综合管网施工安装技术　309
SolidWorks 在榨油厂工程施工中的应用　323
皂角综合利用车间反应釜接管整修技术　332

第三章　粮油工程施工管理　343
大型粮油工程安全文明施工管理　344
大型榨油厂工程台风季安全文明施工管理　367

深耕粮油工业市场　锻造硬核安装队伍 …………………………………… 379
　　大型榨油厂机电安装工程材料采购管理 …………………………………… 383
　　落实工人实名制管理　保障粮油工程施工质量 …………………………… 387
　　岭南地区粮油工程施工的白蚁防治 ………………………………………… 392
　　守住疫情防线　筑牢安全底线 ……………………………………………… 400
　　弘扬工程师文化　践行工程师精神 ………………………………………… 405
　　坚持专业化之路 ……………………………………………………………… 409

第四章　粮油工程施工工法 ………………………………………………… 413
　　大型榨油厂关键设备安装施工工法 ………………………………………… 414
　　大型榨油厂软化锅安装施工工法 …………………………………………… 434
　　大型榨油厂E型浸出器安装施工工法 ……………………………………… 456
　　大型粮油码头覆盖带气垫输送系统设备安装施工工法 …………………… 486

第五章　附录 ………………………………………………………………… 509
　　附录A　江苏省安承建粮油工程项目简介 ………………………………… 510
　　附录B　粮油工程科技创新获奖成果一览表 ……………………………… 538
　　附录C　粮油工程优秀QC小组获奖成果一览表 ………………………… 543
　　附录D　粮油工程获奖优秀论文一览表 …………………………………… 546

第一章

榨油工艺与设备概述

榨油工艺与设备概述

1　榨油工艺发展

1.1　概述

食用油是大众日常生活的必需品。常言道,开门七件事,柴米油盐酱醋茶。油紧跟粮之后,排在第三位,可见食用油的重要性。中国是油料生产大国、油脂加工大国,油脂加工能力全球领先。

中餐色香味美,深受人们喜爱。中国人的一日三餐,都离不开食用油,中国是世界上最大的食用油消费市场。中国油脂产业坚持科技创新,实现高质量发展,不断提高食用油品质,给消费者带来更多健康的用油选择。从大豆油、菜籽油等主流产品,到橄榄油、茶籽油、亚麻油等小品种油和高油酸花生油、低芥酸菜籽油等功能性食用油,为人们的美好生活与身体健康提供了丰富多样、营养健康的高品质食用油。

油脂加工是指对油料及毛油基本原料进行处理,制成成品油及其制品的过程。同时,油脂生产加工业也是食品工业的基础工业。我国从 20 世纪 50 年代起,建立了国家油脂生产和加工体系,经历了多出油、保民生;出好油、优质量;用好油、善其用;吃好油、促健康等各个发展时期。今天,中国无论是油脂资源开发和生产,还是油脂加工和应用都在快速发展,有些方面已达到国际先进水平。

我国油脂加工业历史悠久,手工业加工榨油工艺世代相传。近半个世纪以来,菜籽油、大豆油和葵花油的产量迅速增加,逐步取代了牛脂和猪油等动物脂肪,成为国人重要的烹饪用油。

改革开放以来,人们生活水平提高很快,对食用油、动物蛋白的需求量越来越大,对食品卫生和食用油的安全、品质要求也越来越高。在保证食用油品质、数量的基础上,精炼食用油的副产品——豆粕,还能够为动物提供高品质饲料蛋白,受到养殖行业的广泛追捧,供不应求。中国精炼食用油生产行业从而迅速发展起来。

从植物种子播种,到制成食用油走向餐桌,经历了农场田间管理、收割、运输、预处理、油料浸出、精炼、包装等一系列过程,凝结着劳动人民的辛勤劳动与智慧。

目前,油料制油的方法通常分为两类,一类是压榨法取油,另一类是溶剂浸出法制油。压榨法制油又有冷榨、热榨之分。精炼食用油采用浸出法制油工艺,通过对大豆压榨、浸出,精炼而成,同时生产饲料蛋白、饲用磷脂等系列产品。

我国是食用油的消费大国,油脂油料对外依存度虽然较高,但食用油市场总体保持平稳,供应充足。大豆油、菜籽油、花生油、葵花籽油、玉米油、米糠油、山茶油……各种油品应有尽有,消费者可以任意选购。大豆油是我国大宗油脂,其脂肪酸组成均以油酸、亚油酸为主,是人们主要的食用油脂。

以 2021 年为例,全国消费食用油 3 708 万 t,其中,大豆油 44%,菜籽油 22%,棕榈油 12%,花生油 9%,其他食用油 13%。如图 1.1-1 所示。

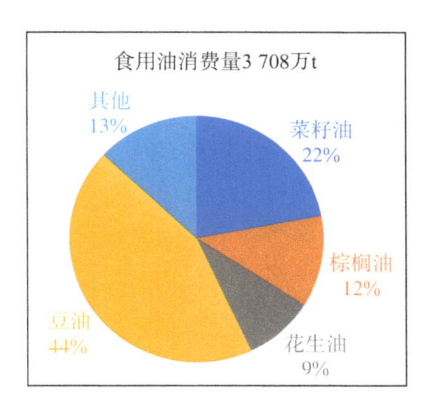

图1.1-1　全国 2021 年食用油消费量

1.2　古法榨油

早在一千五百年前,农学著作《齐民要术》对榨油工艺就有记载。古法榨油工艺传承至今,经过一代代工匠师傅改良、创新,代代传承下来,是工匠师傅们的智慧结晶,历久弥新。传统的古法木榨工艺,一般经过八道工序:除尘、炒制、磨碾、蒸胚、包饼、上垛、打锤、沉淀,每一道工序都对火候、力度、加工时间等十分讲究。

例如,古法压榨花生油工艺。花生选取产香丰富、颗粒饱满、优质大花生为原料,经过严格取样、检验,保证花生原料优质,确保天然醇香。采用低温沉降与过滤控制法,尽可能地保留了花生油的营养与香味。过滤生产工艺采用低温养晶,通过滤纸和滤布低温过滤,去除花生油中磷脂和非磷胶质、高熔点饱和脂等易析出成分,保证花生油的纯度。严格控制花生油的储藏温度,避免光线直射,减少与空气接触,采取充氮等存储方式,尽可能地保留花生油中的香味,减缓质量指标的变化,保证油品的天然品质,储藏正宗花生香,充分保留花生原香。

古法榨油,原料一般有菜籽、花生、芝麻等,直接从原料中挤压出油,不使用现代机械。传统工艺榨出的油,香味浓、口感好、无异味、耐贮藏、色泽正,深受大众喜爱。

但是,古法榨油出油率低,榨油过程中容易产生致癌诱变剂苯并芘,炒菜时容易冒烟,且不容易长期保存。特别是一些土作坊,设施设备简陋,生产环境不规范,与现代制油工艺相比,存在食品安全隐患。

1.3　压榨法榨油

近代以来,机械压榨逐渐取代了人工榨油。压榨法制油采取物理压榨法,借助机械外力作用,将油脂从原料中挤压出油。压榨法制油适用于需要保持原有天然风味的或性能特点的油料制油,如油菜籽、油茶籽、棉籽仁、米糠、芝麻、可可豆和蓖麻籽等。

压榨法榨油工艺流程:原料——→筛选——→榨胚——→蒸炒——→压榨。

油菜是古老的油料栽培作物,种植遍布全球,面积、产量仅次于大豆。我国是油菜原产地和栽培历史最悠久的国家之一,2022年油菜籽产量达到 1 450 万 t。用小型榨油机压榨生产的菜籽油,采用低温水化法精炼,最大限度地保留菜籽特有风味物质,香味浓郁,口感滑爽,是川菜、湘菜的特色用油。

压榨法制油工艺也有局限性。对于棉籽、大豆、桐籽、菜籽、花生、芝麻、亚麻籽等油料而言,油在植物种子中被纤维包裹,很难提高出油率。

1.4 浸出法榨油

浸出法榨油工艺经过一百多年的发展,从小规模生产到大规模自动化生产流水线,油脂制备工业化快速发展,工艺技术水平不断提高,油脂浸出工艺日臻完善。连续式油脂浸出工艺,历经百年发展,形成大规模集约化生产方式,日趋经典和完善。

溶剂浸出法榨油,是利用化学溶剂正己烷"固—液萃取"油料中油脂的方法。与压榨法相比,它具有出油效率高、粕质量好、加工成本低、生产环境良好、操作人员少等优点,得到广泛使用。

油料的浸出过程,是利用溶剂对不同物质具有不同溶解度的性质,将固体物料中油脂与粕加以分离的过程。有机溶剂直接接触油料,易溶解的部分溶解于溶剂,将油脂萃取出来,再经过汽提、冷凝,将溶剂回收,得到浸出毛油。毛油经过精炼提纯,即可成为食用油了。

2 浸出法榨油工艺

2.1 工艺流程

浸出法榨油工艺流程,如图 2.1-1 所示。

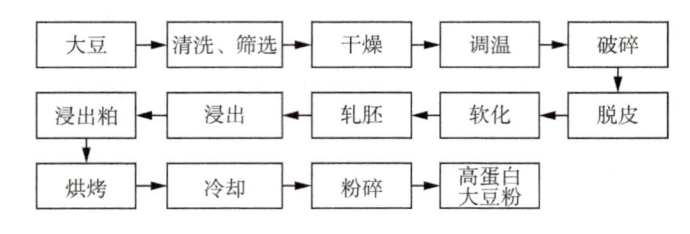

图 2.1-1 浸出法大豆榨油工艺流程图

2.2 油料预处理

预处理是对大豆、菜籽等油料进行清洗、筛选、干燥、调温、破碎、脱皮、软化、轧胚等系列处理的过程,为下一步油料浸出做准备。

清理就是去除油料中所含杂质,根据油料的物理性质不同,采取筛选、风选、磁选、浮选等方法。筛选设备有固定筛、振动筛和旋转筛等。油料破碎是把大粒度变小,以利于轧胚;或将预榨饼饼块处理为大小适中,为浸出或第二次压榨创造良好的出油条件。破碎常用于大豆、花生仁、油棕仁、椰子干、油桐籽和油茶籽等颗粒较大的油料或预榨饼。

软化是通过调节油料的水分和温度,将油料变软并增加塑性,为轧胚和蒸炒做好准备。大豆质地坚硬,含油量较低,油菜籽水分少,棉籽壳坚硬,此类油料在轧胚前都需要软化处理。

轧胚是对颗粒状油料经过轧辊碾压成片状料胚的过程。油料细胞壁被碾压破坏,可以提高制油效率和出油率。

2.3 浸出

榨油物料经过预处理,由斜刮板输送到浸出车间,首先进入浸出器上部的存料箱,在刮板链框的推动下,向喷淋浸出段(直段)缓慢前进。同时,进行多次溶剂喷淋后,胚片与溶剂充分混合浸出。在浸出的最后阶段,再用新鲜溶剂喷淋,湿粕继续前行并自然沥干,最终从出料口(下层)排出,混合毛油进入DTDC(脱溶和烘烤过程被组合在一个设备内,称为DT;干燥和冷却过程结合在一个单独的设备内,称为DC)蒸发脱熔等一系列工序,生产出毛油。

2.4 毛油精炼

精炼,是指将浸出系统生产的毛油输送到精炼车间,进一步精炼提纯,得到食用标准油的过程。大豆油精炼工艺流程:毛油→过滤→酸化→中和→分离→水洗→分离→干燥→吸附脱色→过滤→析气→蒸馏脱臭→过滤→精炼成品油。

精炼工艺过程包含以下处理过程:①蒸馏,通过加热蒸发掉萃取过程中引入的溶剂。②脱胶,让热水(80℃)冲洗油脂,充分搅拌并静置沉淀出树胶和蛋白质。③中和,或脱氧,用氢氧化钠或者碳酸钠处理油,去除游离脂肪酸、磷脂、色素和蜡。④漂白,去除不好看的颜色,用硅藻土、活性炭、活性土去除不良色泽。⑤脱蜡,或者防冻,提高油脂透明性,降低温度,去除析出固体物。⑥除臭,通过高温高压蒸汽蒸发掉不稳定的、可能导致不正常的气味和口感的化合物。⑦防腐,添加防腐剂以利于油脂保持稳定。

3 浸出法榨油主要设备

大豆、菜籽等油料进入预处理车间,经过输送、计量、轧胚、膨化、蒸汽加热、除尘、冷却等工序,进入浸出车间进行油脂浸出。油料浸出工艺又经过多个工艺加工系统,如混合油系统、溶剂系统、蒸汽系统、冷却系统、真空系统、给料回料系统、湿粕热粕系统等等。各系统设备工艺技术先进,制作精良,安装精度高,保证高品质油脂与蛋白生产。

以中粮(东莞)榨油二厂为例,浸出车间主要设备列表如表3.1所示。

表 3.1 浸出车间主要设备表

序号	名称	位号	单重(t)	数量(台)	就位高度(m)	区域
1	平转式浸出器	3RE	500	1	+6.55	A1-F5
2	第一蒸发器	60A	64.2	1	+15.5	4-5/B-C
3	一蒸分离器	60B	34.6	1	+14.25	4-5/A-B
4	蒸发冷凝器	19	48.4	1	+22.00	6-7/A-B
5	第二蒸发器	18A	7	1	+14.25	7-8/B-C
6	毛油真空干燥器	22B	2.3	1	+18.0	6-7/C-D
7	汽提塔气相节能换热器	23A	6.3	1	+22.0	6-7/B-C
8	汽提冷凝器	23B	7.6	1	+22.0	6-7/B-C

以浸出器为例。在榨油厂众多生产加工设备中,浸出器是浸出法制油的大型关键设备之一。目前广泛采用的浸出器有平转式浸出器、环形浸出器、箱式浸出器等,各类型浸出器各有千秋,根据工艺生产线特点选用。例如,中储粮(盘锦)榨油厂项目榨油设备,选用皇冠公司生产的进口设备。该工程采用的是环形浸出器。环形浸出器最大的特点是物料从弯曲段进入下层时能够翻动,使物料的浸出更加均匀透彻,料层浅,湿粕含溶少,残油容易降至1%以下。

大型粮油工程施工,进口设备多,设备安装工程量大,安装精度要求高,工艺管道及非标件制作安装量大,交叉施工作业量大,作业空间狭窄,对设备吊装与施工安装技术水平有较高要求。

4 榨油设备安装关键技术

4.1 设备特点

近年来,随着我国粮油市场逐步开放,跨国大型粮油企业纷纷进入国内,促使粮油市场竞争白热化,加速了粮油工业硬件实力的提升,大量的进口设备和国内自研发高端设备涌入市场。

榨油厂工程施工主要内容包括:钢结构厂房制作安装、设备安装、工艺管道制作安装,电气、仪表、防腐、保温隔热、给排水、消防、暖通、配套设施设备调试等相关工程。

大型榨油厂工程项目采用国际先进的粮油加工生产线,关键设备成套进口,安装精度要求高;产能的提高,需要安装的设备越来越多,外形尺寸庞大,设备本体重量大,非标设备加工制作数量多,占用空间大;工艺管线数量多、直径大、荷载大、管线交叉多;各类支架体积大、数量多,施工操作空间狭小。

关键技术掌握在少数制造商手中,升级迭代快。供货商出于技术保密等原因,图纸提供不完整,关键设备少图、参数不全,施工时只能依靠频繁沟通协调和以往项目经验进行。

外方工程师工作精益求精,在安装过程中不断对工艺、设备进行优化、修改,给设备安装和工程施工增加了很大难度。

预处理、浸出车间采用多层钢结构厂房,钢结构体系同时是大型设备及管道的承载平台,梁、柱的布置需满足设备安装的需要,梁、柱、支撑等构件布置与标高,又要满足工艺流程的需要。核心设备体量大、重量重,对钢结构厂房的承载能力、安装精度要求高。

4.2 依据标准规范

(1) GB 50270—2010《输送设备安装工程施工及验收规范》;
(2) GB 50231—2009《机械设备安装工程施工及验收通用规范》;
(3) GB 50431—2020《带式输送机工程技术标准》;
(4) GB 50205—2020《钢结构工程施工质量验收规范》;
(5) GB 50683—2011《现场设备、工业管道焊接工程施工质量验收规范》;
(6) GB/T 50252—2018《工业安装工程施工质量验收统一标准》;
(7) GB 50300—2013《建筑工程施工质量验收统一标准》;
(8) GB 50128—2014《立式圆筒形钢制焊接储罐施工规范》;
(9) SH/T 3536—2011《石油化工工程起重施工规范》;
(10) GB 50278—2010《起重设备安装工程施工及验收规范》;
(11) SHJ 515—90《大型设备吊装工程施工工艺标准》;
(12) GB 6067.1—2010《起重机械安全规程 第1部分:总则》;
(13) GB/T 5082—2019《起重机 手势信号》;
(14) GB 50168—2018《电气装置安装工程 电缆线路施工及验收标准》;
(15) HG/T 20203—2017《化工机器安装工程施工及验收规范(通用规定)》;
(16) JB/T 5317—2016《环链电动葫芦》;
(17) GB 17440—2008《粮食加工、储运系统粉尘防爆安全规程》;
(18) SB J04—91《浸出制油工厂防火安全规范》;
(19) SB J07—94《植物油厂设计规范》。

4.2 基于BIM的工业设备安装关键技术

(1) 三维建模对图纸进行深化和优化

技术流程:结构建模 → 图纸深化 → 构件出图 → 预制加工 → 模块化安装。

运用信息化的钢结构深化设计技术、设备与工艺管道综合排布技术,建立完备的钢结构、大型设备、生产工艺流程、机电等各专业模型。

以浸出车间为例,结合业主方提供的结构、工艺管线设计图纸和设备厂家提供的设备大样图,通过漫游,对钢结构及大型设备如浸出器、DTDC、第一蒸发器等和工艺管线如油管、压缩空气管、蒸汽管、冷凝水管、溶剂管等进行排布,精确定位相对位置;进行钢结构、大型设备及管道管线的碰撞检查,消除硬碰撞、软碰撞,优化工程设计,减少在施工安装阶段可能发生的错误和返工。

(2) 工厂预制,模块化安装

应用 BIM 信息化技术,对钢结构模型进行编码,再根据编码对梁柱进行分段,确定具体的下料、加工计划和组段吊装计划。

对模型进行综合分析,对各类设备、管道工艺参数及钢结构进行复核计算。绘制详细的结构及设备平面图、结构构件图、柱脚螺栓布置图、柱脚节点大样图、梁柱节点大样图、标准焊接大样图等,传递到生产工厂;根据图纸要求,进行定型、定尺寸、定编号生产;在工厂生产线模块化生产加工钢结构梁柱、钢桁架、工艺管道管线等,再运至施工现场,现场组对、吊装、模块化安装。

构件下料、加工制作、预拼装。将需要安装的钢结构拆分成多个施工段,将划分成施工段的钢结构再划分成吊装单元。以各个施工段分段为依据,设定支撑高空施工作业的体系,再借助起重设施把吊装单元吊装到预设体系的位置,同时补装稳固连接件。

预制装配式施工提高了施工效率,加快了施工进度,节约成本;减少现场焊接作业,消除火灾隐患,实现作业环境零污染,有效保障作业人员的身体健康,提高施工精细化水平。

(3) 钢结构安装与大型设备吊装及安装协同作业

钢结构施工时,根据各设备就位位置、到货时间等因素,预留相应位置,梁、柱暂不安装,保证大型设备吊装。待大型设备基本安装就位后,再补作钢结构梁柱,因设备吊装需要而拆除的钢结构件,在设备就位后立即恢复。

以榨油厂浸出车间为例,设备吊装主要包括:第一蒸发器、第二蒸发器、一蒸分离器,蒸发冷凝器、汽提塔气相节能换热器、汽提冷凝器、毛油真空干燥器等。

设备单体就位后,采取妥善的稳固措施,特别是在设备重心高于设备支座的情况下,应避免发生危险状况。根据设备安装参数及安装位置,确定吊装机械停位位置,避免因结构障碍而影响设备就位。

钢结构施工与设备安装协同作业,成功地解决了平转式浸出器等大型关键设备的安装难题,为同类设备的安装提供了可参考的施工工艺。将预制装配化技术、BIM 技术推广应用到钢结构、工业设备、工业管线的生产和施工中,拓宽了工业设备安装领域对新技术的包容性,促进了粮油工业设备安装行业发展。

第二章

粮油工业设备安装技术

大型榨油厂环形浸出器设备安装技术

1 概述

1.1 工程概况

中国是油料生产大国和油脂加工大国,油脂加工能力全球领先。油脂加工是指对油料及毛油基本原料进行处理,制成成品油及其制品的过程,是食品工业的基础工业。

江苏省安承建的中储粮油脂工业(盘锦)有限公司榨油厂工程,位于辽宁省盘锦市辽东湾新区荣兴港区,于2016年8月20日开工建设,2018年12月28日项目投产。榨油厂建成后,可以加工中转、储存大豆,压榨、浸出、精炼食用油,生产饲料、饲用磷脂等系列产品。

大豆榨油工艺流程为:大豆→清洗、筛选→干燥→调温→破碎→脱皮→软化→轧胚→浸出粕→烘烤→冷却→粉碎→高蛋白大豆粉。

中储粮(盘锦)项目5 000 t/d压榨系统工程,为当年国内建设的最大的榨油厂项目,榨油设备由皇冠公司提供,处于国际领先水平。在众多生产加工设备中,浸出器是核心设备之一。该工程采用的是环形浸出器。

1.2 设备特点

环形浸出器最大的特点是物料从弯曲段进入下层时能够翻动,使物料的浸出更加均匀透彻,料层浅,湿粕含溶少,残油率容易降至1%以下。浸出器剖面图如图1.2-1所示。

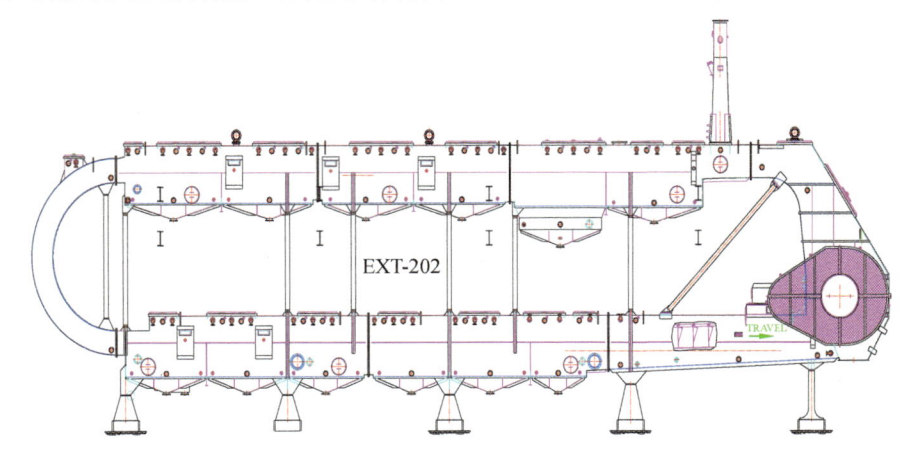

图1.2-1 环形浸出器剖面图

1.3 技术难点

浸出器是榨油厂关键核心设备之一,确保浸出器设备的安装质量,对顺利推进工程项目具有重要意义。大型环形浸出器属大型成套设备,安装精度要求高,需要在首层钢结构安装前进行提前装配。

设备体型庞大,总长度 27 m,宽度 2.1 m,设备安装标高 11 m。浸出器总重量 210 t,单件最大重量 31.298 t。需现场建设基础,采用预制装配式方式施工安装。

在场地、工期受限的前提下,加之处在辽宁寒冷气候条件,如何高质量按期完成浸出器吊装就位,达到要求的安装精度,是该项目的重难点。

2 编制吊装方案

2.1 依据标准

(1) 皇冠亚细亚工程技术(武汉)有限公司设备布置图、设备参数表;
(2) 河南工大设计研究院结构设计图;
(3) SHJ 515—90《大型设备吊装工程施工工艺标准》;
(4) GB 6067.1—2010《起重机械安全规程 第 1 部分:总则》;
(5) GB/T 5082—2019《起重机 手势信号》;
(6) SH/T 3536—2011《石油化工工程起重施工规范》。

2.2 吊装过程中数据列举

浸出器(EXT-202)位于浸出车间 0 m 层,环形结构,分为 8 节,单节最重 31.298 t,本参数以最重段且吊车一个停车位完成作业列举数据。

吊车选用 160 t(LTM1600/2)汽车吊,其参数列举:

主臂:26.1 m。

回转半径:14 m。

额定起重量 Q:32.5 t。

计算载荷:P=设备质量+吊钩质量+吊索卸扣质量=31.298+0.35+0.3=31.948(t)。

负荷率:$e=(P/Q)\times100\%=(31.948/32.5)\times100\%=98.3\%$;$Q>P$,满足吊装要求。

主吊钢丝绳:φ47.5-6×37+1-140,四头使用;安全系数 $K=8$,容许拉力 121 kN。

吊装平面图及立面图,图 2.2-1、图 2.2-2 所示。

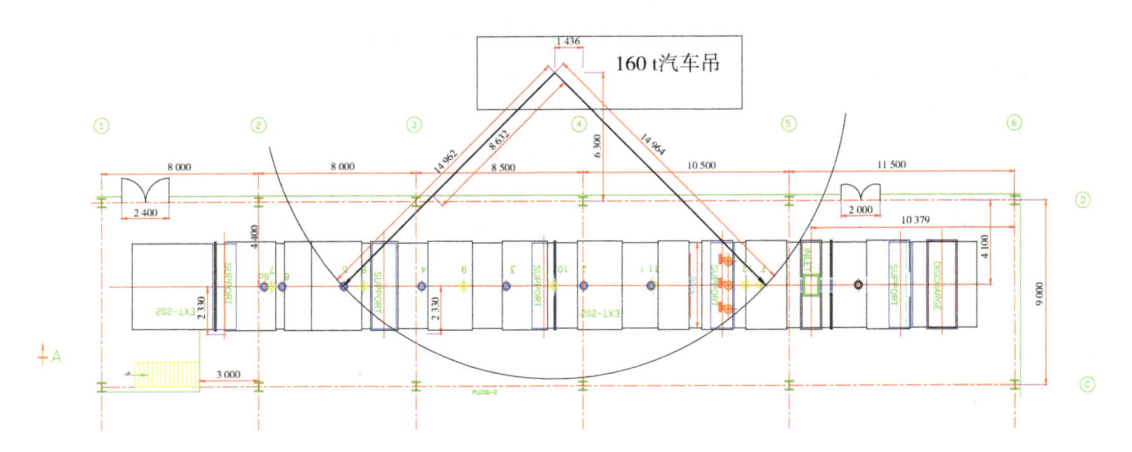

图 2.2-1　浸出器吊装平面图(单位：mm)

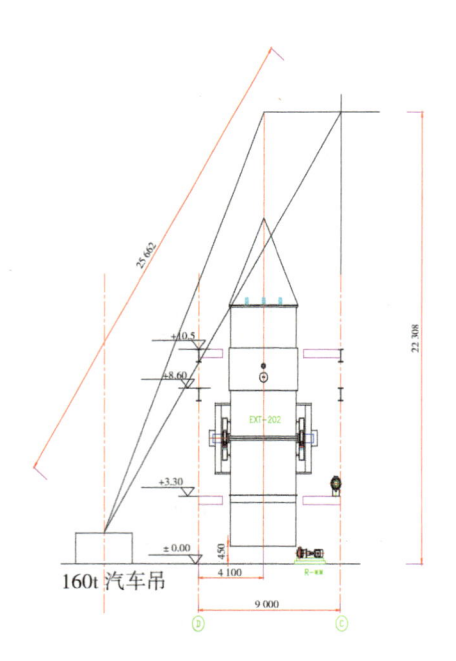

图 2.2-2　浸出器吊装立面图(单位：mm)

吊车性能表如表 2-1 所示。

表 2-1　160 t 吊车性能表

m	13.2 m		17.5 m	21.8 m	26.1 m	30.4 m	34.7 m	39 m	43.3 m	47.6 m	52 m	56.3 m	60 m	m
3	160	130												3
3.5	124	122	115											3.5
4	113	112	104	98	86									4
4.5	103	103	96	89	81	70								4.5
5	97	96	91	84	77	67	55							5
6	87	83	82	76	68	62	53	46						6
7	77	73	73	70	61	56	49.5	43.5	37					7
8	67	65	64	63	56	51	46	41	35.5	30				8
9	59	57	57	56	51	46	42.5	38.5	33.5	28.9	24.4			9
10	50	50	51	50	46.5	42	39.5	36	31.5	27.6	23.5	19.5	15	10
12			41.5	40	39.5	36	33	31.5	27.9	25.1	21.6	18.5	14.3	12
14			34	33	32.5	31	28.7	27.4	25	22.8	19.8	17.2	13.3	14
16				27.3	26.9	27.1	25.4	24.2	22.6	20.9	18.3	15.9	12.3	16
18				23.1	22.6	22.7	21.5	20.4	19.1	16.9	14.7	11.4		18
20					19.1	19.2	19.7	19.4	18.5	17.4	15.7	13.6	10.5	20
22					16.2	16.3	16.8	17.4	16.8	15.9	14.6	12.6	9.8	22
24						14	14.4	15	15.2	14.6	13.6	11.8	9.1	24
26						12.1	13.1	13.3	13.3	13.2	12.6	11.1	8.5	26
28							10.9	11.5	11.6	12.1	11.6	10.4	7.8	28
30							9.4	10.6	10.2	10.8	10.6	9.8	7.3	30
32							7.8	9.9	9	9.6	9.7	9.3	6.8	32
34								7.9	9.1	8.5	8.7	8.8	6.3	34
36								7.5	7.2	7.5	7.8	8.2	5.9	36
38									6.9	6.7	7	7.4	5.5	38
40									6.7	6	6.6	6.6	5	40
42										5.7	6.2	5.9	4.6	42
44										5.6	5.9	5.3	4.3	44
46											5.4	4.7	3.9	46
48											4.9	4	3.6	48
50												3.7	3.4	50
52													3.1	52
54													2.9	54
I	0		0/0	46/0/0	92/0/0	92/0/0	92/0/0	92/0/0	92/0/0	92/46	92	100	I
II	0		46/0	46/0/0	46/0/0	92/0/0	92/0/0	92/92	92/92/46	92/92	92/92	92	100	II
III	0		0/0	0/0/0	0/0/0	0/92/0	46/92/92	46/92/92	92/92/92	92/92	92/92	92	100	III
IV	0		0/0	0/46/0	0/92/46	0/92/92	0/92/92	46/92/92	46/92/92	46/92	92/92	92	100	IV
V	0		0/46	0/46/92	0/46/92	0/46/92	0/92/92	46/92/92	46/92/92	46/92	92/92	92	100	V

注：吊臂在正后方，不回转。

3　施工准备

3.1　技术准备

（1）审阅设备图纸、技术文件及合同附件，查阅设备安装说明书，熟练掌握设备的类型、结构特点、性能参数和安装技术要求，并进行现场摸底。

（2）审阅设备布置图、工艺流程图等，认真熟悉设备安装图，熟悉设备安装施工及验收规范，并及时解决图纸存在的问题。详细查阅施工图纸，了解设备的安装位置、安装方向、安装高度以及安装位置周围的环境状况，制定合理的吊装措施。

（3）编制科学严谨的施工方案，对施工人员进行安全技术交底。组织施工人员对施工中的技术难点、特点、要点进行讨论，制定相应的对策。如图 3.1-1、图 3.1-2 所示。

（4）组织施工人员进行专业知识学习和技能培训，并针对装置设备安装施工工艺、关键工序、质量标准、安全防护关键点进行讲解。

（5）组织学习设备安装施工方案，有关的规程规范、设计要求等，以规范操作。

图 3.1-1　技术难点要点讲解　　　　　图 3.1-2　安全技术交底

3.2　设备到货检查

（1）与业主、监理等共同进行设备检查，查看质量证明文件，核对设备、内件及安全附件是否符合设计文件要求。

（2）检查设备是否无表面损伤、无变形、无锈蚀。

（3）检查设备管口是否封闭。如图 3.2-1、图 3.2-2 所示。

图 3.2-1　设备到货检查　　　　　图 3.2-2　与业主确认到货情况

3.3　基础复测及表面处理

（1）设备基础工程施工单位应提交测量记录及交付资料，安装前对数据进行复测，办理交接验收手续。保证基础及地脚螺栓预埋铁件、预留洞口等的位置和标高符合设计和规范要求。

（2）划出标高基准线、纵横轴线、沉降观测点。

（3）混凝土基础表面不得有油渍、疏松层、裂纹、蜂窝、空洞及露筋等缺陷。如图 3.3-1 所示。

图 3.3-1 设备基础测量确认及标识

3.4 设备吊装准备

（1）根据图纸对设备分段进行分类编号，在设备上标明方向方位，以保证设备就位准确符合工艺设计要求。

（2）熟悉工件的编号、掌握安装位置、安装方向和安装顺序。

（3）制作和安装辅助设施（脚手架、跳板、钢垫板、定位销等）。

（4）对吊装用的机具、索具进行认真检查，消除安全隐患。如图 3.4-1、图 3.4-2 所示。

图 3.4-1 环形浸出器吊装准备

图 3.4-2 施工现场施工准备会

4 工艺流程及操作要点

4.1 工艺流程

环形浸出器由上、下壳体,机头,尾部壳体,刮板链和传动装置这六大部分组成。根据该设备的特点,确定施工工艺和顺序。

环形浸出器的安装工艺流程,如图 4.1-1 所示。

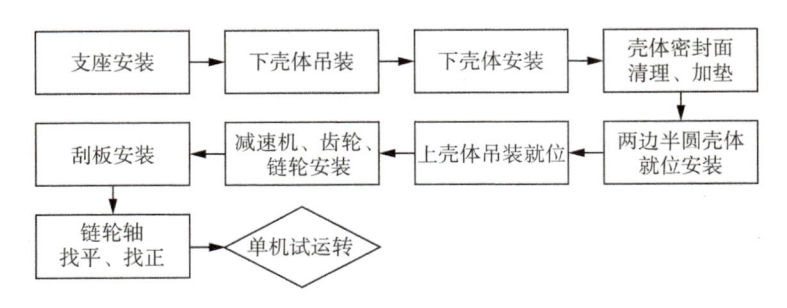

图 4.1-1 环形浸出器安装工艺流程

4.2 浸出器吊装

4.2.1 吊装顺序

从浸出器头部开始,逐步往尾部进行,并将设备主体依照安装顺序编号。

4.2.2 吊装基座

(1) 将 7 组设备基座安装在相应基础位置上,要求纵横轴线位置准确、基座顶部基准面标高符合要求、水平面一致(用钢板垫块调整)。

支座吊装与安装如图 4.2-1、图 4.2-2 所示。

图 4.2-1 支座吊装　　图 4.2-2 支座安装

4.2.3　吊装1号箱体

设备吊装时,要缓慢起吊,平稳运行。安装时要保证设备的安装方向、纵横轴线的位置、垂直度和水平度,定位准确后,用专用螺栓与机座连接固定。如图4.2-3、图4.2-4所示。

图4.2-3　1号箱体吊装　　　　　　　　图4.2-4　1号箱体安装

4.2.4　吊装2号箱体

2号箱体与1号箱体之间采用螺栓连接,起吊前要进行接触平面打磨,粘贴好密封带,保证密封性。按照安装方向就位后,吊车逐步松压,用专用定位销定位,专用螺栓固定,检测垂直度和水平度,合格后,紧固连接螺栓和机座螺栓,达到规定的扭矩。如图4.2-5所示。

图4.2-5　2号箱体吊装

4.2.5　吊装其他箱体

其他箱体吊装与吊装2号箱体的方法相同。箱体吊装如图4.2-6、图4.2-7所示。

图 4.2-6　头部箱体吊装　　　　　图 4.2-7　半圆箱体吊装

4.2.6　吊装附属设备

其他附属设备的吊装,需在浸出器整个箱体安装、检测、调整合格后,选择合适吨位吊车进行。

4.3　浸出器安装

4.3.1　下部箱体安装

(1) 按施工图纸要求,先安装下部壳体,吊起下壳体后用倒链调节壳体,要保证下部壳体的水平。下部壳体就位后,用 0.1 mm 的塞尺检查支座与下壳体的密实度,间隙过大处用铜皮或镀锌铁皮塞实,其接触面要大于 50％。

(2) 用水平管或用水准仪测量下壳体的水平度,其横向误差不大于 2 mm,纵向误差不大于 5 mm。

(3) 若水平度超过标准,则用垫铁进行调节。去掉法兰盖,除去表面的油漆,用铁砂布、锉刀将法兰面砂平,以备之后将聚四氟乙烯垫片胶粘在法兰面上。

(4) 主轴安装如图 4.3-1 所示。

4.3.2　半圆箱体安装

下壳体安装完成后,安装两端的半圆壳体,竖直吊起浸出器尾部半圆壳体,使其与下部壳体的法兰连接,连接时注意不要碰坏垫片;调整尾部半圆壳体,使其法兰口的内表面与下部壳体法兰口的内表面平齐,要求其与下部联接的法兰内错口不大于 2 mm,并且错口只允许尾部半圆壳体的内表面高,垫片放置正确无误。如图 4.3-2 所示。

图 4.3-1　浸出器主轴安装

4.3.3 上部箱体安装

吊起浸出器上部壳体,在尾部半圆壳体的上部法兰上粘上聚四氟乙烯垫片,上部壳体就位安装后,拧紧法兰螺栓,装上上部壳体与下部壳体之间的支柱,并装上支柱斜撑。其水平度及垂直度要符合有关规范要求,同时将上下壳体间的支柱及斜撑安装就位,以确保浸出器的强度及刚度。浸出器外立面如图4.3-2所示。

图 4.3-2 浸出器立面图

4.3.4 大小链轮轴及链轮安装

先要对浸出器的大齿轮、大小链轮、齿轮轴、轴承进行清洗,并测量轴径及齿轮和链轮的孔径,做好记录。

大轴及链轮装配和安装:大齿轮、大链轮与轴是间隙配合,配合间隙为轴径的1/1 000左右,安装时可以不用加温方法。制作两只高1.5 m的支架,将大齿轮轴放在支架上,插入锁键,分别吊起三只大齿轮,装入齿轮轴上,按照图纸上的尺寸固定。大齿轮轴上的两只轴承,一只是带锁定锥套的轴承,一只是不带锁定锥套可沿轴向自由滑动的轴承,对照图纸及下部壳体轴承位置的尺寸,装入2只轴承,安装时轴承内全部加润滑脂。将大齿轮轴轴颈上涂上机油,插入锁键,装上大链轮。

4.3.5 小链轮轴及小链轮、联轴器装配和安装

先清洗小轴、小链轮、轴承及联轴器。装上轴承并涂上润滑脂,拧紧锁定套螺母。小链轮、联轴器与小链轮轴的配合为过盈配合,测量小链轮、联轴器的孔径、小链轮轴的轴径,计算出过盈量及装配小链轮、联轴器时的加温温度。将小链轮轴放在支架上,并且固定。用倒链吊住小链轮及联轴器并放入油盆加温,小链轮下垫上木块,油盆内的机油油面要超过小链轮上部,用木块在油盆下缓缓加温,待油泥达到预定的温度时(用温度计测量),迅速吊起小链轮及联轴器,并套在轴颈上,拧紧顶丝。吊起大链轮轴,用倒链调平并就位,拧上轴承座上的连接螺栓,大链轮轴就位后,再安装机头壳体。吊起小链轮轴,用倒链调平,并就位,拧上轴承座上的连接螺栓,由于小链轮轴只有一头(靠近小链轮的一头)有轴承,另一头联轴器直接与减速箱相连,因此需用支架撑住小链轮轴。

4.3.6 减速箱安装

采用热装法装上输入及输出轴上的联轴器,然后就位减速机,在轴承箱的轴上进行找平,若不平则采用薄铜皮或不锈钢皮进行调整。浸出器驱动电机悬臂安装在下部壳体

上，安装前先拧紧悬臂支架的螺栓，再就位电机。

4.3.7 浸出器内刮板安装

浸出器内共有100多组刮板，每只刮板及其链子、滚筒、销子螺栓重约为300 kg，安装在上下壳体内，空间不足1 m，安装难度大。安装顺序：先将上下壳体上的法兰孔打开，移走盖板，将刮板吊入法兰孔内，在靠近浸出器尾部壳体的上法兰内安装刮板，在刮板孔内加入机油，套上滚筒，装上销子。注意刮板不能装反。浸出器刮板运行方向是：上部刮板往尾部运行，下部刮板往头部运行。

调节大链轮轴的轴承座使刮板在最松的位置，将刮板两端点拉移到大链轮的部位，用倒链拉紧刮板，穿入销子，实现刮板接头的连接。

4.3.8 降液管、降液槽安装

根据图纸安装降液管及降液槽，并用0.1/1 000 mm的铝合金水平尺找平，偏差不大于2 mm。

5 质量安全保证措施

5.1 技术措施

编制技术措施表，如表5-1所示。

表5-1 技术措施表

序号	问题	对策	目标	措施	负责人
1	严寒气候条件下支座精准定位问题	制定冬季施工措施	浸出器支架基础及设备预埋件精准定位	严格进行浸出器支座基础施工质量控制、设备基础预埋件的质量控制、测量精度控制等，保证后续设备安装工程进度及质量	齐景春
2	部件安装顺序问题	编制安装计划表	零误差、不返工	(1)根据图纸划分模块进行组装 (2)制定安装计划表 (3)业主、设备供应商对安装计划表复审通过	章春生
3	安装精度问题	结合BIM技术控制安装精度	0.1/1 000 mm铝合金水平尺找平，偏差不大于2 mm	(1)深化设计，明确优化设备安装位置 (2)利用全站仪水准仪从基础开始，环环相扣、精准测量	齐景春

制表：齐景春　　　　　　审核：章春生　　　　　　制表日期：2016年8月20日

5.2 安全保证措施

（1）安全技术交底

项目技术负责人向各专业施工员，施工员向班组层层交底。交底要有文字资料，内容要求全面、具体、针对性强。交底人、接受人均应在交底资料上签字，并注明收到日期。安全技术交底与培训如图5.5-1、图5.5-2所示。

图 5.5-1　安全技术交底　　　　　　　图 5.5-2　安全技术培训

（2）特殊工种持证上岗

对电工、电焊工、起重工、机械操作工、架子工等特殊工种实行持证上岗，无证者不得施工作业。

（3）安全检查

定期开展安全检查，每次检查都要有记录，对查出的事故隐患要限期整改。对未按要求整改的停工培训。

（4）安全措施

落实各项安全措施，包括通风设备、通信设备、防护设备等，做好个人安全保护。

5.3　冬季施工措施

（1）盘锦处于寒冷地带，明确冬季施工重点难点及进度计划安排。
（2）做好热源、设备计划及供应部署。
（3）当环境温度低于 5℃时，采取有效防冻措施。

6　结语

环形浸出器是浸出法榨油工艺中的核心设备。环形浸出器体形庞大，单个部件吨位大，吊装难度大，施工安装精度要求高，施工技术难度大。中储粮（盘锦）榨油厂项目克服工期紧和安装场地狭小、严寒天气等困难，采用模块化拼装等方式，解决了设备吊装难题和定位难题。按照预定方案，整体设备定位误差最大不超过 15 mm，水平度误差不大于 0.2/1 000，满足预期计划。环形浸出器设备安装顺利完成。

项目投产后，整套设备工艺运行稳定，指标参数达到项目预计要求，日产量最大达到 5 000 t/d，是当年国内大豆压榨行业最大日产量的单体工厂。豆粕产品品质非常好，在东北地区大受欢迎。

大型榨油厂箱链式浸出器设备安装技术

1 概述

1.1 浸出工艺简介

油脂生产加工业是食品工业的基础工业。油脂加工是指对油料及毛油基本原料进行处理，制成成品油及其制品的过程。连续式油脂浸出工艺历经百年发展，形成大规模集约化生产方式，生产工艺和生产设备日趋完善。

在浸出法榨油工艺中，油料的浸出是利用溶剂对不同物质具有不同溶解度的性质，将固体物料中有关部分加以分离的过程。经过预处理的油料进入浸出器，油料与溶剂充分混合浸泡，其中易溶解的部分溶解于溶剂。有机溶剂直接接触油脂，将油脂萃取出来，再经过汽提冷凝，将溶剂回收，即可得到浸出毛油。

大型箱链式刮板箱形浸出器是目前广泛使用的一种浸出设备，与环形浸出器相比，箱体体积大大减小、运转故障率低、加工量大，具有明显比较优势。

1.2 工程概况

江苏省安承建的中储粮油脂成都有限公司大豆加工项目——1 000 t/d 菜籽(1 500 t/d 大豆)预榨车间、浸出车间系统安装工程，位于四川省新津县普兴镇兴物一路。施工内容包括预榨车间、浸出车间、土建基础及钢结构厂房机电设备及工艺管道安装等。工程于 2014 年 1 月 28 日开工建设，2015 年 6 月 1 日投产运营。

该工程榨油设备是成套进口设备，当年处于国际领先水平，由鲁奇公司提供。在生产加工设备中，浸出器是大型核心设备之一。

1.3 箱型浸出器特点

浸出器是榨油厂关键的核心设备之一，本项目选用的箱链式浸出器为箱形卧式组装设备，设备体积庞大，总长度 28.72 m，宽度 4.78 m，高度 4.46 m，设备安装顶标高 11 m。浸出器总重量 200 t，单件最大重量为 60 t。

箱型浸出器属非标设备，对物料传送部分安装精度要求高，需要在首层钢结构安装前，提前进行装配。

设备分段运输至建设地点，现场根据设备运行条件设置基础、组装。安装过程中，需合理确定浸出器安装顺序，采用技术先进、安全可靠的吊装与安装方法，保证设备安装精度。

1.4 依据标准规范

(1) 鲁奇公司设备布置图、设备参数表；
(2) SHJ 515—90《大型设备吊装工程施工工艺标准》；
(3) GB 6067.1—2010《起重机械安全规程 第1部分：总则》；
(4) GB/T 5082—2019《起重机 手势信号》；
(5) SH/T 3536—2011《石油化工工程起重施工规范》。
(6) GB/T 50252—2018《工业安装工程施工质量验收统一标准》。

2 基于 BIM 技术，对生产工艺及施工图纸进行深化、优化

2.1 应用 BIM 技术，深化、优化设计方案

(1) 基于 BIM 技术深化优化设计方案，划分设备安装顺序；
(2) 施工安装过程质量控制节点确认；
(3) 图纸深化，设计确认；
(4) 安装节点及连接方式确认；
(5) 研究制定安装技术要领及精度要求。浸出器模型如图 2.1-1、图 2.1-2 所示。

图 2.1-1　浸出器与工艺管道 BIM 模型图　　图 2.1-2　箱形浸出器 BIM 模型图

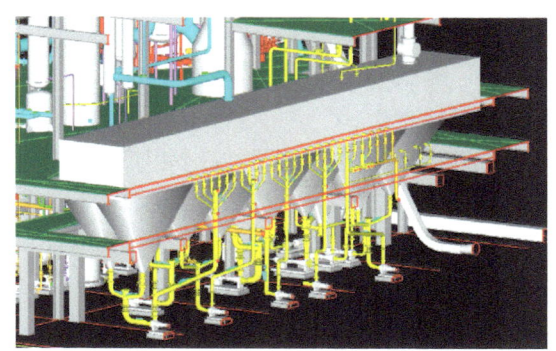

2.2 利用三维模型，施工前模拟安装过程

根据设备图纸、施工图纸、平面布置图等设计文件，在工作站制作厂房三维模型和设备模型。设备安装施工前，在工作站虚拟空间模拟设备吊装及施工安装过程，发现问题提前解决。对班组进行安全技术交底，让操作工人在施工前对整个施工过程有更加清晰直观的认识。三维模型如图 2.2-1、图 2.2-2 所示。

图 2.2-1　浸出车间 BIM 模型图　　　　图 2.2-2　浸出器 BIM 模型图

3　施工准备

3.1　技术准备

（1）编制技术方案，解决关键问题：支座精准定位问题，大型构件吊装、箱体安装顺序及安装精度等。

（2）制定箱型浸出器的安装程序和技术要求。关注特别需要注意的细节，如安装中基础施工、浸出器组装、滤板、导轨、内部链条及刮板组件安装，驱动链轮轴承组件及链条、电机、减速箱、联轴器及电气附件安装等。浸出器剖面图如图 3.1-1 所示。

（3）编制吊装方案，统筹各阶段机械投入。

3.2　设备到货检查

（1）与业主、监理等共同对设备进行检查，查看质量证明文件，核对设备、内件及安全附件是否符合设计文件要求。

（2）检查设备是否无表面损伤、无变形、无锈蚀。

（3）检查设备管口是否封闭。

（4）检查设备的方位标记、中心线标记、重心标记及吊挂点标记是否清晰。

设备到货检查，如图 3.2-1 所示。

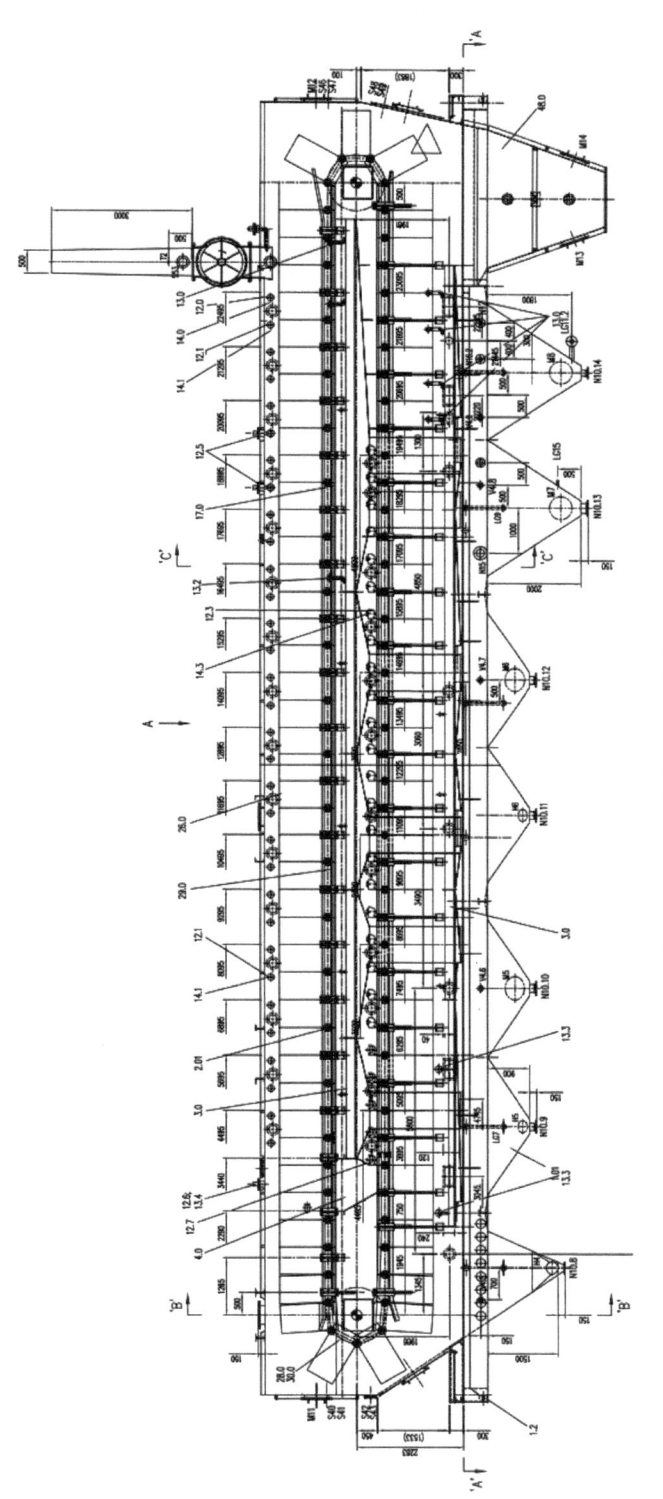

图 3.1-1 箱型浸出器剖面图（单位：mm）

图 3.2-1　浸出器到货检查

3.3　基础验收

（1）浸出器安装在钢筋混凝土支架上。根据安装施工图、设备图，检查基础的外形尺寸。基础表面应无裂缝、空洞、露筋和掉角等现象。

（2）核对基础施工单位提交的测量验收记录、强度试验报告及其他施工资料。

（3）基础尺寸及允许偏差要求如表 3-1 所示。

表 3-1　基础尺寸及要求

项次	项目		允许偏差（mm）
1	坐标位置（纵横轴线）		±20
2	不同平面的标高		0～−20
3	平面外形尺寸		±20
4	基础上平面的水平度		5 mm/m，且合计不大于 10 mm/m
5	预留地脚螺栓孔	中心位置	±10
		深度	0～+20
		孔壁铅垂度	10

（4）预埋板需有一定高度，并保证上表面在同一高度，允许预埋板上表面高差在 ±1 mm 以内。如超出偏差，需用垫铁找平，在底部斗到达之前完成。

（5）检查现有基础梁上是否有螺栓预留孔。如若没有，底部斗安装完毕后，在浸出器底部长度和宽度方向加焊限位块。

3.4 浸出器底部安装准备

(1) 将刮板中心线,标在浸出器基础梁上。
(2) 将浸出器中心线,标在基础梁和预埋板上。
(3) 将浸出器底部斗各支座的位置,标在相应预埋板上。
(4) 准备限位块 30 mm×30 mm×300 mm 数块。
(5) 准备底部斗连接用压块 10 mm×100 mm×150 mm 20 片,焊接用 5 mm 钢板若干。

3.5 检测仪器设备

设备安装使用的检测仪器设备如表 3-2 所示。

表 3-2 检测仪器设备表

名称	规格型号	单位	数量	备注
条式水平仪	0.02 mm/m	台	1	
游标卡尺	Ⅱ型 0~200 mm	台	1	
外径千分尺	25~50 mm	把	1	
外径千分尺	50~75 mm	把	1	
百分表	0~3 mm	块	2	
千分表	0~1 mm	块	2	
磁力表座	CZ-6A	台	1	
塞尺	200A21	把	1	
框式水准仪	2 mm/m	台	1	
内径千分尺	50~250 mm	把	1	

4 工艺流程及操作要点

4.1 工艺流程

箱式浸出器安装,由上、下壳体,刮板链和传动装置等四大部分组成,根据该设备的特点,确定施工工艺和顺序。箱型浸出器的安装工艺流程如图 4.1-1 所示。

4.2 设备吊装

(1) 浸出器吊装,分四段进行,选用 200 t 汽车吊。浸出器在浸出车间钢筋混凝土支架上,长卧式摆放,各段外形及重量如表 4-1 所示。

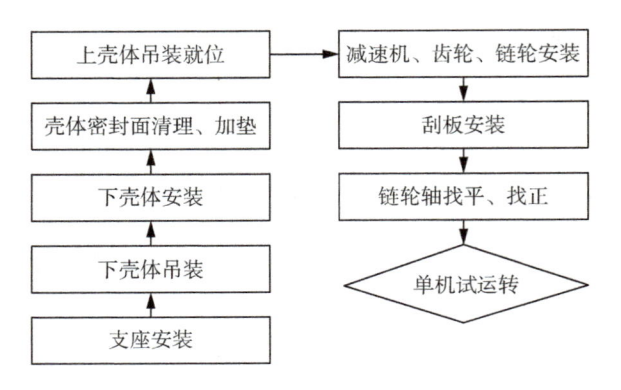

图 4.1-1　箱式浸出器安装工艺流程图

表 4-1　浸出器分段参数表

序号	分段	长(mm)	宽(mm)	高(mm)	重量(kg)
1	料斗一段	13 960	4 080	990	12 000
2	料斗二段	14 760	4 080	1 000	15 000
3	箱体一段	13 960	4 780	3 460	30 000
4	箱体二段	14 760	4 780	3 460	33 000

（2）试吊要求：准备工作完毕，经检查无误后，方可试吊。试吊时将设备吊起 0.2 m，停 10 min，对机械各受力部位及吊装索具各环节进行检查，经确认合格后再正式起吊。

（3）所有人员必须与吊装指挥密切配合，指挥抬高或降落要及时。

4.3　安装下料斗

（1）按图纸要求，先安装下部两段料斗。吊起料斗后，用倒链调节方位，保证料斗的水平。

（2）料斗就位后，用 0.1 mm 的塞尺检查支座与料斗的密实度，间隙过大处用铜皮或镀锌铁皮塞实，其接触面要大于 50%。

（3）装焊下油斗和湿粕出口，焊接完成后对焊缝做渗漏检查。

料斗一段吊装如图 4.3-1 所示，料斗二段吊装如图 4.3-2 所示。

图 4.3-1　料斗一段吊装　　　　图 4.3-2　料斗二段吊装

4.4 安装筛板

准备安装筛板的工具:Φ8.5 mm 钻头,M10 丝攻。

筛板平铺在上、下网架的上平面。在铺设筛板时,两块筛板接头处不允许出现倒坎现象。筛板纵横向水平度≤2 mm/m,相邻两筛板错边量≤1 mm。筛板安装及检查如图 4.4-1 所示。

图 4.4-1 筛板安装及检查

4.5 安装箱体

箱体分两段吊装。吊起浸出器箱体,就位后找平找正,拧紧法兰螺栓。

箱体一段吊装,如图 4.5-1、图 4.5-2 所示。

图 4.5-1 箱体一段吊装　　图 4.5-2 箱体一段吊装

箱体二段吊装，如图 4.5-3、图 4.5-4 所示。

图 4.5-3　箱体二段吊装　　　　　图 4.5-4　箱体二段吊装

4.6　轴及链轮装配和安装

准备安装工具：铜棒（大约 3 kg），用于敲击链条连接销；弹簧钳。

首先对浸出器的大齿轮、大小链轮、齿轮轴、轴承进行清洗，并测量轴径、齿轮和链轮的孔径，做好记录。

大轴及链轮装配和安装：大齿轮、大链轮与轴是间隙配合，配合间隙为轴径的 1/1 000 左右，安装时可以不用加温方法。

4.7　刮板安装

刮板与链条装配，在上层筛板进行，注意不能损坏筛板。刮板下口和筛板上平面持平或略高，刮板宽度方向需垂直于筛板，刮板长度方向需垂直于箱体侧板方可焊接。

4.8　减速箱安装

采用热装法装上输入及输出轴上的联轴器，然后就位减速机，在轴承箱的轴上进行找平，若不平则采用薄铜皮或不锈钢皮进行调整。浸出器驱动电机悬臂安装在下部壳体上，安装前先拧紧悬臂支架的螺栓，再就位电机。外传动安装时按要求进行。减速机上的双排齿小链轮中心需与主轴上大链轮中心重合。

4.9　浸出器电气系统及附件安装

连接电气系统，接好远程 PLC（Programmable Logic Controller，可编程逻辑控制器）控制系统，将浸出器的盲板、仪器仪表、视镜安装到位。连接管道，安装四周操作平台，做好调试准备。

4.10　单机试运转

单机试运转前，打开浸出器所有检查孔，安排专人进入内部检查清理焊条头、工具、材料等异物，检查驱动装置防护罩是否固定、减速箱油是否合适、电机减速机螺栓是否紧固到位等。

编制单机试运转方案，明确试车前准备工作、试车中注意事项、试车后调整及消缺工作。方案批准后方可单机试运转。试车前注入毛油润滑筛板、链条及导轨，空载单机试运行≥48小时，停车后再次进入浸出器检查，测量筛板、刮板、链条等是否达到要求，紧固螺栓。

5 成品保护与质量安全措施

5.1 成品保护

（1）设备基础上放线标注的记号及尺寸要注意保护。
（2）设备管口或开口应封闭，设备上面不得存放任何重物，并做好防护。
（3）对设备灌浆层进行养护期间，派专人看管，防止踩踏。
（4）各安装工种之间密切配合，保护设备免受碰撞损伤。
（5）严禁在设备上进行引弧、电焊、动火等作业。
（6）设备调试完毕后，应在必要的部位做好标记。

5.2 安全与环保措施

（1）对作业人员进行安全技术教育，落实各项安全措施，包括通风设备、通信设备、防护设备等。安全教育培训及技术交底如图5.2-1、图5.2-2所示。

图5.2-1　安全培训　　　　　　　　图5.2-2　安全技术交底

（2）在受限空间施工，开启通风设施、照明设施，做好个人安全保护。
（3）对施工现场进行巡查，发现隐患及时整改。
（4）吊装前做好安全教育和安全技术交底，起重工持证上岗，严格按规程作业。

6 结束语

经过两个月的施工，箱形浸出器设备安装圆满完成，整体设备定位误差最大不超过

15 mm,水平度误差不大于0.2/1 000,满足图纸和各项规范规程要求。

通过研究制定详细的安装施工流程和方案,应用BIM技术优化深化设计、模拟施工过程,提前解决箱形浸出器设备安装中可能出现的问题。采用先进可靠的吊装技术与钢结构安装协同作业,解决了大型设备吊装就位难题与定位难题,提高了设备安装质量和项目整体施工精细化水平。

大型榨油厂第一蒸发器吊装与安装施工技术

1 工程概况

1.1 概述

植物油是人体所需脂肪酸的重要来源，也是人体吸收脂溶性营养的介质。离开油脂，人们无法生存。

植物油的首要来源是大豆。大豆油脂浸出工艺是目前广泛采用的制油生产工艺，其原理利用了油脂和有机溶剂极性相似相互溶解的特性。大豆经过预处理，清理、软化后，破碎压成胚片，经膨化后进入浸出器与溶剂正己烷充分接触浸润；油料中的油脂萃取出来后，经过蒸馏与汽提，脱除混合油中的溶剂，得到大豆毛油，再经过精炼提纯，得到食用大豆油。浸出法榨油工艺出油率高，豆粕质量好，生产自动化程度高。

大型榨油厂浸出车间工艺设备众多，体形庞大，技术先进，安装精度要求高。主要设备包括：第一蒸发器、第二蒸发器、一蒸分离器、蒸发冷凝器、汽提塔气相节能换热器、汽提冷凝器、毛油真空干燥器等。目前，大型榨油厂设备主要采用皇冠、迪斯美、鲁奇等品牌的成套进口设备。

第一蒸发器如图 1.1-1 所示。

图 1.1-1 第一蒸发器等设备运抵中粮广东产业园

1.2 工程简介

中粮广东产业园榨油二厂项目位于东莞市麻涌镇狮子洋畔。工程施工内容包括：饲料蛋白加工厂 5 000 t/d 预处理车间、浸出车间及配套生产辅助设施的建筑、钢结构、给排水、暖通、电气工程、机电安装等,由江苏省安承建。该工程于 2019 年 3 月开工建设,是当年国内日产量最大的榨油厂。

在榨油厂工程项目施工中,大型设备需就位于车间钢结构框架内,设备的吊装须与钢结构安装相互配合。钢结构施工与第一蒸发器等大型设备吊装与安装,是工程施工的关键内容。

1.3 施工难点

(1)榨油厂第一蒸发器支撑在标高 15.5 m 的钢结构上,对定位精度要求高。

(2)受外部因素影响,进口大件设备运输不畅延迟到货。但工程总工期要求严格,钢结构施工需要按期进行,增加了大型设备吊装和安装难度。

(3)施工场地狭小,多台吊车同时作业,交叉施工,导致设备吊装空间受到很大限制。

(4)钢结构安装必须考虑设备吊装允许条件。但当设备到货时,钢结构框架已经施工至标高 28 m,设备吊装需拆除部分钢构件,在钢结构中行走 L 型路线,吊装作业危险性高、难度大。

1.4 环境及气候特点

项目所在地东莞属于亚热带季风气候,长夏无冬,雨水充沛,季风明显,每年十一月份仍有台风发生。施工中需时刻关注气候变化,大型设备吊装、安装及工艺管道焊接等关键工序施工需避开恶劣天气。

2 应用 BIM 技术优化深化施工方案

应用 BIM 技术在车间钢结构、大型设备与工艺管道等施工安装过程中建立三维模型,优化深化设计方案,优化钢结构、榨油设备与工艺管线等布置。如图 2.1-1、图 2.1-2 所示。

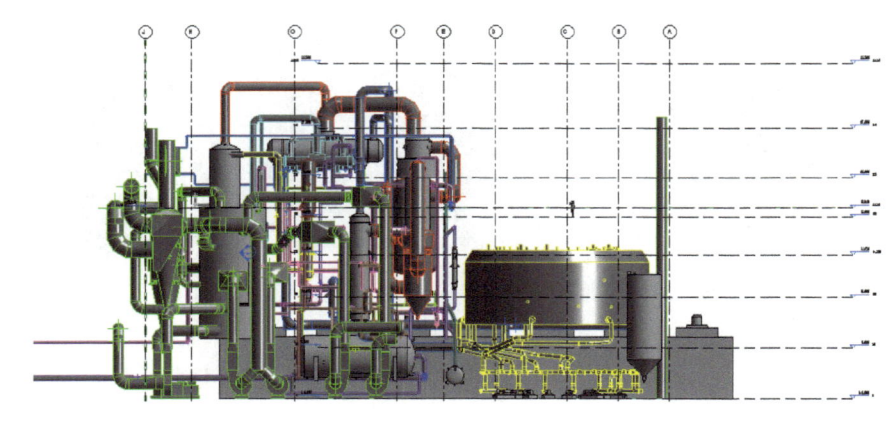

图 2.1-1 榨油厂大型设备立面模型图

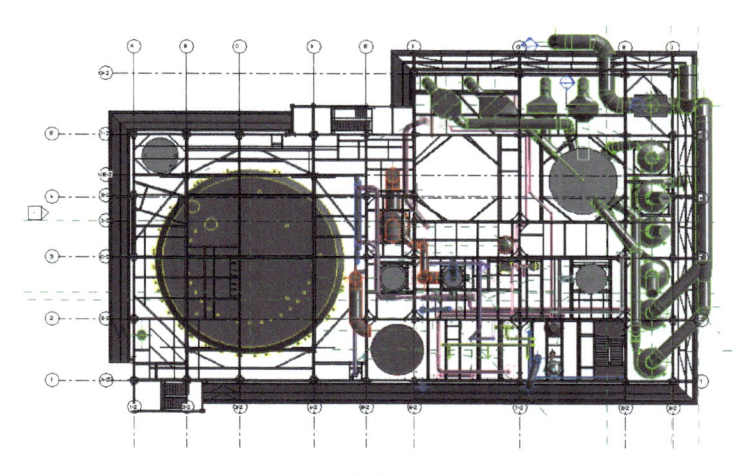

图 2.1-2　榨油厂浸出车间设备平面布置模型图

（1）针对复杂工艺及环境，利用 BIM 技术对施工方案及工艺进行分析、模拟和优化，发现"错、漏、碰、缺"等问题并在施工之前解决。

（2）在建筑、大型设备及工艺管道 BIM 模型基础上，结合现场施工环境及相关施工工艺流程，通过模型的立体剖切、动画漫游以及施工模拟，优化完善施工方案。

（3）利用三维模型，对整个施工过程，特别是大型设备和非标构件安装等，模拟吊装与安装施工过程，选择先进、科学、适用、安全又经济的吊装与安装工艺技术。

（4）输出施工模拟动画，对施工管理人员及操作人员，用视频方式进行更直观的安全和技术交底。

（5）基于施工组织设计和施工图，研究每步工艺流程所处的环境以及施工操作空间，创建施工工艺模型，并将施工工艺信息与模型关联，输出资源配置计划。

3　编制吊装方案

3.1　编制依据

（1）工程项目招投标文件及合同，相关会议纪要及设计变更签证等资料；
（2）设备基础施工图，设备及附件图，厂区总平面图及装置平、立、剖面布置图；
（3）国家及地方现行有关规范规程；
（4）施工现场地质资料、气象资料及吊装环境资料；
（5）设备到货计划及到货条件；
（6）地下隐蔽工程资料，架空用电线路、结构等高空中设施布置图；
（7）吊装机械及索具资料；
（8）设备布置图及设备参数表；
（9）工程设计施工图纸；
（10）架空用电线路、结构等空中设施布设情况。

3.2 设备参数及指标

第一蒸发器设备及参数如表 3-1 所示。

表 3-1 第一蒸发器主要参数表

序号	名称	位号	单重(t)	数量(台)	就位高度(m)	区域	备注
1	第一蒸发器	60 A	64.2	1	+15.5	4-5/B-C轴线	塔式设备

3.3 遭遇不可抗力影响

2019 年 11 月初,预定到货的第一蒸发器等进口设备受中美贸易争端影响,通关不畅,延迟到货。同时,又因武汉军运会等重要事项影响,大件设备运输推迟。按照施工计划,浸出车间钢结构施工至 15.5 m 标高,需待第一蒸发器设备安装到位后再继续施工。为确保工程总工期,钢结构施工不能停工等待,只能继续进行。

结合本工程实际,经与业主方、供货商、监理等各方研究,决定钢结构梁、柱等主体结构施工不停工;待设备到场后,选择大吨位吊车,进行设备吊装安装,确保总进度计划。如图 3.3-1、图 3.3-2 所示。

图 3.3-1 与业主等各方研究协调　　图 3.3-2 吊装现场踏勘分析

3.4 吊装过程数据列举

(1) 第一蒸发器吊装过程数据计算

第一蒸发器(60 A)位于车间+15.5 m 层,立式安装,设备重量 64.2 t,吊车选用 600 t(SAC6000)汽车吊。

参数列举:

主臂:67.4 m。

回转半径:22 m。

额定起重量:68 t。

计算载荷:P=设备质量+吊钩质量+吊索卸扣质量=64.4+0.85+0.3=65.55(t)。

负荷率:$e=(P/Q)\times100\%=(65.55/68)\times100\%=96.4\%$;$Q>P$,满足吊装要求。

主吊钢丝绳：φ56－6×37+1－140，四头使用；安全系数 $K=8$，容许拉力 168.6 kN。

（2）吊车技术性能参数表如表 3-2 所示。

表 3-2　600 t 吊车性能表

165 t 配重，支腿全伸　　　主臂性能表（带超起）

幅度(m)	33.9	39.5	45	50.6	56.2	61.8	67.4	73	78.6	84.2	90	幅度(m)
5	220											5
6	215	182	150									6
7	195.2	180	148	145								7
8	176.5	176.3	144	140	140	108						8
9	160.6	160.5	136	135	106	100						9
10	147	146.9	130	130	130	105	97					10
12	125.8	126.8	124	120	120	93	82	74				12
14	112	112	107.8	110	110	97	87	79	70	62	52	14
16	99.9	100	98	98	98	95	67	69	60	80	16	16
18	88.6	90.5	90	89.5	89.5	84	79	72	65	58	48	18
20	79.2	81.2	80.9	82	82	76	74	68	62	56	46	20
22	71.3	73.3	73.1	74.4	74.4	70	68	63	59	54	44	22
24	64.5	66.6	66.4	67.7	67.7	65	62	60	56	52	42.5	24
26	58.6	60.7	60	61.9	61.9	60	56	52	49	40.5	26	26
28	53.4	55.5	55	56.6	56.6	55.8	52	52	47.5	45	39	28
30	45.5	51	50	52	52	51	48	48	44	37	30	30
32		47	46	48	48	47	44.5	45	41	39	35	32
34		42	42	44	44	42.5	40.5	41.6	38	36.5	34	34
36			38.5	40	40	39	37.5	38.6	35	34	33	36
38			35.5	36.5	36.5	36	35.6	32	31.5	32	38	38
40			28	33.5	33.5	33	31	33	29	29	31	40
42				31.5	31.5	31	29.5	30	26	27		42
44				28	28	29	27	24	24	25.5	25	44
46				18	26	27	25	26	22	24		46
48					24	24	21	22	185	20	20.4	48
50					18	25	23	21	22			50
52						21.5	19	20	16.4	19	19	52
54						18.5	17.5	18.5	15.3	17	17.2	54
56						12	16.5	17.5	14.3	16	16	56
58							14.5	16.5	13	14	14.3	58
60							10.5				135	60
62							14	11	12	12.4		62
64							12	10	11	11.2		64
66								9	10	10.5		66
68								7	9	9.3		68
70									8	8.4		70
72									7	8		72
74									5	7		74
76										6		76

（3）设备吊装平面图、立面图，如图 3.4-1、图 3.4-2 所示。

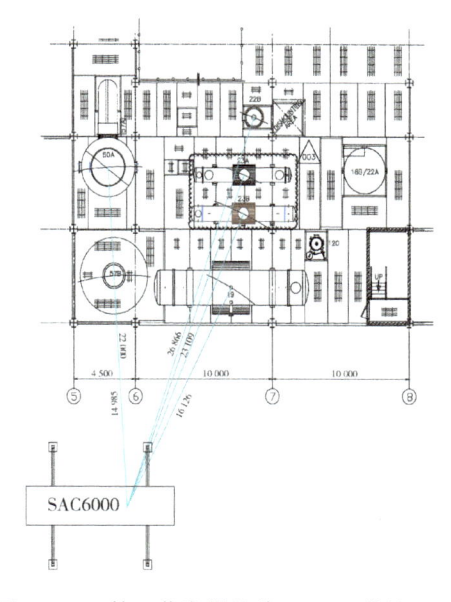

图 3.4-1　第一蒸发器吊装平面图（单位：mm）

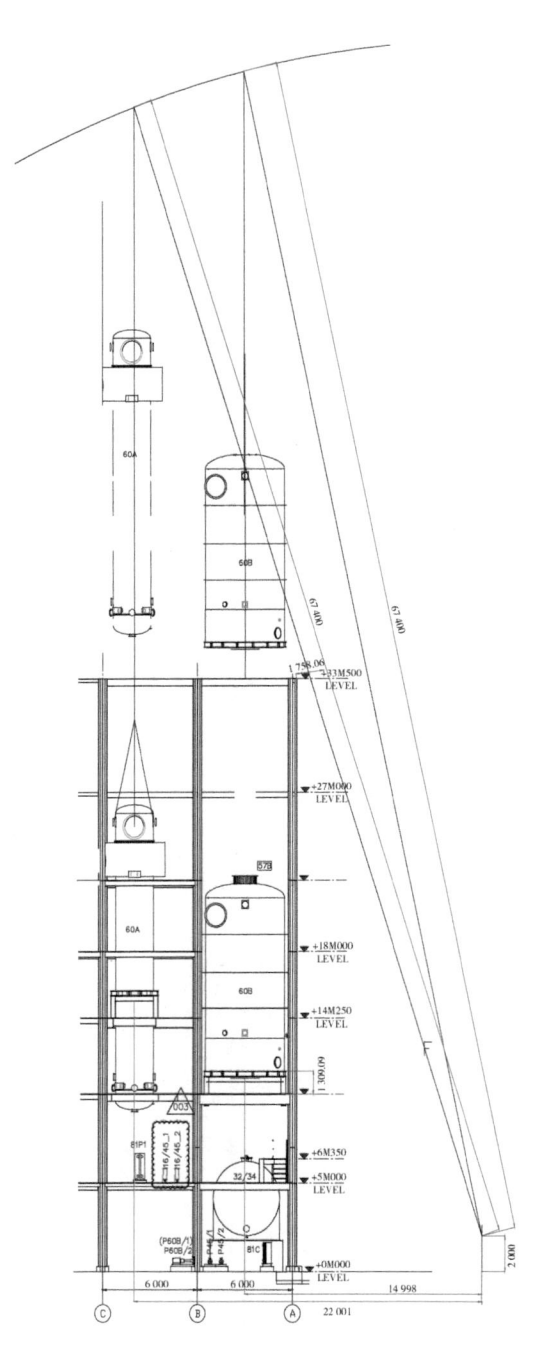

图 3.4-2　第一蒸发器吊装立面图(单位:mm)

4 施工准备

4.1 地基处理

(1) 为了满足设备运输及大型吊装设备进场所需条件,对设备运输及吊装机械进场路线与站位区域,进行场地回填压实;

(2) 对局部软弱地基,采用换填级配碎石压实方法,保证地基承载力;

(3) 地面采用 20 mm 厚钢板铺设。

吊装场地如图 4.1-1、图 4.1-2 所示。

图 4.1-1　场地换填级配碎石提高强度

图 4.1-2　场地铺设钢板加强

4.2 到货检查

(1) 外观检查:设备在运输途中有无损坏、变形,内壁涂层有无磨损和脱落。

(2) 随机配件等包装物是否完好。

(3) 查验产品合格证、安装使用说明书等技术资料是否齐全,是否符合材料清单中的要求。

(4) 点验实物:按装箱清单对实物进行清点,检查数量是否齐全。

(5) 设备到场后,技术人员要对吊耳焊接位置及尺寸进行复测。

(6) 设备吊点处的局部强度不能满足要求时,应采取加固措施或重新设计吊耳型式。

(7) 设备本体所有管口封堵情况。

(8) 不锈钢表面有无锈蚀情况。

(9) 接管法兰密封面有无划伤、毛刺。

(10) 设备接口法兰有无变形,涂层有无损坏。

(11) 各方开箱代表在开箱记录上签字。如图 4.2-1、图 4.2-2 所示。

图 4.2-1　第一蒸发器运抵现场 　　　　图 4.2-2　第一蒸发器到货检查

4.3　设备基础校平

第一蒸发器设备安装在钢结构框架梁上。根据图纸尺寸,划出设备 X、Y 轴的中心线,用水平仪对钢梁进行校平(公差控制在 0~2 mm 以内)。如有偏差,需用钢板垫平,确保在公差范围之内,并做好记录。

5　设备吊装与安装

5.1　工艺流程

编制第一蒸发器吊装与安装工艺流程,如图 5.1-1 所示。

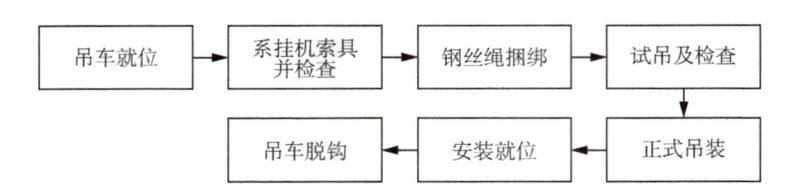

图 5.1-1　第一蒸发器吊装与安装工艺流程图

5.2　吊装前准备工作

（1）按安全技术要求,检查各方面工作,保证安全需要。
（2）按设计方案做好各项准备工作,有动作要求的可点动检查。
（3）现场各方面按指挥网络要求进入现场,熟悉各自岗位,并作操作预演。
（4）将通信工具调好,并预试。
（5）检查各方面工作环境状况。
（6）检查现场空间是否满足大型吊车站位支腿的条件、大件吊装的索具是否具备施工条件。
（7）检查设备基础是否清理干净具备安装条件。

(8) 吊装锁具及钢丝绳准备到位。如图 5.2-1、图 5.2-2 所示。

图 5.2-1　吊装索具及钢丝绳准备　　　　图 5.2-2　主、辅吊车就位

(9) 检查设备的方位标记、中心线标记、重心标记及吊挂点标记是否清晰,设备管口方位是否核实无误。

(10) 检查设备管口设置保护措施,防止棱角与钢丝绳产生摩擦。

(11) 检查吊车、设备施工位置地基处理是否合格。

(12) 确认天气情况对吊装无影响。

(13) 吊装区域拉设警戒线,防止无关人员进入。如图 5.2-3 所示。

图 5.2-3　吊装区域拉设警戒线

5.3 施工主要机具及人员计划

（1）设备吊装需综合考虑设备、场地、施工进度等情况，确定吊装持续时间，计算台班需要量及施工机具。施工主要机具计划表如表5-1所示。

表 5-1 施工主要机具计划表

序号	名称	规格、型号	单位	数量	备注
1	汽车吊	600 t	台	1	
2	汽车吊	80 t	台	1	
3	钢丝绳	Φ56－6×37－1400	付	2	8 m/根
4	钢丝绳	Φ43－6×37－1400	付	2	8 m/根
5	钢丝绳	Φ36.5－6×37－1400	付	2	8 m/根
6	卸扣	16 t	只	6	
7	卸扣	8 t	只	6	
8	手拉葫芦	5 t	只	4	
9	手拉葫芦	10	只	2	
10	千斤顶	20 t	只	2	

（2）施工主要施工人员计划表如表5-2所示。

表 5-2 主要施工人员计划表

序号	工种	人数（人）	备注
1	现场管理员	1	
2	现场安全员	1	
3	起重工程师	1	
4	起重指挥	2	
5	起重工	6	
6	司机	2	
7	观察员、辅助工	5	
8	钳工	6	配合用

5.4 设备吊装

5.4.1 指挥

现场吊装总指挥协调主吊吊车的变幅速度、溜尾装置的送尾速度，要求始终保持主吊车吊臂与设备在水平面上投影相垂直，吊钩始终保持与地面相垂直。

5.4.2 主吊车

主吊车一直起升到设备达到垂直状态后，摘除溜尾装置，主吊车回转向设备基础前进，直至吊车的超级提升不影响已安装就位的设备后回转，吊车前进直至设备基础中心回落，由安装工负责找正方向并对准地脚孔缓缓将设备回落至基础上，用经纬仪找正并固定。

设备吊装过程如图5.4-1~图5.4-8所示。

图5.4-1　第一蒸发器设备运抵现场

图5.4-2　600 t吊车配重安装

图5.4-3　600 t吊车就位

图5.4-4　吊车配重安装完成

图5.4-5　主、辅吊车就位

图5.4-6　单主机抬吊递送法吊装

图 5.4-7　设备起吊直立 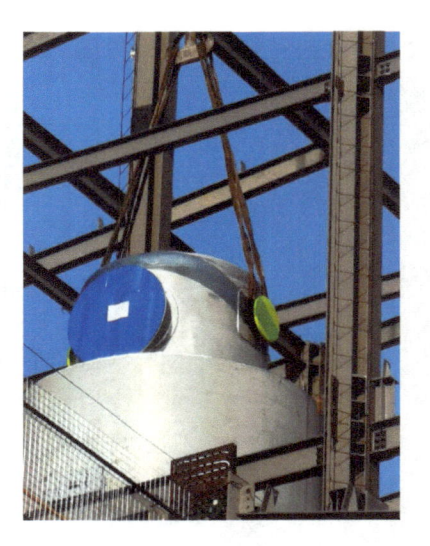　　　　　图 5.4-8　设备吊装就位

5.5　安装

（1）按照图纸所示方位，在钢结构梁上提前做好标识，确保设备就位准确。如图 5.5-1～图 5.5-3 所示。

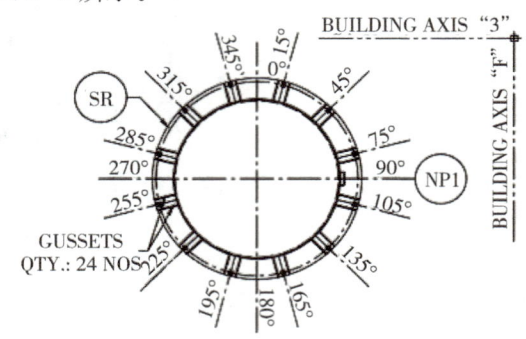

图 5.5-1　第一蒸发器裙座大样图

图 5.5-2　裙座与钢框架梁焊接固定 　　　　　图 5.5-3　与工艺管道法兰螺栓连接

（2）因设备重心高于设备支座，设备单体就位后，应迅速采取妥善稳固措施，避免发生危险状况。

（3）因设备吊装需要而拆除的钢结构件在设备就位后立即恢复。

6　HSE（Health、Safety、Environmental）保障措施

（1）施工前做好图纸会审，严格按照设备图尺寸复核设备基础。

（2）明确施工人员分工和职责，吊装过程中服从命令听指挥，不擅离职守。

（3）起重指挥信号统一，施工人员熟知信号，各操作岗位协调动作。起重工持证上岗。

（4）施工前进行安全技术交底和吊装专项施工安全教育培训，保证所有施工人员明确施工程序和工艺流程，熟练掌握操作方法。如图6.1-1、图6.1-2所示。

图6.1-1　安全教育培训　　　　图6.1-2　详细技术交底并签字确认

（5）施工中随时清理现场，清除障碍物，确保操作顺畅。

（6）在起吊过程中，任何人不得在重物之下和受力索具附近逗留、通过。不允许有人随同重物升降。

（7）起重作业现场需设有明显的标志和警戒线，并有专人护卫，非施工人员不得擅越入内。

7　结语

第一蒸发器属塔类设备，具有高、大、新等特点，安全精度要求高。根据其形状、尺寸、重量、重心位置、吊耳等情况，结合场地布置、起吊机械的性能、吊装指挥者及操作人员的素质等条件，通过技术创新，选择技术先进、科学、实用、安全又经济适用的吊装工艺方法，有效提高设备吊装可靠性和安全性，降低施工成本，提高施工效率，确保施工质量，为榨油厂工程质量整体目标实现奠定坚实基础。

2020年12月，经过多方努力，中粮广东产业园榨油厂项目所有设备均已安装调试完成，确保整体项目投产运营。

大型榨油厂调质塔设备吊装与安装施工技术

1 工程概况

1.1 概述

浸出法榨油是当今榨油厂生产加工工艺中最为普遍的生产工艺。在榨油工艺预处理阶段,调质塔对清理除杂后的大豆进行加温,达到工艺要求的温度,增加大豆的可塑性,便于后期脱皮、破碎、轧胚等加工。在浸出过程中,用溶剂充分溶解油料,其中易溶解的部分溶解于溶剂。有机溶剂直接接触油脂,将油脂萃取出来。再经过汽提冷凝,将溶剂与油脂分离,即可得到浸出毛油。

调质塔是浸出法榨油工艺的重要设备,体型高大,制作精良。在调质塔设备吊装与安装施工前,必须根据设备的形状、尺寸、重量、重心位置、吊耳情况、场地周边情况,选择先进、科学、实用、安全又经济的吊装工艺方法,合理确定起吊机械。

应用 BIM 技术建立三维模型,对调质塔设备吊装与安装进行模拟,并对设计方案进行深化与优化,保证施工安装顺利进行。

1.2 工程概况

中粮东海(张家港)粮油工业有限公司新建的 5 000 t/d 大豆菜籽压榨及配套粕库及电气安装工程,由江苏省安承建。工程于 2020 年 12 月 10 日开工,2022 年 1 月 16 日投干料试车。预处理车间大型主体设备调质塔,位于钢结构厂房内,由钢结构承重。设备体积高大,单体重量较大,组装整体高度高,吊装、安装要求精度高。在设备安装时需要与钢结构安装进度密切配合。

1.3 调质塔结构及技术特点

调质塔属于大型塔式设备,由进气段、排气段、加热段、进料段、卸料段共 20 层组成,长×宽×高:3 400 mm×3 400 mm×19 597 mm。

调质塔安装在位于预处理车间 3 m 层的钢结构基础上,设备总重量 125 t,其中最大的单件重量是卸料段,重量 8.8 t,在吊车占位的理想情况下,最大安装标高是 26 m,吊车伸臂高度为 33 m。

该工程调质塔采用 Solex 板式换热节能技术,是当前最先进的板片式调质塔设计技术,目前已经在国内外成熟运用。

2　应用BIM技术深化优化方案

调质塔施工安装前,应用BIM技术建立三维模型,优化与深化设计方案。利用三维模型,在电脑中模拟吊装与安装过程,提前解决可能遇到的问题。通过动画漫游对施工班组操作层进行安全技术交底。调质塔三维模型图如图2-1所示。

图2-1　调质塔三维模型图

3　施工准备

3.1　设备开箱检查

(1)根据制造厂提供的设备清单及零件清单,对照设备图纸进行开箱。
(2)开箱时应有制造厂、监理单位和安装单位三方代表参加,对设备的规格、数量及外表的情况进行检查,检查有无缺损件及有无锈蚀等。
(3)对有缺陷的设备及零件应重点检查,并做记录进行会签,开箱后的设备及零部件应妥善保管,防止锈蚀、受潮、变形等。

3.2 设备进场检查

(1) 设备外观检查,检查在运输过程中是否有碰撞。
(2) 检查设备上下连接法兰是否有弯曲变形,如果变形必须先进行校正,然后才能进行吊装。如图 3.2-1、图 3.2-2 所示。

图 3.2-1　调质塔运抵现场　　　　图 3.2-2　调质塔连接法兰口检查

3.3 基础测量

(1) 检查基础预埋件尺寸、数量是否与图纸相符;
(2) 将预埋件抄平校正,使每件预埋件平面度在 ±2 mm 以内;
(3) 预埋件校平后,根据下料段安装板外形尺寸,在基础预埋件两个端面上焊接定位;
(4) 人员在设备基础上作业必须穿戴好劳保用品,并系好安全带。

4 调质塔吊装

4.1 编制吊装方案

根据现场场地及设备布置情况,编制吊装方案。
吊装方案的编制主要参照吊装技术规程、被吊设备的设计图纸及有关参数和技术要求,以及施工现场的场地、道路、障碍物等客观条件。
设备吊装与安装流程如图 4.1-1 所示。

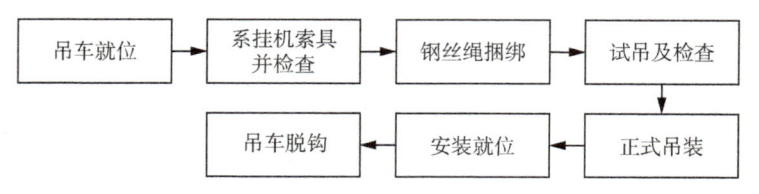

吊车就位 → 系挂机索具并检查 → 钢丝绳捆绑 → 试吊及检查 → 正式吊装 → 安装就位 → 吊车脱钩

图 4.1-1　调质塔吊装流程图

4.2 计算校核,选择机具

(1)进行工艺力学计算、机具选择,对调质塔设备进行校核。

(2)根据起重机的额定起重量、最大幅度、最大起升高度和工作速度选择合理的起重机。

(3)经过技术可行性论证、安全性分析、进度分析、成本分析等,本工程经综合考虑,选用 100 t 自行式汽车起重机进行设备吊装。

4.3 吊装前场地预压试验

由于施工场地属软弱土地基,在设备吊装前,需对吊车站立位置的地基进行平整和压实,按规定进行沉降预压试验。在复杂的地基上吊装重型设备时,需对基础进行专门的设计预起吊、预压沉降试验。

4.4 安全技术交底

(1)所有参与吊装的人员要服从统一指挥,明确自己的工作职责,坚守岗位、集中精力、精心施工。

(2)施工人员要做到安全生产、文明生产,做好个人的安全保护工作,关心他人,防止人身和财产受到损害。

(3)施工前,由技术负责人向全体施工管理人员和操作层进行安全技术交底和安全培训。如图 4.4-1、图 4.4-2 所示。

图 4.4-1 技术交底会　　　　图 4.4-2 安全培训会

(4)吊装地带应设安全路障或挂牌明示,并划出安全界区。施工人员必须坚守岗位,统一信号,统一指挥,统一行动。吊装过程中,重物下和受力绳索周围禁止人员停留,保障吊装过程安全。

4.5 吊装准备

(1)制作和安装辅助设施(脚手架、跳板、垫板等)。

(2) 准备好安装现场需要使用的各种机具与工具，各种连接螺栓、垫片。
(3) 在安装平台的内壁四周焊接钢板框架，便于下料斗连接施工。

4.6　吊装要求

(1) 吊装施工必须按图纸施工，按顺序施工，做到就位准确，连接可靠。
(2) 各个工序必须遵守操作规程，讲究工艺工序，切实保证安装质量。
(3) 安装时，各个工序之间要密切配合，协调有序，注意保证设备轴线的垂直度、水平度，坚决按照工艺技术要求办事。
(4) 做好各个设备的安装原始记录，检查安装尺寸，调整偏差，保证安装尺寸符合图纸要求。

4.7　吊装技术要点

(1) 吊装顺序从底层的卸料段开始，自下而上，逐层吊装。
(2) 设备吊装前要检查每层设备内是否有杂物，如有，必须清理干净后才能吊装。
(3) 考虑到装配安全，可以在每件加热段上焊接临时工装脚手架，焊好后再进行吊装。如图 4.7-1、图 4.7-2 所示。

图 4.7-1　底层卸料段吊装　　　　图 4.7-2　底层卸料段吊装

(4) 底层卸料段与基础间应为焊接连接，就位时，要确保设备的垂直度、水平度，应用加减钢板的方法调整。
(5) 按照事先编写的顺序号码，按序就位，确保进气层、排气层、加热层的安装位置和安装方向。如图 4.7-3、图 4.7-4 所示。

图 4.7-3 调质塔卸料段吊装　　　　图 4.7-4 调质塔中间节吊装

（6）每个层次就位前，需将连接接触面清理打磨、粘贴专用密封胶垫。

（7）每段箱体吊装就位后，每边至少用 4～5 颗螺栓固定好后方可继续吊装下段箱体。

（8）各层次间为专用螺栓连接，且螺栓的穿入方向保持一致。

（9）加热箱和干燥箱吊装结束后，再将进料箱吊装就位，并将每层连接法兰螺栓拧紧；如图 4.7-5～图 4.7-8 所示。

图 4.7-5 调质塔安装　　　　图 4.7-6 调质塔安装

图 4.7-7　调质塔吊装　　　　　　　　图 4.7-8　调质塔吊装

（10）每层箱体就位时，要确保设备的垂直度、水平度，检测合格后，拧紧螺栓。顶部吊装如图 4.7-9、图 4.7-10 所示。

图 4.7-9　调质塔顶部吊装　　　　　　图 4.7-10　调质塔顶部吊装

（11）设备就位后，设备找平与找正应按基础上的安装基准线（中心标高、水平标记）对应塔上的基准测点进行调整和测量。最后再用经纬仪或线垂检查箱体垂直度，如果有倾斜需进行调整，确保箱体垂直度在公差范围内。

5　设备清洗与封闭

（1）设备安装时，注意防止多余的部件或其他工具遗留在塔内，封闭前必须仔细检查，防止遗漏。

（2）设备内部的清理检查、塔盘栅的检查以及检查完后最终封闭人孔门、手孔门等环节，必须与甲方人员共同进行，并签字确认。

（3）已做过整体或局部热处理的设备、管道、电仪、平台支架等安装时，不允许在其筒体上直接施焊。

（4）设备安装完毕后，应进行清扫，清除设备内部的铁锈、泥沙、灰尘、木块、边角料、焊条等杂物。

（5）对无法进行人工清扫的设备，可用蒸汽或空气吹扫，吹扫后必须及时除去水分。

（6）清扫检查合格后，应及时封闭，并填写"清理、检查、封闭记录"。

6　设备单机试运行

6.1　按出厂技术文件和规范要求进行试运转工作，设备试运转前，对设备及其附属装置进行全面检查，符合要求后方可进行试运转。

6.2　相关的电气、管道或其他专业的安装工程已结束，电气一次回路、二次回路开关模拟动作已完成，试运转准备工作就绪，现场已清理完毕，人员组织已落实。

6.3　试运转前必须检查电机转向、润滑部位的油脂等情况，直至符合要求。有关保护装置应安全可靠，工作正常。

6.4　运转时，附属系统运转正常，压力、流量、温度等均符合设备随机技术文件的规定。如图6.4-1、图6.4-2所示。

图6.4-1　调质塔首进大豆　　　　图6.4-2　调质塔首进大豆

6.5　严格按顺序进行运转，先无负荷，后负荷；先从部件开始，由部件至组件，由组件到单台设备试运转，然后进行联动试车。运转中不应有异响，密封部位不得有泄露，各固件不得有松动。

7 结语

中粮东海榨油厂工程调质塔设备安装工程,采用创新施工技术,成功解决了调质塔设备施工安装中出现的问题,解决了设备延迟到货造成的吊装难题、定位难题。经检测,达到预期目标,整体设备定位误差最大不超过 10 mm,水平度误差不大于 0.2/1000,满足设计要求,单机调试合格,整个工程按时竣工交付,为同类工程施工积累了经验。

大型榨油厂斗式提升机安装施工技术

1 概述

1.1 工程概况

榨油厂生产加工过程中,大豆、菜籽等原粮及散粕需要安全、高效、封闭的输送系统。在散状物料垂直提升系统中,最常用的是斗式提升机。斗式提升机与其他输送设备相比,具有提升量大、能耗低、结构简单、密封性好、造价低廉、易于防尘等优点,广泛应用于粮油、饲料等行业。

张家港中粮东海仓储有限公司10万t筒仓工艺设备及电气安装工程,位于张家港保税区东海粮油厂区内。其地处苏、锡、常经济区,长江南岸的岸线中部,背靠京沪与沿江高速,紧临京杭运河,公路四通八达水路距上海吴淞口140 km,隔江与南通市相望,交通十分便利,码头可停靠7万t级远洋货轮。工程于2021年7月12日开工,2022年4月16日投产运营。

该工程施工工期紧,设备安装精度要求高,土建结构施工及工艺管线交叉施工多,施工难度大。其中,设备安装工程主要包括垂直提升系统和水平输送系统。原粮垂直提升系统使用大型斗式提升机输送大豆等散粮,最大输送量达1 200 t/d。筒仓及垂直提升系统工艺流程图如图1.1-1所示。

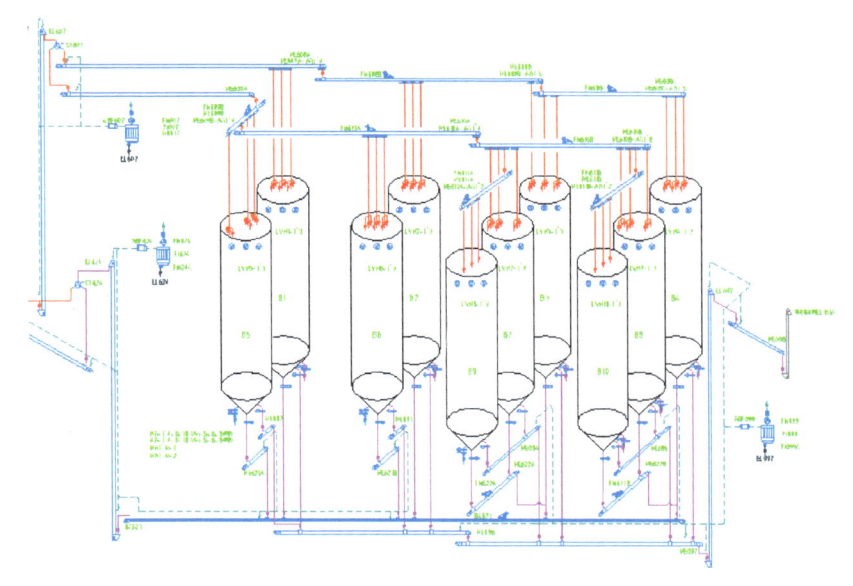

图1.1-1 10万t筒仓工艺流程图

筒仓及垂直提升系统如图1.1-2、图1.1-3所示。

图1.1-2　筒仓

图1.1-3　提升塔立面

1.2　设备特点

斗式提升机主要由底座、筒体、机头（带减速机及电机）、皮带、畚斗等五大部分组成，如图1.2-1、图1.2-2所示。

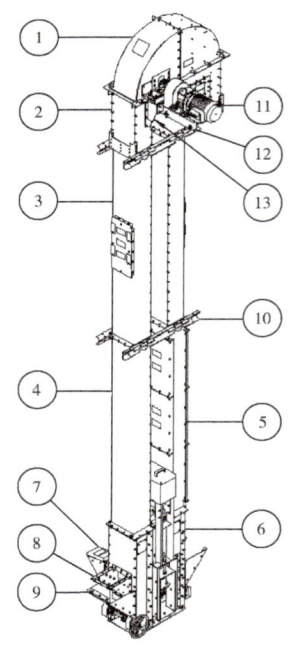

1. 机头罩壳　2. 机头底座　3. 泄爆节　4. 标准节
5. 检修节　6. 机尾　7. 回料斗　8. 进料斗　9. 清料门
10. 连接角钢　11. 减速电机　12. 传动架　13. 传动架连接板

图1.2-1　斗式提升机构成示意图

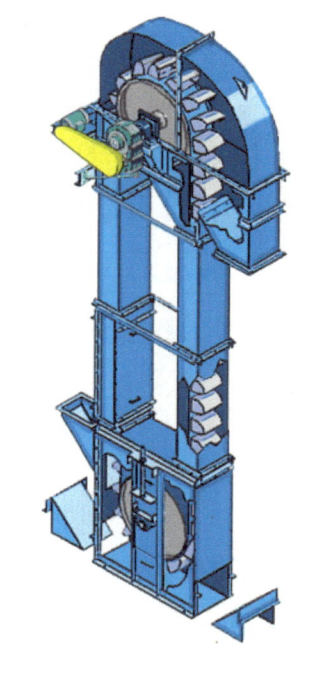

图1.2-2　斗式提升机示意图

斗式提升机技术参数如表1-1所示。

表1-1 斗式提升机技术参数表

序号	设备名称	设备编号	设备型号	输送物料	输送产量(t/h)	进出口高度(m)	功率(kW)	设备安装位置
1	斗式提升机	EL531	BE4238	豆粕/菜粕($0.5\ t/m^3$)	250	43.77	75+4	提升塔6.8 m层
2	斗式提升机	EL532	BE4238	豆粕/菜粕($0.5\ t/m^3$)	250	46.27	75+4	提升塔0.00 m层
3	斗式提升机	EL533	BE4232	豆粕/菜粕($0.5\ t/m^3$)	300	26.57	45+4	提升塔0.00 m层
4	斗式提升机	EL605	48/72	大豆($0.7\ t/m^3$)	1 200	63.97	115.5	提升塔0.00 m层

提升塔剖面图如图1.2-3所示。

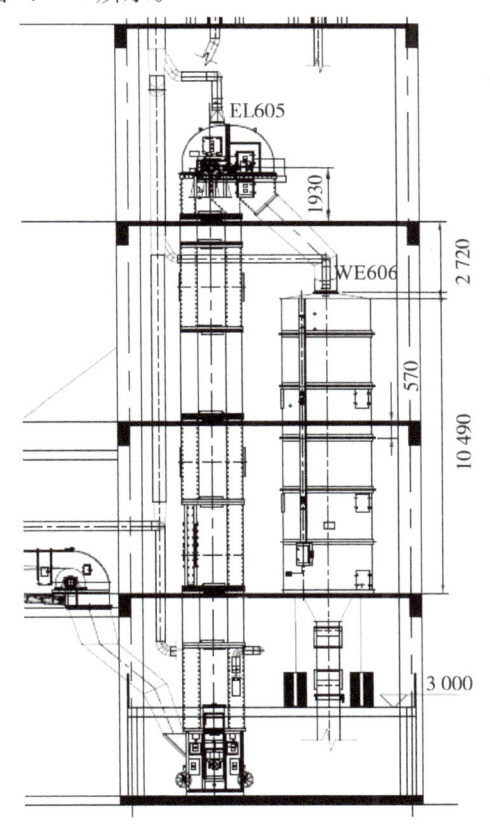

图1.2-3 提升塔剖面图(单位:mm)

2 依据标准及规范

(1) GB 50270—2010《输送设备安装工程施工及验收规范》；

（2）GB 50231—2009《机械设备安装工程施工及验收通用规范》；
（3）GB 50431—2020《带式输送机工程技术标准》；
（4）GB 50205—2020《钢结构工程施工质量验收规范》；
（5）GB 17440—2008《粮食加工、储运系统粉尘防爆安全规程》；
（6）工程设计文件、随机技术文件及其他技术文件。

3　施工准备

3.1　设备开箱检查

（1）设备开箱检查要会同建设单位和设备供应部门共同参加。
（2）检查设备包装外观有无损坏，根据设计图纸按设备的全称核对名称、规格型号。
（3）根据设备装箱清单和技术文件，清点随机附件、专用工具是否齐全，检查设备表面有无缺陷、损坏、锈蚀、受潮等现象。
（4）设备开箱检查，要填写"开箱检查记录"，并经有关人员会签。
（5）在设备开箱检查后，及时做好设备保护工作。如图 3.1-1～图 3.1-8 所示。

图 3.1-1　机头设备到货

图 3.1-2　机尾设备到货

图 3.1-3　设备到货清单核对

图 3.1-4　设备开箱检查

图 3.1-5　筒体到货检查　　　　　　　图 3.1-6　支座到货检查

图 3.1-7　筒体连接角钢　　　　　　　图 3.1-8　头轮到货检查

（6）对开箱过程中发现的设备质量问题，及时留下图片资料，以备查改。

3.2　基础验收

（1）斗式提升机基础需要承载动载荷、静载荷、风载等，必须按照图纸要求施工浇筑。在基础上，需专门预留排水坑。

（2）检查基础预埋板表面标高及平整度。

（3）检查基础相关位置尺寸偏差。

（4）预留孔洞每层几何尺寸偏差不得大于 20 mm，内框边的垂直度偏差不得大于 10 mm。

（5）上述各项若超差时，会同有关部门协商处理，直至满足设计、规范要求。

（6）设备安装前基础检查完毕，及时做好记录并签证。

4 工艺流程及操作要点

4.1 斗式提升机设备安装工艺流程

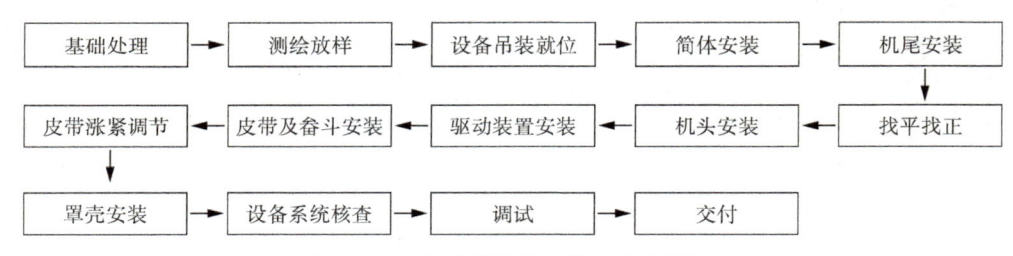

基础处理 → 测绘放样 → 设备吊装就位 → 筒体安装 → 机尾安装

皮带涨紧调节 ← 皮带及畚斗安装 ← 驱动装置安装 ← 机头安装 ← 找平找正

罩壳安装 → 设备系统核查 → 调试 → 交付

图 4.1-1　斗式提升机安装工艺流程图

4.2 安装方式及技术要点

4.2.1 安装方式

一般情况下，钢筋混凝土结构提升塔、斗式提升机安装受安装场地的限制，通常采用倒装法安装。本工程为敞开式钢结构框架钢格板结构，方便每层吊装筒体，机头、底座、筒体可以同时进行吊装。

4.2.2 核对现场斗式提升机工艺布置

根据现场工艺布置，核对斗式提升机头轴位置和电机减速机的位置是否与设计相符，发到现场的货物是否和现场工艺一致。

检查下料口位置：(1) 逆向进料，进料口在提升段，逆向进料口一侧较另一侧高，畚斗进料靠喂料。(2) 顺向进料，下料口在下降侧，下料口的一侧较另一侧低，畚斗进料靠挖料。

吸风节在两个机筒的同一侧，检修节在下行侧。

4.2.3 安装技术要点

(1) 基础处理；
(2) 设备吊装就位；
(3) 机头、尾轮精准对中；
(3) 机筒安装垂直度、水平度控制；
(4) 皮带张紧；
(5) 设备调试。

4.3 机头设备吊装

4.3.1　设备搬运过程中，注意对设备进行保护。

4.3.2　设备吊装时，吊装的绳索必须挂在设备的专用吊环上，不得将绳索捆绑在设备机壳、轴承及接管上。

4.3.3　与设备机壳接触的绳索，在棱角处垫上柔软材料，防止磨损机壳及绳索被切断。如图 4.3-1～图 4.3-4 所示。

图 4.3-1　130 t 汽车吊就位 　　　　　图 4.3-2　机械楼设备安装立面图

图 4.3-3　机头转运至吊装现场 　　　　图 4.3-4　机头吊装准备

4.3.4　机头、基座及电机、联轴器等起吊前,标注设备朝向方位,便于到楼层一次就位。如图 4.3-5~图 4.3-8 所示。

图 4.3-5　吊装前标注设备就位方位 　　　图 4.3-6　吊装孔穿索具

图 4.3-7　起重吊钩锁紧　　　　　　　图 4.3-8　机头吊装

4.4　机尾安装

4.4.1　首先在基础上安装机尾部分。安装前,需仔细检查机尾部分是否损坏,紧固件是否松动。如图 4.4-1、图 4.4-2 所示。

图 4.4-1　机尾安装　　　　　　　　　图 4.4-2　尾轮安装

4.4.2　底座采用工字钢或者槽钢制作(根据不同的斗式提升机可选用不同的槽钢),具体尺寸和斗式提升机底尺寸一致。为了底座的打孔保证准确性,可以把斗式提升机底板拆下来,然后按照底板进行打孔制作。

4.4.3　确定机尾的位置。在安装斗式提升机的塔架或钢结构安装口安放两个线坠对角测量机尾的位置,位置确定后,将机尾按照使用位置进行水平测量,测量工具有水平仪及水平尺,垂直误差在 ±1 mm。

4.4.4　固定的方法有焊接及螺栓紧固两种。一般采用焊接,焊接仰角不能少于 45°,焊接宽度不能少于 20 mm,焊接长度不能少于 150 mm,焊接点不能少于 10 个点。焊接要求无假焊、无夹渣、无咬边,焊缝饱满美观。

4.4.5　安装固定机尾。底座制作完成,把底座焊接处打磨平整,安装斗式提升机尾部。按照图纸和孔洞的位置,找到斗式提升机在机械楼内的工艺中心,确定斗式提升机的底座安装位置,用水准仪测量斗式提升机尾部法兰的水平度,找到最高点,填垫片进行调平。可以用两个 3 t 的手拉葫芦吊起斗式提升机底座,用千斤顶顶起底座填充垫片,保证斗式提升机尾部的水平度在 1 mm 以内,最后和基础预埋钢板焊接。

4.5 机筒吊装

(1) 在机头所在的楼层,利用车间的结构梁设置吊点,且吊点的正中心铅垂线要指向斗式提升机安装位置的中心线,吊装采用 5 t 卷扬机,钢丝绳通过滑轮与吊架连接。如图 4.5-1 所示。

卷扬机起吊前,再次确认跑绳的行经路线没有遮挡物,没有和结构或其他设备、管道缠绕、触碰,以防挂住跑绳或被其他物件磨坏。如图 4.5-2～图 4.5-7 所示。

图 4.5-1　结构梁设置机筒吊点

图 4.5-2　液压车水平运输机筒

图 4.5-3　卷扬机提升机筒

图 4.5-4　用卷扬机从洞口提升机筒

图 4.5-5　卷扬机提升到相应楼层

图 4.5-6　机筒提升至相应楼层 　　　　图 4.5-7　机筒提升至相应楼层

（2）起吊时，指挥员与卷扬机操作员用对讲机单线联系，指挥员随时观察斗式提升机提升时筒体是否有足够的安全上升距离和空间，待上升到可以供一节筒身安装高度时，停止起吊，并锁住卷扬机，安装人员安装筒体。这样依次进行，直到安装最底部的过渡节。

（3）继续起吊，达到可以安装底座的高度时，停止起吊，锁住卷扬机，撤掉临时找平木板，将底座平移到基础上，对准中心，并调整四角的标高，将底座与预制框架连接。底座与预制框架连接牢固后，缓慢放下筒体，与底座连接。再次检查斗式提升机整体的垂直度与中心位置，然后将预制框架与基础预埋钢板焊接牢固。

4.6　筒体安装

4.6.1　中间节

中间节的连接固定用8.8级热镀锌螺栓，安装过程中间节的螺栓先不锁死。交叉角钢部分，因螺孔较小，有限位作用。到每层机械楼处用槽钢先大致限制一下位置。注意吸风节和检修节的位置放置，必须方便后续检修维护。

4.6.2　上升段与下降段

正确区分提升机的上升段和下降段，安装在相应位置上。如图4.6-1、图4.6-2所示。

图 4.6-1　上升段安装 　　　　图 4.6-2　下降段安装

4.6.3 检修节安装

为方便安装、维护设备,筒体设有检修节。检修节安装如图 4.6-3、图 4.6-4 所示。

图 4.6-3　检修节安装 　　　　　　　图 4.6-4　检修节角钢连接

4.6.4 标准中间节安装

(1) 在机筒安装开始之前,检查各个硬件、零件的损坏情况,及时更换或修理。

(2) 标准机筒可由低碳钢或者镀锌钢制作,由连接角钢固定,附加一组剪刀撑帮助固定。如图 4.6-5、图 4.6-6 所示。

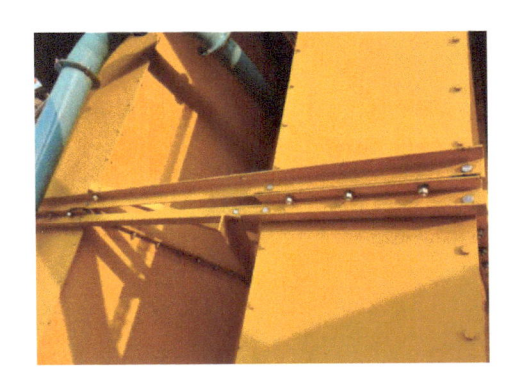

图 4.6-5　标准机筒角钢连接及筒节密封 　　　　　　　图 4.6-6　标准筒间剪刀撑固定

4.6.5 机筒水平度控制

机筒需要安装在同一个水平面上。所有的部件组装成两个机筒,将连接角钢以及横向拉杆装在单个机筒上。连接面不在同一平面部位可以在地面装配,要确保无扭转变形。

4.6.6 密封措施

设备运行过程中,极易发生粉尘爆炸。制作精良的输送设备,密封性能必须良好。筒体之间、进出料口等结合面,需密封配对,接口处垫泡棉密封带,拧紧螺栓。如图 4.6-7、图 4.6-8 所示。

图 4.6-7　筒体连接使用泡棉密封带 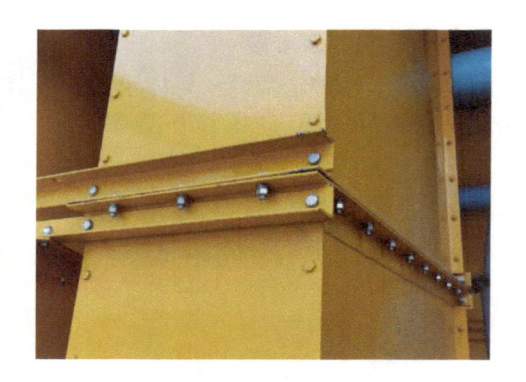　　　　图 4.6-8　筒体密封法兰螺栓拧紧

4.6.7　保证机筒垂直度

中间节安装完成之后即开始校正工作，从斗式提升机顶部吊垂线，注意垂线下重物的重量要适当大。从下往上开始校正，数值有偏差的地方要用葫芦或者千斤顶校正，保证垂直度要在 1 mm/m。整机垂直度要求：小于 30 m 的在 5 mm 以内，大于 30 m 小于 50 m 的在 10 mm 以内。每层校正完成之后将螺丝拧紧，用槽钢进行夹固，槽钢和机械楼焊接起来，焊接处进行防腐处理。安装夹固支架时，注意绝对不能将提升机机壳与夹固支架焊接在一起。

（1）筒体与预留孔洞之间的固定，从第一层的孔洞开始，逐层安装固定支架。

（2）在预留洞四边做一圈 L5×5 角钢作为基准线，用吊线锤测量筒体的垂直度，然后依次安装固定角钢。准备一个油桶，桶里装上机油，将线坠沉入油内，可消除风力对线坠晃动的影响。如图 4.6-9、图 4.6-10 所示。

图 4.6-9　机筒垂直度吊线坠 　　　　图 4.6-10　机筒垂直度吊线坠

（3）安装时，要注意基准线至筒体的距离，偏差不大于 1 mm，筒体要紧贴固定角钢，可以用千斤顶加木板施力压紧，确保筒体的外壳与角钢整体贴合，不能出现歪斜。

（4）对于开敞式结构，用经纬仪复测筒体垂直度。

（5）机筒须在两个方向上铅垂调整。一旦发现机筒偏差，用千斤顶找正。

（6）上下全部机筒矫正后，及时用角钢焊接固定。确保所有紧固件拧紧，如图 4.6-11～图 4.6-14 所示。

图 4.6-11　每节筒体测量读数 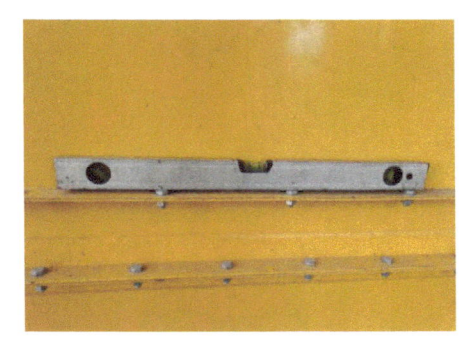　　　　图 4.6-12　用水平尺测量机筒水平度

图 4.6-13　千斤顶对机筒矫正 　　　　图 4.6-14　机筒找平找正后用角钢焊接固定

4.6.8　泄爆节安装

泄爆节是将标准机筒两边的端板专门设计成泄爆端板。减压端板和连接角钢直接安装在中间部位,用两条连接角钢固定,附加一套剪刀撑固定。安装减压机筒前,需要仔细检查紧固件和端板是否存在损坏,破损、有缺陷的不能安装。如图 4.6-15～图 4.6-18 所示。

图 4.6-15　泄爆节安装 　　　　　　　　图 4.6-16　泄爆节安装

图 4.6-17　泄爆节剪刀撑固定 　　　　图 4.6-18　泄爆节角钢连接固定密封

4.7　进料斗、回料斗、清料门的安装

4.7.1　卸下螺母和蒙板，安装进料斗、回料斗、清扫门。进料斗、回料斗和清料门出厂前通常单独包装运输。

4.7.2　进料斗安装前卸下进料挡板进行更换，进料斗两侧都可以安装，注意要以高位进料。

4.7.3　回料斗安装前卸下回料挡板进行更换。

4.7.4　清料门安装前卸下清料门挡板进行更换。

如图 4.7-1～图 4.7-4 所示。

图 4.7-1　安装进料斗 　　　　图 4.7-2　进料斗蒙板螺栓拧紧安装

图 4.7-3　进料口溜槽安装　　　　图 4.7-4　清料门安装

4.8　头轮部件安装

（1）机头的定位以机头所在楼层的机筒为参照，从上而下吊铅垂线，测量三个面后确定机头的垂直度。

（2）机头的支撑不能以筒体为主受力点，需在该平面上制作一检修平台，将机头的受力大部分支撑在该平台上。

（3）机头的主轴和电动机减速机的底座要支撑在平台上，同时机头筒体也要用角钢压紧。如图 4.8-1～图 4.8-6 所示。

图 4.8-1　头轮安装准备　　　　图 4.8-2　头部固定支架安装

图 4.8-3　机头支座安装　　　　图 4.8-4　联轴器支座安装

图 4.8-5　头轮罩壳安装　　　　　　　图 4.8-6　减速机安装

4.9　除尘系统安装

4.9.1　在斗式提升机头部和底部应设有吸风管和通风口,以保证斗式提升机在卸料和进料过程中,不会形成正压导致粉尘外溢,整个系统保持一定的微负压。除尘系统包括脉冲除尘器、吸风筒等。如图 4.9-1、图 4.9-2 所示。

图 4.9-1　吸风管安装　　　　　　　图 4.9-2　吸风管安装

4.9.2　磁选器安装在进料溜槽上,用于除去进料中金属杂质。
磁选器安装如图 4.9-3～图 4.9-6 所示。

图 4.9-3　磁选器

图 4.9-4　磁选器安装在进料口上方

图 4.9-5　进料口溜槽安装

图 4.9-6　进料口溜槽安装

4.10　皮带安装

4.10.1　皮带

（1）皮带需根据机筒的重量、高度、皮带轮、物料种类等进行专门挑选。皮带安装前，需根据斗间距的安装方式预先打孔。

（2）皮带安装可以先将尾轮提高到最高点，以便之后调整皮带张紧度。

（3）将畚斗预先装在皮带上，再穿入机筒，提高安装效率。

（4）先装上畚斗会增加皮带重量，穿皮带需使用卷扬机拉升。如图 4.10-1～图 4.10-3 所示。

（5）根据提升皮带的宽度和畚斗连接孔尺寸，制作固定及牵引夹具，材料可以用 8 mm 钢板两侧对夹，螺栓锁紧，中间留有牵引挂钩；如图 4.10-4 所示。

（6）将底座的张紧装置调节至行程最高点（最松状态）。

（7）将机头的两侧盖板拆开，方便皮带从机头位置绕入。

（8）将皮带一端从机头位置绕入提升机，要注意畚斗的抛料方向与斗式提升机的出料方向要一致。

（9）从机头位置绕进去的畚斗皮带从斗式提升机的检修口处绕出，然后用之前做好的皮带夹具固定住。

图 4.10-1　畚斗用螺栓固定 　　　　图 4.10-2　畚斗螺栓紧固

图 4.10-3　畚斗固定在皮带上 　　　图 4.10-4　皮带两侧钢板对夹牵引

（10）将机头位置的传动轮固定住，防止转动。

（11）将畚斗皮带的另一端从机头绕入，一直放到底座，从检修口放一根牵引绳至底座，利用底座上的清理门，将牵引绳与皮带牵引夹具捆牢，再将畚斗皮带从检修口处拉出壳体；如图 4.10-5、图 4.10-6 所示。

图 4.10-5　用卷扬机穿皮带及畚斗 　　图 4.10-6　手拉葫芦辅助提升

（12）机头位置的传动轮固定取消,用手拉葫芦将畚斗皮带收紧,确定畚斗皮带的接头位置,在距离接头位置大概 10～15 cm 的位置,将多余皮带割掉。

注意:为了避免皮带从机头滑落,先将皮带一端固定好。

4.10.2　皮带连接

（1）用直角尺在畚斗皮带连接的两端画两条垂直于畚斗皮带侧边的直线。

（2）根据斗式提升机厂家提供的参数确定皮带夹的数量与位置。

（3）沿着画好的线用冲孔机冲出皮带夹连接孔。

（4）安装皮带夹,锁紧皮带夹螺栓。

（5）拆除畚斗皮带的临时固定装置。

（6）检查皮带夹的安装,确保所有的皮带夹头在一条直线上,偏差不超过畚斗皮带宽度的 1/1 000,确保皮带在接头处受力均匀。

（7）畚斗皮带连接完成后,调节斗式提升机的皮带张紧装置至适当程度,观察底部传动轮轴的位置,注意剩余张紧行程不小于全行程的 50%,若不合格,则应重新连接皮带,直至合格位置。

（8）同时调整出料口回料挡板的位置,使其与畚斗外边缘的距离保持 5～10 mm。

（9）畚斗皮带的对接采用皮带连接器紧固形式。如图 4.10-7～图 4.10-12 所示。

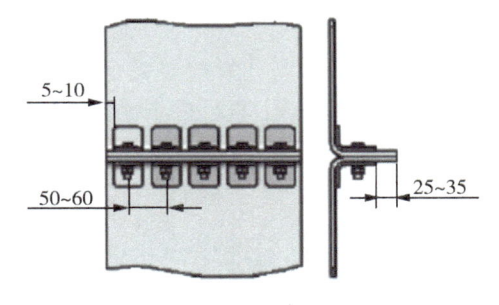

图 4.10-7　皮带连接器　　　　　图 4.10-8　皮带连接示意图

图 4.10-9　皮带接头测量　　　　　图 4.10-10　皮带接头划线

图 4.10-11　穿皮带连接器　　　　图 4.10-12　皮带连接器紧固

4.10.3　畚斗

（1）畚斗安装要点：畚斗使用畚斗螺栓、平垫、弹簧垫、螺帽等紧固器安装在皮带上。

（2）检查斗式提升机的提升皮带是否冲好畚斗连接孔，未冲孔的提升带需用专业皮带冲孔工具按照斗式提升机厂家提供的畚斗间距及畚斗安装尺寸冲孔。

（3）皮带有两个面，光滑的面为工作面。畚斗应安装在提升皮带的光滑面，提升皮带的粗糙面与机头、底座的传动轮接触。

（4）按照厂家的具体要求使用畚斗螺栓，按要求锁紧螺母、弹簧垫片、平垫片等。

（5）安装畚斗时，提升皮带要预留足够的距离用于皮带的连接。

（6）畚斗安装后，畚斗螺栓要完全紧固，螺栓的尾部不能冒出皮带平面。

（7）轻轻地上紧螺帽，直至畚斗螺栓尾部嵌入皮带内。如图 4.10-13～图 4.10-20 所示。

图 4.10-13　皮带畚斗专用螺钉螺帽　　　　图 4.10-14　皮带穿螺钉

图 4.10-15　皮带机架工装　　　　图 4.10-16　皮带穿螺栓

图 4.10-17　皮带螺钉固定 　　　　　　　图 4.10-18　皮带螺钉固定

图 4.10-19　与业主研究皮带安装细节 　　图 4.10-20　皮带畚斗安装检查

4.10.4　皮带张紧

皮带张紧度是机器能否安全运行的关键，皮带调节对设备达到最佳运行状态非常重要。可以通过调节尾轮轴承上的轴承座调节张紧度，将一侧张紧螺杆向下张紧，皮带向相反方向移动。如图 4.10-21、图 4.10-22 所示。

图 4.10-21　皮带张紧调节螺栓 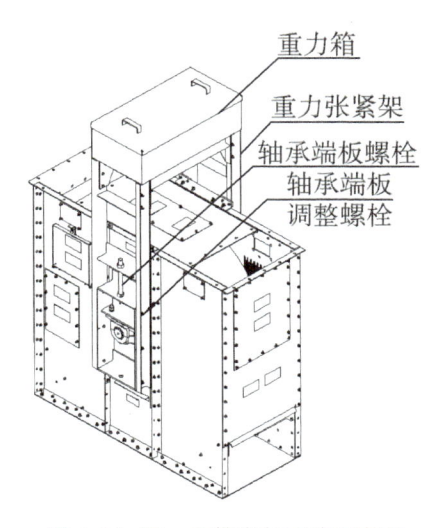　　　　　图 4.10-22　皮带张紧系统示意图

（重力箱／重力张紧架／轴承端板螺栓／轴承端板／调整螺栓）

松开固定轴承螺栓,使用定位螺栓,将轴承顶起,在轴承上垫满足够的垫片,退出定位螺栓,将轴承重新用螺栓定位,使用薄垫片对皮带做微调。

检查输送皮带有无开裂,畚斗有无破损,皮带的接头是否牢靠,是否有皮带拉长、跑偏等情况。

4.11 动力部分安装

4.11.1 动力部分安装对提升机的运行起着重要作用。

安装步骤:减速器安装──→定位──→紧固──→联轴器安装──→减速机和电机衔接──→定位──→紧固螺栓──→联轴器调整。联轴器安装需严格执行安装标准,保证间隙、平行度、水平度在要求范围之内,具体的要求按照不同联轴器的使用说明书安装。安装时必须要打百分表和使用塞尺,联轴器安装调整越精细,使用寿命越长。

4.11.2 联轴器安装

斗提机联轴器选用 OMEGA 联轴器,具有独特的分体式弹性体和可正反安装的轴套设计。OMEGA 联轴器无需润滑,聚氨酯弹性体经久耐用,具有较高强度和抗疲劳特性。

同轴度要求:联轴器连接时,用百分表在联轴器的轴向和径向进行测量和调整,使两轴心的偏差在允许范围,即轴向倾斜不大于 0.2/1 000,径向位移不大于 0.05 mm。如图 4.11-1、图 4.11-2 所示。

图 4.11-1 联轴器调试　　　　图 4.11-2 联轴器百分表测试同轴度

4.12 安全报警装置安装

料位传感器安装。机内料位超过一定高度,会造成堵塞,严重时会造成爆炸。料位传感器安装在底座,如图 4.12-1、图 4.12-2 所示。

斗式提升机安全报警装置包括皮带跑偏开关、出口堵料开关、头轮轴承温度报警开关、失速报警开关等安全装置。

图 4.12-1　料位传感器安装　　　　图 4.12-2　堵料清理出口开关安装

4.13　调试

（1）调试前检查：螺栓螺丝、电线、开关、轴承密封、轴密封部分、润滑剂、链轮机油量等。

（2）检查斗式提升机的配重及张紧装置是否符合要求，畚斗的安装方向是否正确。

（3）检查所有的连接件是否拧紧到位，检查传动装置的固定支架是否牢固可靠，检修平台栏杆及爬梯是否符合安全要求。

（4）协助业主加注减速机油，检查链条罩壳、密封度，加注链条齿轮油。

（5）检查连接处的间隙大小。

（6）对各个部位进行检查，皮带适当张紧，如图 4.13-1、图 4.13-2 所示。

图 4.13-1　皮带张紧螺栓　　　　图 4.13-2　皮带张紧螺栓

（7）检查所有的外罩、检查门、可移动托盘，确保正确安装。

（8）调整尾座张紧螺栓来张紧皮带，保持尾座皮带轮水平，使工作时皮带左右晃动量最小。

(9) 对机头、机尾、机身主要部件进行细致检查，确保所有部件符合要求。

(10) 确保所有挡、护板均已到位且安全可靠。

(11) 检查所有启动、控制及通信设备，确保其技术状态正常、良好。

(12) 启动。确定每一部分都检查完毕并调整到位，上好润滑油之后，斗式提升机可以空载试运行。观察是否存在异常情况。负载之后，完成皮带张紧。

(13) 单机空载试运行，随时调整，待符合安装使用要求后，关闭电源并上锁，填写相关安装检查数据表格，方可办理交接手续。

5 质量与安全控制

5.1 质量控制措施

(1) 设备安装前必须编制施工方案，经审批后，方可实施。

(2) 设备安装前进行技术交底。编制关键工序作业指导书，下发施工班组。如图 5.1-1、图 5.1-2 所示。

图 5.1-1　项目部组织研究施工方案　　图 5.1-2　对施工班组进行安全技术交底

(3) 关键工序结束后，由项目质检员检查，合格后填写报告。

(4) 设备就位后要采取防护措施，防止零部件损坏、丢失。

5.2 安全控制措施

(1) 进入施工现场应穿戴好安全防护用品。

(2) 移动沉重机械设备要有专人指挥，无底座设备须加托板附滚筒滑动。

(3) 吊运设备前，先检查千斤绳和固定点是否牢固，起吊时要平稳受力。

(4) 起吊物上下严禁站人，防止坠落伤人。

(5) 吊装指挥信号明确统一。

(6) 卷扬机圈筒上钢丝绳至少保留 5 圈，钢丝绳绳头应严格嵌固。

(7) 遇有六级以上大风、雨天、雾天，禁止进行吊装作业。

（8）施工作业区要做好安全防护，地面要设安全警戒区，并设专人监护。如图 5.2-1、图 5.2-2 所示。

图 5.2-1　吊装现场专人监护设警戒线　　　图 5.2-2　吊装现场放置警示牌

6　结语

张家港中粮东海仓储有限公司大型垂直式斗式提升机安装工程，严格执行规范规程，从设备基础测量、设备吊装、皮带搭接及畚斗安装，到减速机、联轴器安装，严格控制主轴水平度和机壳铅垂度，解决了大型斗式提升机的安装精度问题。经过空负荷试运转和负荷试运转，达到了设计要求和预期效果，也为今后同类型设备的安装提供了有益经验。

大型榨油厂脱溶烤粕机设备安装技术

1 工程概况

1.1 概述

浸出法制油技术源于1919年的欧洲地区，经过百余年的发展日臻成熟。

浸出法榨油是当今最为普遍的食用油生产加工工艺。

浸出法制油基本过程：把油料胚浸于选定的溶剂中，使油脂溶解在溶剂内，然后将混合油与固体残渣（粕）分离，再按不同的沸点对混合油进行蒸发、汽提，使溶剂汽化变成蒸气与油分离，从而获得浸出毛油。溶剂蒸气则经过冷凝、冷却回收后继续使用。

大豆榨油工艺流程为：大豆→清洗、筛选→干燥→调温→破碎→脱皮→软化→轧胚→浸出→浸出粕→烘烤→冷却→粉碎→高蛋白大豆粉。

工艺流程中脱溶烤粕、冷凝汽提的重要设备即[DTDC集脱溶(Desoloventizer)、烘烤(Toaster)、干燥(Dryer)、冷却(Cooler)于一体]。

湿粕从DT顶部进入最上层，物料经过上层板上的刮刀搅拌，由上向下依次进入各层。提高物料温度并蒸发溶剂，所需的热量由蒸汽供应，直接蒸汽和间接蒸汽的热量经蒸汽夹层被导入脱溶物料中。DT的脱溶层设计为带蒸汽夹层，有上层板和下层板，上下层板之间形成加热蒸汽夹层以保持一定的蒸汽压力。DT有四种不同类型的层：预脱溶层，逆流层（烤粕层），直接蒸汽层和蒸汽干燥层。

1.2 工程概况

中储粮油脂工业（盘锦）有限公司榨油厂5 000 t/d饲料蛋白加工厂工程，位于辽宁省盘锦辽东湾新区荣兴港区纬四路，由江苏省安承建，工程于2016年8月开工建设，2017年12月投产运营。榨油厂可以加工、中转、储存大豆，压榨、浸出、精炼食用油，生产饲料、饲用磷脂等系列产品。该项目榨油设备为成套进口设备，由皇冠公司提供。

1.3 设备参数

DTDC设备参数如表1-1所示。

表1-1 设备参数表

序号	名称	位号	单重(t)	数量(段/台)	就位高度(m)	区域	备注
1	DT蒸脱机	DT305	40	6	4.37	2-3/C-E	
2	DC	DC305	40	6	4.37	1-2/C-E	

DTDC 设备体型高大，结构复杂，吊装难度高。同时，它对设备制造加工及设备安装精度要求高，施工安装难度大。

2 基于 BIM 技术，对图纸设计进行深化优化

（1）基于 BIM 技术，针对榨油厂生产工艺及管道布置建立三维模型；

（2）优化深化设计方案，与业主、设计院充分沟通协商，在关键施工措施方面达成一致；

（3）在电脑中模拟 DTDC 施工安装过程，向班组技工进行安全技术预交底，确保施工顺利进行；

（4）合理布置工艺管线与结构、大型设备的空间关系；

（5）利用三维模型，解决下料、管件预制加工等问题，提高精细化加工制作水平。

DTDC 立面图、BIM 模型图，如图 2-1、图 2-2 所示。

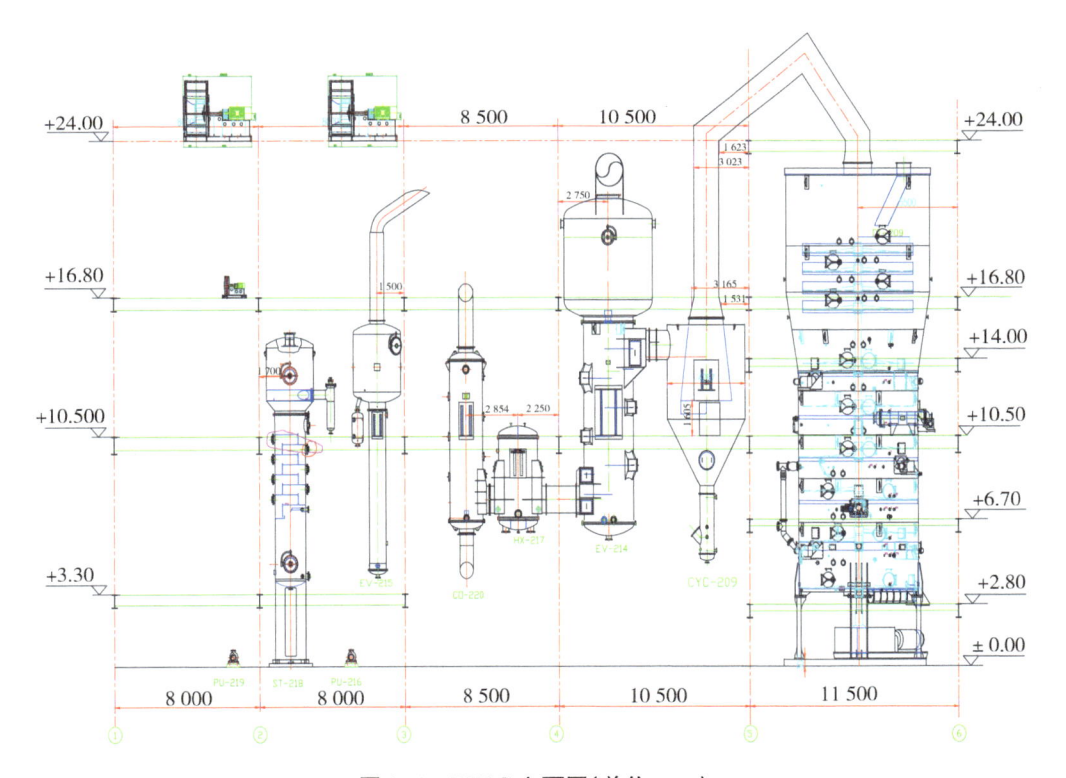

图 2-1 DTDC 立面图(单位：mm)

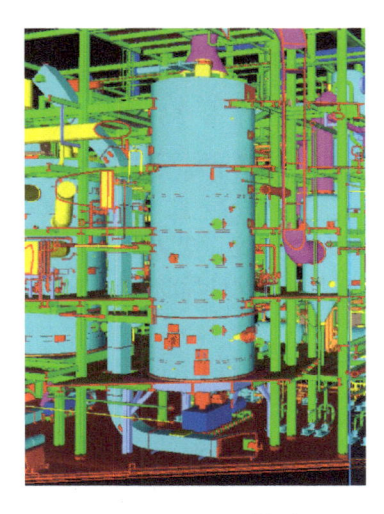

图 2-2　DT BIM 模型图

3　施工关键技术

（1）控制主轴安装垂直度，使用水平仪之前要检查精度；
（2）联轴器安装前要测量与轴的配合公差；
（3）联轴器安装后的同轴度是保证以后正常运转的关键；
（4）铜套与主轴的间隙要大于 0.25 mm，小于 0.5 mm；
（5）桨叶安装时和底部不能有擦碰，并要预留间隙；
（6）注油管安装前要检查管内清洁度；
（7）自动料门的摆动要灵活自如。

4　吊装方案

4.1　编制依据

（1）设备厂家提供的设备布置图、设备参数表；
（2）车间结构设计图；
（3）SHJ 515—90《大型设备吊装工程施工工艺标准》；
（4）GB 6067.1—2010《起重机械安全规程　第 1 部分：总则》；
（5）GB/T 5082—2019《起重机 手势信号》；
（6）SH/T 3536—2011《石油化工工程起重施工规范》。

4.2　吊装要求

（1）DTDC 设备基础位于地面，设备安装须考虑钢结构施工进度。
（2）设备基础需提前施工，在结构安装前，必须具备设备就位条件。

(3) 设备吊装须与结构安装相互配合。
(4) 钢结构安装必须考虑设备吊装的允许条件,避免因设备吊装需要而拆除已安装的钢结构件。
(5) 设备吊装过程完成后,应采取妥善的稳固措施,避免发生危险状况。
(6) 根据设备安装参数及安装位置,综合考虑施工安全、进度及经济性选用起重设备。
(7) 设备吊装前检查承重结构。主构件节点为铰接方式连接的,及时完成终拧;节点为刚接的,及时完成焊接,保证达到设计承载力。

4.3 吊装过程数据列举

4.3.1 DT 蒸脱机(DT305)吊装计算

立式蒸脱机位于浸出车间 0 m 层 2-3/C-E 之间,设备支腿高度 4 370 mm,分 6 节至现场,单节最重 40 t。采用 300 t 汽车吊作业,其参数列举:

主臂:35.9 m。
回转半径:16 m。
额定起重量:45 t。
计算载荷:$P=$设备质量+吊钩质量+吊索卸扣质量$=40+0.85+0.3=41.15$(t)
负荷率:$e=(P/Q)\times 100\%=(41.15/45)\times 100\%=91.47\%$;$Q>P$,满足吊装要求。
主吊钢丝绳:$\varphi 43-6\times 37+1-140$,四头使用;安全系数 $K=5$,容许拉力 150 kN。

4.3.2 绘图

绘制吊装平面图、立面图,如图 4.3-1、图 4.3-2 所示。

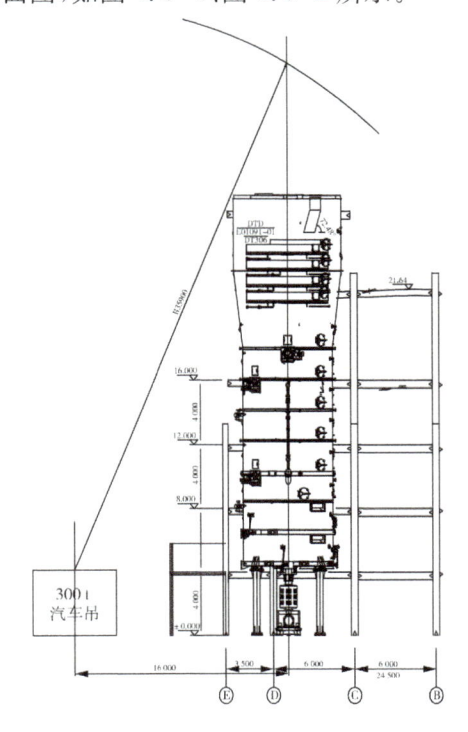

图 4.3-1 DT/DC 吊装立面图

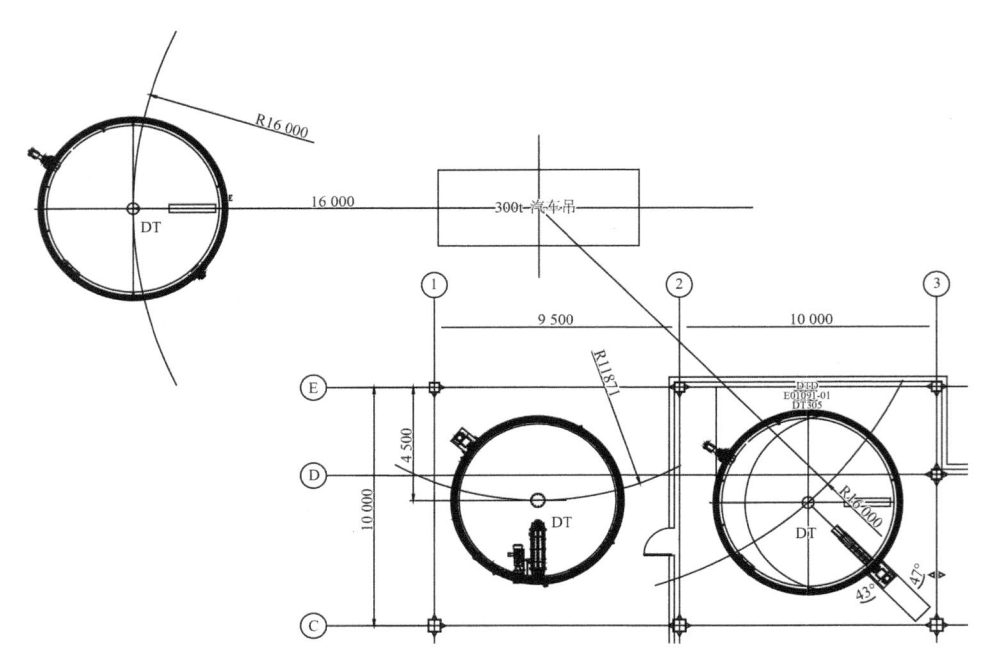

图 4.3-2　DT/DC 吊装平面图

4.3.3　吊装使用机具及吊车性能

设备吊装使用主要机具如表 4-1 所示。

表 4-1　设备吊装主要机具一览表

序号	名称	规格、型号	单位	数量	备注
1	汽车吊	500 t	台	1	
2	汽车吊	300 t	台	1	
3	钢丝绳	Φ65—6×37—1400	付	2	18 m/根
4	钢丝绳	Φ43—6×37—1400	付	2	16 m/根
5	卸扣	16 t	只	6	
6	卸扣	8 t	只	6	
7	千斤顶	20 t	只	2	

300 t 汽车吊性能如表 4-2 所示。

表 4-2 300 t 汽车吊起重性能表

臂长 m \ 幅度 m	15.4*	15.4	20.5	20.5	25.7	25.7	25.7	30.8	30.8	30.8	35.9	35.9	35.9	41.1	41.1	41.1	46.2	46.2	46.2	51.3	51.3	56.4	61
3	300	300																					
3.5	210	186	175	122																			
4	190	172	170	119	154	106	89																
4.5	180	162	159	113	146	101	84																
5	169	152	150	108	139	96	80	113	95	78													
6	149	135	133	100	125	87	72	104	86	70	87	86	72										
7	133	120	119	93	113	80	65	95	79	64	80	79	66	69	67	57							
8	120	105	105	87	103	73	60	88	72	59	74	73	61	64	62	52							
9	108	95	95	81	94	67	55	81	67	54	68	68	57	59.5	58	49	52	48.7	42.4				
10	96	87	87	76	87	63	51	75	62	50	64	63	53	55.5	54	45	48.5	45.8	39.7	43	39.8		
12	73	70	75	67	75	55	45	66	54	44	56	46	49	43	40.8	35.2	38	35.6	34				
14			66	60	65	49	40	58.7	48	39	49	50	41	44	43	36	38.1	36.7	31.5	34	32.1	30.3	27.2
16			55.5	53	55	44	36	52	43	35	44	37	39.5	39	34.3	33.3	28.4	30.8	29.2	27.5	24.8		
18					48.5	40	32	47	39	32	40	41	33	36	35	29	31.2	30.4	25.8	28	26.7	25.1	22.7
20					38	36	29.1	42.3	36	29	36	30	32.5	32	28	28.5	27.9	23.6	25.7	24.6	23.1	20.9	
22					33.5	31.8	25.8	36	33	26	33	30	30	24	26.1	25.8	21.7	23.6	22.8	21.3	19.3		
24								32.1	31	24	31	31.5	26	28	27	22	24.1	23.9	20	21.8	21.1	19.7	17.8
26								28.3	28	22	27.8	27.8	24	25.5	25	21	22.3	22.3	18.6	20.2	19.7	18.3	16.6

单位：t QAY300全地面起重机 主臂性能表_t支腿8.7m，配重98.2t

4.4 设备安装关键技术措施

设备安装施工关键技术措施如表 4-3 所示。

表 4-3 施工关键技术措施表

序号	问题	措施	负责人
1	支座精准定位问题	严格进行设备支座基础施工质量控制、设备基础预埋件的质量控制、测量精度控制等，保证后续设备安装工程进度及质量	齐景春
2	设备安装精度问题	(1) 深化设计，明确优化设备安装位置 (2) 利用全站仪、水准仪从基础开始，环环相扣精准测量 (3) 利用 0.1/1 000 mm 铝合金水平尺找平，偏差不大于 2 mm	齐景春
3	焊接质量控制	(1) 落实各项安全措施 (2) 对施工作业人员进行安全教育及技术交底 (3) 作业人员持证上岗 (4) 明确方案，统一指挥	章春生

5 设备吊装与安装

5.1 到货检查

（1）设备经过长途颠簸运到现场后，检查外观是否有明显碰撞的痕迹；

(2) 检查箱体、底座是否有变形；

(3) 检查所有零配件是否与发货清单吻合。到货检查如图 5.1-1 所示，施工前安全技术交底如图 5.1-2 所示。

图 5.1-1　到货检查　　　　　　　图 5.1-2　施工前安全技术交底

5.2　吊装前准备

(1) 根据图纸方位尺寸，在设备基础的预埋件上，用墨斗弹出设备的中线和外形尺寸线；

(2) 用水平仪对基础的预埋件进行抄平；

(3) 按照图纸标高尺寸要求用钢板将预埋件垫平并焊接牢固；

(4) 制定和编写设备吊装方案，根据设备重量和现场吊车停放位置到 DT、DC 基础中心确定吊车吨位；

(5) 吊装现场必须有专人指挥；

(6) 设备吊装方位内严禁非安装作业人员进入；

(7) 准备好脚手架和焊割工具。

5.3　设备吊装

5.3.1　先将 DT、DC 的 4 根支腿分别吊装到设备基础上，摆正位置，不要点焊，与第一层吊装连接校正时还需调整。

为了保护车间的基础结构，在 DTDC 就位时大型吊车不得进入浸出车间。就位时按由下至上的施工顺序进行。就位前将设备的 4 根支腿按纵横中心线及标高先安装，并找平、拧紧螺丝；

5.3.2　将 DTDC 第一节筒体吊起，用 2 只 10 t 倒链调整，使其上部的法兰口达到水平，根据图纸管口方位按照顺序先将下料段吊装到支腿上。同时找出设备的纵向中心线并标示明显，用连接螺栓与支腿连接好。如图 5.3-1～图 5.3-4 所示。

5.3.3　用水平尺或线锤逐个将支腿进行校正，并用电焊将支腿与设备基础点焊牢固。如图 5.3-5、图 5.3-6 所示。

图 5.3-1　DT 设备到场吊装

图 5.3-2　DTDC 支座安装定位

图 5.3-3　下料段吊装

图 5.3-4　螺栓与支腿连接

图 5.3-5　DT 下料段与支腿螺栓连接

图 5.3-6　DT 支腿与预埋件螺栓连接

5.3.4 用扳手将夹层与支腿连接的螺栓拧紧,再用水平仪或水管将夹层上平面进行校平,平面度控制在±3 mm以内,如果超出可将连接螺栓松开增加垫片,直到夹层平面度达到公差要求。如图5.3-7、图5.3-8所示。

图5.3-7 DC夹层与支腿连接螺栓

图5.3-8 DT夹层与支腿连接螺栓

5.3.5 根据顺序和管口方位,将第二段夹层与筒体吊装到第一段上面,并用水平仪或水管将夹层上平面进行抄平,夹层平面度都控制在±3 mm以内,并用电焊以间断焊形式将上层筒体与下层夹层固定好,剩余夹层与筒体吊装方法同上。如图5.3-9~图5.3-12所示。

图5.3-9 中段筒体吊装

图5.3-10 中段筒体吊装

图 5.3-11　DT 中段筒体吊装 　　　　　图 5.3-12　DT 中段筒体吊装

5.3.6　DT、DC 夹层与筒体在入库前都在车间分段组装过,并有定位装置,所以在现场只要将最底层夹层方位确定好,上面每段夹层与筒体方位只要将定位装置对上即可。

5.3.7　如果 DT、DC 主轴发货及时,能与设备同时到场,DT 可在吊装扩大段前将 DT 下轴同时吊入 DT 中,在 DT 下方或底夹层上用工装支架将主轴临时支撑住。如图 5.3-13、图 5.3-14 所示。

5.3.8　所有筒体与夹层间焊缝处严禁填螺纹钢,夹层校平后如果筒体与夹层间隙过大,可在没有缝隙的地方用气割将筒体割除一些。如图 5.3-15、图 5.3-16 所示。

图 5.3-13　DT 筒节吊装 　　　　　　图 5.3-14　DT 筒节安装

图 5.3-15　中段筒体吊装　　　　　　　图 5.3-16　中段筒体吊装

5.4　扩大段拼装与吊装

5.4.1　在项目现场靠近 DT 基础旁边找一个 100 m² 左右相对平整的地方,作为扩大段拼装场地。

5.4.2　用吊车将发往现场的扩大段半圆分别吊装放在拼装的场地上进行拼装。

5.4.3　扩大段筒体拼装焊接时要用工装支撑固定好,确保筒体失圆度在 10 mm 以内,焊接结束后拆除工装支撑,并将焊疤打磨干净。

5.4.4　将第一层预脱夹层按编号吊装到扩大段筒体内,确定下料口方位后用螺栓连接到支撑筋板上。

5.4.5　在预脱夹层上面焊接 4 件高度定位支撑管,再用吊车将第二层预脱夹层按照图纸下料口方位吊装到定位支撑管上,装配好支撑并与扩大段筒体焊接牢固,第三层预脱夹层吊装方法同第二层。

5.4.6　第四层预脱夹层支撑筋板的固定正好在扩大段的环焊缝上,将第四层预脱夹层放在定位支撑管上。

5.4.7　若扩大段整体重量过重,吊车无法吊装时,可将第四层预脱夹层暂时不吊进扩大段内,待吊车将扩大段和三层预脱夹层吊装就位后,再将第四层预脱夹层单独吊装就位。如图 5.4-1、图 5.4-2 所示。

图 5.4-1　DT 扩大段吊装　　　　　　　图 5.4-2　DT 扩大段吊装

5.4.8　将扩大段上面的顶盖吊装就位,待顶盖与扩大段筒体拼装焊接好后,再将第四层预脱夹层支撑装配并焊接在扩大段筒体上。

5.4.9　DT 和 DC 设备在钢管脚手架搭设完成后,开始设备吊装,25 天内完成外壳吊装工作,35 天内完成轴吊装工作,40 天内完成旋转阀吊装工作。以后的工作以内部调整和焊接为主,工作已不影响钢结构施工。

5.5　主轴安装

5.5.1　在起吊主轴前,先用吊线检查 DT 从上到下的中心轴孔的同轴度是否一致,如有误差,需要采取打磨或割除的方式修整中心轴孔。

5.5.2　校正好后,用吊车通过钢丝绳先将主轴下段(端面有起吊孔,用吊耳)吊入筒体,然后装好下段轴的中间联轴器。安装联轴器前要测量联轴器内孔和主轴的配合状态是间隙配合、过渡配合还是过盈配合,这决定是采用千斤顶还是加热的方式安装。

5.5.3　用水平仪检查下轴中间联轴器端面是否水平,为后续安装上轴的中间联轴器做准备。

5.5.4　将主轴的上段吊入筒体。安装上段主轴下部的中间联轴器,将联轴器止退板装好,用螺丝将两联轴器联接牢固,再用吊车或手拉葫芦将轴吊起。

5.5.5　主轴是两根轴通过联轴器对接的,如果是过盈配合的可以用葫芦把主轴拉起来,如果是间隙配合就须改用千斤顶向上顶。再用刮刀对开式抱箍的抱紧将主轴定位在合适的高度,建议用两层的刮刀来定位。

5.5.6　用简易调节顶丝初步将主轴位置调整到位于筒体的中心,需要用卷尺测量主轴与筒壁四周的距离是否基本一致。

5.5.7　利用水平仪,将主轴调节至铅锤与下面的中间联轴器端面成垂直位置。

5.5.8　在顶层焊接支架,用千斤顶将上轴压入中间联轴器内。

5.5.9　上下两根主轴连接好后,用葫芦把主轴拉起来,保证主轴能够近似悬空可移动,方便主轴校垂直。在 DT 第 3 层和最下面一层各做四个简易调节顶丝,校主轴垂直调整用。先用卷尺测量主轴到筒体边缘的距离,用简易调节顶丝初步将主轴位置调整到位于筒体的中心,以便上、下轴承座焊接定位。

5.5.10　用框式水平仪在主轴上方、下方及上端面都测一下,找正主轴的垂直度(铅垂),要求调整到垂直度偏差在≤0.50 mm(在主轴任意部位都能看见全部水泡),如垂直度偏差过大,将导致滑动轴承的早期磨损和非正常停车检修。如图 5.5-1、图 5.5-2 所示。

5.5.11　测量主轴外径和轴承的内孔尺寸,确保主轴和轴承配合间隙不得小于 0.25 mm,不大于 0.5 mm,如间隙过小,需提前通过加工轴承内孔来满足配合要求。

5.5.12　通过焊接在底板上的 4 个工艺卡钩初步将轴承座底座摆放在安装位置上,以便轴承座的安装,轴承座在主轴上安装固定好后就可以准备焊接定位。

5.5.13　当主轴垂直度校好后须立即将上、下轴承座定位焊接。如图 5.5-3、图 5.5-4 所示。

图 5.5-1　测量主轴垂直度　　　　图 5.5-2　框式水平仪测量主轴垂直度

图 5.5-3　轴承安装　　　　　　　图 5.5-4　主轴安装

5.6　联轴器装配

5.6.1　鼓形齿联轴器与主轴和减速机主轴的配合都是过盈或过渡配合,此工序可以采用千斤顶压入或热装,如果要热装,联轴器内孔热膨胀增大 0.20 mm 左右就可以装了,如图 5.6-1～图 5.6-3 所示。

5.6.2　鼓形齿联轴器加热之前的准备工作特别重要,键与键槽宽度以及所有的接触面都要检查处理,轴和内孔的表面不得有毛刺或磕伤,并检查调整联轴器端面与主轴端面的平行度。如果疏忽大意,即使是 0.30 mm 的间隙配合也会装不进去。热装装配过程中不允许出任何小失误,需特别注意！如图 5.6-4、图 5.6-5 所示。

5.6.3　将下轴用葫芦吊起,用两个槽钢放置在下轴的上端做支撑,并再用桨叶抱箍住,防止桨叶自重下落。

5.6.4　做一个垫板装在下轴的联轴器下,方便吊起联轴器。如图 5.6-6、图 5.6-7 所示。

图 5.6-1 联轴器检查

图 5.6-2 联轴器加热

图 5.6-3 联轴器安装

图 5.6-4 DC 旋转阀安装

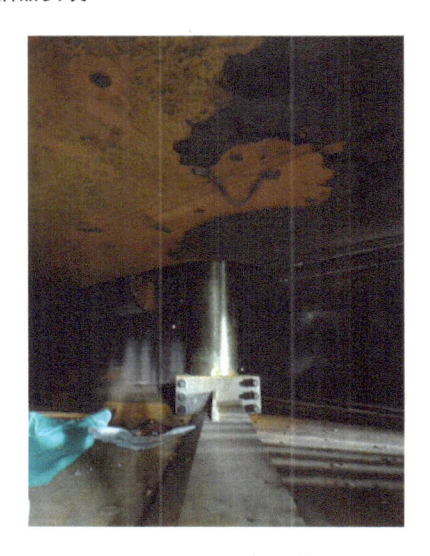

图 5.6-5 DC 设备主轴安装

图 5.6-6　联轴器安装　　　　　　　　图 5.6-7　联轴器安装

5.6.5　鼓形齿联轴器安装就位后需打开，并将内齿圈拿下检查是否有异物掉入，在外齿和内齿圈上涂抹润滑脂后组装，用千斤顶的方式安装。如果联轴器内孔和轴过盈量较大，就需要采用加热的方式安装，那时就必须先将内齿圈拿下，单独将外齿圈加热再安装在轴上。

5.7　减速机装配

（1）将减速机初步就位。如果现场方便有吊车可以用吊车初步吊到位，如没有吊车，则需要用手拉葫芦逐步就位。如图 5.7-1～图 5.7-4 所示。

图 5.7-1　DT 减速机安装　　　　　　　图 5.7-2　DC 减速机安装

图 5.7-3 葫芦吊起减速机　　图 5.7-4 减速机安装

（2）待减速机位移到主轴附近时，用螺丝将减速机初步固定在底座上，准备安装减速机上的联轴器。

（3）在夹层下面焊接三个工艺吊耳，以便减速机就位时调整，以及后面联轴器同轴度调整时吊起联轴器的内齿圈外套。

（4）在吊耳挂三个手拉葫芦将联轴器吊起，这时注意要将内齿圈外套一起提前预装好，以防联轴器装到位后还有零件无法装入。

（5）在内齿圈外套上选择3个吊点，这样有利于调节联轴器的位置对正减速机轴。

（6）用钢板制作压板支架装在减速机输出轴上，并拆去外面的内齿圈套，以防压坏。

（7）用千斤顶将联轴器压进减速机输出轴上。

（8）鼓形齿联轴器就位后上联轴器和下联轴器找平行，找同心，大致找好后，将减速机架子焊接牢固。减速机架焊接会有变形位移，所以先粗调后就焊接定位，焊接定位结束后，再次用百分表精确找正减速机联轴器和下轴联轴器的同轴度。如图 5.7-5、图 5.7-6 所示。

图 5.7-5 联轴器调试　　图 5.7-6 与业主共同确认同轴度

5.8　刮刀调整

（1）刮刀在一至四层的离底板的间距为 12~18 mm，第四层向下刮刀与底板的间距可调为 10~12 mm。

（2）刮刀顶端与筒体的距离调整为 20~25 mm，调整好后需要检查，可拆开减速机电机的风扇罩壳，用手转动风扇使减速机转动，以起点为 0°，分别在 90°、180°、270°做四次检查桨叶顶端与筒体的距离是否合适。如图 5.8-1~图 5.8-4 所示。

图 5.8-1　桨叶安装

图 5.8-2　桨叶安装

图 5.8-3　刮刀调整

图 5.8-4　刮刀安装

（3）常温下调整结束后，用手盘动减速机电机风扇，转动桨叶旋转 360°，检查是否有擦碰现象，再通电转动减速机，观察电机空载电流是否正常。开机之前，还需要通蒸汽，将筒身加热至设计要求的温度，用手盘动减速机电机风扇，转动桨叶旋转 360°，检查是否有擦碰现象；没有擦碰现象，再通电转动减速机。如图 5.8-5~图 5.8-10所示。

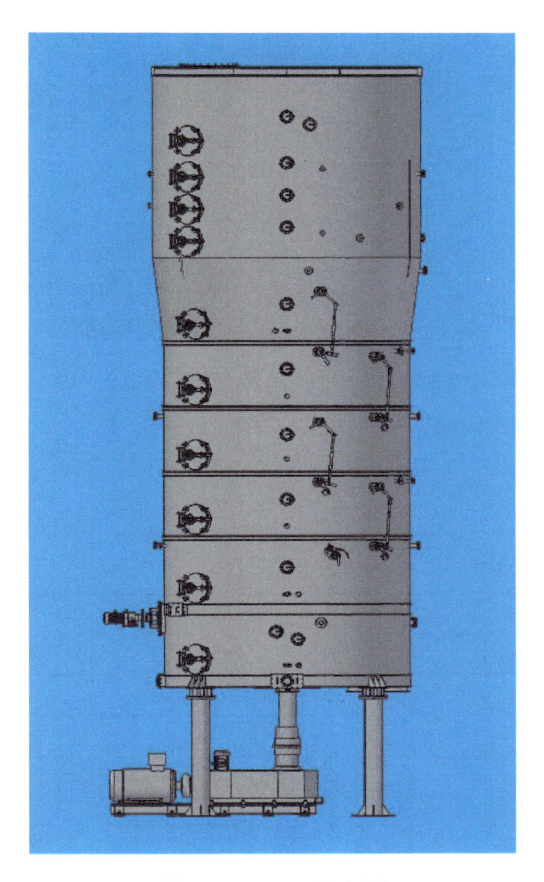

图 5.8-5　DT 示意图　　　　　　　图 5.8-6　刮刀示意图

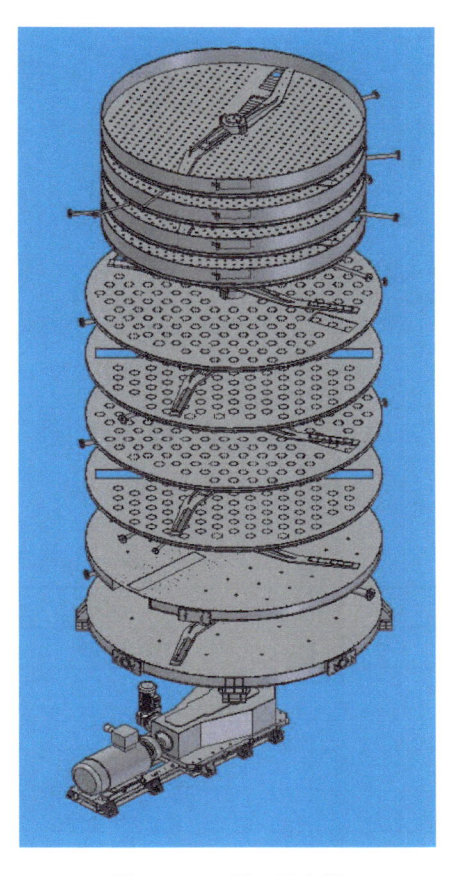

图 5.8-7　DC 设备安装　　　　　　图 5.8-8　DTDC 管道安装

图 5.8-9　DT 顶部进料口保温　　　　图 5.8-10　DT 顶部进料口插板阀安装

6　劳动力及施工机械器具配置

6.1　作业人员如表 6-1 所示。

表 6-1　起重吊装及安装作业人员表

序号	工种	人数（人）	备注
1	现场管理员	1	
2	现场安全员	1	
3	起重工程师	1	
4	起重指挥	2	持证上岗
5	起重工	6	持证上岗
6	司机	2	持证上岗
7	观察员、辅助工	5	
8	钳工	6	配合用

6.2　主要施工器具如表 6-2 所示。

表 6-2　施工主要机具计划表

序号	名称	规格型号	数量	单位	备注
1	全路面起重机	ATF100-5 型	1	辆	DT
2	汽车式起重机	浦沅 QY130H-1	1	辆	DC
3	汽车式起重机	25 t	1	辆	
3	吊索	6×37+1-170	若干	根	见吊装参数
4	卸扣	20 t	8	只	压滤机四点吊
		10 t	8	只	
5	白棕绳	Φ20 mm×50 m	6	根	
6	道木	标准	10	块	
7	平衡梁	30 t 级	1	件	
8	路基板	5 m×2.4 m×0.25 m	12	块	

7　不锈钢管道及面板特殊管理措施

7.1　对不锈钢原材料的特殊管理

不锈钢板料、管材、棒材必须设立室内库房，不得与碳钢材料混放。凡检验合格的材料，不得打钢印，只能用记号笔标记。板材按品种、规格堆放，板与地面、板与板之间应放入方木条，并挂牌显示，标牌堆放在有橡胶或不锈钢衬垫的材料架上，并挂上标牌显示。不锈钢材料在搬运过程中用软绳索吊装，严禁划伤、碰伤不锈钢材料表面。

7.2　对不锈钢材料的下料要求

划下料尺寸线应用石笔或记号笔，严禁采用划针。材料标记及标记移植应用记号笔，标记应清晰，严禁使用钢印。板材下料一般采用剪切或等离子切割。对管材和棒材采用砂轮切割机切割或锯床切割，而且应及时清除熔渣和毛刺。

7.3　不锈钢容器制造场地及过程特殊要求

（1）工作场地应保持清洁，不得有颗粒状灰尘，如铁屑、焊渣、飞溅粒状杂物，以免碰伤、划伤不锈钢表面；应有适当的制造专用设备，如等离子切割机、氩弧焊机、酸洗钝化设施等；

（2）应有专用工具如木榔头、橡胶榔头和适当的专用夹具和柔性起吊绳具；用无橡辊卷圆机时，筒节成型前应先清理卷圆机卷辊尖角毛刺，保持卷辊的光滑表面后方可卷圆筒节；

（3）焊接坡口和清根的加工必须用等离子切割机、角向砂轮机或刨边机（中、厚板）进行加工；

（4）焊缝两侧施焊前应涂刷白垩粉，以防飞溅破坏不锈钢材料表面；焊接时，容器与介质接触面的焊缝最后施焊；

（5）凡是图样规定有抗晶间腐蚀要求的容器，经热加工成型的不锈钢封头、弯头、锻件等零件应进行固溶处理；

（6）在不锈钢容器上焊接临时吊耳和拉筋时，应采用与容器相同不锈钢材料和焊材以及相同的焊接工艺施焊。临时吊耳和拉筋割除时应采用等离子切割，其留下的焊疤必须打磨与母材齐平。

8　施工用机械设备与电气设备安全管理

（1）施工机械设备应保持完好，进场后还应进行安全检查，合格后方可使用。机械操作工必须持证上岗，禁止无证人员操作。

（2）施工机械设专人管理，严格执行机械安全操作规程，定期维护检修，确保施工机械处于良好状态。

（3）各种施工机械及其传动部分，必须装设防护装置。起重机械（如卷扬机等）其安全装置必须齐全完好。

（4）施工机械启动前应检查地面基础是否稳固，转动部分的部件是否充分润滑，制动器、离合器是否动作灵活，必须经检查确认合格后方可启动。

（5）施工现场的电气设备、工具、用电线路，必须有持证电工专职维护管理。

（6）所有电气设备必须保证接线正确，保证接零或接地良好。

（7）架设的高、低压电气设备必须符合有关电气安全规程要求。

（8）手持电动工具和移动电器用具，必须绝缘良好，并应配置漏电保护装置。

（9）施工机械在运行中，如有异常响声，发热或其他故障，应立即停车，切断电源后，方可进行检修。

（10）电气设备的所有接头应牢固可靠，接触良好。如发现松动应立即切断电源。

9 结语

在榨油厂重要设备 DTDC 安装工程中，通过制定严密方案，成功解决了 DTDC 设备施工与钢结构厂房协同施工作业问题，解决了设备吊装难题、定位难题。采用创新性施工技术，按照预定方案，经过 60 天施工，DT/DC 设备全部安装完成达到预期目标，整体设备定位误差最大不超过 10 mm，水平度误差不大于 0.2/1 000，满足设计要求。本工程施工作业安全可靠，为同类工程施工积累了经验。

大型榨油厂豆皮仓设计制作与安装技术

1 工程概况

1.1 概述

今天,如何保证全球人口的食品安全,持续提高食品质量水平,是人类面临的重大挑战。食用油脂和食用蛋白质对保护人体健康发挥着重要作用。"从农场到餐桌,确保食品安全"成为人类奋斗的重要目标。

大豆,是最重要的油料作物之一。经过一百多年的发展,从古老的压榨法制油到目前普遍采用的浸出法制油,榨油工艺技术水平大大提高。榨油工艺设备不断更新换代,对榨油工程施工和工艺设备安装技术提出了更高要求。

油料种籽的预处理,对获取种籽细胞结构内的油滴非常重要。大豆浸出法榨油工艺中预处理阶段工艺流程,如图 1.1-1 所示。

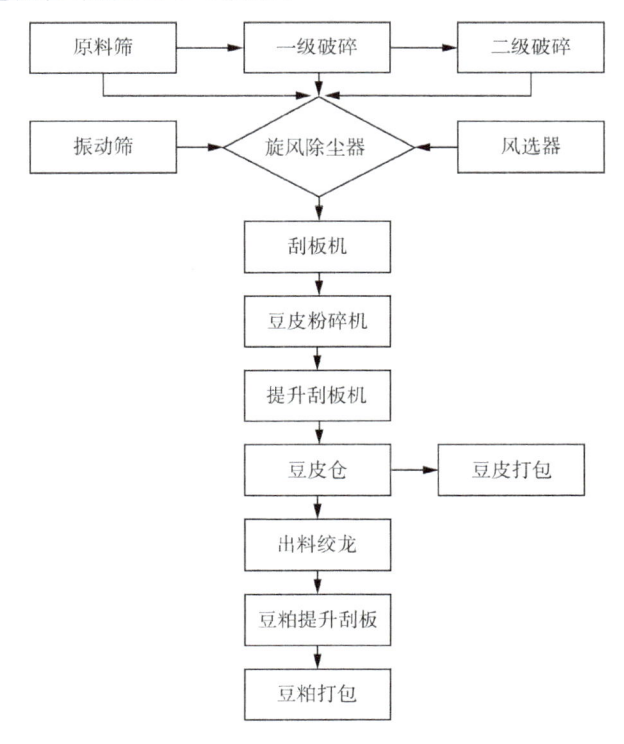

图 1.1-1　油料预处理工艺流程图

1.2　工程简介

中粮东海粮油第五榨油厂工程项目,建成后日处理大豆 5 000 t,主要生产产品是毛油和饲料蛋白、豆皮等。榨油厂工程施工内容包括：预处理、浸出车间设备安装,工艺管线采购及安装,非标设备制作、供货及安装等,还包括工艺设备及电气的安装、检测、调试和试运行等。

预处理车间 BIM 模型图如图 1.2-1 所示。

图 1.2-1　预处理车间 BIM 模型图

浸出法榨油工艺流程中,豆皮仓用于中转预处理生产工艺中产生的豆皮。按照日处理大豆 5 000 t,豆皮产出率 6%～7% 计算,每天产生豆皮 300～350 t。

该工程中,豆皮仓位于预处理车间四～五层,仓顶标高 39 m,是预处理车间体型最大的非标设备。豆皮仓本体高 22.75 m,容积 1 650 m^3,运行载荷 850 t。

豆皮仓结构组成材料：钢板,型材。

1.3　施工难点

豆皮仓没有详细施工图纸。在预处理车间 39 m 高的内部空间内,豆皮仓制作、吊装与安装十分困难。受到大型豆皮仓重量大、安装高度高、施工区域窄小等限制,在豆皮仓预制、吊装、安装时,如果壁板整片组装,重量过大、高度过高,起重难度过大；如果单片划分多,空中施工安装风险高,工人工作强度大。江苏省安经过不断摸索和实践,通过总结以往工程施工经验,借助三维建模软件,采用模块式施工技术,安全、高效解决了施工难题。

2 关键技术

2.1 应用 BIM 技术深化设计

应用 BIM 技术对豆皮仓进行深化设计。以施工图纸为基础,结合生产工艺流程要求,依托专业深化设计软件平台,建立豆皮仓三维模型,生成结构安装布置图、模块构造图等。

为了便于吊装及安装,豆皮仓分为筒体和椎体上下两部分。

筒体部分高 14 m,断面尺寸为南北长 11.25 m,东西宽 8.75 m;

椎体部分高 8.75 m,上口尺寸 8.7×11.25 m,下口尺寸 3.2×0.7 m。

图 2.1-1 豆皮仓位置模型图

豆皮仓位于预处理车间 21.5 m 标高处,图 2.1-1 中,蓝色部分为豆皮仓。

豆皮仓立面图和剖面图,如图 2.1-2、图 2.1-3 所示。

2.2 模块化设计

2.2.1 制定施工方案

加工制作地点,初步拟定三个方案。

方案一:在钢结构厂家按照图纸深化方案定制,在工厂进行模块化加工制作,大件运输到施工现场安装。

方案二:在东海粮油厂区货场加工制作,场内运输,转运到施工现场。

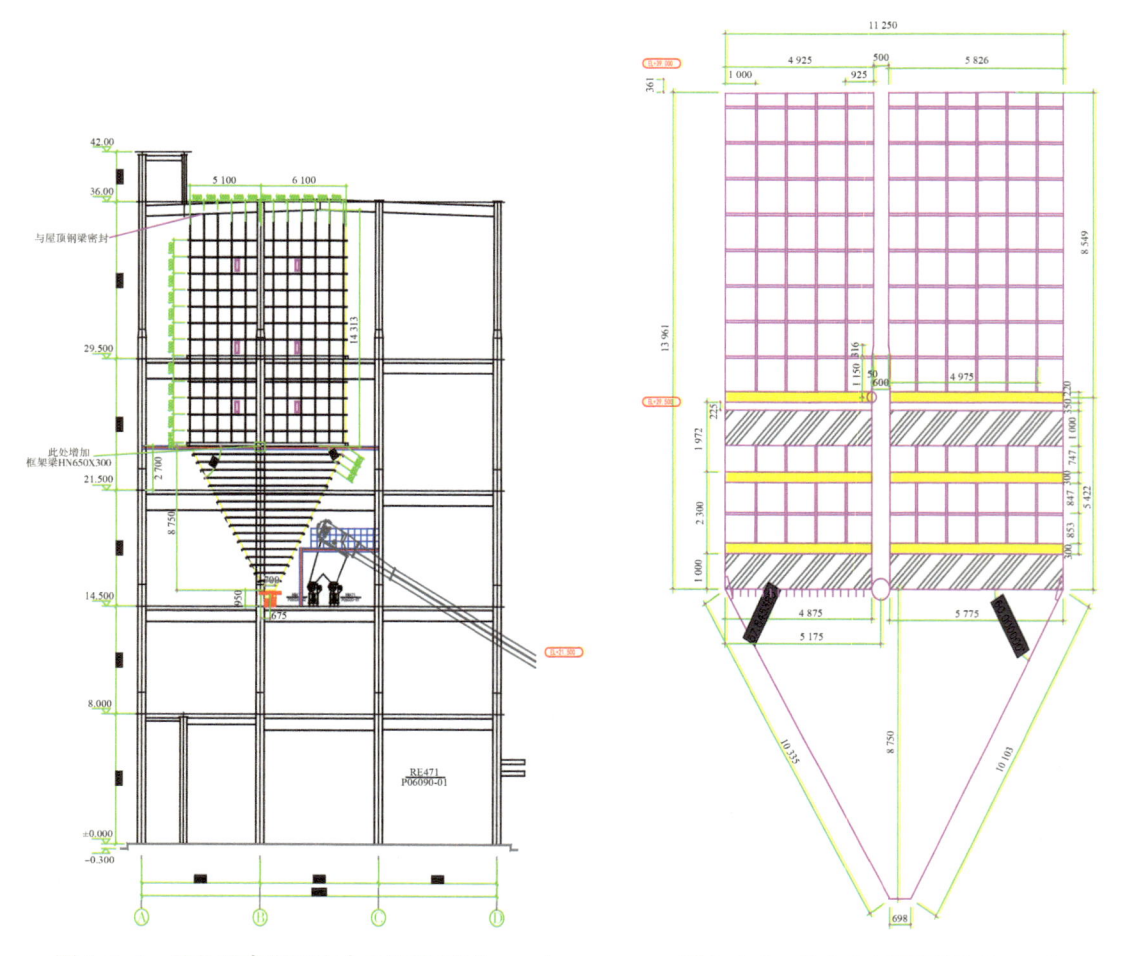

图 2.1-2　预处理车间豆皮仓立面图(单位:mm)　　　图 2.1-3　豆皮仓剖面图(单位:mm)

方案三：在车间 14.5 m 标高豆皮仓所处位置，在现有孔洞部位搭设临时施工操作平台。

经过反复研究比较，方案一厂家定制，路途遥远，长距离大件运输难度较大，周期长；方案二在厂区货场加工制作，因货场货物存放较多，管理严格，加工制作时间较长，与业主方协调难度比较大。

经过比较，确定实施方案三，选在车间内部加工制作。

2.2.2　虚拟预拼装放样

为了加工制作体型庞大的豆皮仓，结合车间主体结构形式，依据钢结构框架梁柱位置和标高，合理划分模块。制作 BIM 模型，在电脑中虚拟放样，探讨多种施工方案的可行性。采用三维设计软件将豆皮仓分段构件，形成分段构件轮廓模型，在计算机中模拟拼装，与深化设计比对，检查分析加工拼装精度，逐步调整，直到满足要求。

2.3 确定制作场地及模块划分

受作业场地局限,将豆皮仓上部筒体部分划分成上下两段,下段 6 块,上段 8 块,共 14 个模块。下部椎体部分分成上下两段,上段 4 块,下段 4 块,共 8 个模块。

2.4 智能测量技术,实现精准定位

应用全站仪、三维激光扫描仪、无线数据传输等智能测量技术,实测车间空间结构坐标信息,为各模块加工制作提供依据。在构件制作、安装过程中,利用全站仪实测外轮廓控制点三维坐标等,实现对豆皮仓各模块安装精度有效控制,满足设计及工艺精度要求。

豆皮仓各模块预拼装模拟几何偏差,应满足 GB 50755—2012《钢结构工程施工规范》和 GB 50205—2020《钢结构工程施工质量验收规范》规范要求±5.0 mm。

3 质量技术控制要点

3.1 椎体与筒体连接处,集中承受竖向荷载,局部强度设加劲肋加强。

加劲肋做法:在壁板夹角连接缝内侧,增加竖向三角形筋板,400 mm×255 mm×225 mm@500 mm,板厚度 8 mm。筋板与筒体双面满焊。

3.2 偏差调整:每块壁板加工制作前,测量附属结构偏差值,及时调整壁板加工尺寸。

3.3 筒体与椎体结合线控制:相邻椎体板坡度和角度不同,在远端形成错位。处理方法:热变形,形成交接闭合。

3.4 筒壁转角外侧,加筋连接方式需要对应考虑。

3.5 每块板水平加筋竖向定位标高应统一。

3.6 加筋焊接热变形控制。

4 制作与安装

4.1 制作与安装工艺流程

钢板下料⟶拼接⟶单面焊接⟶壁板翻身⟶反面焊接⟶加筋⟶吊装⟶壁板加筋与结构焊接⟶除锈防腐

4.2 搭设操作平台

在预处理车间 21.5 m 标高搭设临时操作平台,用于豆皮仓壁板加工制作。制作平台如图 4.2-1、图 4.2-2 所示。

图 4.2-1　21.5 m 标高制作平台仰视图　　　图 4.2-2　21.5 m 标高加工制作平台

4.3　模块制作

4.3.1　豆皮仓制作分上下两大部分：筒体和椎体。筒体高度 14 m，椎体高度 8.75 m。

4.3.2　筒体部分共划分 14 块，制作、安装顺序为：筒体部分先下段（1～6），后上段（7～14）。如表 4-1 所示。

表 4-1　筒体模块制作表

序号	尺寸（长×高）(mm)	下标高(m)	上标高(m)	壁厚(mm)	加筋 16 号槽钢	备注
1	5 826×5 500	24.2	29.5	5	双向@1000	下段
2	8 700×5 500	24.2	29.5	5	双向@1000	下段
3	5 826×5 500	24.2	29.5	5	双向@1000	下段
4	4 925×5 500	24.2	29.5	5	双向@1000	下段
5	8 700×5 500	24.2	29.5	5	双向@1000	下段
6	4 925×5 500	24.2	29.5	5	双向@1000	下段
7	5 826×8 500	29.5	39	5	双向@1000	上段
8	4 500×8 500	29.5	39	5	双向@1000	上段
9	4 200×8 500	29.5	39	5	双向@1000	上段
10	5 826×8 500	29.5	39	5	双向@1000	上段
11	4 925×8 500	29.5	39	5	双向@1000	上段
12	4 200×8 500	29.5	39	5	双向@1000	上段
13	4 500×8 500	29.5	39	5	双向@1000	上段
14	5 826×8 500	29.5	39	5	双向@1000	上段

注：1. 筒体下部 6.5 m 范围内，均布三道 300 mm×300 mm×8 mm 方管。
　　2. 加筋 16#槽钢双侧间断焊 100@150。

4.3.3 椎体部分高 8.75 m，划分成上下两段，每段 4 个模块，共 8 块。加筋 25♯槽钢间距 300 椎体分段划分展开图如图 4.3-1 所示。

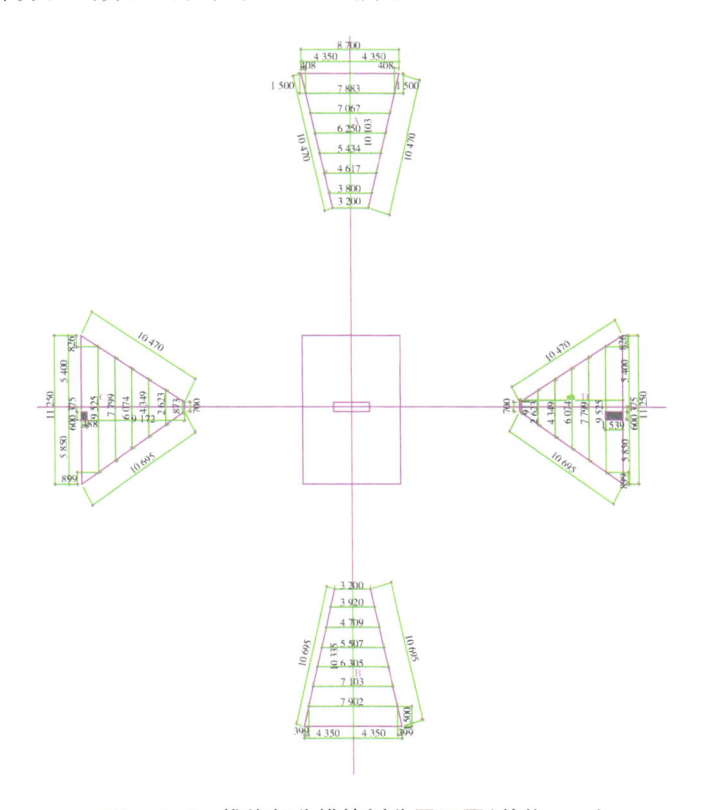

图 4.3-1 椎体部分模块划分展开图（单位：mm）

4.3.4 在轴线 A-C 轴与 5～6 轴，25 m 标高钢框架梁中部设手拉和电动葫芦，用于壁板加工制作过程中壁板翻身和移动。如图 4.3-2 所示。

图 4.3-2 车间标高 25 m 处框架梁设手拉和电动葫芦

4.4 钢板下料

钢板划线下料。划线下料,如图 4.4-1 所示。现场技术交底,如图 4.4-2 所示。

图 4.4-1　钢板划线下料　　　　　图 4.4-2　现场技术交底

4.5 拼接

钢板下料后进行拼接。壁板拼接缝需双侧满焊。如图 4.5-1 所示。

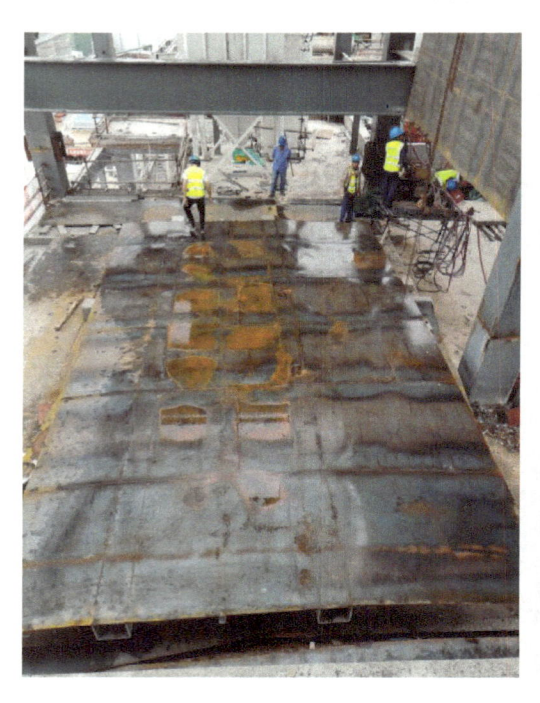

图 4.5-1　缝双面满焊　　　　　图 4.5-2　制作吊装桅杆

为方便吊装定位,制作吊装桅杆,焊接吊耳。如图 4.5-2、图 4.5-3 所示。钢板弹线下料,如图 4.5-4 所示。

图 4.5-3　焊接壁板吊耳 　　　　图 4.5-4　钢板弹线下料

4.6　壁板加筋焊接

为增强壁板强度与刚度,需对壁板焊接加劲肋。

加筋方式:16♯槽钢间距 1000 双侧 100@150 间断焊接。如图 4.6-1、图 4.6-2 所示。

图 4.6-1　壁板加筋制作与焊接 　　　　图 4.6-2　加筋双侧 100@150 间断焊接

4.7　翻身

壁板拼接完成后,需要翻身对另一面拼接缝进行处理。使用电动葫芦拉起,翻身。如图 4.7-1 所示。

图 4.7-1　壁板翻身

4.8 模块吊装与安装

4.8.1 壁板吊装时,由于面积较大,为防止变形,吊装前需竖向临时加筋。壁板临时加筋做法:用20号槽钢,竖向三道。

4.8.2 模块制作与安装顺序

先安装下层板1—4号壁板,如图4.8-1～图4.8-9所示。

再安装上层板7—14号壁板,如图4.8-10～图4.8-18筒体所示。

图4.8-1 1号壁板起吊前检查索具情况

图4.8-2 1号壁板起吊

图4.8-3 2号壁板起吊

图4.8-4 2号壁板安装

图 4.8-5　3 号壁板吊装　　　　　　　　图 4.8-6　3 号壁板安装

图 4.8-7　4 号壁板吊装　　　　　　　　图 4.8-8　4 号壁板吊装

图 4.8-9　4 号壁板安装　　　　　　　　图 4.8-10　7 号壁板吊装

图 4.8-11　7号壁板安装 　　　　　　图 4.8-12　7号壁板吊装

图 4.8-13　7号壁板安装就位 　　　　图 4.8-14　7号壁板横向筋与车间框架柱焊接

图 4.8-15　5号壁板与车间结构焊接 　图 4.8-16　12号壁板吊装

图 4.8-17　12 号壁板安装 　　　　　图 4.8-18　13 号壁板吊装

4.9　利用辅助工具对壁板进行调整就位

4.9.1　利用手拉葫芦、桅杆等,对壁板进行调整就位。如图 4.9-1～图 4.9-4 所示。

图 4.9-1　利用撬棍对壁板顶部进行调整 　　　　图 4.9-2　利用桅杆挂手拉葫芦对壁板进行调整定位

图 4.9-3　壁板定位临时工装焊接 　　　　图 4.9-4　用千斤顶调整壁板位置

113

4.9.2　对壁板水平缝进行调整,焊接。如图4.9-5、图4.9-6所示。

图4.9-5　用铩子调整壁板拼缝 　　　　图4.9-6　板缝焊接连接

4.9.3　豆皮仓与车间钢结构连接,如图4.9-7~图4.9-9所示。

图4.9-7　筒体壁板外侧与框架柱焊接 　　　图4.9-8　壁板拐角处筋板焊接连接

图4.9-9　筒体壁板就位修整

4.10 筒体与椎体连接

4.10.1 筒体与椎体壁板对接方法:在壁板21.5 m标高处,设两吊耳,间距4 m,用手拉葫芦提升对接。

4.10.2 椎体壁板下料,如图4.10-1所示。椎体板制作及起吊,如图4.10-2～图4.10-5所示。

图4.10-1 椎体壁板下料

图4.10-2 椎体壁板加筋

图4.10-3 椎体壁板翻身

图4.10-4 椎体壁板吊装

图4.10-5 椎体壁板起吊

4.10.3 提升:在壁板21.5 m标高处设两吊耳,间距4 m,设手拉葫芦用于提升,如

图 4.10-6 所示。

图 4.10-6 椎体壁板提升

4.10.4 对接：调整椎体至设计角度，东西侧两块板倾角 57°，另两块板倾角 72°。如图 4.10-7～图 4.10-10 所示。

图 4.10-7 椎体上层壁板吊装 　　图 4.10-8 椎体上层壁板起吊

图 4.10-9 椎体下层壁板吊装 　　图 4.10-10 椎体壁板就位后焊接

4.11 重要受力部位焊接

筒体壁板,在标高 21.5 m、25.2 m、29.5 m、39 m 处,分别与层间结构梁翼缘板焊接固定。

4.12 封堵措施

豆皮仓顶盖,即预处理车间的屋面、压型板复合屋面,在波峰处与结构梁上表面形成空腔,必须封堵。

结构梁与柱,次梁与主梁,腹板立面焊接预留孔,必须满焊封堵。

如图 4.12-1、图 4.12-2 所示。

图 4.12-1　豆皮仓梁顶波形屋面板封堵 　　图 4.12-2　豆皮仓围护墙顶屋面波形板封堵

4.13 豆皮仓操作平台、出料绞龙安装

豆皮仓出料绞龙操作平台安装,如图 4.13-1、图 4.13-2 所示。

图 4.13-1　豆皮仓操作平台安装 　　图 4.13-2　豆皮仓出料绞龙安装

5 机械设备与人员配备

机械设备与人员计划，如表 5-1、表 5-2 所示。

表 5-1　机械设备配置一览表

序号	设备名称	规格型号	数量(台)	备注
1	角磨机	125	8	
2	手拉葫芦	2 t	4	
3	电动葫芦	5 t	2	
4	半自动切割机	CG1-30	1	
5	CO_2 气保自动焊机	VECA-VB-G1	2	
6	电弧焊	ZX5-400	3	
7	汽车吊	25	1	
8	汽车吊	50	1	
9	汽车吊	130	1	

表 5-2　施工作业人员配置一览表

序号	岗位或工种	人数(人)	进场时间	备注
1	豆皮仓制作负责人	1	开工前	
2	技术负责人	1	开工前	
4	材料责任员	1	开工前	
5	质检员	1	开工前	
6	安全员	1	开工前	
7	起重工	2	专业工序开工前	持证上岗
8	焊工	4	专业工序开工前	持证上岗
9	辅助工	2	专业工序开工前	
	合计	13		

操作前做好安全技术交底。

6 质量控制

6.1 依据标准、规范

GB 50017—2017《钢结构设计标准》
GB 50205—2020《钢结构工程施工质量验收规范》
GB 50300—2013《建筑工程施工质量验收统一标准》

6.2 焊接工程质量技术保证措施

（1）焊接责任工程师对现场的焊接工作负全面管理责任。焊接施工前，必须有经批准的与本工程相对应的焊接工艺评定，按照工艺评定书编制焊接工艺指导书，编写焊接方案、焊接工艺卡，并指导、监督实施。

（2）焊接质量检查员负责对焊接质量进行全面检查，保证焊工持证上岗。

（3）焊材领用、烘烤、发放、回收等做好记录，保证焊材使用准确和可追溯。

（4）焊接场地做好防风、防雨、防尘措施。

（5）现场焊接全部使用保温筒盛放焊条，避免焊条受潮。

（6）选择正确的焊接工艺参数，采取防止变形焊接措施。

（7）定位焊及工卡具的焊接工艺应与正式焊接相同。引弧和熄弧都应在坡口内侧，每段定位焊缝的长度不宜小于 50 mm。

（8）焊接前应检查组装质量，清除坡口面及坡口两侧 20 mm 范围内的泥沙、铁锈、水分和油污，并应充分干燥。

（9）双面焊的对接接头在背面焊接前应清根，当采用碳弧气刨时，清根后应修整刨槽，磨除渗碳层。

7 安全文明施工管理及环境保护措施

7.1 严格执行三级安全教育。每块板制作安装前，进行详细的施工技术和安全交底。如图 7.1-1 所示。

图 7.1-1 施工前进行安全教育和技术交底

7.2 登高员工进入现场必须戴安全帽，穿工作服、工作鞋。高处作业时必须系安全带，高挂低用。

7.3 使用电动工具时要先检查作业环境，严防飞溅伤人、机械伤人。

7.4 进行气割和打磨砂轮时必须戴防护眼镜。

7.5 高空作业时要提醒周围的人相互避开，特别是高空作业进行焊接、气割等作业时。

7.6　所有人员严禁在起重臂和吊起的物件下面停留或行走。

7.7　电焊把线、电源线接头处连接好,不能有任何地方处于裸露状态。

7.8　氧气、乙炔瓶要分开放置,在固定预制场所施工要将其放在专用的铁笼内或托架上。

7.9　现场施工要做到"工完料尽场地清",经常保持现场干净整洁。

7.10　电气作业人员必须经过专业培训、考核合格,持证上岗。

7.11　所有电气设备必须保证接线正确,保证接零或接地良好。

7.12　手持电动工具和移动电器用具必须绝缘良好,并应配置漏电保护装置。

7.13　施工照明统一考虑,专人负责管理,严禁现场乱拉电线接照明。

7.14　机械设备保持完好,进场安全检查,合格后方可使用。

7.15　动火作业办理动火证。

7.16　焊工经过特殊工种安全教育,考核合格后持证上岗。

7.17　更换焊条时一定要戴焊工手套,禁止用手和身体随便接触焊机二次回路的导电体。

7.18　防止材料、工具等从高空坠落伤人。

7.19　遇有六级以上的大风、暴雨、雷雨、大雾等恶劣天气时,停止作业。

8　结语

豆皮仓作为榨油厂大型非标设备,采用现场预制方法,组织技术熟练的班组现场组装焊接壁板;使用130 t吊车模块化吊装安装,大大减少了高空作业工作量,缩短了工期。从2021年5月18日开始下料制作,到8月18日安装完成,施工用时3个月,顺利完成了东海粮油项目1 650 m³豆皮仓的施工安装,受到业主、监理方的肯定,也为今后同类型钢板仓施工积累了经验。

大型榨油厂埋刮板输送机安装施工技术

1 概述

刮板机是指在封闭的矩形断面壳体内，借助于运动刮板链条输送散状物料的连续运输设备。由于在输送物料时，刮板链条全部埋在物料之中，故称为埋刮板机。刮板机结构简单，密封性好，安装维修方便，工艺布置灵活，能多点加料，也能多点卸料。由于壳体封闭，因此在输送量大、有毒、易爆、高温物料时可以显著地改善工人工作环境并防止产生环境污染。

1.1 工程概况

刮板机是在榨油厂生产加工过程中，用于大豆、菜籽等原粮及散粕水平和垂直运输的、安全高效的封闭输送系统。刮板机包括水平刮板、斜刮板、弯曲刮板等。其中，湿粕刮板系统安装难度最大。

榨油厂生产工艺需要用到多条刮板机。例如，从预榨车间出来的散粕到筒仓储存，就要经过三条刮板，输送流程如图 1.1-1 所示。

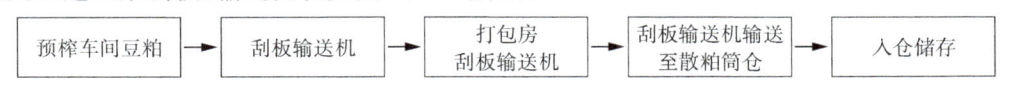

预榨车间豆粕 → 刮板输送机 → 打包房刮板输送机 → 刮板输送机输送至散粕筒仓 → 入仓储存

图 1.1-1　散粕储存流程图

中粮东海粮油工业(张家港)有限公司新建 3 000 t/d 菜籽压榨及配套粕库、5 000 t/d 饲料蛋白项目工艺设备及电气安装工程由江苏省安承建。工程位于张家港保税区，交通便利，人员往来和物资运输通畅。工程于 2020 年 9 月 28 日开工，2021 年 12 月 30 日投干料试车。工程施工工期紧，工艺设备及管线复杂，设备安装精度要求高，施工难度大。江苏省安先后调集 500 多人参加施工。预处理车间及浸出车间的输送系统共有 24 条刮板机，其中，水平刮板 14 条，提升刮板 10 条。

中粮东海榨油五厂预处理车间及浸出车间，如图 1.1-2～图 1.1-5 所示。

图 1.1-2　预处理车间

图 1.1-3　浸出车间

图 1.1-4　预处理与浸出车间之间提升刮板

图 1.1-5　水平刮板输送系统

1.2　设备特点

1.2.1　水平刮板机

水平刮板机有单层刮板机与双层刮板机两种形式。根据使用要求,可以设计多点加料、多点卸料。水平刮板机结构如图 1.2-1 所示。

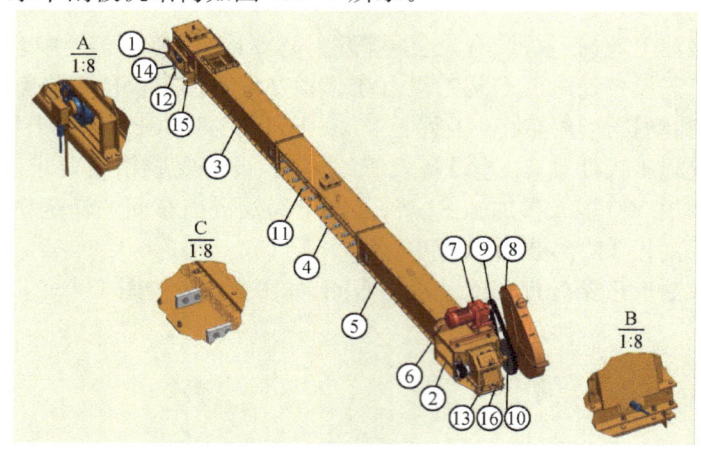

1. 机尾　2. 机头　3. 进料口观察节　4. 快开门中间节　5. 过渡节　6. 传动架　7. 电机减速机　8. 链轮防护罩　9. 传动链条　10. 传动链轮　11. 工程链条　12. 速度传感器支架　13. 防堵门　14. 速度传感器　15. 支腿　16. 速度传感器

图 1.2-1　水平刮板机结构构件示意图

1.2.2 弯曲刮板机

弯曲刮板机用于物料提升系统。弯曲刮板机结构如图1.2-2所示。

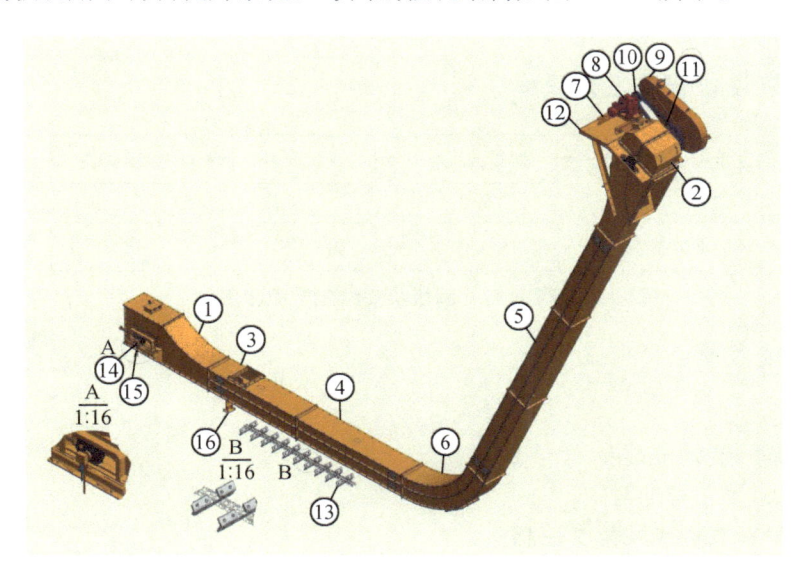

1. 机尾　2. 机头　3. 进料口观察节　4. 观察窗中间节　5. 标准节　6. 弯曲节　7. 传动架
8. 电机减速机　9. 防护罩　10. 传动链轮　11. 传动链条　12. 动力支架　13. 工程链条
14. 速度传感器　15. 速度传感器支架　16. 支腿

图 1.2-2　弯曲刮板机结构构件示意图

根据输送物料的不同,弯曲刮板机有普通弯曲刮板机与密封弯曲刮板机。

1.3　基于BIM技术,深化优化设计方案

设备安装施工前,基于BIM技术,利用相关技术软件创建三维模型,优化与深化设计方案;施工前模拟刮板机吊装与安装施工过程,若发现有与结构标高、管道等碰撞部位,与业主、设计院沟通解决,避免施工过程中出现返工。

以环形刮板为例,三维模型图如图1.3-1所示。

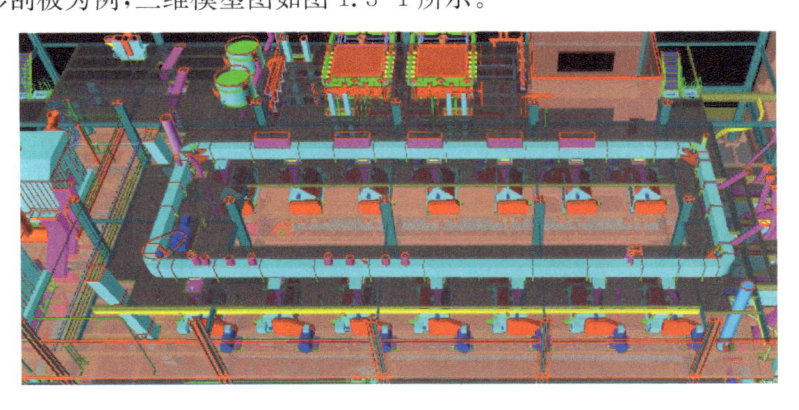

图 1.3-1　榨油厂环形刮板机BIM模型图

2 工艺流程及技术要点

2.1 刮板机设备安装工艺流程

基础中间交接 → 测量放线 → 支架安装 → 筒节安装

驱动装置安装 ← 刮板链条安装 ← 附件安装 ← 试车

图 2.1-1　刮板机安装工艺流程图

2.2 安装技术要点

（1）基础处理；
（2）设备吊装就位；
（3）机头、尾轮精准对中；
（3）机筒安装直线度精度控制；
（4）链条张紧；
（5）设备调试。

3 施工准备

3.1 收货检查

（1）与业主、监理、供货商等共同检查货物数量以及损坏情况。
（2）根据装箱单信息核对各零件的数量。
（3）检查实际包装数量与包装装箱单的差异。
（4）核对安装所需要的紧固件与发货单。
（5）对照发货单，尽快向承运商反馈货物缺失及损坏情况。
（6）设备零部件不能露天堆放，以免锈蚀。如图 3.1-1～图 3.1-4 所示。

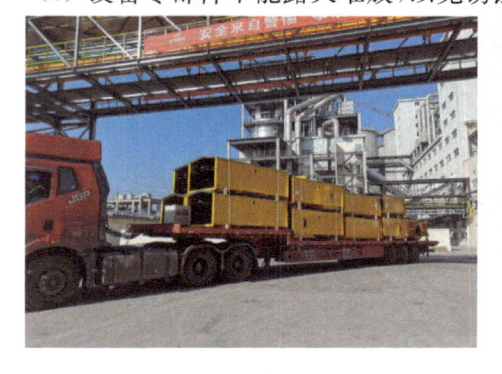

图 3.1-1　刮板机到货　　　　　图 3.1-2　刮板机到货检查核对

图 3.1-3　刮板机筒体到货检查 　　　　图 3.1-4　刮板机到货卸车登记造册

3.2　零部件准备

3.2.1　根据所到货物清单和现场工艺要求,对刮板机机头、机尾、全部中间节、进出料口、法兰、动力支架、连接螺栓、链条(包括链条连接件)、机体支腿、除尘器等,按要求编号。如图 3.2-1～图 3.2-10 所示。

图 3.2-1　零部件编号 　　　　　　　　图 3.2-2　机头方罩壳

图 3.2-3　水平刮板机筒节 　　　　　　图 3.2-4　刮板机筒节(带视窗)

图 3.2-5 机尾链轮　　　　　　　图 3.2-6 链轮及滑轨

图 3.2-7 机头罩壳　　　　　　　图 3.2-8 刮板机进料口

图 3.2-9 刮板机进料口　　　　　图 3.2-10 刮板机气动阀

3.2.2 为减少高空作业,能在地面进行的作业先完成再吊装。进料口若需要现场焊接,则应先焊接,再进行组装。

3.3 基础测量

3.3.1 核对、实测主机和地基、平台的安装尺寸。

3.3.2 检查基础预埋件，特别注意机头、机尾的预埋件基础是否与工艺要求和设备小样图一致，如发现问题应及时处理。

3.4 安装工具

安装工具准备：扳手、手锤、钢丝绳、细钢丝、电焊机、氧气割枪、棕绳等。

3.5 安装技术方案及人员配备

3.5.1 统筹规划整个榨油厂项目施工进程，协同进行刮板安装，编制详细安装方案。施工前进行安全技术交底。

3.5.2 确定安装经验丰富、技术水平高的工程师指导安装。

3.5.3 配备钳工、电焊工、起重工、电工等工种人员，特殊工种人员持证上岗。

3.6 设备吊装

（1）设备吊装使用叉车、塔吊及汽车吊结合的方式进行。吊装时要使用吊带，避免损伤设备表面油漆。

（2）根据输送物料选择合适垫片。输送物料为粕类产品时，法兰连接处需垫四氟垫片，垫片要求平整、接头处完好、无漏垫情况。

（3）底板（和中间隔板）接口需平整。一般情况下，安装定位销后接口是平齐的；如果不平齐（误差超过 1 mm，运行时会有异响），拆掉定位销，用撬棍调整至平齐后拧紧法兰螺栓。

如图 3.6-1～图 3.6-6 所示。

图 3.6-1 筒节运输至现场

图 3.6-2 刮板机筒节吊装

图 3.6-3　筒节吊装　　　　　　图 3.6-4　筒节就位

图 3.6-5　筒体吊装　　　　　　图 3.6-6　减速机吊装

4　设备安装

4.1　水平刮板机安装

水平刮板机安装如图 4.1-1 所示。

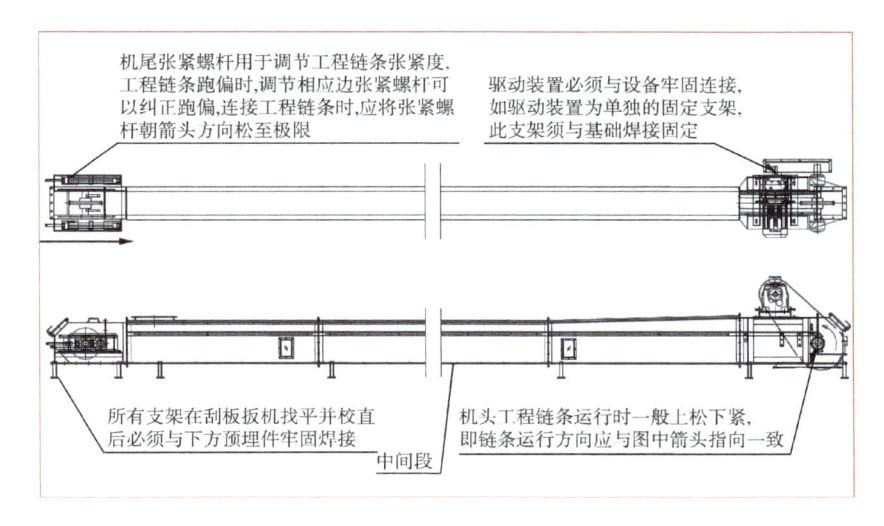

图 4.1-1　水平刮板机安装示意图

4.1.1　支架安装

（1）用水平仪找平地基和安装支架的水平度，电焊固定安装支架。

（2）如设备本身支架高度不够，在找平基础后根据工艺要求焊接支架。

如图 4.1-2～图 4.1-7 所示。

图 4.1-2　随机配备标准支架安装　　　　图 4.1-3　型钢支架焊接

图 4.1-4　现场焊接支架安装　　　　图 4.1-5　支座安装

图 4.1-6　筒仓顶部钢结构支架安装 　　　　图 4.1-7　筒仓顶部钢结构支架安装

4.1.2　机体安装

（1）刮板机机体安装从头部开始，按照小样图依次安装中间节与机尾。如图 4.1-8～图 4.1-11 所示。

图 4.1-8　机头安装 　　　　　　　　　　图 4.1-9　机头安装

图 4.1-10　电动机安装 　　　　　　　　　图 4.1-11　减速机安装

（2）安装时应保证机壳的水平度和垂直度。首先对支架进行校平，如图 4.1-12、图 4.1-13 所示。

图 4.1-12　刮板机钢结构支架水平尺校平 　　图 4.1-13　刮板机钢结构支架安装并找平

（3）特别要保证机体底板对接平齐，允许运行方向上误差 0.5～1 mm。
（4）避免机体侧板左右错位，确保工程链条运动时不致产生卡碰现象。
（5）为了保证刮板机的直线度，防止壳体错位，无论是水平刮板机还是弯曲刮板机，其机头、机尾及中间节的法兰截面上都设置有定位销孔，如图 4.1-14、图 4.1-15 所示。

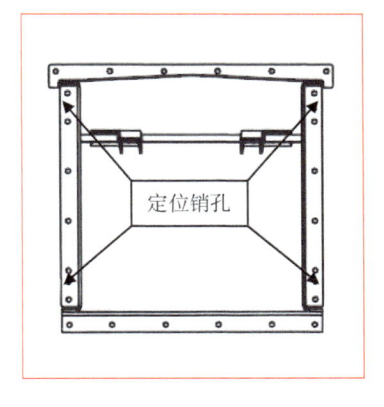

图 4.1-14　水平刮板机销孔位置 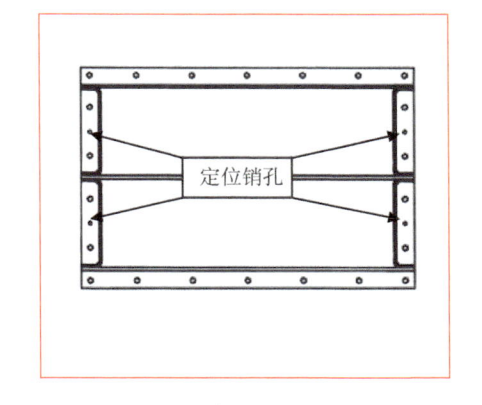　　图 4.1-15　弯曲刮板机销孔位置

（6）安装刮板机壳体时，应首先安装定位销，确定两组件（中间节、机头及机尾）的相对位置，再安装连接螺栓，以确保机体的直线度。如图 4.1-16～图 4.1-27 所示。

图 4.1-16　筒节就位 　　图 4.1-17　安装定位销

图 4.1-18　筒节连接穿螺栓　　　　　　　图 4.1-19　螺栓拧紧

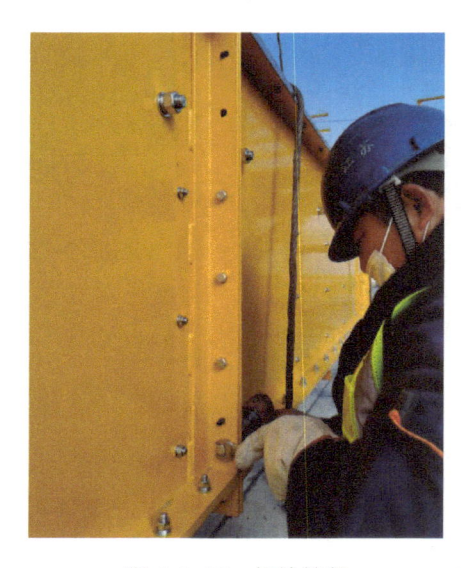

图 4.1-20　中间节穿螺栓　　　　　　　图 4.1-21　中间节底部法兰穿螺栓

图 4.1-22　筒体安装　　　　　　　　　图 4.1-23　筒体安装

图 4.1-24　刮板机中间节安装 　　　　图 4.1-25　出仓刮板机中间节安装

图 4.1-26　筒仓顶部刮板机壳体安装 　　图 4.1-27　筒仓顶部刮板下料口溜槽安装

（7）安装定位销时，应先调节两组件之间的相对位置，使得销孔中心线重合时再安装定位销。如图 4.1-28 所示。

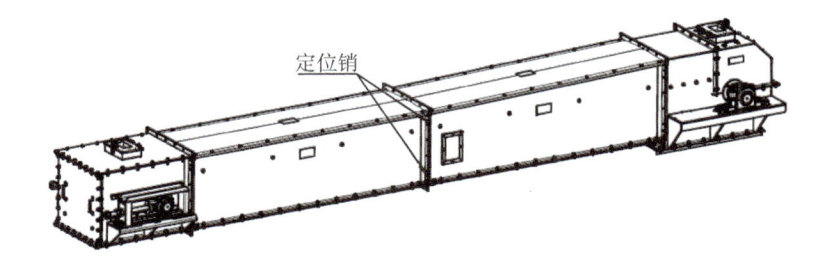

图 4.1-28　水平刮板机定位销示意图

4.1.3　校核机体直线度

埋刮板输送机机体组装后，应测定其总的直线度。若直线度超出下述要求，须进行校正。

输送机总长度在 30 m 以下：直线度 5 mm。

输送机总长度在 30 m 以上：直线度 8 mm。设备安装就位、找平找正后，按规范和制造商的技术要求对设备内件进行检查。

如图 4.1-29～图 4.1-32 所示。

图 4.1-29　仓顶刮板校核机体直线度

图 4.1-30　出仓刮板机体直线度校核

图 4.1-31　车间刮板机体直线度校核

图 4.1-32　仓顶刮板机体直线度校核

4.1.4　水平刮板机工程链条安装

（1）检查链条。工程链条又称刮板链条，是水平刮板输送机的关键零部件。安装前应检查工程链条的关节是否灵活，检查链条刮片螺栓是否有松动。

（2）转动不灵活时应拆下，用砂纸打磨销轴和链杆孔，不得涂抹润滑油脂，确保转动灵活后方可安装。

（3）螺栓如有松动，请上紧后再行安装。

（4）确定链条安装方向。装入工程链条前应先将机头端板、机尾尾板及观察门打开，将尾轴调至开口法兰方向的最近端，如图 4.1-33 所示。

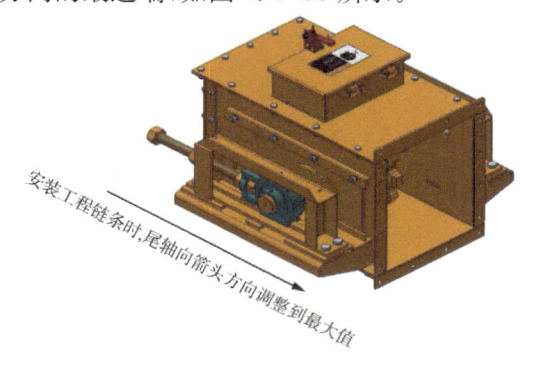

图 4.1-33　尾轴调整示意图

（5）机箱底部工程链条的方向，如图 4.1-34 所示。准备好工程链条所需要的数量，其余作为备件。

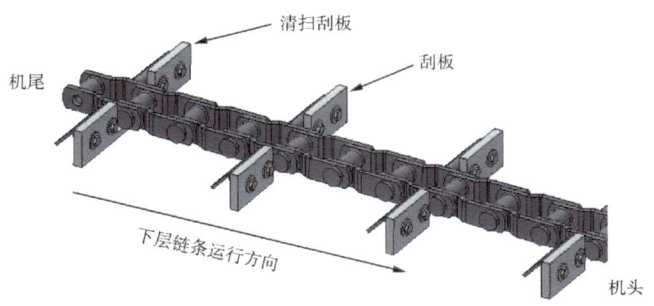

图 4.1-34　链条安装方向示意图

（6）安装链条

安装工程链条时，应根据输送机的长度和安装现场的具体情况确定合适的安装方法。

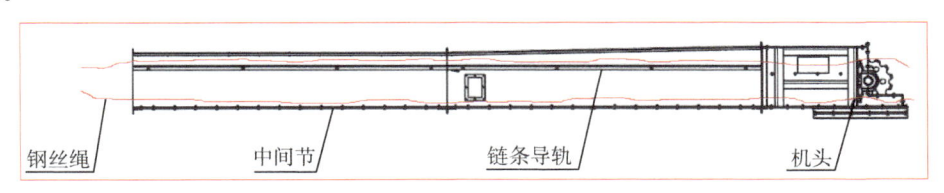

图 4.1-35　工程链条安装方法示意图

a. 在安装头部前，准备两根钢丝绳或结实的麻绳，绳子的长度应比机身长 3～4 m，并将上下绳分别向尾部方向拉出，顺次安装中间段、尾部等部件。主机安装后，上下两绳已分别被拉至尾端。如图 4.1-36～图 4.1-39 所示。

图 4.1-36　刮板链条检查　　　　图 4.1-37　钢丝绳牵引链条安装

图 4.1-38　链条安装　　　　　　　　图 4.1-39　链条张紧

b. 首先安装下部工程链条。在尾部下端用绳子将第一条工程链条（每条长 3 m 左右）系紧，在头部拉下部的绳子，将第一条工程链条拉入，然后再取一条与第一组工程链条连接起来。继续在头部拉下部的绳子，依次逐步装入工程链条。当下部的绳子从头部拉出时，下层的工程链条就装好了。如图 4.1-40、图 4.1-41 所示。

图 4.1-40　机头工程链条安装　　　　图 4.1-41　机尾链条张紧

c. 导轨上部的工程链条安装方法和下部的工程链条相同。但必须注意：上部的工程链条和下部的工程链条方向相反。可以将绳子的一端从尾部拉出，仍在尾部继续连接工程链条并从尾部拉入，并使头部工程链条绕在头部链轮上，继续拉尾部的绳子，依次逐步装入工程链条（这种方式不易将链条装反）。

d. 连接工程链条：首先在头部将上、下部工程链条连接起来，然后在尾部拉上部或下部的工程链条，将工程链条拉紧，拉紧时请注意尾部张紧要松到底，并使用倒链拉两端链条，最后取合适的长度，在尾部把工程链条连接起来。至此，主机及工程链条都安装完毕。

如图 4.1-42、图 4.1-43 所示。

图 4.1-42　张紧螺栓　　　　　　图 4.1-43　机尾张紧螺栓

4.1.5　水平刮板机安装注意事项

(1) 头部必须牢固地安装在地基或支架上,以保证运行平稳。
(2) 中间段及尾部支架必须与基础连接牢固。
(3) 如设备本身不带支架,中间段及尾部用压块固定,防止机身运行时摇摆。
(4) 头部和尾部必须对中,头尾轮轮轴应保持平行,以免工程链条在运行中跑偏。
(5) 组装机体时,注意用泡棉垫或聚四氟乙烯软带进行密封。如图 4.1-44 所示。

图 4.1-44　法兰口用泡棉密封

(6) 过渡节口大的一侧与机头连接。
(7) 依次安装带观察窗或观察门的中间节。
(8) 注意:中间节方向均是导轨伸出端(折弯端)朝向机头。
(9) 工程链条的安装必须正确无误,链条安装方向一定要正确。
(10) 链条连接一定要牢固。工程链条连接时,必须将弹性卡圈卡紧或将销轴等连接部件按要求固定,防止销轴脱落导致严重事故。

4.2 弯曲刮板机安装

4.2.1 弯曲刮板机基础安装

首先将弯曲刮板机的水平段基础找平,根据找平的基础固定机尾支腿,支腿的高低取决于设备工艺要求。水平段找平方法同水平刮板机。

4.2.2 弯曲刮板机机体安装

4.2.2.1 水平段安装

(1)弯曲刮板机的安装一般从机尾开始,将机尾吊装放在已经固定的支架上,并保证其水平。如图 4.2-1、图 4.2-2 所示。

图 4.2-1 刮板机机尾安装    图 4.2-2 刮板机机尾安装

(2)使用螺栓将机尾与支架固定好。

(3)依次固定水平段中间节,并将其与支腿固定好,使用螺栓锁紧。如图 4.2-3、图 4.2-4 所示。

图 4.2-3 预处理车间提升刮板    图 4.2-4 预处理车间刮板机安装

(4)连接好每一节,检查刮板机中间轨道板和底板接口是否平直。

4.2.2.2 弯曲段安装

安装第一节弯曲段时要保证与基础相固定,不能晃动,并保证水平。继续连接弯曲段时,要检查每一节的中间隔板和底板接口是否平直。如图4.2-5、图4.2-6所示。

图4.2-5　弯曲段与支腿固定　　　　图4.2-6　弯曲段钢结构支腿固定

4.2.2.3 弯曲刮板机机头安装

（1）将刮板机机头吊装到位。

（2）与刮板机中间段连接。

（3）使用倒链将机头固定。

（4）测量刮板机出料口与进料口之间的直线距离是否与工艺要求一致,并检查机头的倾斜度。

（5）要保证头轴与尾轴中心线平行。

4.2.2.4 校核

（1）校核直线度。弯曲刮板机机体组装好后,应校核其总直线度、水平段的直线度,弯曲段以上的中间节与机头的直线度。

（2）检查平行度。同水平刮板机一样,弯曲刮板机的头轴与尾轴中心线必须平行。

（3）检查无误后,将机头固定好。由于弯曲刮板机的机头负荷较大,采用焊接固定。如图4.2-7～图4.2-10所示。

图4.2-7　提升刮板筒体安装　　　　图4.2-8　提升刮板安装

图 4.2-9　浸出车间到预处理车间提升刮板校直 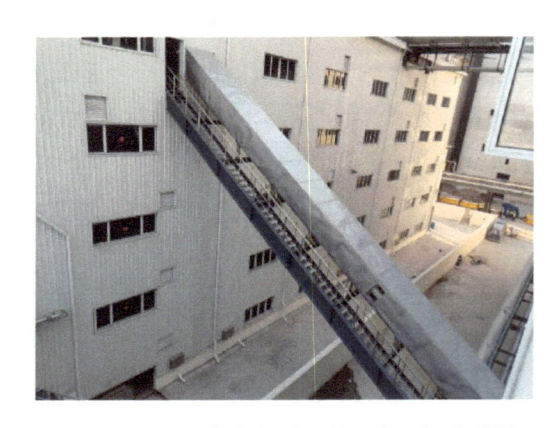　　图 4.2-10　浸出车间到预处理车间提升刮板

4.2.3　弯曲刮板机工程链条安装

4.2.3.1　检查链条

同安装水平刮板机工程链条一样,安装前应检查工程链条的关节是否灵活,检查链条刮片螺栓是否有松动。转动不灵活时应拆下,用砂纸打磨销轴和链杆孔,不得涂抹润滑油脂,确保转动灵活后方可安装。螺栓如有松动,请上紧后再行安装。

4.2.3.2　确定链条安装方向

为方便安装,将刮板机机头和机尾的盖板拆掉。如果刮板机较长,可将中间水平段一节盖板也拆掉。分辨链条方向,并将链条连接好,一般 6～7 m 一段。弯曲刮板机工程链条安装方向如图 4.2-11、图 4.2-12 所示。

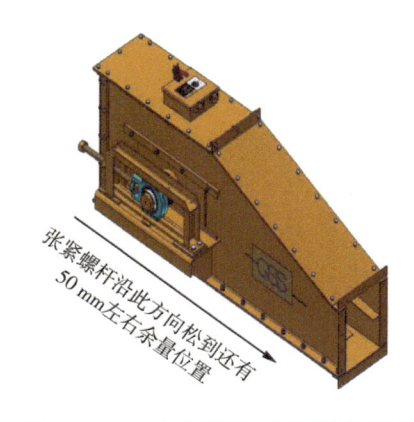

图 4.2-11　弯曲刮板机张紧螺杆调节 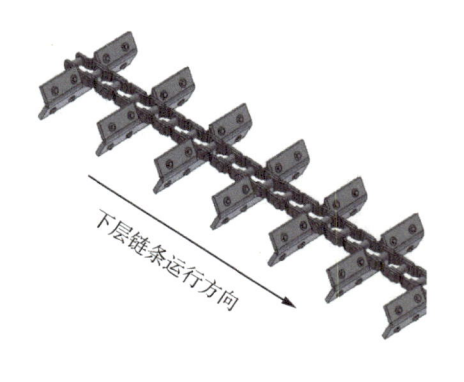　　图 4.2-12　工程链条安装方向

4.2.3.3　安装链条

(1) 使用钢丝绳将链条一端固定,将钢丝绳顺着刮板机机箱一直放到机尾。
(2) 使用倒链,将链条吊入刮板机,顺着机箱慢慢松倒链。如图 4.2-13、图 4.2-14 所示。

图 4.2-13　链条安装前检查 　　　　　图 4.2-14　链条安装

（3）将链条固定好,防止掉入机箱。
（4）用倒链吊另一段链条。吊前链条要连接好,并检查刮板方向。
（5）若从底层（中间隔板下部）开始安装,将链条拉到尾部,将机头端链条固定。
（6）安装上层（隔板上部）链条。注意上下层的链条方向安装方向相反。
（7）链条拉好,在机头部将两段链条连接。
（8）机尾段链条连接:首先将机尾的张紧螺杆松到还有 50 mm 左右余量的位置,然后使用倒链将两节链条张紧。
（9）弯曲刮板机链条不能过于张紧,如果张紧程度难以控制,可以将机尾张紧螺栓余量留在 100 mm 以内。
（10）链条在负载后会有松动,如果在负载前链条较松,在负载时要重新张紧。
（11）将已经张紧的链条连接,去除多余的链条,如果不够要再接链条。如图4.2-15～图 4.2-18 所示。

图 4.2-15　弯曲刮板链条安装 　　　　　图 4.2-16　弯曲刮板链条张紧

图 4.2-17　工程链条安装　　　　　　图 4.2-18　工程链条张紧

4.2.4　弯曲刮板机安装注意事项

(1) 头部必须牢固固定以保证运行平稳。
(2) 中间段及尾部支架必须与基础连接牢固。如图 4.2-19、图 4.2-20 所示。

图 4.2-19　中间段与基础连接牢固　　　　　　图 4.2-20　弯曲段安装

(3) 如设备本身不带支架,水平中间段及尾部一般用压块固定,防止机身运行时摇摆。

(4) 头部和尾部必须对中,头尾轮轮轴应保持平行,防止工程链条运行中跑偏。

(5) 通过调整尾轮轴,使头尾对中。

(6) 组装中间节时,注意用泡棉垫或聚四氟乙烯软带进行密封。

(7) 弯曲刮板机中间节是对称的,安装时要注意方向一致,保持安全标示朝向一致且正对操作台一侧,方便辨别。如图 4.2-21,图 4.2-22 所示。

(8) 大型号弯曲刮板机,中间节底板比盖板厚度大,注意不要装反。

(9) 工程链条安装必须正确无误,链条方向一定要正确。

(10) 链条连接要牢固,连接时必须将弹性卡圈卡紧,将销轴等连接部件按要求固定。防止工程链条运行中,销轴脱落而导致严重事故。

图 4.2-21 中间节视窗　　图 4.2-22 中间节安装

4.3 驱动装置安装

4.3.1 电机与减速器

(1) 电机与减速器的连接一般有两种方式:直连(一体式)与联轴器连接。电机功率≤18.5 kW,选用齿轮马达,即电机与减速器直连(一体式),出厂前已由供应商组装好;电机功率>18.5 kW,减速器选用齿轮箱,与电机通过联轴器连接,采用 OMEGA 联轴器;

(2) 动力支架用来支撑动力部分,采用焊接方式,且必须用紧固件紧固到动力支撑平台上。如图 4.3-1、图 4.3-2 所示。

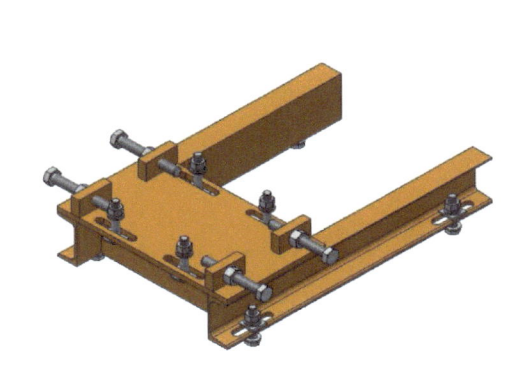

图 4.3-1 动力支架示意图　　图 4.3-2 动力支架示意图

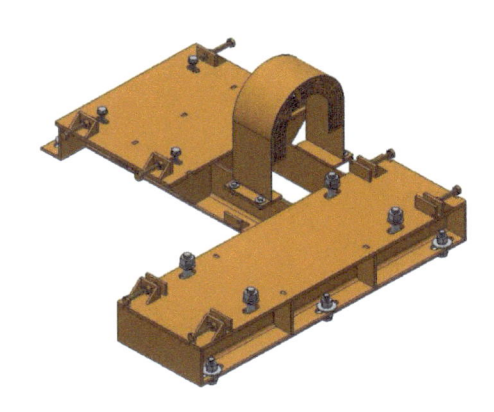

(3) 电机与减速器直连时,传动架结构腰型孔 A 用于调整电机轴向距离,使小链轮与机头大链轮齐平;腰型孔 B 用与调整大链轮与小链轮之间的中心距,使链条工作时保持一定的松紧度。

(4) 电机与减速器通过联轴器连接时,传动架结构减速器座与电机座分别设有左右与前后方向的腰型孔,两腰型孔分别用于调节减速器左右与电机前后的位置,以便于调节电机输出轴与减速器输入轴中心线共线。

(5)传动架底部支撑角钢上的腰型孔用于调节减速器与设备之间的相对位置。

4.3.2 减速器与机头

(1)动力输入到输送机的传动方式一般有链传动和联轴器直连两种。

(2)链传动时,减速机的输出轴中心线必须和头轮轴中心线平行,且保证两传动链轮端面齐平。

(3)安装传动链条时,前后左右移动减速机,将小链轮靠近大传动链轮,同时保证两传动链轮端面齐平,安装传动链条。为了避免链条的松边垂度过大引起的啮合不良和链条震动,同时也为了保证链条与链轮的啮合包角,链条必须具备合适的张紧度。移动电机,通过调节中心距调节传动链条的张紧度。张紧度调节好以后,上紧螺栓,固定减速机,并用减速机顶丝顶紧,防止左右窜动。

(4)联轴器直连时,需保证头轴中心线和减速机输出轴中心线共线。通常头轴固定,调节减速器位置以保证两轴共线,调好以后固定左右上下。

(5)驱动装置调正后,电机、减速器与传动机构应牢固地焊接在地基平台上或用螺栓连接到输送机机头上。

4.3.3 链轮防护罩安装

动力输入方式采用链传动时,为了防止工作人员无意中碰到传动装置中的运动部件而受到伤害,必须安装链轮防护罩将其封闭。防护罩还可以防尘,以维持正常的润滑状态。链传动多采用浸油润滑,对防护罩安装的密封性要求高。链轮防护罩的安装需配合传动链轮的安装。

第一步:将高分子板放置于链轮和设备壳体之间,减速机上高分子板为矩形,设备头轴上高分子板为正方形,调节传动架位置,使两链轮齿面齐平。

第二步:安装传动链条,保证减速机在张紧最小的位置时,链条能够正常扣合,并多1~2个链节的余量。如图4.3-3所示。

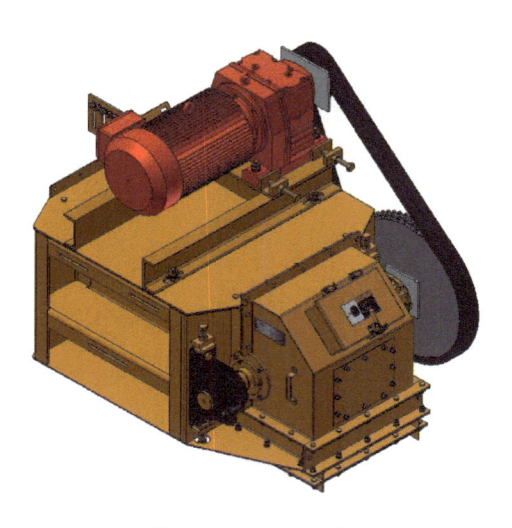

图 4.3-3 链条安装

第三步:安装防护罩的下壳体,并将高分子板嵌入防护罩的卡槽中。防护罩在初步定位后务必保证高分子板平整地安装在防护罩卡槽中。如图 4.3-4、图 4.3-5 所示。

图 4.3-4　机头下壳体安装　　　　图 4.3-5　机头上壳体安装

第四步:将下壳体上的放油口调至竖直状态,将防护罩连接板选择合适的位置并与壳体通过紧固件连接,折弯件上的孔与防护罩角钢上的孔对准后,将折弯件一端焊接在防护罩连接板上,然后锁紧折弯件和防护罩角钢上的螺栓。

防护罩连接板在焊接之前务必检查确认高分子板没有受到挤压和变形。防护罩自重较大,安装现场需要为防护罩制作支架进行加固支撑。

第五步:安装上壳体,并用螺栓锁紧上下壳体,将橡胶磁贴板分别贴在防护罩的外侧位置,并最终检查是否存在间隙及透光等问题,若有,则用防水胶泥胶水进行密封。

4.3.4　联轴器安装

OMEGA 联轴器具有独特的分体式弹性体和可正反安装的轴套设计。

同轴度要求:联轴器连接时,用百分表在联轴器的轴向和径向进行测量和调整,使两轴心的允许偏差达到要求。如图 4.3-6～图 4.3-11 所示。

图 4.3-6　减速机设备吊装　　　　图 4.3-7　减速机安装

图 4.3-8　OMEGA 联轴器

图 4.3-9　联轴器安装

图 4.3-10　联轴器百分表测试同轴度

图 4.3-11　电机安装

4.4　刮板系统附件安装

4.4.1　除尘系统安装

为了排除粉尘,防止爆炸等危险产生,刮板机安装吸风管,并与除尘器连接。如图 4.4-1～图 4.4-6 所示。

图 4.4-1　刮板机风管安装

图 4.4-2　刮板机风管安装

图 4.4-3　刮板机风管安装

图 4.4-4　刮板机风管安装

图 4.4-5　风机安装

图 4.4-6　除尘器安装

4.4.2　阀门安装

在刮板机进料口和卸料口安装手动或气动阀门,如图 4.4-7~图 4.4-12 所示。

图 4.4-7　气动阀安装

图 4.4-8　进料口手动阀安装

图 4.4-9　气动三联体安装 　　　　　图 4.4-10　刮板机进料口安装

图 4.4-11　刮板机侧壁观察窗 　　　　图 4.4-12　刮板机上部观察口

5　设备调试

5.1　试车前准备

完成机体各部分安装后,即可进行空车试验。空车试验前应做好准备工作。

5.1.1　设备润滑

检查所有轴承、动力部分及传动链部分是否有足够的润滑油脂,检查润滑的部分及材料。

5.1.2　杂物清除

检查机体内部是否有遗留的工具和材料等杂物,如有应予以清除,以免发生故障。

5.1.3　链条松紧度初调节

初步检查链条松紧度是否合适。工程链条是否调节到设备最佳运行的松紧度非常重要。通过调节尾轮轴承上的轴承座,将张紧螺杆向后张紧,带动尾轴轴承及尾轴后移,调节工程链条至适当松紧度。张紧时,注意保证轴承左右对称,确保尾轴与头轴轴向平行。如图 5.1-1、图 5.1-2 所示。

图 5.1-1　张紧螺杆向后张紧调节　　　　图 5.1-2　张紧螺杆向后张紧

检查手动转动电机—减速器间的联轴节或电机风扇叶片，使下部链条拉直，然后检查头轮附近工程链条情况。

5.2　空载试车

（1）仔细检查且确认具备开车条件后，即可进行空车试验。空车实验至少有三人参加，即头部一人，尾部一人，控制一人。

（2）首先点动开车，点动开车时，头部观察人员必须注意头轮旋向是否正确，若有误，请电工将电机换向。

（3）再次点动开车，头部观察人员从头部观察门观察工程链条绕出头轮情况或打开头部盖板观察，若发现工程链条有起拱现象，则应调节机尾张紧螺杆以进一步张紧，直到符合要求。

（4）继续点动开机，这次时间可稍长一点，尾部观察人员应从尾部盖板处观察工程链条是否有跑偏现象。若有，应调节机尾张紧螺杆以纠正跑偏；若仍然跑偏，则应检查头轴尾轴是否水平，头轮尾轮端面是否齐平。

（5）若头轮旋向正确，张紧合适，尾部无跑偏现象，则可进入空车试运转。空车试运转时，观察人员、操作人员不得远离岗位。若发现有异常现象，应及时停车处理。

刮板输送机的工程链条是在导轨与底板上作滑动摩擦前进的，所以在空车运转时，会有一定的噪音，属正常情况。这种噪音会在负载运行时明显降低。但各种卡碰的噪音是异常情况，应及时检查排除。

6　质量控制

6.1　本工程执行的质量标准、规范

GB 50231—2009《机械设备安装工程施工及验收通用规范》；
GB 50270—2010《输送设备安装工程施工及验收规范》；
设备厂家提供的技术资料；

设计院设计的工艺图纸；

刮板机设备厂家安装资料及说明书等。

6.2　质量控制关键点

基础及支撑放线定位；

设备吊装；

设备找平找正；

工程链条安装及张紧；

设备连接及紧固。

6.3　质量控制措施

（1）设备安装前必须编制施工方案，经审批后，方可实施。

（2）设备安装前必须做好技术交底工作。施工员应编制关键工序作业指导书下发施工班组。如图 6.3-1、图 6.3-2 所示。

图 6.3-1　项目部组织安全培训　　　图 6.3-2　对施工班组进行安全技术交底

（3）关键工序结束后，应由项目质检员进行检查，合格后填写报告，交监理和业主代表检查签字后方可进行下一道工序。检查内容及要求如下：

　　a. 各段机体及法兰连接界面平整、密合；

　　b. 拉紧装置调节灵活、拉紧可靠；

　　c. 所有螺杆、滑轨、轴承、传动部件及减速器内润滑油的规格、质量和数量符合要求；

　　d. 机架稳固可靠，链条、传动带松紧适度；

　　e. 紧固件无松动；

　　f. 牵引带无打滑；

　　g. 挡尘板、进料斗、闸门、机壳法兰、清扫门、观察窗及机罩等密封良好，有防止粉尘泄露及雨水渗漏的措施；

　　h. 驱动及传动装置应牢固地安装在基础或机架上，运行中未出现位移、晃动；

　　i. 运转平稳、可靠、无异常声响。

如图 6.3-3 所示。

图 6.3-3　现场工序检查

（4）做好设备基础的交接检查工作及交接手续。
（5）认真做好设备的出库检查、验收工作。
（6）设备就位后要采取防护措施,防止零部件的损坏、丢失。

7　结语

中粮东海粮油榨油五厂工程安装刮板输送机 24 条。江苏省安通过严格控制设备安装施工各环节,对全过程实施精细化管理。埋刮板输送机整机设备运转后,经业主专家组综合评定验收,各项指标达到良好状态。此次榨油工程顺利投料试车,为后续同类型工程施工积累了经验。

基于 BIM 技术的大型榨油厂钢结构预制装配式施工技术

1 工程概况

中国油脂加工行业发展迅速,油脂加工工艺水平达到国际先进水平。榨油厂工程施工包括钢结构厂房制作安装,大型工艺设备安装调试,万 t 筒仓、储罐、栈桥、外管网管架等内容,每道环节都与钢结构施工环环相扣。

由于粮油工业生产的特殊性,大型设备直接由钢结构承重,柱网平面布置和梁柱标高布置为工艺流程服务,形成独有的风格。工程工艺设备体量大,重型设备和非标设备数量多,占用空间大;工艺管线数量多、直径大、荷载大、管线交叉多;各类支架体积大、数量多,对钢结构承重系统施工要求高。

中粮广东产业园 5 000 t/d 饲料蛋白及配套生产辅助设施工程项目施工内容包括钢结构、给排水、暖通、电气仪表、设备安装与调试工程等。工程于 2019 年 3 月 28 日开工建设,项目达产后,是当年国内日产量最大的榨油厂。如图 1-1 所示。

图 1-1 中粮(东莞)榨油厂二期工程

江苏省安应用BIM技术，在施工前对图纸进行深化优化，建立三维模型，对钢结构和设备、工艺管线等进行碰撞检查、虚拟安装等工作。榨油厂工程车间主体结构为钢框架结构，采用预制装配式方式施工，所有钢结构构件全部在工厂预制加工，减小现场施工制作压力，缩短工期，大幅提高工程施工精细化水平。

2 施工技术要点及依据标准

2.1 施工技术要点

（1）基于BIM技术进行浸出车间及预处理车间钢结构的图纸深化及构件预制加工。

（2）应用BIM技术，建立钢结构厂房与大型设备、工艺管道综合排布等模型，优化工序衔接和管线排布，解决碰撞问题。

（3）统筹考虑钢结构施工与大型精密设备吊装、钢结构施工预留设备吊装与安装空间、大型设备安装协同作业。

（4）应用全站仪、激光经纬仪等进行施工测量放线技术。

（5）采用预制装配式施工方式，以"不均匀分段，退位安装"方法作为钢结构实施方案，成功解决工艺设备数量多、体量大、交叉作业多、对吊装要求高等难点。

（6）精确定位机电安装的各个管线位置、大型设备及工艺管线，生成平面图及剖面图。

（7）对模型进行综合分析，对各类设备、管道工艺参数及钢结构进行复核计算。

（8）绘制详细的结构及设备平面图、结构构件图、柱脚螺栓布置图、柱脚节点大样图、梁柱节点大样图、标准焊接大样图等，输出到加工厂。

（9）按照图纸要求，在工厂生产线对钢结构梁柱、钢桁架、工艺管道管线等进行模块化生产加工，运至施工现场，组对安装，实现精细化施工。

2.2 依据规范规程

（1）GB 50205—2020《钢结构工程施工质量验收规范》

（2）GB 50683—2011《现场设备、工业管道焊接工程施工质量验收规范》

（3）GB/T 50252—2018《工业安装工程施工质量验收统一标准》

（4）GB 50300—2013《建筑工程施工质量验收统一标准》

（5）GB/T 5082—2019《起重机 手势信号》

（6）工程项目施工图纸及有关文件

3 施工工艺流程及操作要点

3.1 施工工艺流程

施工工艺流程，如图3.1-1所示。

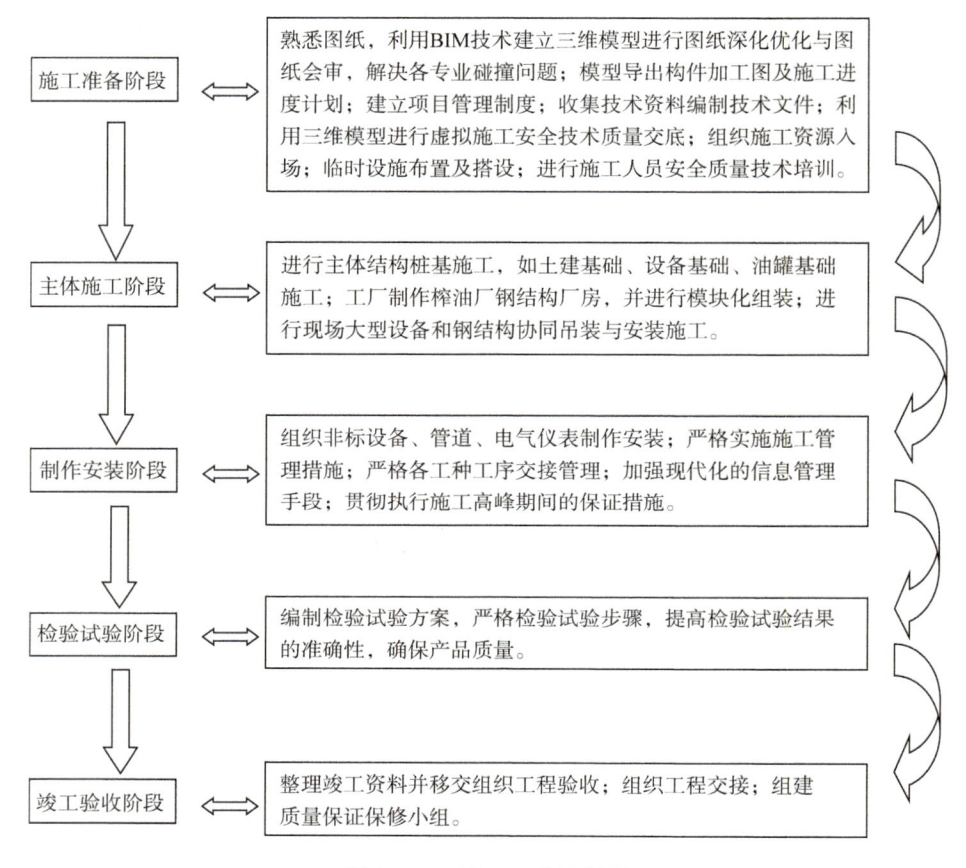

施工准备阶段 ⇔ 熟悉图纸，利用BIM技术建立三维模型进行图纸深化优化与图纸会审，解决各专业碰撞问题；模型导出构件加工图及施工进度计划；建立项目管理制度；收集技术资料编制技术文件；利用三维模型进行虚拟施工安全技术质量交底；组织施工资源入场；临时设施布置及搭设；进行施工人员安全质量技术培训。

主体施工阶段 ⇔ 进行主体结构桩基施工，如土建基础、设备基础、油罐基础施工；工厂制作榨油厂钢结构厂房，并进行模块化组装；进行现场大型设备和钢结构协同吊装与安装施工。

制作安装阶段 ⇔ 组织非标设备、管道、电气仪表制作安装；严格实施施工管理措施；严格各工种工序交接管理；加强现代化的信息管理手段；贯彻执行施工高峰期间的保证措施。

检验试验阶段 ⇔ 编制检验试验方案，严格检验试验步骤，提高检验试验结果的准确性，确保产品质量。

竣工验收阶段 ⇔ 整理竣工资料并移交组织工程验收；组织工程交接；组建质量保证保修小组。

图3.1-1 施工工艺流程图

3.2 基于 BIM 技术进行工程深化设计

3.2.1 建立图纸深化组织团队。组织图及工作流程如图 3.2-1、图 3.2-2 所示。

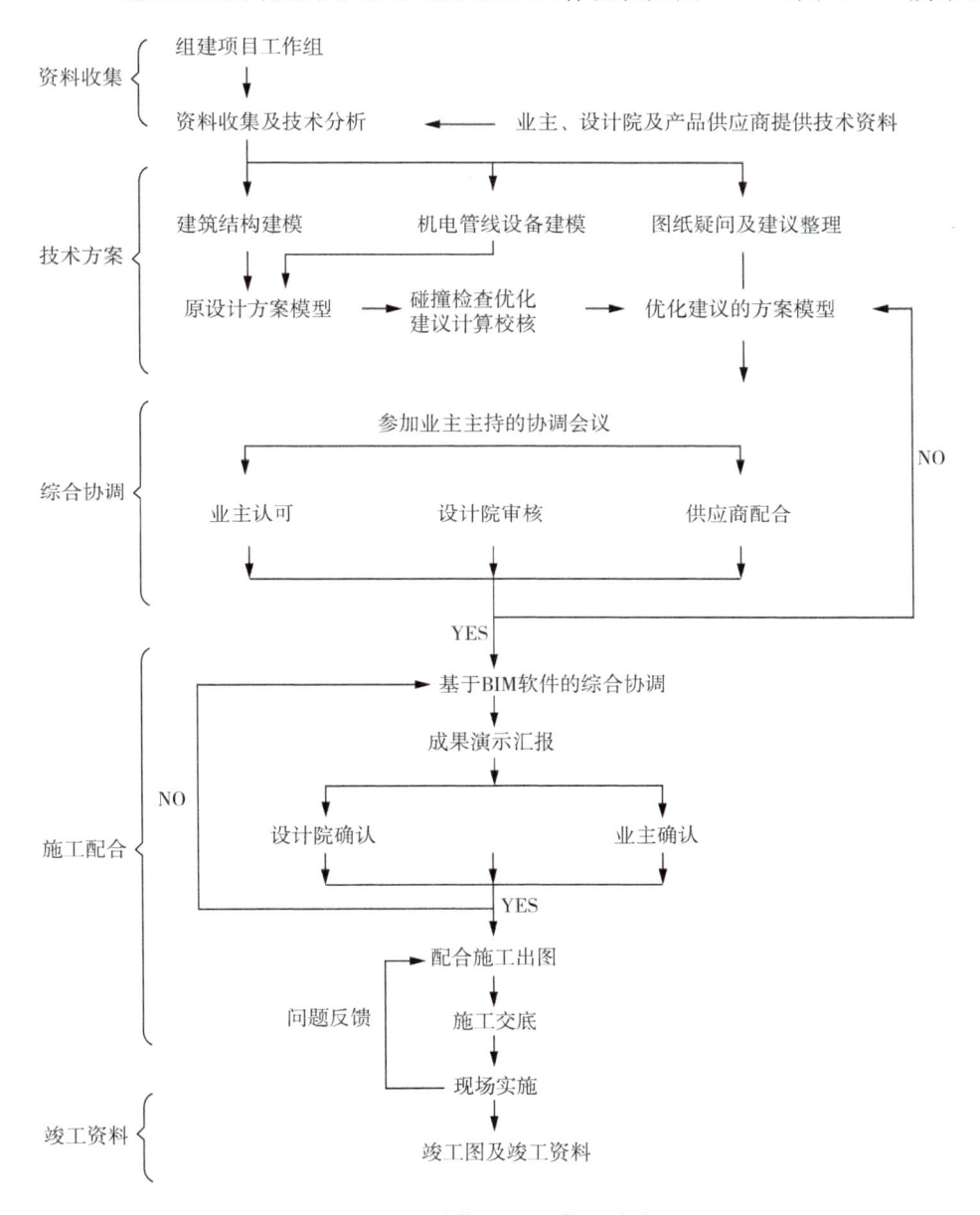

```
资料收集 ┤ 组建项目工作组
        └ 资料收集及技术分析 ← 业主、设计院及产品供应商提供技术资料
                ↓
技术方案 ┤ 建筑结构建模    机电管线设备建模    图纸疑问及建议整理
        │      ↓              ↓                    ↓
        │ 原设计方案模型 → 碰撞检查优化 → 优化建议的方案模型 ←┐
        └              建议计算校核                         │
                              ↓                            │
综合协调 ┤ 参加业主主持的协调会议                            │
        │   ↓          ↓            ↓                     │ NO
        └ 业主认可   设计院审核   供应商配合                │
                        ↓                                 │
                       YES ──────────────────────────────┘
                        ↓
施工配合 ┤ 基于BIM软件的综合协调 ←┐
        │         ↓              │
        │      成果演示汇报       │
   NO   │    ↓          ↓        │
        │ 设计院确认   业主确认    │
        │    ↓          ↓        │
        │       YES              │
        │        ↓               │
        │   配合施工出图          │
        │        ↓    问题反馈 ───┘
        │    施工交底
        └        ↓
             现场实施
                ↓
竣工资料 ┤ 竣工图及竣工资料
```

图 3.2-1　钢结构 BIM 深化设计流程图

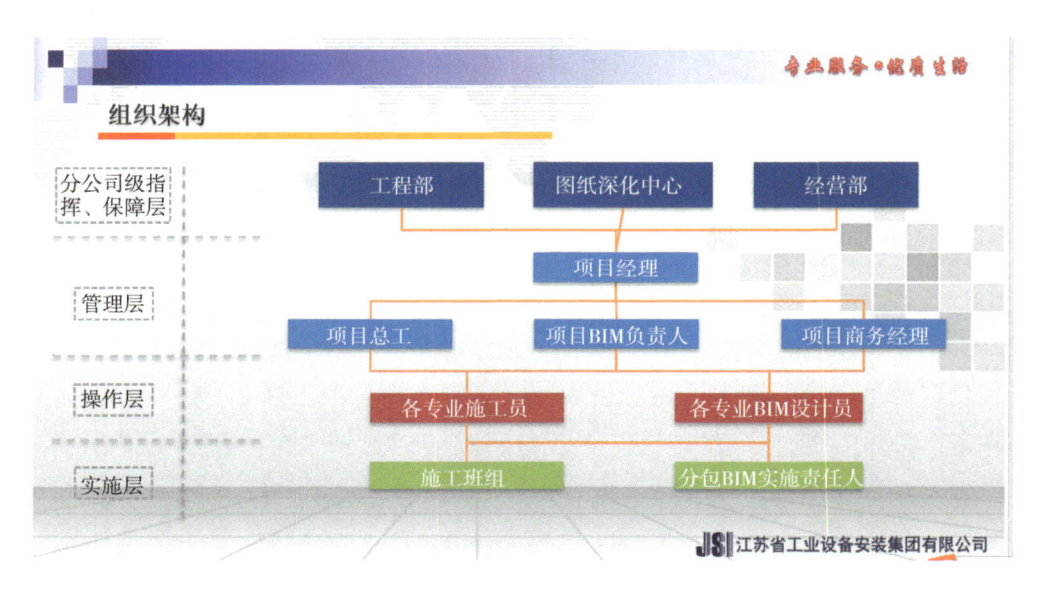

图 3.2-2　图纸深化组织结构图

空间优化。运用 BIM 技术对图纸进行深化设计，对钢结构及大型设备、工艺管道进行排布，优化空间，精确定位相对位置。在 BIM 模型中包含结构及构件、设备类型、尺寸和相对位置等信息。三维模型图如图 3.2-3 所示。

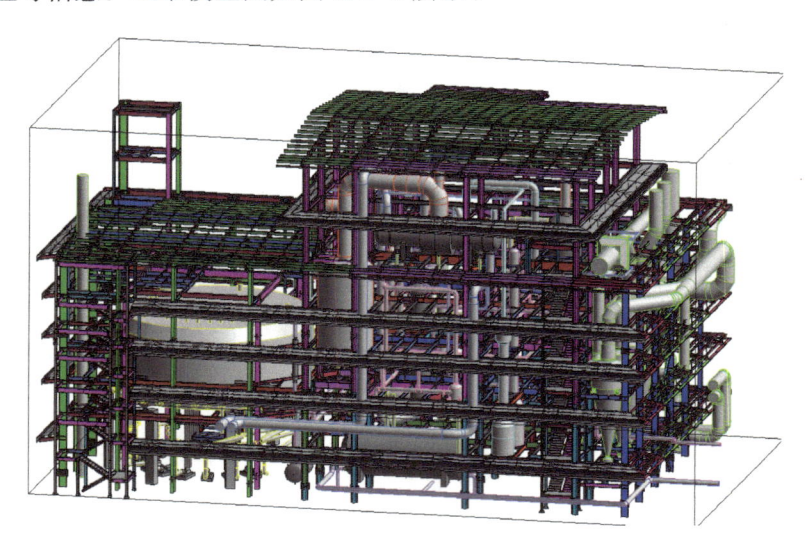

图 3.2-3　钢结构、设备及管道三维模型图

3.2.2　三维碰撞检查

应用 BIM 技术进行钢结构、大型设备及管道管线的碰撞检查，消除硬碰撞、软碰撞现象，优化工程设计，减少在建筑施工阶段可能发生的错误和返工，优化管线排布方案，实现管线平衡、布局美观、合理有效应用空间、满足标高与功能等需求。施工前利用碰撞优

化后的三维模型,进行施工交底、施工模拟,提高施工质量,加深与业主等各部门的沟通。

碰撞检查如图 3.2-4 所示。

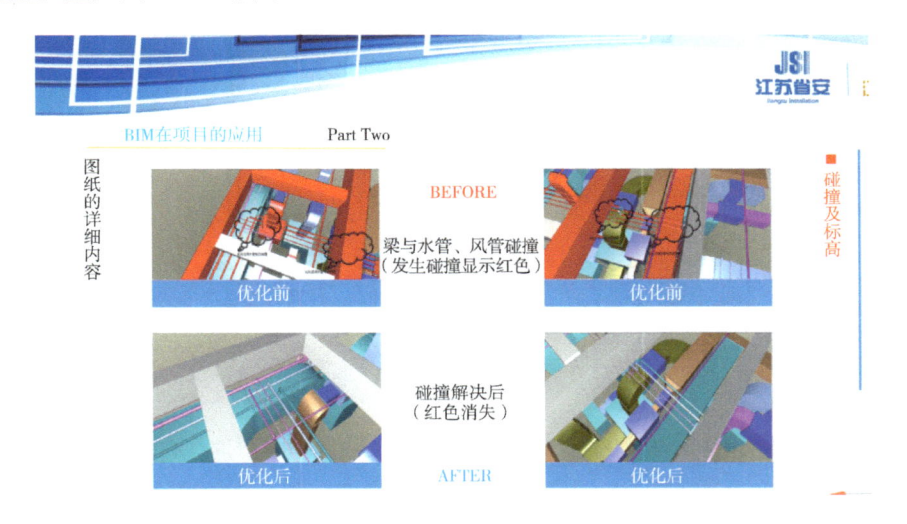

图 3.2-4 BIM模型解决结构与管道碰撞问题

3.2.3 标注出图

由模型生成钢结构梁、柱、节点等构件加工图纸,标注出图。经过专业工程师审核后,交钢结构加工厂进行部件加工生产,确保加工制作质量。部件运输到现场直接进行拼装,有效改善和控制施工现场环境,提高钢结构加工制作精细度。如图 3.2-5～图 3.2-9所示。

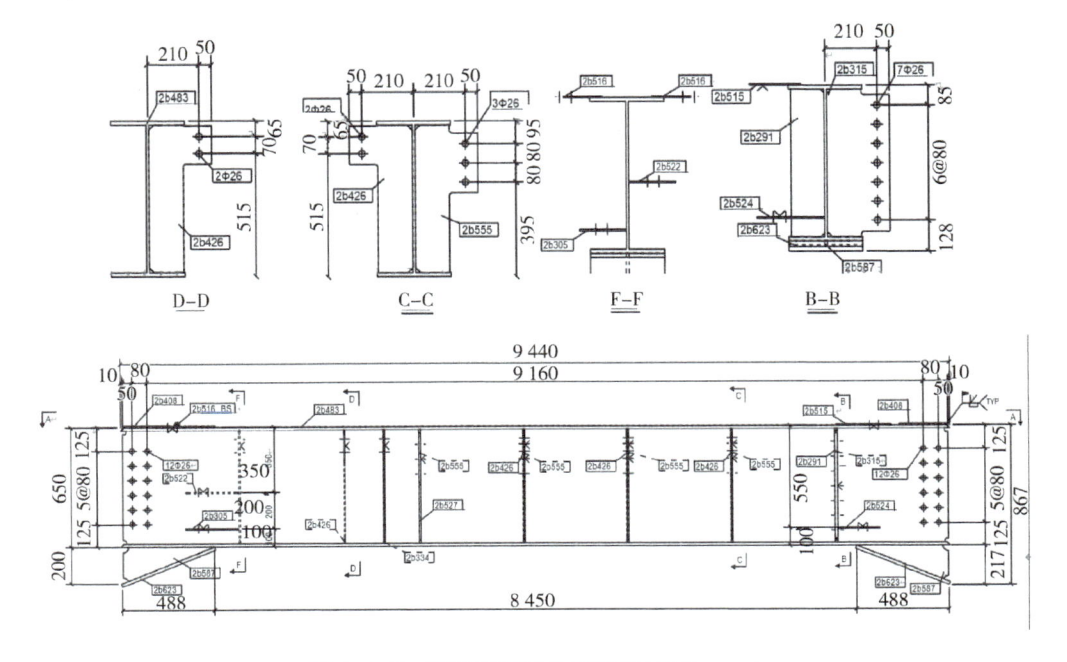

图 3.2-5 钢结构梁构件下料图(单位:mm)

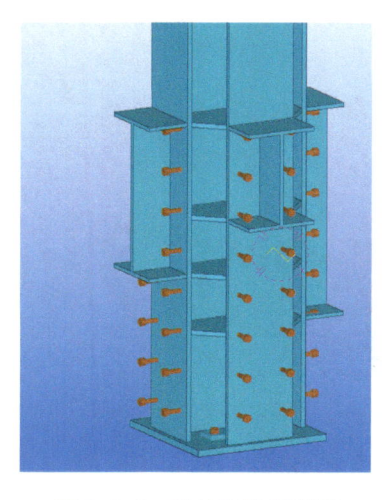

图 3.2-6　钢柱连接模型图 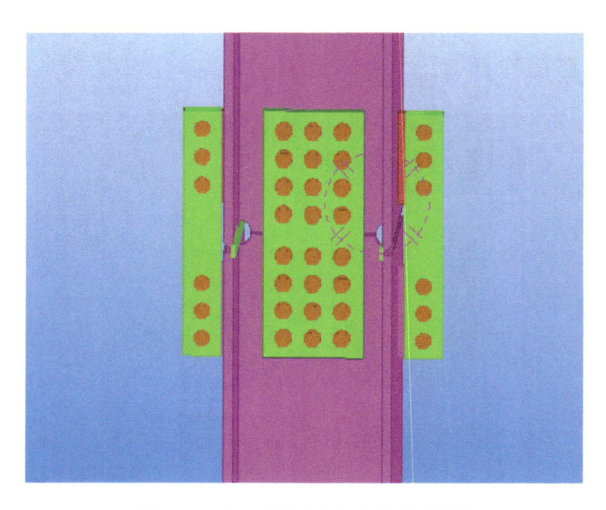　　　　　　图 3.2-7　钢柱螺栓连接模型图

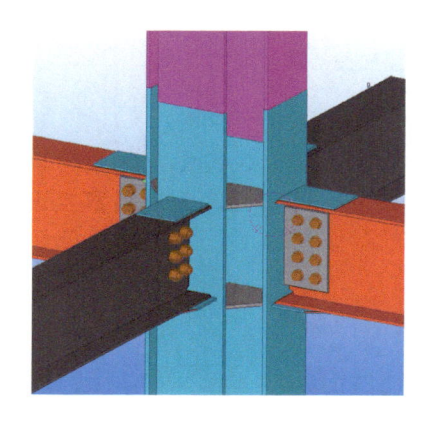

图 3.2-8　钢结构梁柱节点模型图 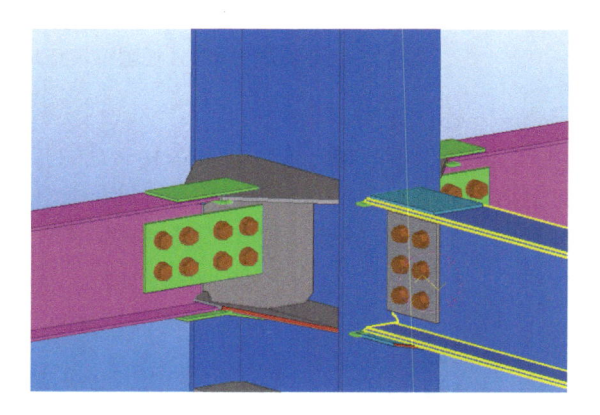　　　图 3.2-9　钢结构梁柱节点模型图

模型导出构件表，如表 3.2-1 所示。

表 3.2-1　BIM 模型导出钢结构构件表

构件编号		2AL-216		构件数量		1
零件编号	规格(mm)	长度(mm)	材质	数量	单重(kg)	共重(kg)	备注
2b291	PL14×135	616.0	Q345B	1	9.1	9.1	
2b305	PL6×190	280.0	Q345B	1	2.5	2.5	
2b315	PL14×255	616.0	Q345B	1	17.2	17.2	
2b334	PL8×134	616.0	Q345B	1	5.2	5.2	
2b408	PL8×280	250.0	Q345B	2	4.4	8.8	
2b426	PL8×254	616.0	Q345B	6	9.8	59.1	
2b483	HN650×300×11×17	9440.0	Q345B	1	1 268.7	1 268.7	

(续表)

构件编号		2AL-216		构件数量			1
零件编号	规格(mm)	长度(mm)	材质	数量	单重(kg)	共重(kg)	备注
2b515	PL6×244	294.9	Q345B	1	3.4	3.4	
2b516	PL6×240	319.4	Q345B	2	3.6	7.2	
2b522	PL6×190	280.0	Q345B	1	2.5	2.5	
2b524	PL6×225	274.2	Q345B	1	2.9	2.9	
2b527	PL10×135	616.0	Q345B	1	6.5	6.5	
2b555	PL10×255	616.0	Q345B	4	12.3	49.2	
2b587	PL12×185	485.0	Q345B	2	8.4	16.9	
2b623	PL18×300	533.9	Q345B	2	22.6	45.3	
	焊缝(1.5%)					22.6	
螺栓	M24X70		HS10.9	24	0.4	9.5	
构件重量(kg):1×1 536.6=1 536.6				合计		1 536.6	

3.2.4 二维码技术应用

每个加工部件均有身份识别二维码。通过手持移动终端,迅速读取构件信息,进行质量、技术、安全、图纸交底,提高现场管理水平。基于二维码的设备管理:在重要施工部位,将制作好的二维码贴在设备或管线上,这样只要施工人员带着手机就可以按照相关数据检查施工质量,直到后期进行安装调试。

如图3.2-8、图3.2-9所示。

图3.2-8 钢结构部件二维码　　图3.2-9 可视化安全技术交底

利用AR技术,按区域制作立体全景仿真视频,让施工班组有沉浸式直观认识,深刻领会设计意图。利用可视化安全技术交底,对项目劳务及带班人员进行培训,使其掌握轻量化软件图纸的识别能力。在施工交底中,更直观、形象地模拟施工过程,避免出现传统交底中因理解偏差导致的施工不到位或返工现象。

3.2.5　BIM 模型模拟钢结构构件加工制作

应用 BIM 模型对钢结构加工制作关键节点进行模拟，如表 3.2-2 所示。

表 3.2-2　BIM 钢结构构件加工工艺模拟图

序号	加工内容	加工要求	
1	号料		
2	组立		
3	点焊		
4	引弧板 熄弧板		
5	埋弧焊		

（续表）

序号	加工内容	加工要求
6	整形	
7	端面铣	
8	节点加工	
9	对接	
10	探伤	

（续表）

序号	加工内容	加工要求
11	抛丸除锈	钢丸与钢丝切丸比例7:3
12	喷涂	喷枪　连接板保护纸　钢印号保护纸　端头保护纸

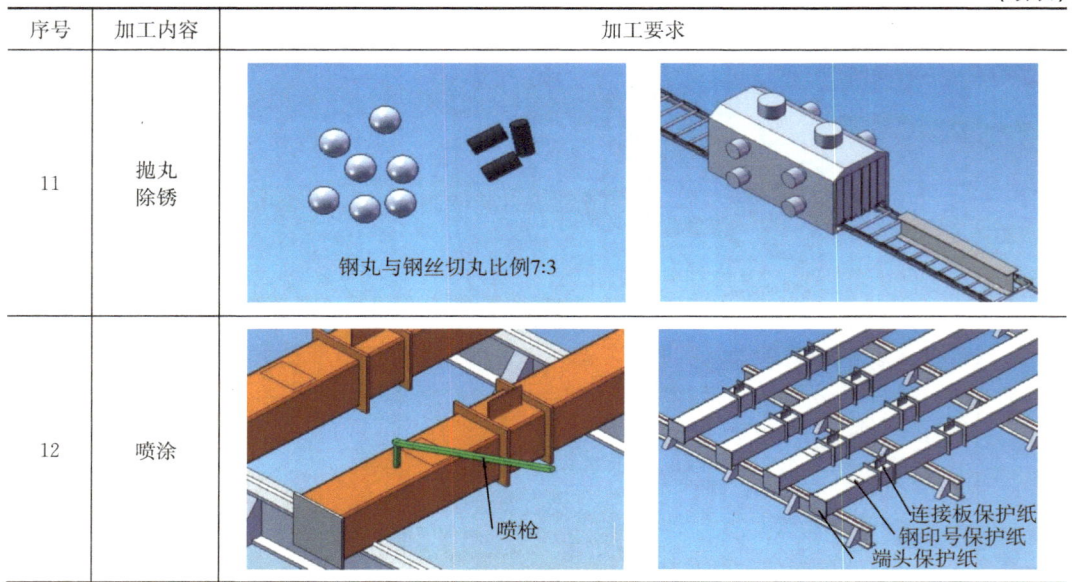

3.2.6 移动终端运用

利用手机终端随时查看并上传施工现场各类信息，对质量安全等问题进行跟踪管理。施工任务责任到人，进度管控细至工序，进度情况同步反馈，进度全貌一览无余。

通过手持终端将BIM模型从办公室带入施工现场，在实时动态漫游模式状态下进行模型与现场核对，对细节部位可以进入操作杆模式调整视距进行放大或者隐藏部分图层，实现现场无死角全方位检查。如发现质量、安全等问题，对现场问题进行记录，并用iPad拍摄现场情况通过网络上传，实现项目内信息的快捷沟通。对发现的质量缺陷、安全隐患等问题通过iPad在模型和图纸上进行记录并拍照，同时下发整改单到相应的责任班组要求跟进并限定其整改完成时间。

如图3.2-10所示。

图3.2-10 利用手机移动终端指导施工

移动终端的普遍使用提高了生产效率，同时满足了业主后期的运维需求。

3.2.7 资源配置与进度管控

在施工前通过BIM模型对施工内容进行总体把控,通过模拟施工工艺过程,充分考虑施工过程中可能遇到的问题,合理调配资源配置、人员安排,制定科学合理的进度计划。同时,管理人员可以随时了解工程实际进度情况,以便调整计划,实现对各专业工种的协同管控。

在施工过程中结合现场实际优化设计通过Navisworks关联project横道图计划,进行总进度计划模拟。当计划发生偏差,需要采取纠偏措施时,可在project中对时间节点进行修改并实时反映到BIM中,实现对总进度计划的精细化管理。

3.3 钢结构制作及安装工艺流程

工程施工现场场地条件十分有限,安装工程量大,各专业交叉施工作业多。为了使施工现场吊装作业得到最大的操作空间、配合车间设备穿插作业、结构安装与设备就位合理有序,需对钢结构的安装顺序及方式作细致分析,明确钢结构的加工分段及设备的吊装顺序。

3.3.1 钢结构施工制作流程图

钢结构制作流程图,如图3.3-1所示。

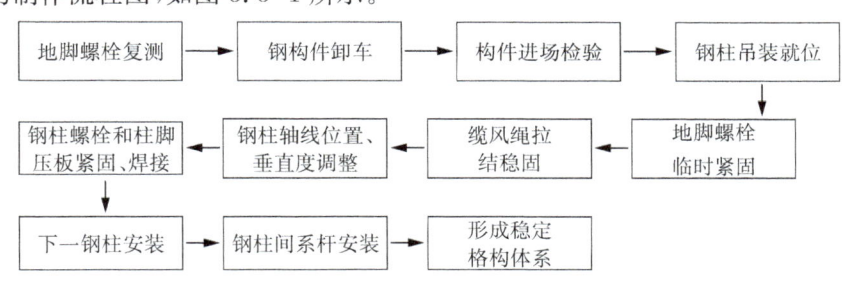

图3.3-1 钢结构施工安装工艺流程图

3.3.2 钢结构梁柱分段

依据结构高度,确定结构分段方案。

工程结构主体钢框架采用十字柱、H型钢梁,十字柱截面550 mm×300 mm,含节点、加劲板。

例如,钢结构柱重量547 kg/m,结合层高、吊装方式、大件运输等因素,综合考虑确定钢柱各节长度:

第一节分段标高13.625 m,底部埋深1.8 m,重量8.438 t。

第二节分段标高24.125 m,重量5.744 t。

第三节段标高34.625 m,重量5.07 t。

第四节分段标高42.325 m,重量3.9 t。

3.3.3 切割下料

依据加工下料排板图,在待下料钢板上放切割线。画线时应考虑留出割缝量,以及H钢加工焊接过程中的收缩量,一般长度方向预留50~80 mm加工余量。如图3.3-2、图3.3-3所示。

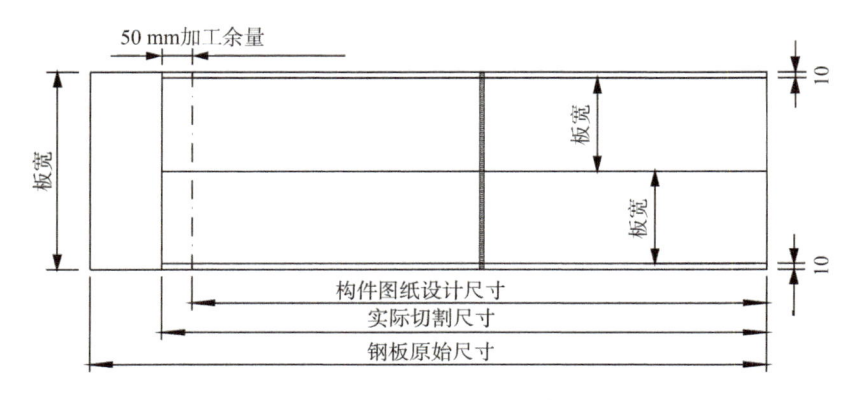

图 3.3-2 H 钢结构梁加工下料图

图 3.3-3 钢结构构件工厂加工制作

3.3.4 制孔

（1）高强螺栓节点板钻孔采用数控钻床进行，H 型钢端部采用三维数控钻床钻孔，安装螺栓孔可采用摇臂钻钻孔。如图 3.3-4 所示。

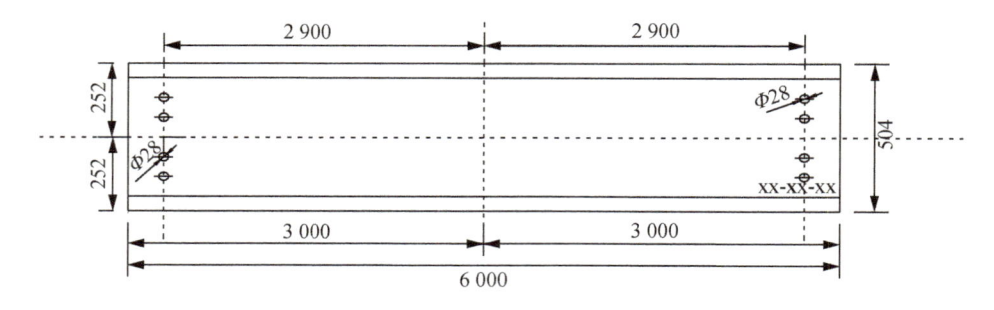

图 3.3-4 三维数控钻钻孔

（2）对于制孔难度较大的构件，可在预装时套钻制孔，以确保高强螺栓连接的精度。制孔前先在端部铣床上对柱、梁、节点板进行端部加工以确定定位基准，然后再划线或在数控钻床上钻孔。

(3) 安装螺栓孔划线时,使用划针划出基准线和钻孔线,并在螺栓孔的孔心和孔周敲上五点梅花冲印,便于钻孔和检查。

钻孔允许偏差,如表 3.3-1、表 3.3-2 所示。

表 3.3-1　螺栓孔的允许偏差表

项目	允许偏差(mm)
直径	+1.0　0.0
圆度	2.0
垂直度	0.03 t,且不应大于 2.0

表 3.3-2　制孔的允许偏差表

项目	允许偏差(mm)
两相邻中心线距离	±0.5
矩形对角线两孔中心线距离及边孔中心距离	±1.0
孔中心与孔群中心距离	0.5
两孔群中心距离	±0.5

(4) 主要加工设备如表 3.3-3 所示。

表 3.3-3　主要加工设备表

序号	设备名称	规格 型号	单位	备注
1	剪板机	QC12Y-20/25X2500	台	下料
2	等离子切割机		台	下料、打坡口
3	钻床		台	打孔
4	磨光机		台	切口打磨,处理毛刺
5	交流焊机	BX7-302	台	焊接
6	经纬仪		台	测量
7	水准仪		台	测量

3.3.5　钢结构吊装

(1) 统筹考虑大型设备进场计划,合理安排钢结构施工进度,制定吊装计划。如表 3.3-4 所示。

表 3.3-4　钢结构吊装与设备安装协同进度表

日期	吊装钢结构位置	备注
2019.3.28—3.30	钢结构 E-F 与 1-2 轴(5.5～10 m 层)立柱及连系梁吊装	设有大型非标设备白土暂存罐
2019.3.31—4.1	钢结构 F-G 与 1-2 轴(5.5～10 m 层)立柱及连系梁吊装	设备立式过滤机 616A(2 台),支撑牛腿位置位于 10 m 层框架梁上,立式过滤机吊装

(续表)

日期	吊装钢结构位置	备注
2019.4.2—4.4	钢结构G-H与1-2轴(5.5~10 m层)立柱及连系梁吊装	脱色塔622UB及T501吊装时间为4月7日。T502(2台)为现场加工设备,钢结构主体吊装结束后,在车间10 m层现场加工
2019.4.5—4.6	钢结构E-F与2-3轴(5.5~10 mm层)立柱及连系梁吊装	设有脂肪酸罐在现场加工设备,钢结构主体吊装结束后,在车间0 m层现场加工
2019.4.—4.8	钢结构F-G与2-3轴(5.5~10 m层)立柱及连系梁吊装	选用吊车100T(4.7),此单元结构中没有设备,按照吊装顺序依次吊装联系梁并进行终拧
2019.4.9—4.11	钢结构G-H与2-3轴(5.5~10 m层)立柱及连系梁吊装	设有进油罐T801、T802(2台),进油罐吊装时间为4月18日
2019.4.12—4.13	钢结构H-J与1-2轴(5.5~10 m层)立柱及连系梁吊装	设有大型设备脱臭塔,已在4月6日进行吊装
2019.4.14—4.16	钢结构E-F与1-2轴(14~17.5 m层)立柱及连系梁吊装	此单元结中没有设备,所以该单元(14~17.5 m层)所有联系梁按正常顺序进行吊装
2019.4.17—4.19	钢结构F-G与1-2轴(14~17.5 m层)立柱及连系梁吊装	此单元结构中设有小型设备,按照吊装顺序依次吊装联系梁并进行终拧
2019.4.20—4.22	钢结构G-H与1-2轴(14~17.5 m层)立柱及连系梁吊装	设有白土罐630A、630B,吊装时间为4月28日
2019.4.23—4.24	钢结构E-F与2-3轴(14~17.5 m层)立柱及连系梁吊装	设有非标设备脂肪酸罐,该设备为现场加工设备,钢结构主体吊装结束后,在车间0 m层现场加工
2019.4.25—4.26	钢结构F-G与2-3轴(14~17.5 m层)立柱及连系梁吊装	此单元结构中没有设备,按照吊装顺序依次吊装联系梁并进行终拧
2019.4.27—4.28	钢结构G-H与2-3轴(14~17.5 m层)立柱及连系梁吊装	此单元结构中没有设备,按照吊装顺序依次吊装联系梁并进行终拧
2019.5.3—5.6	钢结构H-J与1-2轴(14~17.5 m层),H-J与2-3轴(5.5~10 mm层、14~17.5 m层)立柱及连系梁吊装	此单元结构中大型设备脱嗅塔吊装完成
2019.5.3—5.20	钢结构G-J与1-3轴(21.5~26.5 m层)立柱及连系梁吊装	设有进油缓冲罐,吊装时间为5月24日
2019.5.21—5.22	钢结构G-J与1-3轴(32.5 m层)立柱及连系梁吊装	设有进油缓冲罐,吊装时间为5月25日
2019.5.26—5.27	钢结构H-J与1-3轴(36.5 m层)屋面梁吊装	

(2)钢结构构件安装,如图3.3-5~图3.3-14所示。

图3.3-5 钢结构构件运抵现场　　　图3.3-6 钢结构厂房施工

图 3.3-7　钢结构梁吊装

图 3.3-8　钢结构柱吊装及安装

图 3.3-9　钢结构桁架吊装

图 3.3-10　钢结构屋面檩条安装

图 3.3-11　钢结构梁吊装

图 3.3-12　钢结构檩条安装

图 3.3-13　钢结构与风管安装　　　图 3.3-14　钢结构桁架安装

3.4　钢结构梁柱安装注意事项

(1) 钢柱安装

吊装前首先确定构件吊点位置,确定绑扎方法,吊装时做好防护措施。钢柱起吊后,当柱脚距地脚螺栓约 30~40 cm 时扶正,使柱脚的安装孔对准螺栓,缓慢落钩就位。经过初校待垂直偏差在 20 mm 内时拧紧螺栓,临时固定即可脱钩。如图 3.4-1 所示。

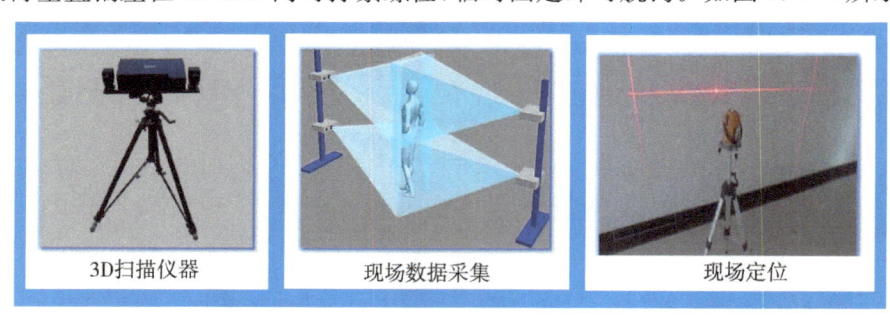

图 3.4-1　应用 3D 扫描仪现场数据采集及定位

(2) 钢梁吊装

钢梁吊装在柱子复核完成后进行,钢梁吊装时采用两点对称绑扎起吊就位安装。钢梁起吊后距柱基准面 100 mm 时徐徐就位,待钢梁吊装就位后进行对接调整校正,然后固定连接。钢梁吊装时随吊随用经纬仪校正,有偏差随时纠正。

(3) 安装校正

钢柱校正:钢柱垂直度校正用经纬仪或吊线锤检验,当有偏差时采用千斤顶进行校正。标高校正时用千斤顶将底座抬高少许,然后增减垫板厚度,柱脚校正无误后,立即紧固地脚螺栓,待钢柱整体校正无误后在柱脚底板下浇注细石混凝土固定。

钢梁校正:钢梁轴线和垂直度的测量校正采用千斤顶和倒链进行,校正后立即进行固定。如图 3.4-2 所示。

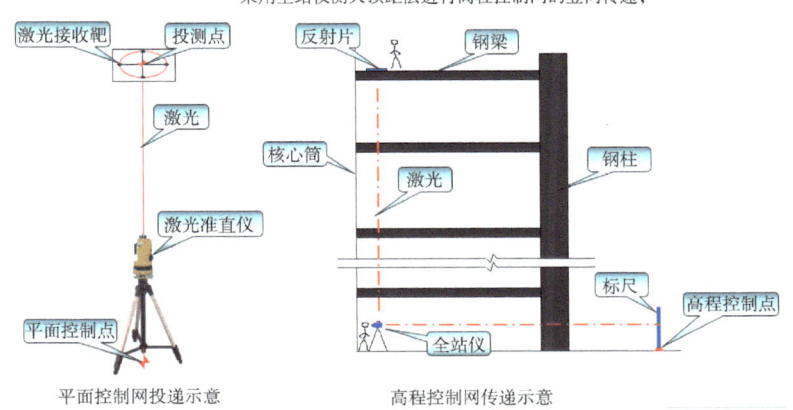

图 3.4-2　激光准直仪和全站仪进行平面和高程控制网传递

3.5　高强螺栓施工注意事项

（1）高强螺栓在施工前必须有材质证明书（质量保证书），必须在使用前做复试。

（2）高强螺栓设专人管理，妥善保管，不得乱扔乱放。在安装过程中，不得碰伤或污染螺栓，以防扭矩系数发生变化。

（3）高强螺栓要防潮、防腐蚀。

（4）安装螺栓时应用光头撬棍及冲钉对正上下（或前后）连接板的螺孔，使螺栓能自由投入。

（5）若连接板螺孔的误差较大时应检查分析酌情处理，若调整螺孔无效或剩下局部螺孔位置不正，可使用电动绞刀或手动绞刀进行打孔。

（6）在同一连接面上，高强螺栓应按同一方向投入。高强螺栓安装后应当天全部终拧完毕。如图 3.5-1、图 3.5-2 所示。

图 3.5-1　钢结构栈桥安装　　　　图 3.5-2　钢结构梁柱节点图

3.6 钢结构施工与大型设备吊装安装协同

(1) 钢结构施工时预留相应位置，暂不安装梁、柱，保证大型设备吊装。待大型设备初步安装就位后，再补作钢结构梁柱。

(2) 5 000 t/d 饲料蛋白加工厂浸出车间的设备吊装主要包括：第一蒸发器、第二蒸发器、一蒸分离器，蒸发冷凝器、汽提塔气相节能换热器、汽提冷凝器、毛油真空干燥器等，主要参数如表 3.6-1 所示。

表 3.6-1 主要大型设备参数表

序号	名称	位号	单重(t)	数量(台)	就位高度(m)	区域	备注
1	第一蒸发器	60A	64.2	1	+15.5	4-5/B-C	
2	一蒸分离器	60B	34.6	1	+14.25	4-5/A-B	
3	蒸发冷凝器	19	48.4	1	+22.00	6-7/A-B	
4	第二蒸发器	18A	7	1	+14.25	7-8/B-C	
5	毛油真空干燥器	22B	2.3	1	+18.0	6-7/C-D	
6	汽提塔气相节能换热器	23A	6.3	1	+22.0	6-7/B-C	
7	汽提冷凝器	23B	7.6	1	+22.0	6-7/B-C	

(3) 大型设备均位于浸出车间钢结构框架内，设备的吊装须与结构的安装相互配合。钢结构的安装必须考虑设备吊装允许条件，因设备吊装需要而拆除的钢结构件，在设备就位后立即恢复。

(4) 设备单体就位后，采取妥善的稳固措施，特别注意设备重心高于设备支座的情况，避免发生危险状况。

(5) 根据设备安装参数及安装位置，确定吊装机械停位位置，避免因结构障碍而影响设备就位。如图 3.6-1、图 3.6-2 所示。

图 3.6-1 钢结构施工与设备吊装协同进行　　图 3.6-2 钢结构施工与设备吊装协同进行

4 材料与设备

4.1 材料性能要求

4.1.1 钢材
钢柱、梁、钢支撑：采用 Q345B 钢材。

4.1.2 螺栓
高强螺栓性能等级为 10.9 级，扭剪型螺杆及螺母、垫圈应符合 GB/T 3632—2008《钢结构用扭剪型高强度螺栓连接副》的规定；大六角型及配套的螺母、垫圈，应符合 GB/T 1231—2006《钢结构用高强度大六角头螺栓、大六角螺母、垫圈技术条件》的规定。高强度螺栓的设计预拉力值按（GB 50017—2017）《钢结构设计标准》的规定采用。

4.1.3 锚栓
采用符合标准 GB/T 700—2006《碳素结构钢》规定的 Q345B 钢材制成。

4.1.4 焊接材料
Q345 钢采用焊条型号为 E4303，所选用的焊条型号应与主体金属相匹配。不同强度的钢材焊接时，焊接材料的强度应按强度较低的钢材采用。

4.1.5 耐火极限
钢结构防火涂料，其耐火极限不应小于 3.0 h。

4.2 机具设备

机具设备配置，如表 4.2-1 所示。

表 4.2-1 机具设备一览表

名称	规格型号	单位	数量	备注
吊车	25 t	台	1	钢架吊装
吊装带	10 t×12 m	根	4	钢架吊装
空气压缩机	W-0.8/12.5	台	1	
防火涂料搅拌机	F15	台	1	涂料搅拌
手拉葫芦	HSZ3t-5 m	只	4	钢架拼装、移动牵引
弓形卸扣	3 t	个	8	钢架吊装
经纬仪	DJ2	台	2	测量定位
焊机	BX-300	台	4	焊接作业
千斤顶	5 t	台	4	
钢卷尺	50 m	把	4	长度测量
手动扳手	各型号	把	15	螺栓紧固

(续表)

名称	规格型号	单位	数量	备注
磨光机	tws6700	台	2	钢结构件打磨
揽风绳	$\Phi 20\ mm \times 10\ m$	根	2	钢结构件就位
对讲机	—	台	若干	联络
手提电钻	—	台	1	钻孔

5 质量与安全控制

5.1 质量控制措施

5.1.1 所用钢结构及连接材料必须具有材料力学(机械)性能化学成分合格证明。

5.1.2 现场安装焊接焊缝两侧 30～50 mm 范围暂不涂刷油漆，施焊完毕后应进行质量检查，经合格认可并填写质检证明后，方可进行涂装。

5.1.3 钢结构安装过程中，应及时调整消除累计偏差，使总安装偏差达到最小以符合设计要求。任何安装孔均不得随意割扩，不得更改螺栓直径。

5.1.4 钢柱安装前，应对全部柱基位置、标高、轴线、地脚锚栓位置、伸出长度进行检查并验收合格。

5.2 安全管理措施

5.2.1 工程开工前，对所有参加本工程的施工人员进行安全教育和技术培训。如图 5.2-1、图 5.2-2 所示。

图 5.2-1 安全技术交底　　　图 5.2-2 安全技术培训

5.2.2 起重、电焊、机动车司机、电工等特殊工种持证上岗。

5.2.3 吊装前须检查吊装索及吊钩，不得提升超过吊臂所能吊起的规定重量。

5.2.4 施工临时用电执行"一机、一闸、一漏"保护措施，机械设备必须执行工作接地和重复接地的保护措施。

5.2.5 易燃易爆物品存放管理：库房采用阻燃材料搭设，符合防火安全要求，库房保持通风,用电符合防火规定,指定防火负责人,配备消防器材,严格落实防火措施,确保施工安全。

6 结语

采用基于 BIM 技术的预制装配化施工方式,成功解决了工程施工中工艺设备数量多、设备体量大、交叉作业多、对吊装要求高等难点;克服了疫情期间材料供应受阻及大型设备延迟到货等困难;钢结构框架预留设备吊装空间,成功解决钢结构与大型设备的安装协同难题,保证了工程进度。采用预制装配式和模块化拼装的方式,减少施工现场加工制作工作量,提高了安装精度。通过细节把控,在完成安装的同时提高了施工质量,得到业主、监理的一致认同,积累了工程施工和科技创新经验,实现了良好的社会效益和经济效益。

中粮(东莞)榨油厂二期工程如图 6-1、图 6-2 所示。

图 6-1　中粮(东莞)榨油厂二期预处理车间

图 6-2　中粮(东莞)榨油厂二期浸出车间

大型榨油厂豆粕打包装车线设备安装技术

1 概述

1.1 工程概况

目前,大型榨油厂生产的主要产品是饲料蛋白和食用植物油,先进的自动化加工生产线有效提升了其生产效率和产品品质。在豆粕、菜粕汽车装运环节,大多使用悬挂式装车机。

悬挂式装车机广泛应用于粮油、化工、建材、煤炭和食品等多种行业,适合粉状、颗粒状及小块状物料,具有自动化程度高、装车速度快、效率高、成本低等优点。

张家港中粮东海仓储有限公司新建的 3 000 t/d 菜籽压榨及配套粕库、打包房工艺设备及电气安装工程,位于张家港保税区东海粮油厂区内。设备安装精度要求高,施工难度较大。其中,菜粕打包装车线设备安装工程主要施工内容包括新型悬挂式装车机、装包缝包系统、皮带输送系统、溜槽等非标制作设备安装。项目建成后,每天生产菜粕 1 680 t,通过打包房打包装车,或经皮带输送系统输送至码头。豆粕生产加工及输送工艺流程如图 1.1-1、图 1.1-2 所示。

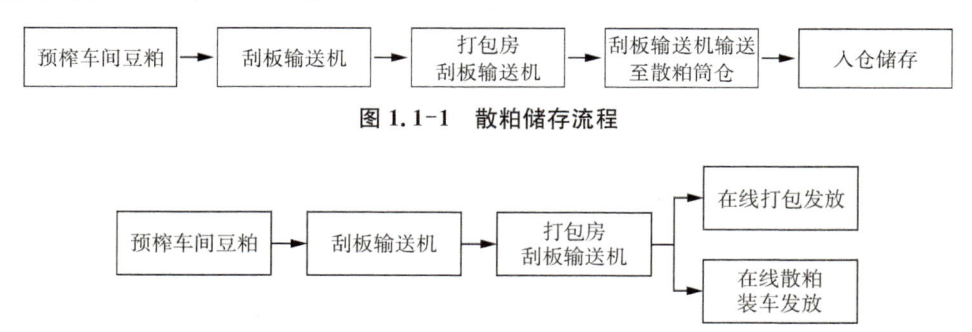

预榨车间豆粕 → 刮板输送机 → 打包房刮板输送机 → 刮板输送机输送至散粕筒仓 → 入仓储存

图 1.1-1 散粕储存流程

预榨车间豆粕 → 刮板输送机 → 打包房刮板输送机 → 在线打包发放 / 在线散粕装车发放

图 1.1-2 豆粕发放流程

打包房装车系统,如图 1.1-3~图 1.1-6 所示。

图 1.1-3　菜粕打包房

图 1.1-4　打包房与输送系统

图 1.1-5　打包房皮带输送系统至码头

图 1.1-6　打包房装车系统

1.2　设备特点

悬挂式装车机是一种新型的自动化装卸车设备。悬挂式装车机可以调节升降,结构简单,操作方便,运行稳定,能够通过滑移、输送,将汽车敞车的料袋垒包装车,大幅度降低生产装运成本。

装车机主要由六部分组成:机架、传送结构、溜槽结构、旋转结构、导向结构、电气控制系统等。

1.3　装车机工作原理

打包机装好袋后,将包装袋放到运输皮带机上,由皮带机传送至滑槽机构,输送进装车皮带机,由装车人员接袋垒包。随着包装袋垒包位置的变动,装车机需前后移动调整垒包位置,再由旋转装置左右调整装车皮带机下料方位,让包装袋直接输送到垒包位置,方便装车人员垒包。

2 工艺流程

2.1 装车设备安装工艺流程

装车设备安装工艺流程，如图 2.1-1 所示。

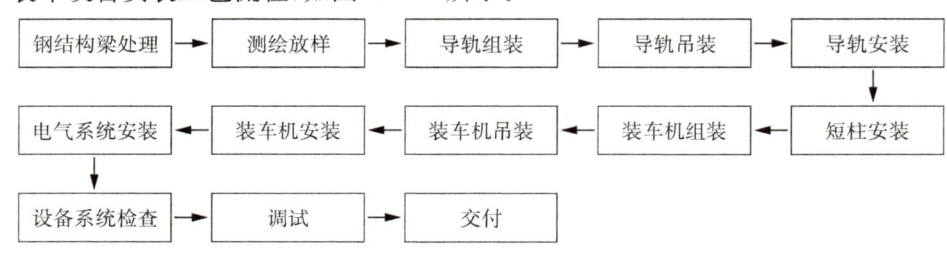

```
钢结构梁处理 → 测绘放样 → 导轨组装 → 导轨吊装 → 导轨安装
                                                      ↓
电气系统安装 ← 装车机安装 ← 装车机吊装 ← 装车机组装 ← 短柱安装
     ↓
设备系统检查 → 调试 → 交付
```

图 2.1-1 装车机安装流程图

3 施工准备

3.1 安装技术要点

（1）测绘悬挂设备钢结构；
（2）控制导轨加工制作与安装精度；
（3）吊装与安装装车机；
（4）用激光水准仪测量定位；
（5）设备调试。

3.2 编制施工方案

根据工程特点，针对工程的重点难点，采取相应的技术和管理措施。制定进度、质量、环境和成本目标，制定人员、资金、材料和设备等相应的资源配备计划。

3.3 安全技术交底

施工开始前，认真研究图纸，优化施工方案，有针对性地进行安全技术培训。

4 设备安装

4.1 设备开箱检查

（1）会同建设单位和厂方代表参加，检查设备包装外观有无损坏，根据设计图纸按设备的全称核对名称、规格型号。
（2）根据设备装箱清单和技术文件，清点随机附件、专用工具是否齐全，设备表面有无缺陷、损坏、锈蚀、受潮等现象。

(3) 核对后填写"开箱检查记录",参加人员会签留存。
(4) 妥善做好设备保护工作。如图 4.1-1~图 4.1-4 所示。

图 4.1-1　设备到货检查 　　　　图 4.1-2　设备到货清点

图 4.1-3　装车机运至施工现场 　　图 4.1-4　装车机运至施工现场

4.2　厂房悬挂钢结构验收

(1) 装车机悬挂在厂房钢结构梁上,检查钢结构承载设备动载荷、静载荷、风载等。
(2) 检查钢结构梁标高及水平度。
(3) 检查钢结构位置尺寸偏差。
(4) 钢结构如有偏差,会同有关人员协商处理,满足规范要求。
(5) 钢结构检查完毕,满足设备安装要求,方可进行设备安装。如图 4.2-1、图 4.2-2 所示。

图 4.2-1　打包房钢结构施工 　　　图 4.2-2　打包房钢结构施工

4.3 导轨组装

4.3.1 悬挂式装车机安装在厂房钢结构梁下。装车机需要两条导轨来安装机架，控制装车机的前后移动。

4.3.2 导轨安装要求

(1) 直线度平行度不大于 1/1 500。

(2) 纵向倾斜度不得大于总长度的 1/1 500。

(3) 两导轨平行，轨道中心距 1 050±2 mm。

(4) 两轨道中心应与操作平台开孔中心线吻合。

(5) 两轨道相对标高差不得大于 1 mm。如图 4.3-1～图 4.3-4 所示。

图 4.3-1　装车机轨道焊接

图 4.3-2　装车机轨道安装

图 4.3-3　装车机轨道安装

图 4.3-4　装车机轨道安装

4.3.3 导轨材料与连接

（1）装车机轨道采用 20♯b 型工字钢，12 m 定长轨道，以减少轨道连接的接口。

（2）轨道采用 45°斜接方式连接。通常工字钢的对接优先采用有加强板的对接形式，但在本项目中装车机 4 个驱动轮吊挂在工字钢上平面移动，为了保证驱动轮平面移动和轨道的强度，故采用 45°斜接方式。

（3）斜接焊缝与作用力间的夹角满足 $\tan\theta \leqslant 1.5$ 时，斜焊缝的强度不会低于母材。焊接好的焊缝使用磨光机打磨平整。如图 4.3-5、图 4.3-6 所示。

图 4.3-5　工字钢 45°斜接　　　　　　　图 4.3-6　工字钢 45°斜接

4.3.4 导轨直线度调整

（1）两条轨道中心距 1 050 mm。调整两条轨道的平行度及水平度。

（2）装车机轨道的直线度调整：为保证轨道的直线度，在焊接好的轨道首尾进行钢丝拉线，将焊接好的轨道进行直线度矫正。在本项目中，采用机械矫正法和淬火矫正法两种方式。

（3）淬火矫正法，是通过把工字钢变形部分采用局部加热到热塑状态并迅速冷却，利用受热不均匀热胀冷缩现象导致的变形来调整的方法。这种方法只需要普通气焊所用到的工具和设备，但操作复杂，需要由经验特别丰富的工人师傅进行操作，否则操作不当或者温度把握不到位会导致更严重的形变。如图 4.3-7 所示。

图 4.3-7　装车机轨道淬火矫正

注意事项:淬火矫正时加热温度不宜过高,过高会引起金属变脆、影响冲击韧性。

采用火焰矫正时应注意以下几点:烤火位置不得在工字钢最大应力截面附近;矫正处烤火面积在一个截面上不得过大,要多选几个截面;宜用点状加热方式,以改善加热区的应力状态;加热温度最好不超过700℃。

(4) 机械矫正法是通过施加外力进行矫正形变的方法。常用的工具有千斤顶、手拉葫芦、大锤等。

装车机轨道较小的局部形变采用机械矫正法进行矫正,使用的工具有大锤和千斤顶。利用大锤敲击工字钢的形变区域,通过外力的作用进行矫正,但这种矫正方法容易产生锤疤甚至裂纹,使材料变脆,工人劳动强度大,生产效率低。机械矫正法只适用于刚度比较小,工作量不大的工件使用。

4.3.5　导轨水平度调整

为了保证装车机驱动轮在轨道上平稳运行,两条轨道需处于同一水平面,为了减少误差采用两次测量。平面度测量使用水准仪,测量时对轨道四个点进行测量,根据测量数据进行平面度的调整。

4.3.6　导轨平行度调整

为保证两条装车机轨道相互平行,在第一次水平度调整后,两条轨道之间用20♯槽钢连接,将轨道分为四段,中间三根槽钢焊接在装车机轨道上方,其余两根槽钢焊接在装车机轨道的首尾,保证两条轨道之间相互平行,避免装车机在使用过程中驱动轮从导轨脱落。同时在轨道中间采用间断式的焊接角钢,避免在后续吊装过程中出现变形。

4.4　吊柱安装

装车机有4个驱动轮,吊挂在装车机轨道上水平移动。为了保证装车机正常运行,采用20♯工字钢制作成吊柱将装车机轨道和钢结构次梁连接。吊柱之间间隔2 m,轨道长度20 m,每副轨道设短柱,以保证装车机轨道强度。如图4.4-1～图4.4-4所示。

图4.4-1　装车机轨道短柱安装　　图4.4-2　轨道短柱安装

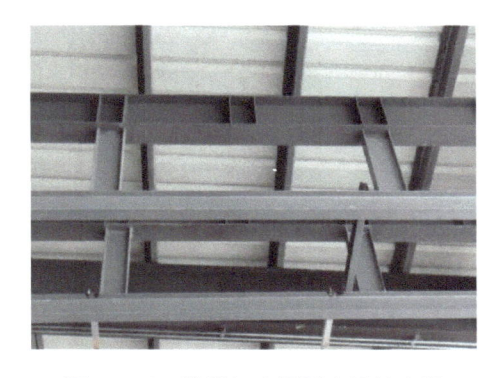

图 4.4-3　轨道与次梁固定吊柱安装 　　　　图 4.4-4　轨道与主梁固定吊柱安装

4.5　轨道吊装与安装

（1）装车机轨道位于打包房 7.6 m 层梁下，采用 20♯b 型工字钢，共重 1.24 t。
（2）吊装最高点约为 8 m，选用 2 台 2 t 手拉葫芦起吊。
（3）由于装车机轨道整体相对较大，起吊前划线标出装车机轨道的位置。
（4）利用激光水准仪找到装车机轨道的准确位置。
（5）根据这个位置在钢结构梁上焊接限位，可有效规避不可控因素引起的装车机轨道位置偏移。通过限位可以快速准确安装。
（6）在装车机轨道到达指定位置后，将轨道与钢结构点焊固定。
（7）使用水准仪对装车机轨道进行第二次测量，通过四点测量数据分析，使用大锤进行装车机轨道的最后调整，保证装车机轨道的四点处于同一平面内。
（8）调整到位后，将装车机轨道与钢结构主梁满焊。如图 4.5-1～图 4.5-6 所示。

图 4.5-1　装车机轨道吊装 　　　　图 4.5-2　装车机轨道水平度测量调整

图 4.5-3 轨道吊装　　　　　　　图 4.5-4 轨道吊装

图 4.5-5 轨道安装　　　　　　　图 4.5-6 轨道安装

4.6　平衡滑轮与驱动装置安装

4.6.1　滑轮检查
（1）滑轮不得有损伤。
（2）装配连接板牢固。
（3）滑轮导轨不得松动。
（4）滑轮上踏面和轮缘不得有异常磨损和伤痕。如图 4.6-1、图 4.6-2 所示。

图 4.6-1　滑轮吊装　　　　　　　　图 4.6-2　滑轮安装

4.6.2　滑轮安装
在导轨上安装电动平衡滑轮。如图 4.6-3、图 4.6-4 所示。

图 4.6-3　电动平衡滑轮安装　　　　图 4.6-4　电动平衡滑轮安装

4.6.3　驱动装置安装

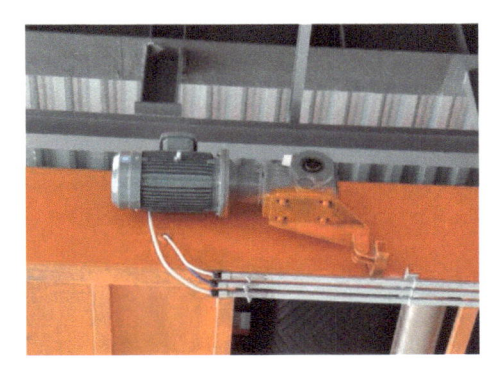

图 4.6-5　驱动装置安装　　　　　　图 4.6-6　电机安装

4.7 装车机主体组装与吊装

4.7.1 皮带机安装

（1）将皮带机头及皮带机尾安装固定牢靠。
（2）将皮带机中间架、管子、三联辊、直辊摆开。
（3）用皮带起吊架在其上方悬挂10 t倒链，将皮带整卷吊起，采用人工拉皮带。
（4）制作皮带接头。
（5）皮带拉至机尾后，从机尾滚筒下方穿入皮带，再绕机尾滚筒上方。
（6）绕入机尾滚筒上方，用皮带卡子夹住皮带，用钢丝绳绳套与绞车钩头连接。
（7）皮带与皮带机机头架上固定牢靠，安装三联辊、直辊。
（8）安装皮带中间架、管子、三联辊、直辊。如图4.7-1、图4.7-2所示。

图4.7-1　皮带传动轮安装　　　　　图4.7-2　会同业主进行工序检查

（9）用张紧绞车调整皮带松紧，查看皮带中间架是否调直，确认皮带具有运行条件后试运行皮带。
（10）皮带机与机架轨道平行安装。如图4.7-3～图4.7-6所示。

图4.7-3　调整机尾高度液压杆安装　　　　　图4.7-4　装车机挡板安装

图 4.7-5　导向结构安装　　　　　图 4.7-6　滑轮调试

4.7.2　装车机吊装

为了避免高空作业,在地面组装装车机,主要部件组装完成后再进行吊装、安装。如图 4.7-7～图 4.7-17 所示。

图 4.7-7　装车机吊装　　　　　图 4.7-8　装车机安装

图 4.7-9　装车机吊装　　　　　图 4.7-10　装车机吊装

图 4.7-11　装车机吊装　　　　　　图 4.7-12　装车机吊装

图 4.7-13　装车机安装　　　　　　图 4.7-14　装车机安装

图 4.7-15　装车机安装　　　　　　图 4.7-16　装车机安装

图 4.7-17　装车机安装完成

4.8　电气仪表安装

4.8.1　行车滑触线安装

（1）机架导轨两侧安装行车滑触线，整体电路由行车滑触线形成回路连接。如图 4.8-1～图 4.8-4 所示。

图 4.8-1　滑触线安装 　　　　　　　　图 4.8-2　滑触线安装

图 4.8-3　装车机滑触线取电装置安装 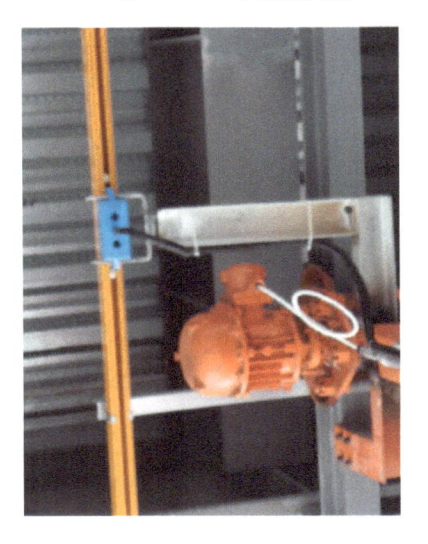　　　图 4.8-4　装车机滑触线取电装置安装

（2）行车滑触线用于给移动中的设备供电，由滑线导轨与集电器组成。

（3）滑触线与主电缆相连，通过行车无接缝滑触线集电器，将滑触线与安装于机架上的分配电箱连接，由电箱分出各线路与机架滑轮的各减速电机相连。

（4）滑触线尽量避免与其他带电部分过分靠近，应保持一定的安全距离。

（5）应对滑触线使用接地、接零等保护装置。

（6）在滑触线安装使用地点应设置安全标志，以免其他设备、人员对其重压造成外壳破裂，导致安全事故。

（7）滑触线四周采取严密的防护措施，以免因滑触线表面破损、接口处漏电造成安全事故。如图4.8-5～图4.8-12所示。

图4.8-5　装车机控制系统安装

图4.8-6　装车机控制系统安装

图4.8-7　装车机控制系统安装

图4.8-8　装车机控制系统安装

图4.8-9　装车机电气控制配电箱安装

图4.8-10　装车机电气控制配电箱安装

图 4.8-11　操作面板安装　　　　　图 4.8-12　限位挡板安装

4.9　缝包机设备安装

使用 25 t 汽车吊将缝包机吊装到打包房二楼。如图 4.9-1～图 4.9-4 所示。

图 4.9-1　缝包机吊装　　　　　图 4.9-2　缝包机吊装

图 4.9-3　缝包机安装　　　　　图 4.9-4　缝包机安装

4.10 非标制作安装

4.10.1 溜槽结构安装

（1）溜槽结构分为直溜槽和斜溜槽弯头两部分。
（2）溜槽结构安装于机架结构上并随机架移动。
（3）斜溜槽弯头连接并置于轨道平行运输方向皮带机的水平侧面。
（4）当皮带机开启时，由皮带机运输进斜溜槽弯头，再由斜溜槽弯头运输进直溜槽滑落至下方装车皮带。

4.10.2 旋转结构安装

（1）旋转结构安装于机架下方。
（2）旋转框架由 20b 工字钢、100 mm×500 mm 方管制作框架。
（3）吊装装车皮带机，并通过滑轮安装于由工字钢制作的圆形导轨上，形成可旋转的结构框架。

4.10.3 导向结构安装

（1）导向结构安装于机架上。
（2）导向结构包括导向轮及导流板。
（3）导流板与斜溜槽弯头对接，导向轮安装于斜溜槽入口处，以便包装袋能够更加顺利地按照导流板运输进入斜溜槽弯头。
（4）导流板与导向轮呈三角形分布，导流板两端装有平行固定杆，安装于机架上，防止导流板两端不平行导致卡袋。如图 4.10-1～图 4.10-8 所示。

图 4.10-1 豆粕溜槽制作安装 图 4.10-2 工程师研究滑道安装要领

图 4.10-3　溜槽制作安装　　　　　图 4.10-4　溜槽制作安装

图 4.10-5　溜槽安装　　　　　　　图 4.10-6　溜槽挡板安装

图 4.10-7　溜槽安装　　　　　　　图 4.10-8　研究溜槽安装效果

4.11 安全装置安装

安全绳的吊挂点必须满焊连接,焊接牢固。
如图 4.11-1、图 4.11-2 所示。

图 4.11-1　安全绳安装　　　　　　图 4.11-2　安全绳安装

4.12 调试

2022 年 1 月 10 日,装车机、缝包机调试试车,如图 4.12-1~图 4.12-4 所示。

图 4.12-1　装车机调试　　　　　　图 4.12-2　装车机调试

图 4.12-3　缝包机调试　　　　　　图 4.12-4　缝包机试运行

5　质量控制

5.1　本技术依据的质量标准、规范

GB 50231—2009《机械设备安装工程施工及验收通用规范》；
GB 50270—2010《输送设备安装工程施工及验收规范》；
设备厂家提供的技术资料；
设计院设计的工艺图纸；
厂家安装说明书等。

5.2　质量控制关键点

钢结构轨道放线定位；
轨道水平度控制；
装车机安装精度控制；
打包装车系统调试。

5.3　质量控制措施

（1）设备安装前必须编制施工方案，经审批后，方可实施。
（2）设备安装前必须做好技术交底工作。施工员应编制关键工序作业指导书并下发施工班组。如图 5.3-1、图 5.3-2 所示。

图 5.3-1　图纸会审及方案优化讨论　　图 5.3-2　班组安全技术交底与培训

（3）关键工序结束后，应由项目质检员进行检查，合格后填写报告，交监理和业主代表检查签字后，方可进行下一道工序。
（4）做好设备基础的交接检查工作及交接手续。
（5）认真做好设备的出库检查、验收工作。
（6）设备就位后要采取防护措施，防止零部件损坏、丢失。

6 安全管理

6.1 登高作业与安全培训

（1）高空作业

现场施工人员均应戴安全帽。高空作业人员应佩戴安全带，并要高挂低用且系在安全可靠的地方。现场作业人员穿好防滑鞋。

（2）按照要求开展安全教育与培训。如图6.1-1、图6.1-2所示。

（3）登高用梯子、吊装操作平台应牢靠。吊车移动操作平台时，上面严禁站人。

（4）吊装时，高空作业人员应站在操作平台、吊篮、梯子上作业。吊装钢梁时在其上弦加设安全防护支架，并在工人工作上方拉安全钢丝绳，以便施工人员能安全操作。严禁在未加固定的构件上行走。

图6.1-1　公司安全教育与培训　　　图6.1-2　项目部安全培训

6.2 高空坠物

高空作业人员所携带的各种工具等应在专用工具袋中放好。在高空传递物品时，应挂好安全绳，不得随便抛掷，以防伤人。

6.3 防止触电事故

现场用电要有专业电工负责安装、维护、管理，严禁非电工人员随意拆改。

不要站在潮湿的地方使用电动工具或设备。

现场各种电线插头、开关均设在开关箱内，停电后必须拉下电闸、上锁。

各种用电设备必须有良好的接地、接零情况。现场用手持电动工具，必须有漏电保护器，其操作者必须戴绝缘手套，穿绝缘鞋。

6.4 防火防爆

现场备好消防器材、工具，并有专门消防保卫人员。

乙炔、氧气瓶搬运要有防震措施,绝对禁止向地上抛掷、猛摔,同时避免在阳光下曝晒,并与火源保持 10 m 以上距离。

乙炔、氧气瓶按规定摆放,保证安全距离。易燃物品集中堆放于安全场所。

7 结语

打包房装车系统施工,需严格控制导轨平行度和水平度,保证装车机设备安装精度。工程施工完成,经调试合格后进入正式运行。悬挂式装车机投入使用后,装车步骤更加简洁方便,大大降低了人工成本,减轻了工人的劳动强度,提高了装车效率,更好地满足了生产需求,提高了生产效率。打包房及装车系统落成,如图 6.4-1、图 6.4-2 所示。

图 6.4-1　打包房竣工落成

图 6.4-2　袋装豆粕装车

大型榨油厂 5.2 万 t 储油罐制作与安装技术

1 工程概况

1.1 概述

榨油厂油料的浸出,是利用溶剂对不同物质具有不同溶解度的性质,将大豆、菜籽等原料中各种有效成分加以分离的过程。

从浸出器泵出的混合油,经脱溶、烤粕、汽提等处理,使油脂与溶剂分离。分离利用油脂与溶剂的沸点不同,先将混合油加热蒸发,使绝大部分溶剂汽化而与油脂分离;再利用油脂与溶剂挥发性的不同,将浓混合油进行水蒸气蒸馏,把毛油中的残留溶剂蒸馏出去,获得含溶剂量很低的浸出毛油;毛油再经过水化脱胶、干燥以后成为脱胶油;最后进入精炼车间进一步精炼,生产出食用成品油。

存放毛油和成品油普遍使用立式钢制圆筒形焊接储罐。中粮张家港油罐区如图 1.1-1 所示。

图 1.1-1 张家港东海粮油罐区

1.2 工程概况

张家港中粮东海仓储有限公司新建 5.2 万 t 油罐工艺设备及电气安装工程。项目占地 1 570 m²,总投资 5 700 万元,由无锡中粮工程科技有限公司负责设计。工程地点位于张家港保税区中粮东海粮油厂区内,合同工期 180 天。

罐区施工平面布置图如图 1.2-1 所示。

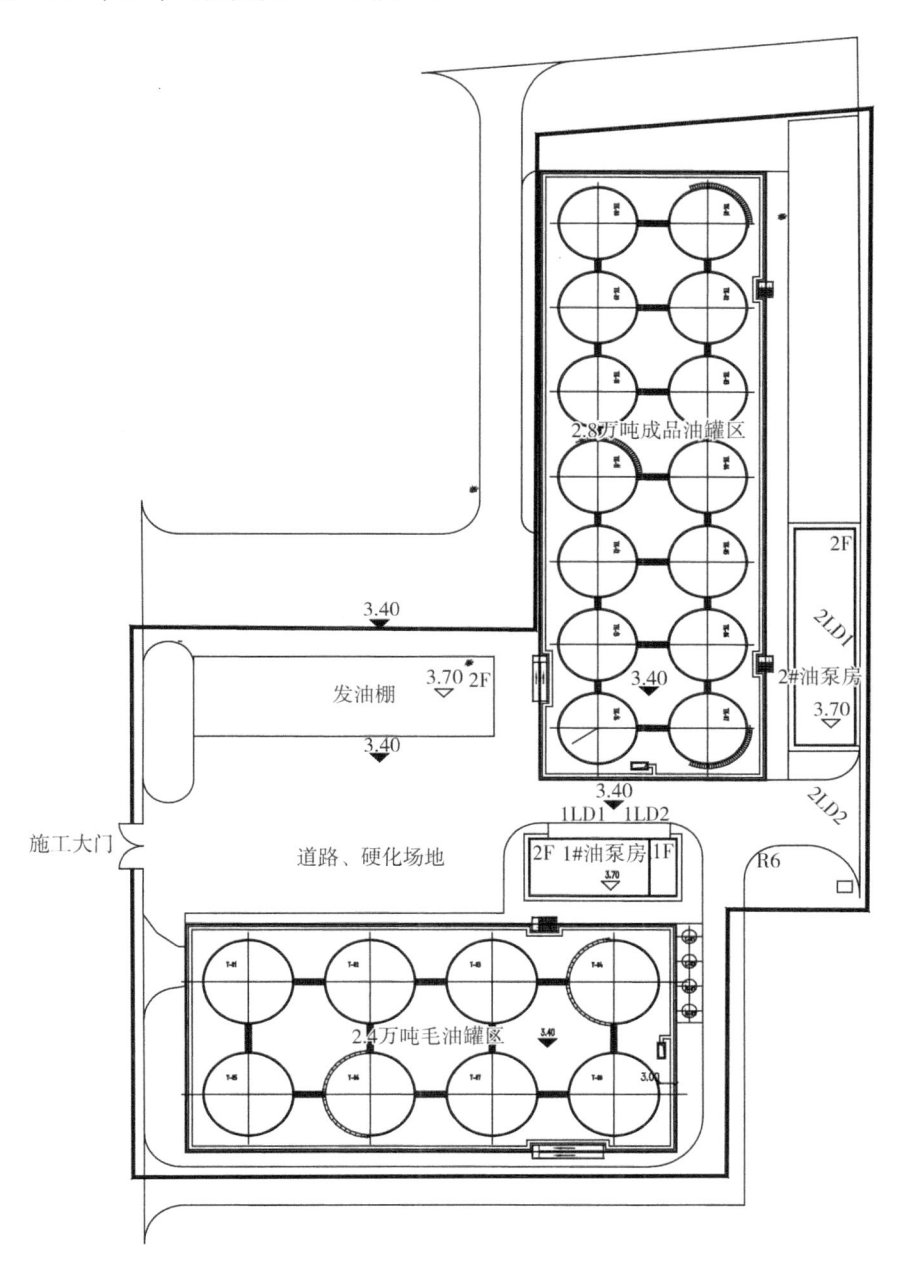

图 1.2-1 罐区施工平面布置图

2 技术特点

2.1 应用BIM技术建立三维模型

应用BIM技术建立榨油厂工程三维模型,从储油罐钢板下料、预制、施工安装,到工艺管道与设备连接等环节,全过程优化深化设计方案,解决设计图纸中可能出现的错漏碰缺等问题。

在施工安装前模拟安装过程,对施工作业班组进行安全技术交底,提高设备制作安装施工质量与效率。新建榨油厂BIM模型如图2.1-1所示。

图 2.1-1 榨油厂 BIM 模型图

储油罐立面图、平面图,如图2.1-2、图2.1-3所示。

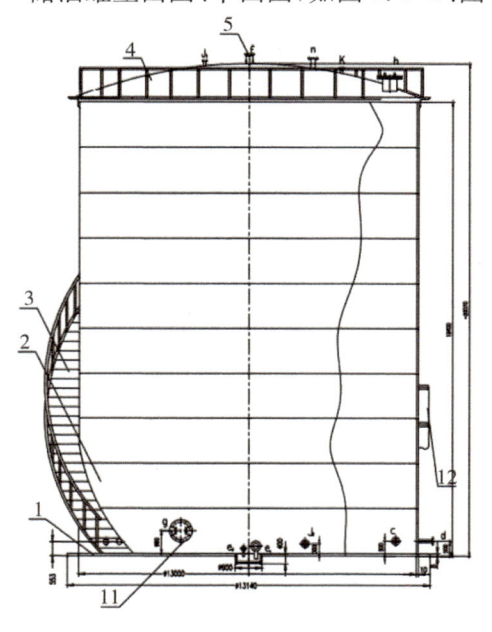

图 2.1-2 储油罐立面图(单位:mm)　　图 2.1-3 储油罐平面图

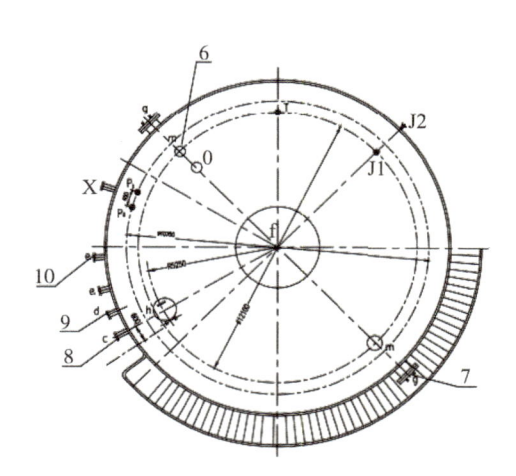

罐体顶部制作 BIM 模型图，如图 2.1-4 所示。

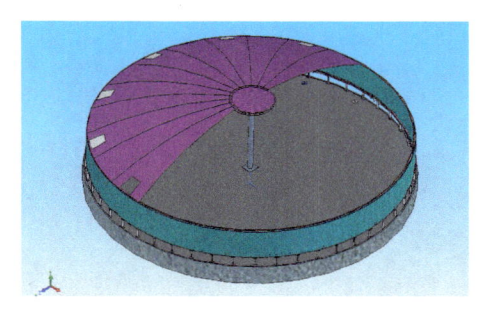

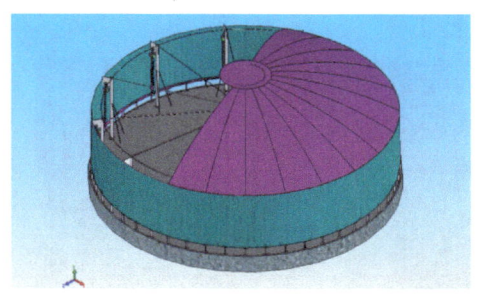

图 2.1-4　罐体顶部制作 BIM 模型图

2.2　施工技术控制要点

（1）采用倒装法储罐施工工艺，空间受限，施工难度大，作业安全要求高。
（2）罐体钢板组装对焊接质量要求高，采用先进焊接设备与技术，确保焊接质量。
（3）工程施工地点位于张家港保税区榨油厂厂区内，环保要求高。应降低施工对生产的干扰，保证安全文明施工。

2.3　依据标准

储罐施工图纸；
中粮集团技术文件及合同要求；
AQ 3053—2015《立式圆筒形钢制焊接储罐安全技术规程》；
GB 50341—2014《立式圆筒钢制焊接油罐设计规范》；
SH 3046—1992《石油化工立式圆筒形钢制焊接储罐设计规范》；
GB 50128—2014《立式圆筒形钢制焊接储罐施工规范》；
GB/T 709—2019《热轧钢板和钢带的尺寸、外形、重量及允许偏差》；
NB/T 47014—2011《承压设备焊接工艺评定》；
GB/T 985.1—2008《气焊、焊条电弧焊、气体保护焊和高能束焊的推荐坡口》；
GB 50205—2020《钢结构工程施工质量验收规范》；
GB/T 50393—2017《钢制石油储罐防腐蚀工程技术标准》；
国家有关现行规范、标准、规程等。

3　施工准备

3.1　图纸会审及交底

（1）储罐安装前，技术人员应仔细研究施工图纸，编写图纸会审记录，及时发现并解决问题。

（2）施工前向所有施工作业人员进行详细的安全技术及环境交底，形成交底记录。如图 3.1-1、图 3.1-2 所示。

图 3.1-1　安全技术交底

图 3.1-2　工人签字确认交底记录

3.2　材料到货检查

依据清单核实到货材料数量，并根据订货合同约定的性能要求进行外观检查和尺寸检查，经确认合格后方可使用。

（1）所有材料、配件、焊接材料及其他材料必须有产品质量合格证或质量复检报告。

（2）钢板必须逐张检查，表面不得有气孔、裂纹、拉裂、夹渣、折痕、夹层等缺陷，钢板的边缘不得有重皮。

（3）设专人负责材料、半成品及组合件、零部件的清点检查和验收工作。

（4）施工现场设置专用场所存放材料，分类管理材料及零部件，小件入库需有醒目的标志。

（5）对露天摆放的材料要采取防雨、防腐蚀等措施。

如图 3.3-1、图 3.3-2 所示。

图 3.3-1　钢板材料到货

图 3.3-2　钢板材料检查

4 工艺流程

储罐采用倒装法进行施工,由 25 t 汽车吊全过程配合,工艺流程如图 4-1 所示。

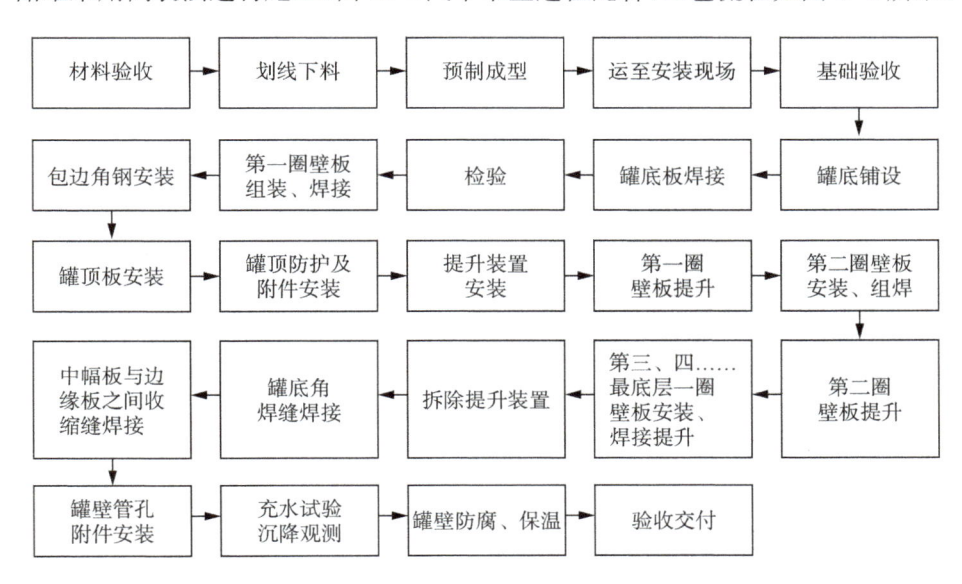

图 4-1 储罐制作工艺流程图

5 储油罐预制

5.1 储油罐预制技术与精度控制

5.1.1 样板制作:储罐预制及施工用弧形样板的弦长不得小于 2 m,直线样板的长度不得小于 1 m,测量焊缝角变形的弧形样板弦长不得小于 1 m。

罐壁板加工如图 5.1-1 所示。

图 5.1-1 钢板卷板加工

5.1.2 罐底边缘板及罐壁板的坡口切割采用半自动切割机进行火焰切割。罐顶板的圆弧板可采用手工气割加工,罐顶板直线段采用半自动切割机切割,抗风圈等板材的直边和弧形边采用半自动火焰切割和手工气割相结合的方式。如图5.1-1～图5.1-4所示。

图5.1-1 罐底板切割下料

图5.1-2 罐底板划线

图5.1-3 钢板手动火焰切割

图5.1-4 钢板半自动火焰切割

5.1.3 钢板边缘加工面应平滑,不得有夹渣、分层、裂纹及熔渣等缺陷,火焰切割坡口产生的表面硬化层应磨除。

5.1.4 钢板加工允许偏差为:板宽±1 mm,板长±1.5 mm,对角线之差≤2 mm。

5.1.5 所有预制构件在保管、运输及现场堆放时应采取有效措施防止变形、损伤和锈蚀,顶板和壁板预制成型后,要放在专用弧形胎具上进行运输和存放,以防变形。

5.1.6 储罐所有预制构件在制作完成时,逐一用油漆清晰涂写编号。

5.2 罐底板预制

5.2.1 罐底的排板直径,宜按设计直径放大 0.1‰~0.15‰,宜放大 30~60 mm;边缘板沿罐底半径方向的最小尺寸不得小于 700 mm。

绘制罐底用排板图确定每张板的几何尺寸,按设计要求加工坡口,采用半自动切割机进行火焰切割所有坡口,切割加工后的每张底板都应做好标识,并复检几何尺寸、做好自检记录。如图 5.2-1 所示。

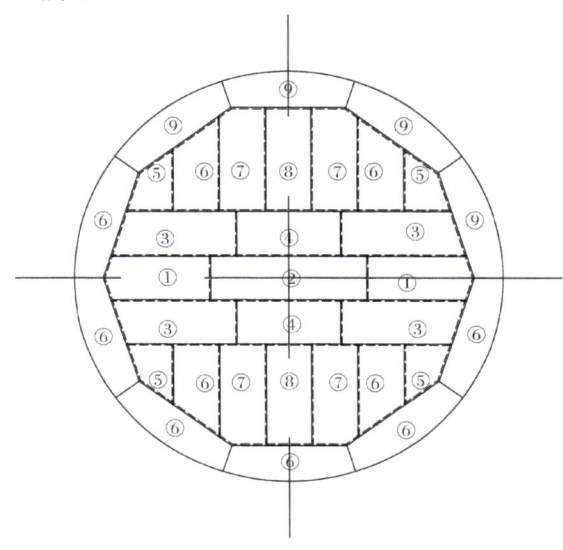

图 5.2-1 3 000 t 油罐底板排板布置图

5.2.2 预制弓形边缘板及不规则板采用机加工和半自动火焰切割。预制好的罐底板应做好标识,然后进行防腐。如图 5.2-2、图 5.2-3 所示。

图 5.2-2 弓形边缘板下料   图 5.2-3 底板下料

5.2.3 罐底板预制流程

罐底板预制流程，如图 5.2-4 所示。

```
准备工作 → 材料验收 → 划线 → 复验 → 切割
                                          ↓
交付安装 ← 标识 ← 防腐 ← 检查记录 ← 打磨
```

图 5.2-4 罐底板预制流程图

5.2.4 弓形边缘板的对接接头宜采用不等间隙，外侧间隙 e1 宜为 6～7 mm，内侧间隙 e2 宜为 8～12 mm。其示意图如 5.2-5 所示。

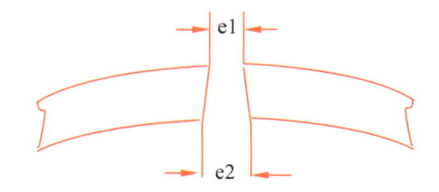

图 5.2-5 弓形板加工示意图

5.2.5 中幅板的宽度不得小于 1 000 mm，长度不得小于 2 000 mm。底板任意相邻焊缝之间的距离不得小于 300 mm。

5.2.6 弓形边缘板尺寸允许偏差应符合表 5-1 规定。

表 5-1 弓形边缘板尺寸允许偏差表

测量部位	允许偏差(mm)
长度 AB、CD	±2
宽度 AC、BD、EF	±2
对角线之差 $\lvert AD-BC \rvert$	≤3

边缘板检查尺寸示意图如图 5.2-6 所示。

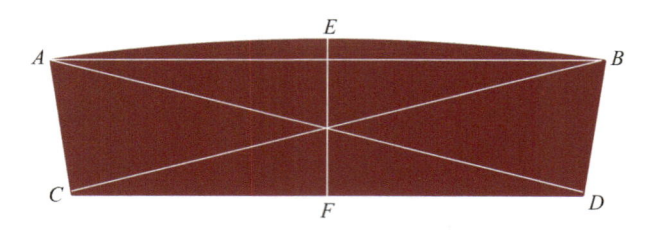

图 5.2-6 边缘板检查尺寸示意图

5.2.7 弓形边缘板厚度大于或等于 12 mm 时，应在坡口两侧 100 mm 范围进行超声波检查；如采用火焰切割坡口，应对坡口表面进行机械打磨处理。

5.2.8 考虑焊接收缩，中幅板与边缘板连接的小板在下料时，要沿径向方向预留

100 mm 余量。

5.3 罐顶板预制

5.3.1 罐顶预制应按设计图纸并根据材料的实际到货情况,提前进行电脑排板。如图5.3-1所示。

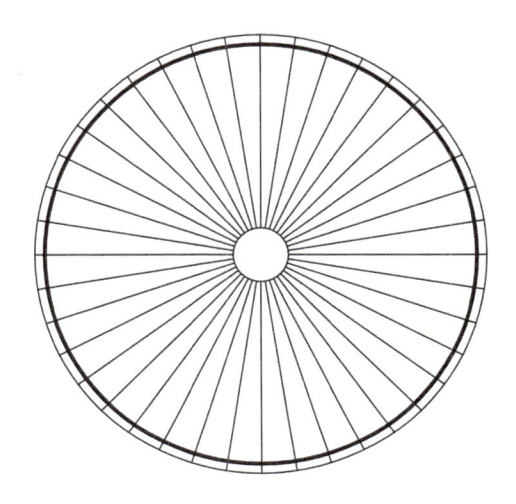

图 5.3-1　3 000 t 罐顶板排板图

5.3.2 顶板排板下料应符合下列要求:
(1) 顶板任意相邻焊缝的间距不应小于 200 mm;
(2) 单块顶板本身的拼接采用对接;
(3) 加强肋加工成型后,用弧形板检查,其间隙不应大于 2 mm;
(4) 单块扇形板组装焊接,每块顶板应在胎具上拼装成型,焊好后脱胎,用弦长 2 m 的弧形样板检查,间隙不应大于 5 mm;
(5) 加强肋与顶板组焊时,应采取防变形措施,将扇形板用卡具与胎具固定焊接;
(6) 拱顶的顶板预制成型后,用弧形样板检查,其间隙不得大于 10 mm。

5.4 罐壁板预制

5.4.1 罐壁板预制要严格按照图纸要求,采用半自动火焰切割机进行坡口加工,其几何尺寸要按现场材料进行罐壁排板计算,绘制排板图,严格按监理和业主已经批准的排板图进行预制,且必须有预制检查记录。

5.4.2 罐壁板预制工艺流程,如图 5.4-1 所示。

准备工作 → 材料验收 → 钢板划线 → 复验 → 切割 → 坡口打磨 → 卷制 → 检查记录 → 交付安装

图 5.4-1　罐壁板预制工艺流程图

5.4.3 罐壁板排板要求

罐壁板排板应符合如下要求：

底圈壁板的纵向缝与罐底边缘板对接缝之间的距离不得小于 200 mm；

罐壁开孔接管或补强板外缘与罐壁纵缝之间的距离不得小于 300 mm，与环缝之间的距离不得小于 100 mm；

各圈壁板的纵向焊缝宜向同一方向逐圈错开，其间距宜为板长的 1/3，且不得小于 500 mm。管壁排板，如图 5.4-2 所示。

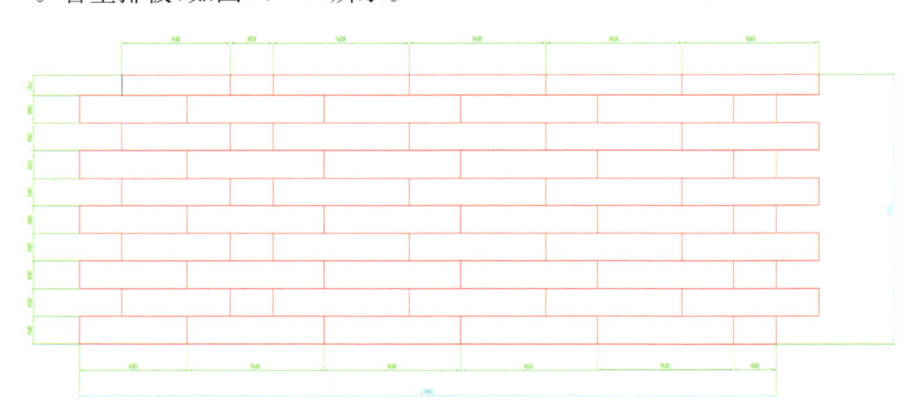

图 5.4-2 罐壁板排板图

5.4.4 包边角钢对接接头与壁板纵向焊缝之间的距离不得小于 200 mm。

5.4.5 罐壁接管开孔应避开焊缝，开口接管或补强板边缘距焊缝应大于 100 mm，补强板不允许拼接。

5.4.6 壁板下料前后要有尺寸检查记录，控制长度方向上的积累误差每圈板不大于 10 mm。罐壁板下料示意图如图 5.4-3 所示。

5.4.7 罐壁板宽不得小于 1 000 mm，长度不得小于 2 000 mm。

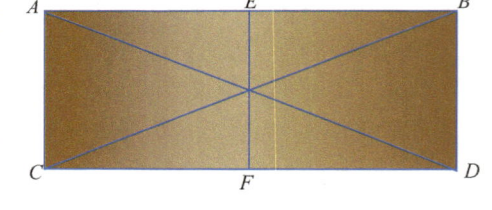

图 5.4-3 罐壁板下料示意图

5.4.8 壁板下料尺寸偏差控制，如表 5-2 所示。

表 5-2 壁板下料尺寸偏差控制

测量部位		允许偏差(mm)
长度 AB、CD		±2
宽度 AC、BD、EF		±1.5
对角线之差 ｜AD−BC｜		≤3
直线度	AC、BD	≤1
	AB、CD	≤2

5.4.9 壁板下料后,根据质量检查表进行检查,并检查其坡口形式是否符合要求。

(1) 纵缝气体保护焊的对接接头,厚度小于或等于 24 mm 的壁板采用单面坡口;厚度大于 24 mm 的壁板采用双面坡口,其间隙 G 为 4～6 mm,钝边 F 不大于 2 mm,坡口宽度 W 为 16～18 mm。如图 5.4-4 所示。

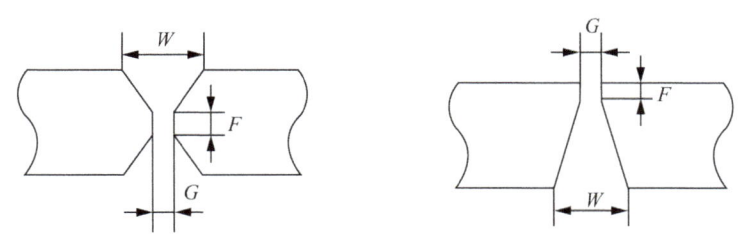

图 5.4-4 纵缝气体保护焊对接接头形式

(2) 环缝埋弧焊的对接接头厚度小于或等于 12 mm 的采用单面坡口;厚度大于 12 mm 的采用双面坡口。坡口的角度 α 为 45°±2.5°,钝边 F 不大于 2 mm,间隙 G 为 0～1。如图 5.4-5 所示。

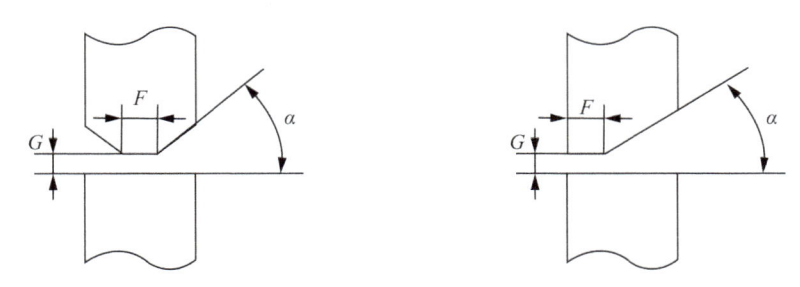

图 5.4-5 环缝埋弧焊对接接头形式

5.4.10 卷板机应由经验丰富的工人操作。壁板卷制后,应立置在平台上用样板检查,垂直方向上用直线样板检查,其间隙不得大于 1 mm,水平方向上用弧形样板检查,其间隙不得大于 4 mm。

5.4.11 壁板滚圆时采用吊车配合,下滚床时防止外力引起塑性变形。滚制后检查合格,再放在准备好的成型胎具上。壁板专用胎具如图 5.4-6 所示。

图 5.4-6 储油罐壁板摆放胎具示意图

5.5 附件预制

5.5.1 严格按施工图纸和规范要求，按照方便安装、减少高空安装工作量的原则，最大限度在地面进行加工预制。预制好的附件、配件应严格检查，保证质量，并作好标识。

5.5.2 加强圈、包边角钢的预制曲率同设计曲率，弧形加工预制产生的直段需要进行预弯或者火焰加热纠正，以保证构件整体成型。翘曲变形也必须控制在设计规范要求范围内。

加强圈预制如图 5.5-1 所示。盘梯踏步板预制如图 5.5-2 所示。

图 5.5-1　罐壁板加强圈预制　　　　图 5.5-2　盘梯踏步板下料

5.5.3 抗风圈预制时要采取防焊接变形措施；抗风圈成型后弧形曲率和翘曲变形不应超过构件长度的 0.1%，且不大于 4 mm。

预制施工质量控制要点如表 5-3 所示。

表 5-3　预制施工质量控制要点

序号	施工内容	操作要领	质量要求
1	罐底排板	罐底边缘板外圆直径宜按设计直径放大 0.1%~0.15%计算。边缘板的块数、宽度、安装位置均按设计要求。中幅板的布局结构按施工图纸进行。所有底板下料的计算几何尺寸必须是减去焊缝组对间隙后的尺寸。	罐底板任意相邻两个 T 形焊缝之间的距离不得小于 200 mm
2	罐底边缘板划线	边缘板制作弧度样板，用样板在钢板上划弧线。每张底板划线后必须复测宽度、长度、对角线长度和直边的不直度。这些要素全部合格后，在切割线的内侧 100 mm 距离位置上划复验标准线，并在四个角和中间位置打样冲眼，用白铅油圈上，最后划坡口宽度切割线。	划线允许误差： 长度±2 mm 宽度 AC、EF、BD±1.5 mm 对角线之差 $\|AD-BC\|\leqslant 3$ mm

(续表)

序号	施工内容	操作要领	质量要求
3	罐底板切割	切割所用的氧气纯度应不小于99.2%,每瓶氧气水分应小于10 ml,冬天氧气减压阀应有防冻措施,以免氧气表跑直流,但严禁用火烤(可用蒸气加热法)。切割时,先切割直口,后切割坡口。切割时操作人员应随时注意检查直口的直角和坡口角度及钝边厚度,每条边开始切割时应更加注意检查,以便及时调整。切割时应沿切割线外侧切割。焊工应严格按照焊接操作规程和切割机操作规程精心操作。	切割后几何尺寸允许误差: 长度 $AB、CD、AF、FB±2$ mm 宽度 $AC、EF、BD±2$ mm 对角线之差 $\|AD-BC\|≤3$ mm 不直度 $AB、AC、BD、CD≤1$ mm 坡口角度±2.50 钝边宽度±1.5 mm
4	壁板划线	将罐壁板放在胎具上垫平,按排板图尺寸规格划出直口切割线,然后对其宽度、长度、对角线、不直度进行校对检查,确认准确无误后,再在切割线内侧100 mm处划标准复验线,并在四个角及长度中间部位打上样冲眼和画上白铅油标记,最后划坡口切割线。	划线允许误差: 长度 $AB、CD±1$ mm 宽度 $AC、EF、BD±1$ mm 对角线之差 $\|AD-BC\|≤2$ mm 不直度 $AC、BD、AB、CD≤1$ mm
5	罐壁板切割	切割所用的氧气纯度应不小于99.2%,每瓶氧气水分应小于10 ml,冬天氧气减压阀应有防冻措施,以免氧气表跑直流,但严禁用火烤(可用蒸气加热法)。切割时,先切割直口后切割坡口。切割时操作人员应随时注意检查直口的直角和坡口角度及钝边厚度,每条边开始切割时应更加注意检查,以便及时调整。切割时应沿切割线外侧切割。焊工应严格按照焊接操作规程和切割机操作规程精心操作。	切割后几何尺寸允许误差: 长度 $AB、CD±2$ mm 宽度 $AC、EF、BD±2$ mm 对角线之差 $\|AD-BC\|≤3$ mm 直线度 $AB、CD≤2$ mm $AC、BD≤1$ mm 坡口角度±2.50 钝边宽度±1 mm
6	几何尺寸复测	在每块壁板切割完毕滚圆之前必须对长度、宽度、对角线、坡口角度、钝边宽度、直边的不直度进行复测和记录,若有不合格处必须进行修整,直到合格。堆放要求整齐,并垫在同一部位。	见切割后壁板尺寸允许偏差
7	滚圆	曲率样板制作一定要准确无误,并经专业质量员检查合格后方可使用。在滚圆过程中要随时测量壁板的曲率,不能操之过急,以免曲率过大。每圈壁板的最先几张滚圆后必须立放在平台上测量检查曲率,以便找出曲率的正负偏差。滚圆后放置在专用胎具上,每张壁板必须垫在同一部位。	曲率样板弦长为2 m,滚圆后壁板侧立在平台上,环向用曲率样板检查,其间隙不得大于1 mm,整张板号高偏差不得大于30 mm
8	顶板预制	按照排板图尺寸进行切割,必须保证所有板的平直度达到规范要求。	预制后局部变形应小于长度的1/1 000,且不大于3 mm,不得有硬折现象,其尺寸偏差:长度:±5 mm;宽度:±4 mm;对角线之差≤8 mm

5.5.4 盘梯预制成段后进行安装,量油管等接管预制成型后现场安装。

6 储油罐体安装

6.1 基础验收

(1) 施工前应组织有关施工人员按设计图纸和规范,对基础中心的位置、标高、直径、坡度等进行检查。本工程储罐基础验收执行 GB 50128—2014《立式圆筒形钢制焊接储罐施工规范》要求。允许偏差要求如表 6-1 所示。

表 6-1 基础几何尺寸允许偏差

序号	检查项目	允许偏差	备注
1	中心坐标	±20 mm	
2	中心标高	±20 mm	
3	表面凹度	≤25 mm	从中心向周边拉线测量
4	沿罐壁圆周方向平整度	≤6 mm	每 10 m 内任意两点的高差
		≤12 mm	整个圆周上任意两点高差
5	基础表面锥面坡度	15/1 000	符合设计规定

(2) 沥青砂层表面应平整密实,无突出隆起、凹陷及贯穿裂纹。

(3) 沥青砂层表面凹凸度应按下列方法检查:基础中心向基础周边拉线测量,基础表面每 100 m² 范围内测点不得少于 10 点,基础表面凹凸度允许偏差不得大于 25 mm。

(4) 验收合格并办理中间交接手续后,方可进行罐底板的铺设。

基础检查如图 6.1-1、图 6.1-2 所示。

图 6.1-1 罐底基础验收   图 6.1-2 油罐基础布置平面图

6.2 储罐安装方式

6.2.1 储罐采用倒装法安装,经计算确定使用 10 t 电动倒链提升罐体安装。

(1) 根据施工现场实际情况及现有施工机具情况,确定本工程储油罐采用倒装法倒链提升施工。

(2) 胀圈:胀圈是贮罐倒装施工必不可少的设施,主要用来加强薄壁的刚度,减少或避免罐壁由于吊装所出现的变形。贮罐施工中采用 14# 槽钢胀圈。

(3) 起吊立柱如图 6.2-1、6.2-2 所示:

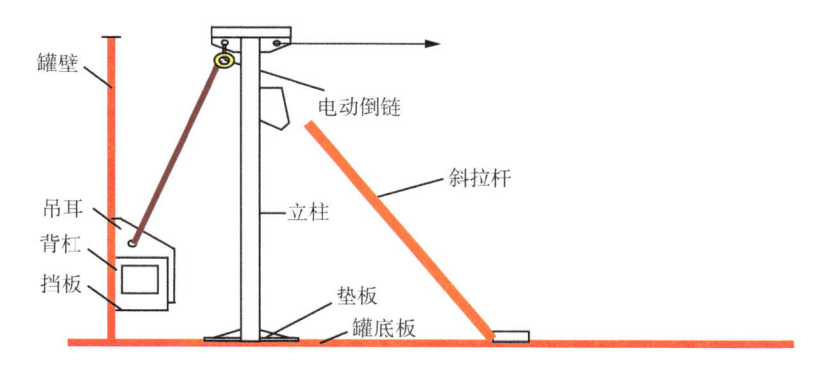

图 6.2-1　倒装提升示意图

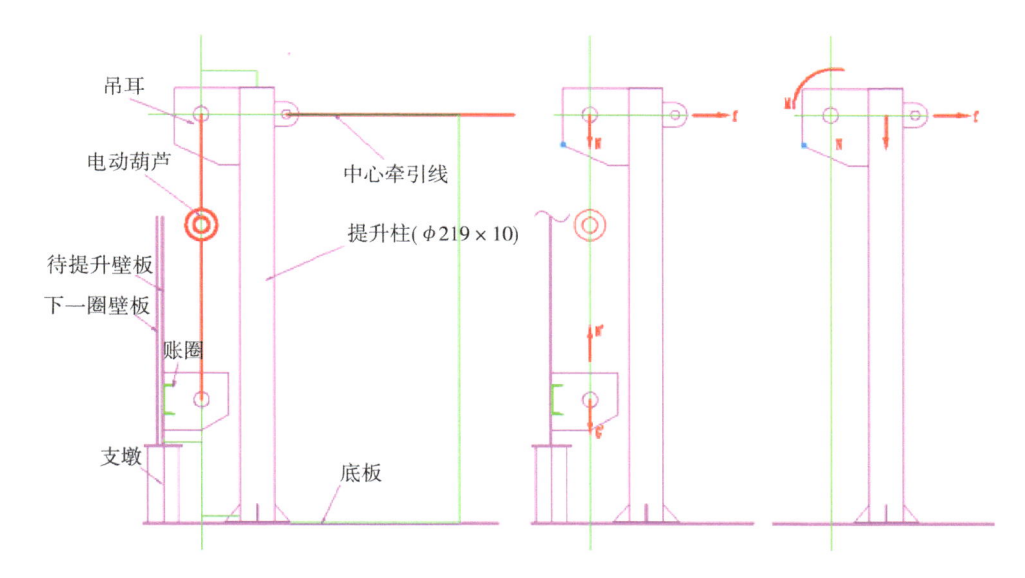

图 6.2-2　倒链提升示意图

(4) 立柱承受整个贮罐的吊重,使用前应进行强度校核。

(5) 考虑到吊装时受力状况及不同贮罐作业的适用性,确定立柱采用 $\varPhi 219 \times 10$ 无缝钢管,高度为 4 000 mm,储罐开始提升时,必须保持均衡同步。

(6) 罐体吊装所需倒链数量和配置原则:吊装重量,即起吊最后一层壁板以上的罐体及附加荷重,吊装总重量需计算确定。提升机具计算载荷不能超过额定能力的 75%,其布置及吊点数量应根据起升的最大载荷及稳定性确定。

（7）电动倒链放置点平面布置，如图6.2-3所示。

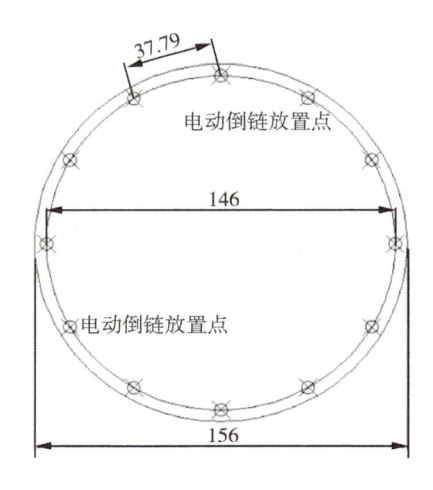

图6.2-3　电动倒链布置图

6.3　罐底板安装

6.3.1　罐底放线

（1）以基础中心和四个方位标记为基准，画十字中心线，确定基准线并作出永久标记。划出底板外圆周线，考虑到焊接收缩量，底板外圆直径应比设计直径放大80 mm。基础划线时还应考虑基础坡度差。

（2）罐体组装前，应将构件的坡口和搭接部位的泥沙、铁锈、水等清除干净。依据罐底排板图，在基础上划出各底板的位置线，然后开始罐底铺设。如图6.3-1、图6.3-2所示。

图6.3-1　罐底基础测量　　　　图6.3-2　罐底基础放线

6.3.2　搭接

搭接接头三层钢板重叠部分，应将上层底板切角，切角长度应为搭接长度的2倍，宽度为搭接长度的2/3。

底板三层钢板重叠部分的搭接接头,应按要求将上层底板切角,切角长度为搭接长度的 2 倍,宽度为搭接长度的 2/3。切角后用大锤锤击角接处,直至搭接角处板与板间缝隙达到焊接要求,切角示意图如图 6.3-3 所示。

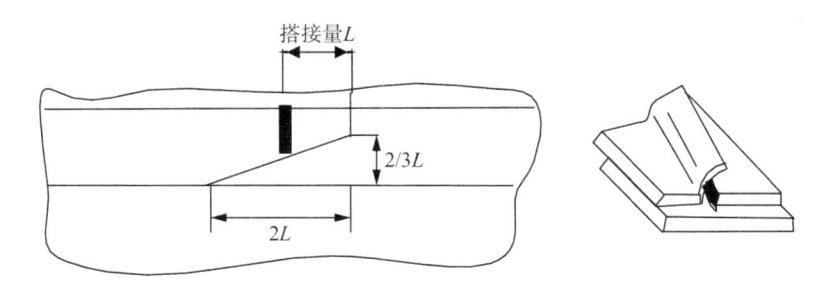

图 6.3-3 底板三层钢板重叠部分示意图

在上层底板铺设前应先焊接上层底板覆盖的角焊缝。

6.3.3 底板铺设工序

中幅板铺设完成,再进行边缘板铺设。中幅板铺设时,先铺设中间条板,再向两侧铺设中幅板,铺设时必须在条板上划出中心线,保证其与基础中心线相重合,每铺设一张,就位固定一张。

罐底板铺设流程图如图 6.3-4 所示。

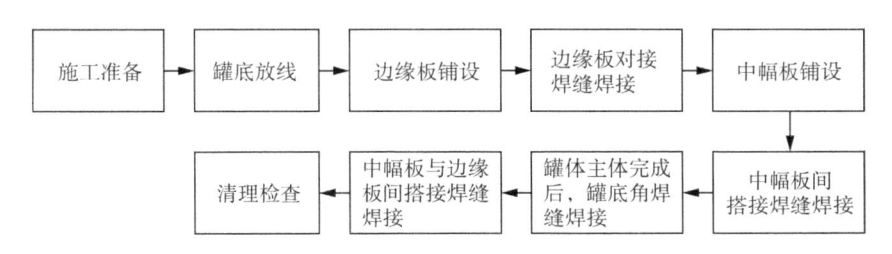

图 6.3-4 罐底板铺设工艺流程图

6.3.4 边缘板铺设

(1)边缘板采用对接形式,在后一块边缘板铺设前,要在前一块边缘板坡口处点焊垫板,边缘板之间不点焊,只用临时卡具固定。坡口形式,根据收缩系数及施工便利,选用外大内小的外坡口形式。对口尺寸及坡口形式如图 6.3-5 所示。

(2)边缘板铺设时,按 0°→90°、180°→90°、0°→270°、180°→270° 的方位进行定位铺设,以确保铺板位置的准确性。铺设时,必须保证组对间隙内大外小的特点,为防止焊接变形,使用组合卡具。如图 6.3-6 所示。

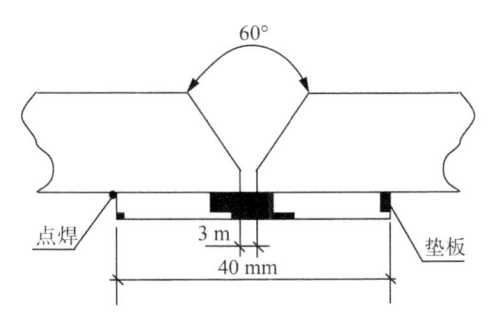

图 6.3-5 边缘板坡口尺寸示意图

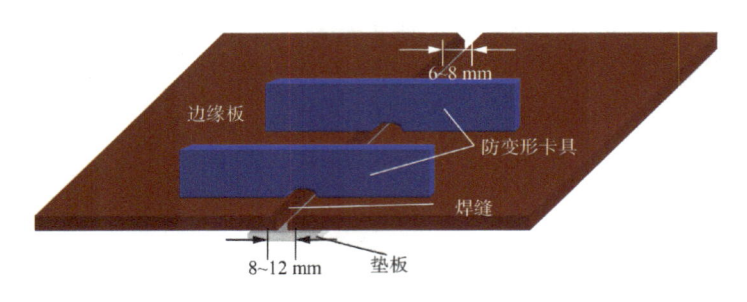

图 6.3-6　边缘板防变形卡具示意图

6.3.5 中幅板铺设

（1）中幅板铺设时，按设计规定尺寸制作组对挡板，以方便组对时控制搭接量。中幅板搭接宽度允许偏差为±5mm。制作示意图如图 6.3-7 所示。

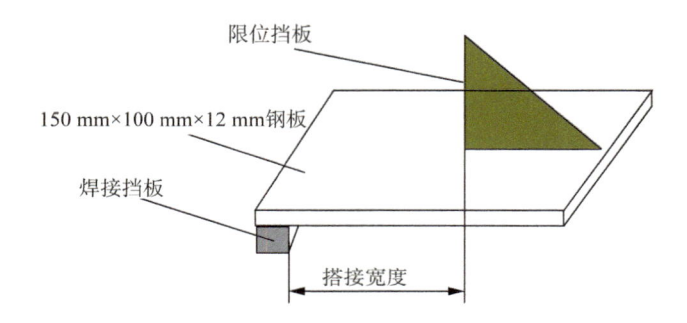

图 6.3-7　中幅板制作示意图

（2）铺设中心定位板（中心的一块底板），并在该板上画出底板中心点和中心线，打上样冲眼作出明显标记，铺设顺序如图 6.3-8 所示。

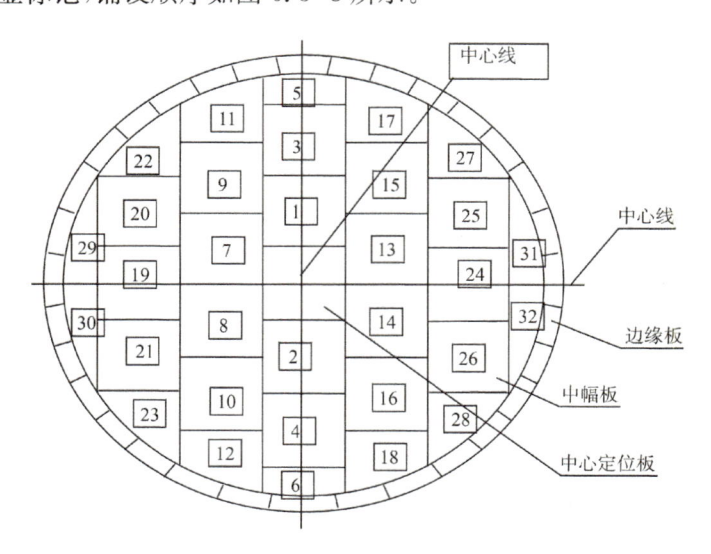

图 6.3-8　罐底板铺设顺序图

(3)中幅板边组对边点焊,点焊时两底板要紧贴,间隙控制在 1 mm 以下;

(4)点焊方式采用隔 200 mm 焊 50 mm 的方法,点焊时一定要注意先焊接完成搭接丁字缝处覆盖角焊缝后,再铺上层板;

(5)铺中幅板时要随时检查板的位置与排板图是否相符合,铺板时要保证与基础踏实接触。

底板铺设如图 6.3-9~图 6.3-14 所示。

图 6.3-9　罐底板铺设定位

图 6.3-10　罐底板铺设

图 6.3-11　罐底板铺设

图 6.3-12　罐底集油槽制作

图 6.3-13　罐底板铺设

图 6.3-14　罐底板铺设

6.3.6 底部工装制作

倒装法施工过程中，为避免施工人员翻越壁板，在底板铺设完毕、边缘板对接焊缝探伤合格后，在底板上沿罐壁圆周内侧设置马墩，将罐体安装高度预先提高 500 mm、间距 2 m 左右均布，作为作业人员进出通道。

如图 6.3-14、6.3-15 所示。

图 6.3-14　罐底板圆周工装安装 　　　图 6.3-15　罐底板圆周工装(壁板卡座)安装

6.4　首层罐壁组装

6.4.1　罐壁组对时要严格控制罐体的垂直度和罐体的成型尺寸。如图 6.4-1 所示。

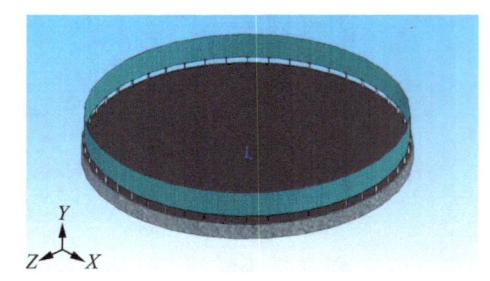

6.4.2　吊装时，从进出油开口处进行围板作业，根据画线确定的位置点焊临时内外挡板，以限制罐壁位置，板与板之间用龙门组合卡具连接固定。吊装时要按位置划线，将壁板放置到位，观察组对间隙是否在可调整范围之内。

图 6.4-1　首层罐壁板 BIM 模型图

6.4.3　全部吊装完成后，分组调整壁板间隙及垂直度。罐壁椭圆度由基准圆确定，垂直度用磁力线坠进行测量，采用正反加减丝调整确定。调整示意图如图 6.4-2 所示。

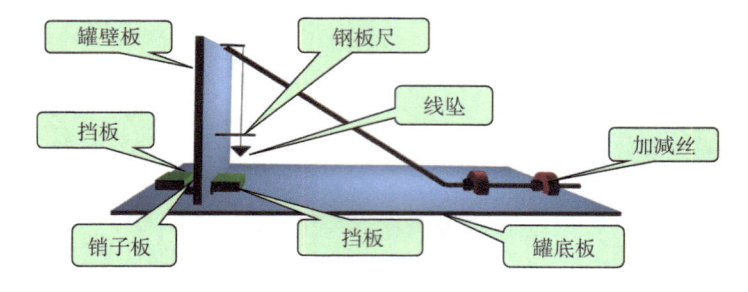

图 6.4-2　罐壁板垂直度调整示意图

6.4.4　相邻壁板的水平度在下料时加以控制。整个圆周的水平度可以通过边缘板

和基础之间的距离调节。

6.4.5 板与板之间的对口间隙与错边量可以由组合龙门卡具调节。立缝组对时为解决焊接变形引起的角变形超标问题,采取预先向外凸出2~3 mm的组对方法。壁板组装前将需要与壁板焊接的卡具预先焊在壁板外侧。

6.4.6 立缝组对:龙门卡具设在罐壁外侧,每道立缝设三组,按规定调整好间隙后在外侧点焊圆弧板。为减少焊接角变形,宜采取预先向外凸出2~3 mm的组对方法。如图6.4-3所示。

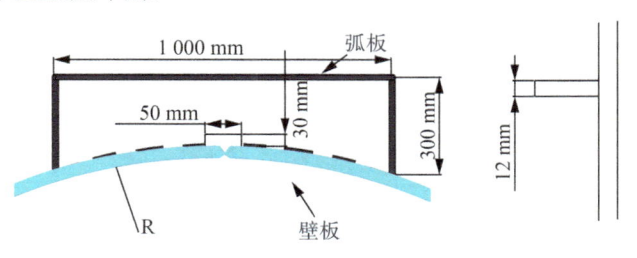

图 6.4-3 圆弧板加固

6.4.7 环缝组对:在外侧设置背杆(80 mm×900 mm)和马蹄板,约1 m一个。上圈壁板立缝焊接前,环缝的错口应根据上圈壁板的焊后收缩量而适当向外错,当上圈壁板立缝焊接完后,环缝的错口应按规定值调整。

6.4.8 大角缝组对:大角缝在焊接前,为防止变形,应采用F型支架将第一圈壁板固定。详如图6.4-4。

图 6.4-4 大角缝加固图

6.4.9 筒节组焊后,在筒节上做好0°、90°、180°、270°标记。

6.5 罐顶组装

6.5.1 伞形支架

待罐顶下第一圈壁板组对完成后,在底板上搭设一个临时伞形拱顶架(以下简称"伞形架")。伞形架由径向梁、环向梁、中心顶板及中心立柱等组成,并与底板同心。

6.5.2 伞形支架立柱

伞形架的中心立柱采用 $\Phi219×6$ 的无缝钢管,高度是拱顶设计高度和罐顶下第一圈壁板高之和,中心立柱底部焊 $\delta=12$ mm 底板并用角钢斜撑支撑。中心立柱顶部与中心顶板相焊,中心立柱组装其垂直偏差不得大于全长的1/1 000;环向梁、径向梁由槽钢制作。伞架应有足够强度和刚度,其弧度应与拱顶的弧度相符。

6.5.3 罐顶扇形板组装

(1) 顶板应按画好的等分线对称组装。顶板搭接宽度允许偏差为±5 mm。

(2) 从基础上吊垂线将中心线标注到包边角钢上,并以此为基准,在包边角钢上把每一块罐顶板的中心线位置打上记号。

（3）按排板图尺寸点焊好挡铁，并调整好罐顶高度。

（4）按包边角钢所对应的顶板位置固定伞架。如图 6.5-1、图 6.5-2 所示。

图 6.5-1　罐顶板下料　　　　图 6.5-2　罐顶包边角钢制作

（5）在伞形架上组对顶板时，要求对称进行吊装，防止因荷载不均衡造成伞形架过大变形和移位。

（6）组装顶板并用罐顶弧形样板调整好弧度，用角钢临时点焊固定。罐顶全部组装完毕后，再用样板对罐顶弧度复验、调整，并全部点焊。

如图 6.5-3、图 6.5-4 所示。

6.5.4　罐顶焊接及附件安装

顶板焊接，先焊内侧的间断焊缝，后焊外部的连续焊缝；连续径向焊缝，宜采用隔缝对称施焊方法由中心向外分段退焊；顶板与包边角钢焊接时，焊工应对称均匀分布，并应沿同一方向分段退焊；加强筋不得与包边角钢相焊。顶板全部焊完后，用弦长 2 m 的弧形样板检查，其间隙不应大于 13 mm。

图 6.5-3　扇形顶板仰视图　　　　图 6.5-4　扇形顶板及伞形支架内视图

根据图纸对附件位置进行放线开孔，将透光孔、量油孔、液位计孔、罐壁消防孔、罐壁通气孔、护栏、脚踏板等安装完毕。如图 6.5-5、图 6.5-6 所示。

图 6.5-5 罐顶护栏等附件安装 　　图 6.5-6 盘梯与罐体连接钢板安装

6.5.5 在罐内胀圈边均匀分布提升装置。如图 6.5-7～图 6.5-12 所示。

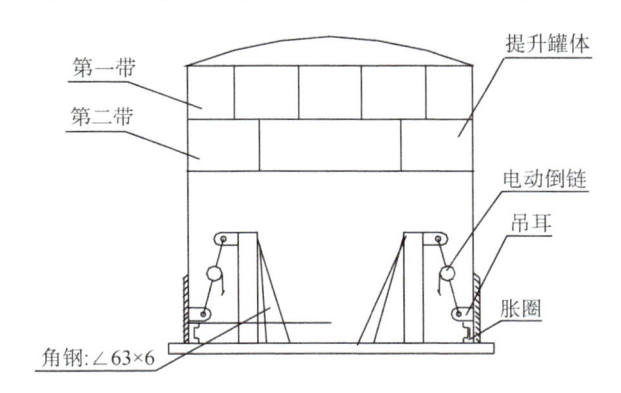

图 6.5-7 立柱连接及罐壁示意图

图 6.5-8 首层壁板安装及提升 　　图 6.5-9 首层壁板安装提升模型图

219

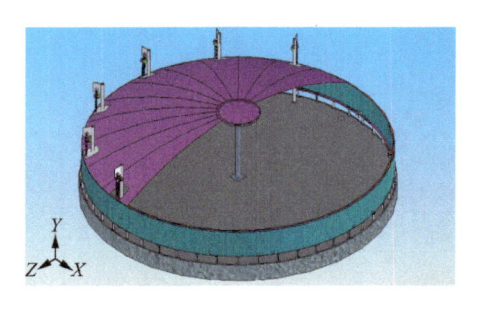

图 6.5-10　首层壁板提升 BIM 模型图 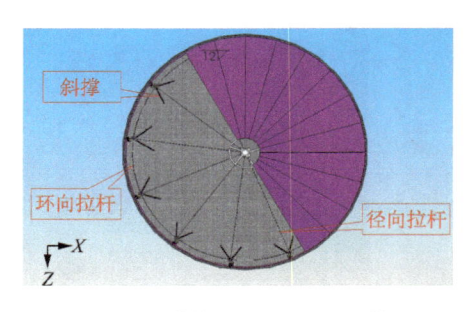　　　图 6.5-11　罐体提升装置 BIM 模型图

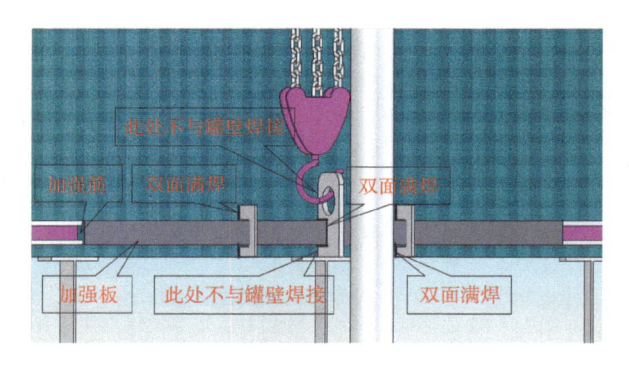

图 6.5-12　罐体提升装置 BIM 模型图

6.6　第二层壁板安装及提升

6.6.1　顶层壁板和储罐顶安装后,安装第二层壁板。方法同顶层壁板安装方法一致,留出一道活口不焊;第二层壁板吊装的同时,在罐内组对和安装胀圈。按照要求调整提升设备,然后提升。提升时,按中央控制台按钮盘的上升钮,完成第一步提升。第二步提升同第一步操作。如图 6.6-1～图 6.6-10 所示。

图 6.6-1　第二层壁板吊装 　　　图 6.6-2　第二层壁板安装

图 6.6-3　第二层壁板环缝焊接 　　　　　　图 6.6-4　壁板倒链提升装置图

图 6.6-5　第二层壁板吊装 　　　　　　　　图 6.6-6　第二层壁板围合

图 6.6-7　壁板竖缝点焊固定 　　　　　　　图 6.6-8　壁板竖缝焊接

图 6.6-9　壁板提升倒链布置图 　　　　图 6.6-10　壁板提升倒链布置图

6.6.4　环缝组对时,应在内侧每 500 mm 左右点焊一块矩形板,防止环缝的焊接变形。纵缝内侧自上而下,每 500 mm 左右点焊弧形板。

6.6.5　第二层板安装后,将胀圈落下与底部连接,方法与顶层壁板相同。活口处用手动倒链适当预紧,然后进行纵缝的焊接。纵缝和环缝焊完后,应按设计要求对壁板的几何尺寸和焊缝质量进行检验。罐壁板定位与围合如图 6.6-11、图 6.6-12 所示。

图 6.6-11　罐壁板定位 　　　　图 6.6-12　罐壁板围合

6.7　其余各层壁板的安装

6.7.1　检验合格后,按照上述方法和步骤安装第三层、第四层壁板,直至最后一层壁板。

6.7.2　最后一层壁板的纵缝及上部环缝焊接后,将胀圈落下与底部连接,开启提升装置,使罐升高 160~200 mm,拆除马墩,在底层壁板安装线内外设挡板,使壁板就位。

6.7.3　底层壁板与底板的环向内外角焊缝,由数名焊工和焊机均匀对称分布于罐内外,采用分段退焊法,沿同一方向同时施焊。罐壁组装几何尺寸如表 6-2 所示。

表 6-2　罐壁组装几何尺寸表

1	水平方向内半径(mm)	±13	$D \leqslant 12.5$
		±19	$12.5 < D \leqslant 45$
2	每圈壁板垂直度	$3h/1\,000$	$h=$壁板高度

续表

3	罐壁垂直度(mm)		$4h/1\,000$ 且$\leqslant 50$	在圆周上测量8点
4	罐壁总高度		$5h/1\,000$	在圆周上测量8点
5	壁局部凹凸度($\delta \leqslant 25$ mm)		$\leqslant 13$	用弦长1.0 m样板,在罐壁水平和垂直方向测量
6	壁板上口水平度(mm)		$\leqslant 2.0$	圆周上任意处测量$\leqslant 6$ mm
7	纵缝错边量(mm)	$\delta < 10$	$1/10\delta$	
		$\delta \geqslant 10$	1.5	
8	环缝错边量(mm)	$\delta \leqslant 8$	1.5	
		$\delta > 8$	不大于3	
9	罐顶表面凹凸度	焊前	$\leqslant 6.0$ mm	用弦长2 m样板测量

6.7.4　工装设计制作

罐壁施工中使用工装支架,如图6.7-1～图6.7-4所示。

图6.7-1　工人使用自制工装焊接操作

图6.7-2　罐壁板底部工装

图6.7-3　工人罐壁外操作用工装支架

图6.7-4　工人罐壁外操作用工装支架

6.8 油罐附件安装

6.8.1 按图纸方位,在罐壁将所有附件及其他与罐体相连的构件全部焊完。

6.8.2 安装开孔接管,保证其与罐体轴线平行或垂直,偏斜不应大于 2 mm。接管上法兰面平整,不得有焊接飞溅和径向沟痕,安装接管法兰面应保证水平或垂直,倾斜不应大于法兰外径的 1/100 且不大于 3 mm,螺栓孔应跨中均布。如图 6.8-1、图 6.8-2 所示。

图 6.8-1 罐顶人孔　　　　图 6.8-2 储罐顶部附件安装

6.8.3 附件安装时,罐体上的开孔宜在储罐组装过程中进行开孔,并焊接接管、人孔及补强板。罐壁开口应避开罐壁焊缝,开口接管或补强圈边缘距罐壁纵焊缝应大于 200 mm,距罐壁环焊缝应大于 100 mm。补强板不允许拼接,其位置、长度、法兰面垂直度均应符合设计标准要求,罐外的盘梯、爬梯安装可与壁板安装同步进行。如图 6.8-3、图 6.8-4 所示。

图 6.8-3 油罐人孔安装　　　　图 6.8-4 油罐盘梯安装

6.8.4 配件及开孔接管

所有配件及开孔接管应在储罐总体试验前安装完毕,并在开孔补强圈通过讯号孔以100~200 kPa压缩空气进行气密性试验,试验合格后讯号孔不应堵上。

6.8.5 附件制作安装

加强圈、包边角钢或槽钢、盘梯及平台等构件,需提前预制。盘梯整体安装,吊装时注意采取有效防止弯曲和变形的措施。加强圈、盘梯的三脚架、垫板等按图纸尺寸随着罐壁的安装而安装,并且焊接完善。安装盘梯时用吊车吊起找正定位,焊接固定。如图6.8-5、图6.8-6所示。

图 6.8-5 罐顶护栏加固　　　　　图 6.8-6 罐顶附件安装

7 质量控制

7.1 储罐焊接

7.1.1 焊接工艺流程

焊接工艺流程如图 7.1-1 所示。

储罐焊接接头有两种形式,即对接接头和搭接接头。罐体壁板为对接接头,罐底边缘板与边缘板为对接接头,罐顶及罐底中幅板为搭接接头,罐壁与罐底间的接头为全焊透角接头。

7.2 焊接基本原则

(1) 根据 NB/T 47014—2011《承压设备焊接工艺评定》的要求进行焊接工艺评定,并满足所有焊接项目的要求。

(2) 施焊焊工必须经培训取得焊工证,其合格项目及有效期必须与施焊项目相符合。

(3) 所有焊材必须有质量合格说明书,当对焊材有怀疑时必须进行复验,复验合格后方可使用。

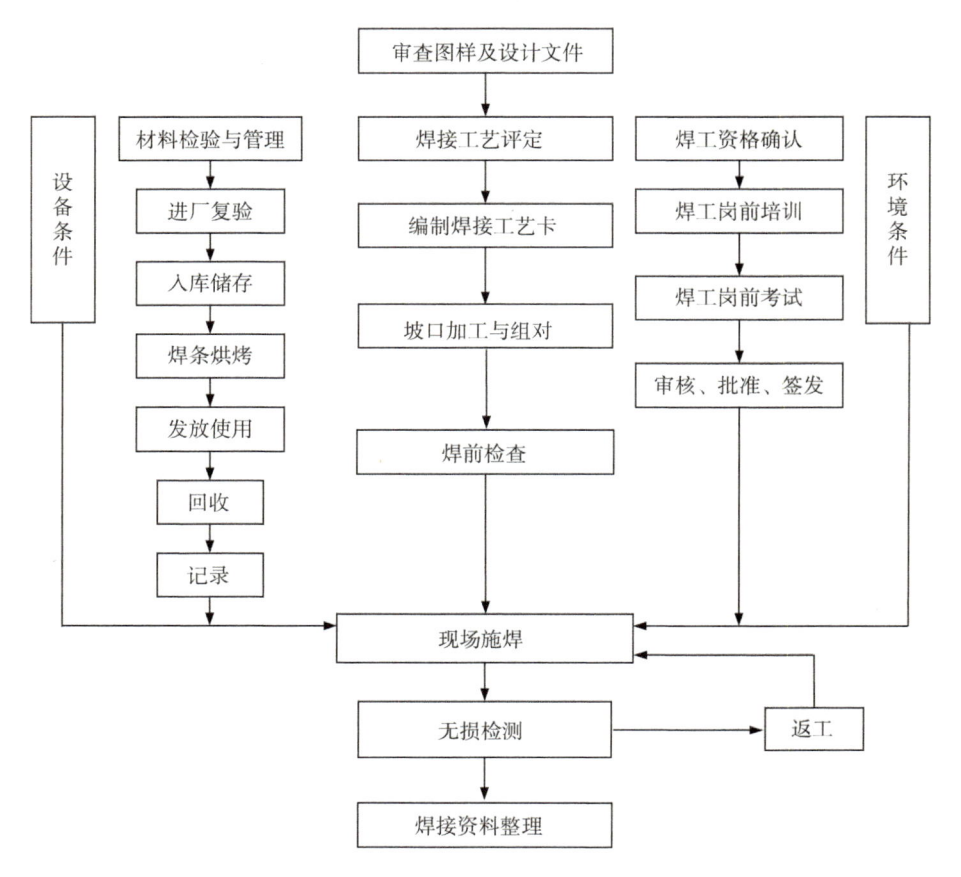

图 7.1-1 焊接工艺流程图

(4) 根据焊接工艺评定，确定焊接技术，形成技术交底文件，对所有焊工进行交底。

(5) 焊材要有专人保管，按焊接工艺要求进行烘干。

(6) 焊前要检查组装质量，坡口应符合要求并清理干净油、锈等杂质。

(7) 为有效控制变形，焊接时应由中心向四周扩散焊接，采取对称焊接；先焊收缩量大的焊缝，后焊收缩量小的焊缝；使用小电流施焊。

(8) 禁止在雨天、雾天及风速大于 10 m/s、相对湿度大于 90% 的条件下施焊。

(9) 储罐及其附件焊接材料应根据焊接工艺评定确定或按设计选用。

7.3 罐底板焊接方法

7.3.1 罐底中幅板焊接

(1) 罐底中幅板采用搭接形式，焊接采用焊条电弧焊接。中幅板的焊接原则是先焊短缝，再焊长缝，最后焊接通长缝。焊接顺序由罐中心向外，长缝的打底焊采用分段退焊，分段长度为 500～600 mm。

(2) 中幅板短缝、长缝在施焊前应分别点焊成一体，中幅板短缝焊接时，长缝不应点固，焊时应隔一道焊一道。

（3）中幅板通长缝焊前应采用槽钢进行加固，以防焊接变形，中幅板焊缝均由中心向外施焊。中幅板通长缝及罐底收缩缝焊时应由多名焊工均匀分布，同向、同步施焊。

7.3.2　罐底大角缝的焊接

罐底大角缝应在最后一圈罐壁环缝组对完后再焊，并由多名焊工均匀分布，同向、同步、同焊接工艺施焊。先焊内侧底层，再将外侧焊完，最后将内侧焊完。大角缝焊前应在内侧（底圈壁板与罐底边缘板之间）加斜撑加固，斜撑间距为 1 m 左右。

7.4　罐壁板焊接方法

（1）罐壁板的焊接顺序为：先焊接纵缝，后焊接环缝。

（2）罐壁纵缝焊接时应由多名焊工沿圆周均匀分布，同时、同向施焊。

（3）罐壁环焊由多名焊工沿圆周均匀分布，同时、同向施焊。封底焊时分段退焊，退步长度为 1 000 mm 左右。

（4）罐壁焊缝背面采用磨光机或手工碳弧气刨清根，并用砂轮机修磨光滑，清除缺陷。

7.5　罐顶板焊接方法

（1）罐顶板安装焊缝采用搭接焊缝，铺设完毕后，进行罐顶焊接。焊接顺序是：先焊内侧焊缝，再焊外侧焊缝，最后焊与包边角钢间的环缝。

（2）罐顶的焊接应由多名焊工对称分布，同步、同向、使用小电流施焊，隔一道焊一道，且采用分段退焊，退步长度为 1 m。

（3）罐顶大圈缝由多名焊工均匀分布，同时、同向施焊。

（4）罐顶焊接时若出现异常变形，应及时处理平整。

7.6　开孔接管与补强圈的焊接（底圈罐壁）

（1）罐壁检修孔、进出水管及补强圈焊接时，应由两名焊工对称分布，同时进行焊接。

（2）开孔接管焊接前应用弧板和支撑进行加固，防止焊接变形。

7.7　罐体组焊质量检查

7.7.1　焊缝的外观检查

焊缝外观检查前，将熔渣、飞溅清理干净；

焊缝的表面质量符合表 7-1 要求；

缺陷深度超过规范值时进行补焊修补；

焊缝的表面及热影响区不得有裂纹、气孔、夹渣、弧坑等缺陷。如表 7-1 所示。

表 7-1 罐体焊缝检查表

项 目			允许值(mm)	检验方法
对接焊缝	咬边	深度	<0.5	用焊接检验尺检查罐体各部位焊缝
		连续长度	≤100	
		焊缝两侧总长度	≤10%L	
	凹陷	环向焊缝 深度	≤0.5	
		环向焊缝 总长度	≤10%L	
		环向焊缝 连续长度	≤100	
		纵向焊缝	不允许	
壁板焊缝	角变形	δ≤12 mm	≤12	用 1 m 长样板检查
		12 mm<δ≤25 mm	≤10	
			≤8	
对接接头的错边量	纵向焊缝	δ≤10	≤1	用刻槽直尺和焊接检验尺检查
		δ>10 mm	0.1δ 且≤1.5	
	环向焊缝	δ<8 mm(上圈壁板)	≤1.5	
		δ≥8 mm(上圈壁板)	0.2δ 且≤3	
角焊缝焊接	搭接焊缝		按设计要求	用焊接检验尺检查
	罐底与罐壁连接的焊缝			
	其他部位的焊缝			
焊缝宽度:坡口宽度两侧各增加			1~2	用焊接检验尺检查

7.7.2 罐体几何尺寸检查

罐体组装焊接完成后,罐体几何尺寸检查方法及要求如表 7-2 所示。

表 7-2 罐体几何尺寸检查表

项目		允许偏差(mm)	检验方法
罐壁高度 H		≤5‰H	钢尺检测
罐壁垂直度		≤4‰H,且≤50	吊线检查
底圈罐壁板内表面半径	12.5 m<D≤45 m	±19	钢尺、样板检查
罐壁的局部凹凸变形	δ≤12 mm	≤15	吊线、样板检查
	12<δ≤25 mm	≤13	
罐底的局部凹凸变形		≤2‰H,且≤50	罐底拉线检查
固定顶局部凹凸变形		≤15	用弧形样板检查

7.7.3 罐体充水试验

(1) 储罐所有附件及罐体焊接构件全部焊接完毕,并检查合格。
(2) 罐体几何尺寸及焊接质量全部检查合格,且原始资料齐全准确。

(3) 所有与严密性试验有关的焊缝,均不得涂刷油漆。
(4) 罐底焊接质量全部检查合格。
(5) 不得有妨碍浮顶上升的固定件,焊疤、焊瘤打磨平滑,罐内杂物焊渣清除干净。
(6) 封闭检修孔等罐壁开孔。
(7) 按要求设置沉降观测点,进水过程中每天对储罐基础进行两次沉降观测。
(8) 充水和放水过程中,应打开透光孔,且不得使基础浸水。

7.7.4 沉降观测

(1) 测量使用高精度水准仪,测量完毕后计算各观测点的沉降值,并计算对径点的差异沉降值和相邻点的差异沉降值。

(2) 储罐基础沉降允许值应符合设计文件的要求。当设计无要求时,任意直径方向最终沉降允许值不得超过 0.004D。

(3) 试验和检测仪器设备,如表 7-3 所示。

表 7-3　试验和检测仪器设备表

序号	用途	设备名称	型号、规格、品牌	产地	制造年份	动力	数量	来源
1		水准仪	GOL32D	中国	2020	—	4 台	
2		焊缝角尺	—	中国	2019	—	6 把	
3		50 m 盘尺	—	中国	2020	—	2 把	
4		弯尺	—	中国	2020	—	6 把	
5		经纬仪	J2	中国	2020	—	3 台	
6		水平尺	600 mm	中国	2020	—	3 把	
7		铝合金测尺	2M	中国	2020	—	3 把	
8		钢尺	5～50 m	中国	2020	—	8 把	
9		线坠	0.5～1.0 kg	中国	2019	—	8 把	
10		游标卡尺	0～100 mm	中国	2020	—	10 把	
11		X 射线机	XT2005D	中国	2018	—	6 把	
12		真空泵	Z-2100-2.5	中国	2019	—	6 把	

8 结语

中粮东海粮油 5.2 万 t 油罐制作安装工程,2021 年 5 月 9 日开始板材下料,至 9 月 12 日完成面漆,历时四个月时间。经过精心组织与科学管理,选用专业制作储罐团队,工人技术娴熟,工作效率高。罐体制作工艺中,焊接质量是关键控制项。经无损检测和充水试验,罐体质量一次验收合格。该工程储罐设计与制作技术先进,经济合理,安全适用,为同类储罐制作安装积累了经验。

大型榨油厂自动平仓系统安装施工技术

1 概述

1.1 工程概况

大豆饲料蛋白是大豆浸出法榨油工艺的主要产品之一,能够为养殖业提供营养丰富的优质饲料。在浸出法榨油工艺中,加工设备自动化和智能化水平日益提高。豆粕库自动平仓系统,安全无隐患,豆粕进出仓高效,物料破碎率低,实现了从豆粕入库、存储到输出的完全自动化,是浸出法制油工艺生产系统中重要设备之一。

榨油物料经过预处理、浸出工艺后生产的毛油进入精炼厂进一步加工提纯,豆粕或菜粕由输送系统送到打包房和散粕库。生产运输工艺流程如图1.1-1所示。

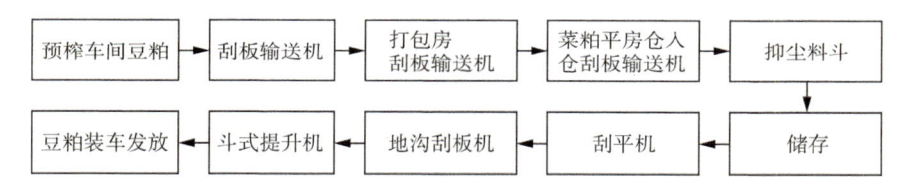

图1.1-1 散粕生产运输工艺流程图

中粮东海榨油厂新建5 000 t/d大豆饲料蛋白、3 000 t/d菜籽项目位于张家港市金港镇张家港保税区,于2020年11月开工建设,2021年12月投干料试车。其中,1万t散粕库为钢结构单层工业厂房,建筑面积3 600 m²,跨度36 m,全长80 m,最大工作高度11 m,行车轨道标高13.28 m。散粕库自动平仓系统工程,安装调试工期为60天。如图1.1-2～图1.1-4所示。

图1.1-2 东海粮油菜粕库鸟瞰图 　　　图1.1-3 东海粮油菜粕库南立面

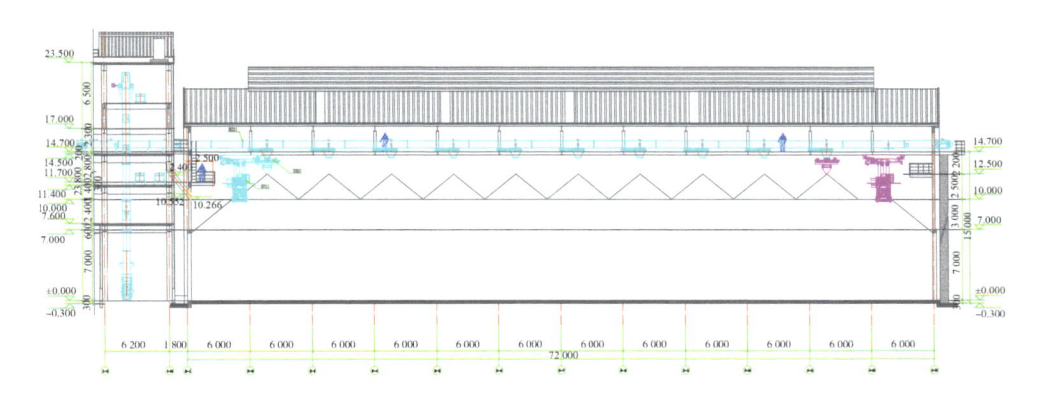

图 1.1-4 菜粕库剖面图

1.2 刮平机特点

1.2.1 平房仓核心设备—刮平机

刮平机作为机械化散料平房仓的核心设备,用于实现平房仓散料进仓、出仓的全自动化连续作业,减轻工人劳动强度,降低运营成本,能够大幅提高散料输送效率。如图1.2-1所示。

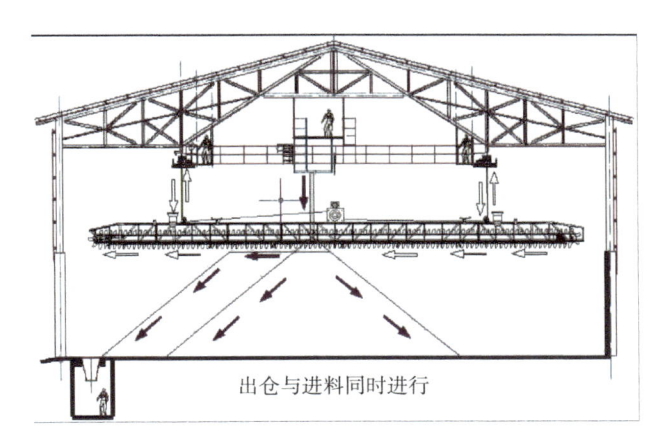

图 1.2-1 刮平机工作原理

1.2.2 进仓作业原理

当需要进行进仓作业时,散料由沿平房仓长度方向布置的皮带卸料小车或刮板机定点卸入仓内。在达到最大堆积高度后,由刮平机向平房仓内侧扫料,均匀降低散料堆积高度,再进行二次、三次定点卸料,逐步刮平并填满仓房。

1.2.3 出仓作业

当需要进行出仓作业时,刮平机向仓外侧刮料,即有出料地沟的一侧。散料由预埋在地沟内的刮板机输送出仓,刮板刮料方向与进仓作业相反,均匀降低散料料位。出仓产量 200 t/h,最大吃料深度 190 mm。

1.3 刮平机组成

1.3.1 四大机构

（1）刮平机主要由刮料机构、悬挂升降机构、水平行走机构、刮平机电控系统组成；

（2）刮料机构用以实现散料进仓、出仓的功能；

（3）悬挂升降机构用以实现刮料机构的起升、下降功能；

（4）水平行走机构用以实现整台设备的水平位置变化的功能；

（5）电控系统则用来实现各主要机构的机房、远程的自动化控制及实时状态监控。扫平机工作原理如图 1.3-1 所示。

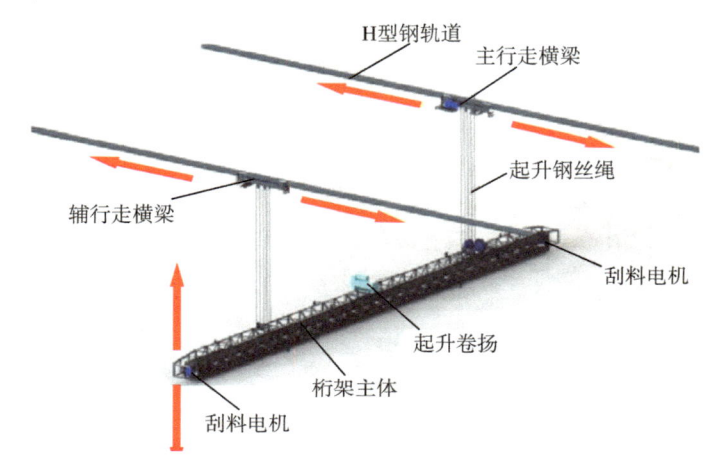

图 1.3-1　扫平机工作原理图

1.3.2 起升驱动

利用桁架上的双出绳电动葫芦，通过几组滑轮，最后将钢丝绳固定在行走驱动组件上，通过电动葫芦的运行来实现桁架主体的上升或下降。双出绳电动葫芦保证了桁架两个吊点的起升同步性。

1.3.3 行走驱动

利用左右两个行走驱动组件上的减速电机，通过链轮，在链式轨道上同步行走。两个电机为变频驱动，通过通信单元和绝对值编码器的配合，实现同步驱动。

1.3.4 刮料驱动

利用桁架主体头尾两端的防爆减速电机，通过链轮驱动链条上安装的刮料斗，对物料进行进仓以及出仓刮平。

1.4 抑尘料斗

抑尘料斗是近年来发明的一种无动力装置，有效解决了物料装卸落料过程中的粉尘问题。

本工程中，圆柱锥形抑尘料斗用若干弹簧和安全链悬挂安装在行走小车上。豆粕散料从落料口自由落下，先进入抑尘料斗，达到一定重量时，弹簧伸长，料斗与锥形塞之间打开环形开口允许物料形成物料柱落下。在弹簧适当的挤压下形成的物料柱较为密致,粉尘随物料柱落下,很少逸出,避免了粉尘爆炸危险,保障了生产环境的安全健康。抑尘料斗操作简单,内部不需要任何动力部件,因此,广泛应用于粮食、油料、豆粕、饲料、化肥、糖、水泥等生产加工领域。抑尘料斗立面图、平面图,如图1.4-1、图1.4-2所示。

图 1.4-1　抑尘料斗立面图(单位:mm)

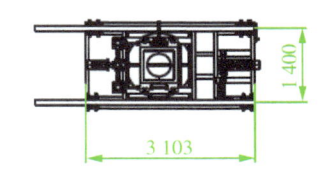

图 1.4-2　抑尘料斗平面图(单位:mm)

2　依据规范、规程

本技术依据的规范、规程等质量标准、技术资料:
GB 50278—2010《起重设备安装工程施工及验收规范》;
GB 50168—2018《电气装置安装工程 电缆线路施工及验收标准》;
GB 50231—2009《机械设备安装工程施工及验收通用规范》;
HG/T 20203—2017《化工机器安装工程施工及验收规范(通用规定)》;
GB 50683—2011《现场设备、工业管道焊接工程施工质量验收规范》;
工程施工图纸;
设备厂家提供的技术资料及设备出厂说明书等。

3　工艺原理及施工技术特点

3.1　优化设计方案

利用BIM技术对钢结构桁架、设备及电气管线位置等进行深化设计,消除施工图可能存在的错、漏、碰、缺。通过三维模型模拟施工及设备安装过程,及时发现并解决问题,实现精细化安装。

3.2　工厂化预制,模块化安装

基于BIM模型的准确性,导出构件和材料表,使厂房钢结构构件、钢桁架、操作平台等组件的工厂化预制加工及装配更加准确和自动化。采用运至现场模块化组装的方法,减少大量现场焊接工作量,提高加工精度,缩短工期,提高了安装质量和效率。

3.3　严格控制标高

扫平系统设备所有受力着力点都集中于钢结构厂房屋顶桁架轨道上。为严格控制钢结构构件质量及标高,在设备安装前,使用激光扫描设备对厂房结构进行测量、复核,精准定位。如图 2.1-1、图 2.1-2 所示。

图 2.1-1　菜粕库钢结构走道板施工 　　　图 2.1-2　菜粕库钢结构桁架施工

3.4　质量控制关键点

测量放线;
钢桁架拼接与安装质量控制;
行走小车与行走轨道安装精度控制;
电气控制元件安装;
刮板、链条等安装;
刮平机水平精度调整。

4　工艺流程及操作要点

4.1　工艺流程

刮平机的安装时间应在菜粕库完工之后,或即将完工时。安装步骤及要求,如图 4.1-1 所示。

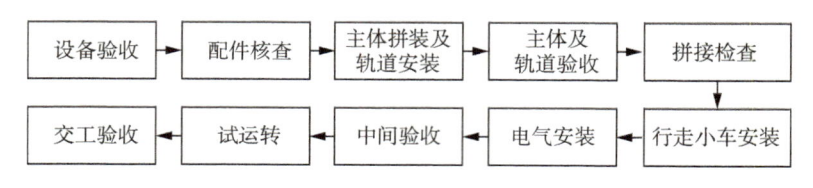

设备验收 → 配件核查 → 主体拼装及轨道安装 → 主体及轨道验收 → 拼接检查 → 行走小车安装 → 电气安装 → 中间验收 → 试运转 → 交工验收

图 4.1-1　刮平机安装工艺流程图

4.2 编制安装方案

技术负责人组织项目组在认真研究熟悉设备安装图、施工及验收规范的基础上，编制合理的设备安装施工方案。对设备吊装、安装精度控制等进行技术重点难点分析，采取针对性措施，确保施工顺利进行。

4.3 设备到场检查

（1）设备运到现场后，组织有关人员对设备进行清点和检查。尤其注意检查设备经过长途运输颠簸后，外观是否有明显碰撞的痕迹；

图 4.3-1　设备运抵现场　　　　图 4.3-2　设备开箱检查

（2）检查设备合格证、设备外观，检查箱体、底座是否有变形；
（3）根据装箱单和随机文件资料，检查核对所有零配件、部件及附件是否与发货清单吻合；
（4）核对设备安装使用说明书、产品出厂合格证和材质证明等出厂技术文件，其规格、型号和材质是否符合设计要求；
（5）设备开箱应根据施工进度进行，安什么开什么，开箱时要认真核对装箱单；
（6）检查机电设备是否变形、损伤和锈蚀；
（7）检查完毕填写"设备开箱检查记录"和"设备缺陷记录"，并由有关人员会签记录；
（8）对暂不安装的设备，应移入仓库，放稳、放平、保管好，并一一登记，以便查找；
（9）即将安装的设备及时运到安装地点，避免设备二次倒运；
（10）有特殊防护要求的零部件要重点分类保管。

4.4 技术准备

4.4.1　技术人员及施工班组应认真熟悉设备安装图，熟悉设备安装施工及验收规范，并对图纸存在的问题及时解决。
4.4.2　了解设备安装位置、安装方向、安装高度及安装位置周围的环境状况。
4.4.3　制定合理的吊装方案。

4.4.4 确定安装、报验的关键工序和施工方案。

4.4.5 根据图纸方位尺寸,复核设备安装位置钢结构尺寸及标高。用墨斗弹出设备的中线、设备外形尺寸线等。

5 设备安装

5.1 钢结构桁架拼装与焊接

（1）为便于运输,将刮平机的钢结构桁架分为前、中、后三部分,在运抵平方仓后进行现场焊接、拼装。如图 5.1-1～图 5.1-6 所示。

图 5.1-1 桁架运抵现场

图 5.1-2 主体桁架分段吊装

图 5.1-3 主体桁架拼装

图 5.1-4 主体桁架拼装

图 5.1-5　主体桁架拼接 　　　　　　　　图 5.1-6　主体桁架拼接

（2）设备焊接位置应尽量靠近中控室附近，便于后期排线与钢丝绳安装。

（3）拼接和焊接工艺要求应遵循设计图纸的技术要求，对接焊接后应增加补强板。如图 5.1-7、5.1-8 所示。

图 5.1-7　桁架对接部位增加补强板 　　　　图 5.1-8　桁架对接部位增加补强板

（4）完成焊接后做好除锈、防锈工作。

（5）对接完成后需要检验，合格后再进行后续安装工作。如图 5.1-9 所示。

（6）设备组装应严格按照安装说明书要求进行，各紧固件的扭紧力矩要符合技术文件的规定。现场装配时，间隙、位移、同轴度应符合技术文件的规定，无规定时按 GB 50231—2009《机械设备安装工程施工及验收通用规范》的要求调整。

（7）制动器应开关灵活，制动平稳可靠，卷扬机构的制动器技术要求应满足设计技术文件的要求。行走机构的安装不应过紧或过松，启动、停止均应平稳，以

图 5.1-9　主桁架拼接完成

不发生滑车和冲击现象为准。

5.2 主体桁架安装

（1）中部卷扬机安装。钢结构桁架完成拼装焊接后，即可对主体桁架上的各个部件进行安装。首先安装中部卷扬机。卷扬机基座的焊接需要满足焊接技术要求，如图5.2-1、图5.2-2所示。

图5.2-1 中部卷扬机基座安装

图5.2-2 中部卷扬机安装

（2）滑轮组安装。滑轮组的位置应满足图纸设计要求，与卷扬机位置相对称。如图5.2-3、图5.2-4所示。

图5.2-3 滑轮组安装

图5.2-4 滑轮组安装

（3）首尾防爆减速电机安装如图5.2-5、图5.2-6所示。

（4）刮板安装。在安装刮板链条前，需要检查两边链轮的位置情况：与桁架中心相对称，并与耐磨轨道在同一平面内，首尾链轮的中心偏移小于10 mm。检验合格后进行刮板链条的安装，如图5.2-7、图5.2-8所示。

图 5.2-5　机头防爆减速电机安装 　　　　图 5.2-6　机尾防爆减速电机安装

图 5.2-7　刮板安装 　　　　　　　　　　图 5.2-8　刮板安装

（5）刮板链条安装。安装时，使用葫芦沿耐磨轨道将链条从一端拖至另一端。拖动过程为间断式，即每装完一块刮板，拖动一段距离。在安装刮板时，上部与下部链条刮板安装完毕后，沿链轮圆周将头部的链条连接起来，并在尾部使用葫芦将两侧链条拉紧连接安装在机尾链轮上。

（6）机尾链轮的安装需要预留张紧行程，张紧距离要大于总行程的50%；如图5.2-9、图5.2-10所示。

图 5.2-9　机尾链轮安装 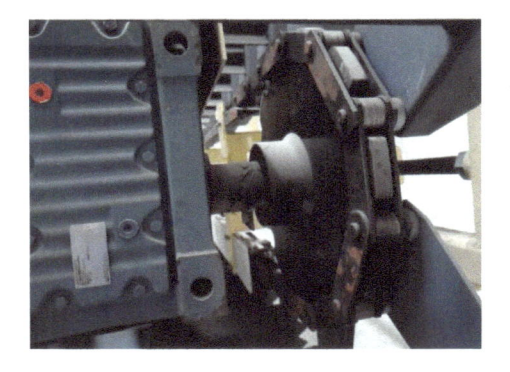　　　　　　　　图 5.2-10　机尾链条安装

(7)连接完毕后利用张紧螺杆将链条张紧。

(8)安装传感附件、集缆桶及电缆卷筒。如图5.2-11、图5.2-12所示。

图5.2-11 集缆筒安装 　　　　图5.2-12 电缆卷筒安装

(9)主体桁架两端安装防撞墙装置,如图5.2-13、图5.2-14所示。

图5.2-13 桁架端部防撞墙装置 　　　　图5.2-14 桁架端部防撞墙挡板

(10)支撑与配重安装。如图5.2-15、图5.2-16所示。

图5.2-15 配重安装 　　　　图5.2-16 支撑安装

5.3 行走链条安装

5.3.1 平方仓搭建完毕后,行走轨道、排线轨道就位,需要在行走轨道下表面焊接行走链条。如图 5.3-1、图 5.3-2 所示。

图 5.3-1 行走链条检查　　图 5.3-2 行走链条焊接到轨道

5.3.2 链条轨道铺设前,应对链条转接板的端面、直线度和扭曲进行检查,若有弯曲、扭曲等现象,应采取措施矫正合格后方可铺设。如图 5.3-3 所示。

图 5.3-3 行走链条焊接检查

5.3.3 转接板应与 H 型轨道钢下安装面贴紧,调整合格后方可焊接。

5.3.4 焊接转接板接头时,焊缝应连续、平滑无缺陷,焊后应打磨平整、光滑。如图 5.3-4 所示。

5.3.5 在焊接前需要将链条排列在转接板上,定位加固后焊接,并对转接板进行编号。

5.3.6 链条直线度要求每 50 m 小于 5 mm,保证链条拆装焊接后能够连接搭接。如图 5.3-5~图 5.3-8 所示。

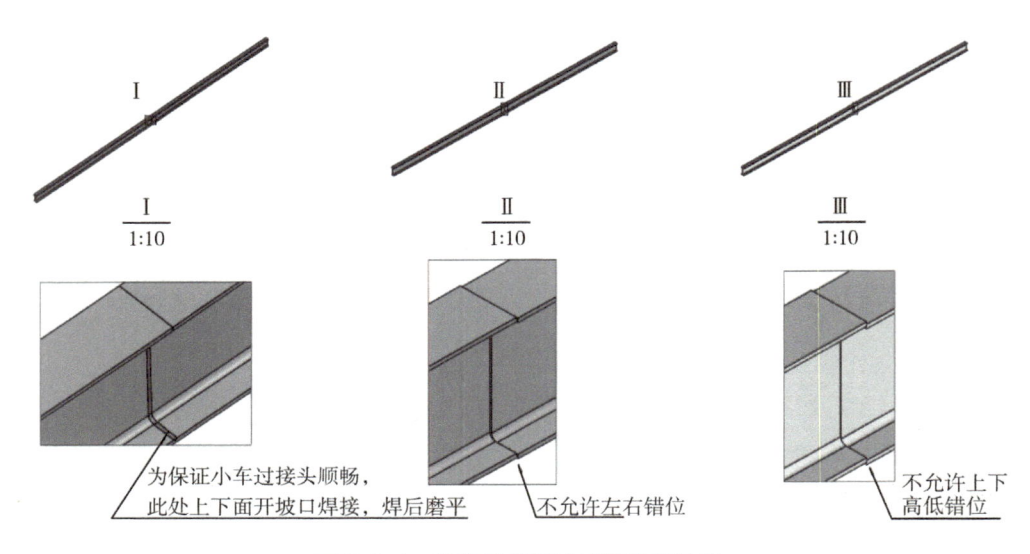

图 5.3-4　转接板焊接连续平滑无缺陷

图 5.3-5　链条安装直线度检查

图 5.3-6　链条安装测量

图 5.3-7　链条直线度检查

图 5.3-8　链条安装测量

5.3.7　转接板在与行走轨道焊接安装时,应保证与工字钢轨道平行。焊接完毕后搭接节点链条,并对节点处的链条进行加固焊接。如图 5.3-9 所示。

图 5.3-9　用高空车安装行走轨道

5.3.8　除锈、防锈。所有焊接工作完毕后,做好钢结构除锈、防锈工作。

5.4　行走小车安装

5.4.1　一台刮平机共配有 2 套行走小车组件。行走小车采用吊装方式安装。吊装工具使用手拉葫芦和电动葫芦配合起吊,精准控制上升幅度。

5.4.2　吊装前,在地面完成小车各部件的安装,减少高空作业量。如图 5.4-1、图 5.4-2 所示。

图 5.4-1　行走小车配件组装　　　图 5.4-2　安装滑轮组合钢丝绳固定支架

5.4.3　小车吊装前需要加装固定板,防止小车滑动。固定板要牢固可靠。

5.4.4　在吊装行走小车前,需要对电机减速机进行预安装。确认传感器安装板位置并焊接,根据廊道高度,调整好机旁控制箱高度。在所有部件安装位置就绪后,再进行吊装。如图 5.4-3、图 5.4-4 所示。

5.4.5　行走小车吊至离地后,应悬停在合适高度,以便在行走小车底部安装滑轮组和钢丝绳固定支架并紧固。行走轨道检查合格后,吊装小车。如图 5.4-5～图 5.4-6 所示。

5.4.6　小车吊装时要保持水平,以便小车平稳就位在行走轨道上。如图 5.4-7～图 5.4-10 所示。

图 5.4-3　行走小车控制系统安装 　　　　　图 5.4-4　行走小车预安装

图 5.4-5　用葫芦起吊行走小车 　　　　　图 5.4-6　行走小车附件安装

图 5.4-7　用电动葫芦吊装行走小车 　　　　图 5.4-8　电动葫芦悬挂在钢梁上

图 5.4-9　行走小车保持水平起吊　　　　图 5.4-10　行走小车安装

5.4.7　小车就位后即可将小车上减速机、链轮、轴等吊装就位并进行调整。

5.4.8　吊装到位后，先安装行走保持滑块，再安装行走轮及其他部件。

5.4.9　传感器安装板包括：编码器安装板、行走失速传感器安装板、行走行程开关安装板。

5.4.10　行走悬挂轮轮缘内侧与 H 型钢轨道翼缘的间隙控制在 3～5 mm。

5.5　行程挡板安装

5.5.1　小车安装后需要在行走轨道上安装行程挡板，以限制刮平机的水平移动。如图 5.5-1、图 5.5-2 所示。

图 5.5-1　小车防撞挡板安装　　　　图 5.5-2　小车防撞挡板安装

5.5.2　挡板安装位置在行走轨道两端的检修平台外侧，以中控外墙面为位置测量基准，保证两个行程挡板的连线与行走轨道基本垂直。

5.6 电缆排线

5.6.1 刮平机电缆分为电源电缆和控制电缆,均由中控室控制柜中引出至主行走小车动力箱,再转接至各元器件。

5.6.2 预先计算电缆长度,并夹紧安装在移动电缆悬挂装置上。

如图 5.6-1、图 5.6-2 所示。

图 5.6-1 电缆安装排线　　图 5.6-2 电缆安装轨道

5.6.3 电源电缆单独连接至各电机,主要有 1 台卷扬电机,2 台刮料电机,2 台行走电机,2 台散热电机。

5.6.4 刮料电机与卷扬电机电源电缆经电缆卷筒绕至各电机。

如图 5.6-3～图 5.6-6 所示。

图 5.6-3 卷扬机电缆安装　　图 5.6-4 电缆经卷筒绕至电机

图 5.6-5 电缆卷筒安装　　图 5.6-6 电缆卷筒安装

5.6.5 辅行走小车电缆经落缆筒转接,与主行走小车的转接箱相连。
5.6.6 安装电缆前需要移动小车至与主体桁架基本保持垂直的位置。
5.6.7 落缆筒电缆需要用锁链固定。如图 5.6-7、图 5.6-8 所示。

图 5.6-7　落缆筒电缆用锁链固定　　　　图 5.6-8　电缆经落缆筒与行走小车连接

5.6.8 每根电缆线的首尾端需贴有识别编号,便于检查和接线。
5.6.9 控制信号线需要排至传感器预设位置,并预留接线长度。如图 5.6-9 所示。

图 5.6-9　控制信号线安装

5.7　钢丝绳安装

5.7.1 当行走小车全部构件吊装结束、行车通电后即可进行钢丝绳的安装。首先检查钢丝绳的质量、种类、型号和规格是否符合要求,主钢丝绳应无扭结、无断丝。确认钢丝绳的缠绕方向和绳头的固定方法,然后穿绕钢丝绳。

5.7.2 钢丝绳用于悬挂刮平机主体桁架,共有两根,均固定在桁架中部的卷扬机滚筒上,一根左旋缠绕,一根右旋缠绕,出绳方向一上一下,经滑轮组分别固定在两台行走小车上。为保证主体桁架在起吊后基本保持水平,需要对钢丝绳安装进行以下步骤的调整。

5.7.3 安装前需要确定钢丝绳的长度;需要测量或计算小车滑轮与桁架滑轮的垂直距离。

5.7.4 将刮平机主体桁架静置于地面,调节地脚螺母,利用水平尺找平。找平后测量两侧滑轮组位置桁架下表面到地面的垂直距离。

5.7.5 缠绕钢丝绳。钢丝绳一端利用护套、夹头固定在小车上,绕过滑轮后,一端安装在卷扬机滚筒上,利用压板压紧,并确认所有滑轮组的钢丝绳没被卡住。

如图 5.7-1、图 5.7-2 所示。

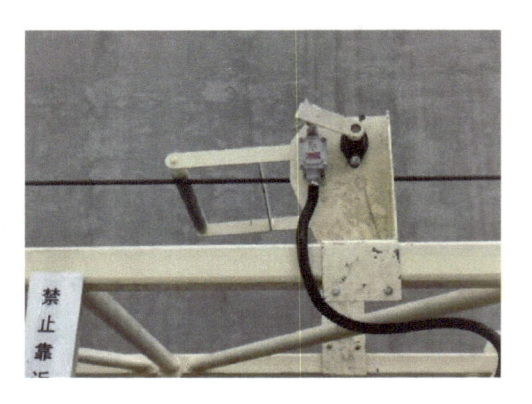

图 5.7-1　卷扬机钢丝绳安装　　　　图 5.7-2　卷扬机钢丝绳防松传感器安装

5.7.6 钢丝绳安装完毕后,需要通电对卷扬机进行临时起吊。慢速起吊,启动后卷筒缓慢转动,待绕满预留圈数后,主体桁架开始上升,观察前部、后部地脚是否同时离地,若不同则需要调整钢丝绳长度。

5.7.7 启动卷扬机下降,待钢丝绳完全松后,调整一侧钢丝绳。调整完毕后,夹紧钢丝绳,再次起吊观察,并调整至满足水平精度要求。

5.8　控制元件安装

5.8.1 行走编码器

行走编码器为旋转绝对值编码器,共有 2 只,分别安装在两侧行走减速机的轴端,主要用于水平移动的坐标信息反馈。系统读取信息后可显示当前小车行走距离,来控制行走动作,或发出过墙预警。

5.8.2 超载限制器

每台行走小车配备一台超载限制器。超载限制器的旁压式张力传感器安装位置处于钢丝绳的固定端,称量控制仪安装在小车上。当钢丝绳承受载荷超过预设载荷时,发出声光报警,并切断起升卷扬机回路电源,实现超载保护。如图 5.8-1 所示。

5.8.3 行走行程开关

行走行程开关安装在行走小车两端,共有 4 只,用于对行走小车水平移动距离进行限制。当小车移动至预设距离时,行程开关机械触头碰到限位挡块,行走

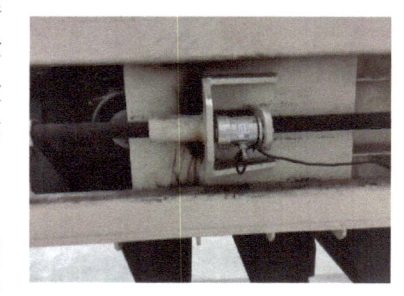

图 5.8-1　称重感应器

停止。

5.8.4 行走失速传感器

行走失速传感器为电感式传感器,共有2只,安装在行走链轮处,感应部位为链轮的齿面外圆。当行走启动,链轮转动,电感传感器发出连续信号;当行走发生阻碍,或停止时,发出报警,自动切断行走电源。由于电感传感器的感应距离一般小于10 mm,安装时不能太靠近链轮,防止撞坏感应器。

5.8.5 卷扬编码器

卷扬编码器为旋转绝对值编码器,安装在卷扬机卷筒轴端,用于对主体桁架的垂直坐标进行信息反馈,系统读取后可显示当前桁架高度。当卷扬机上升、下降至预设参数时,中控系统根据反馈信息,切断控制电路,卷扬机停止动作。同时系统能够结合行走编码器读数,发出过墙预警。

5.8.6 卷扬限位开关

卷扬限位开关为行程开关,共有两只,安装在卷扬机内部,一个控制下降极限高度,一个控制上升极限高度,触碰部位为卷扬机的排绳器。卷扬机转动时,排绳器会发生位移,当排绳器触碰到行程开关触头时,切断控制电路,卷扬机停止工作。

5.8.7 钢丝绳防松开关

防松开关为行程开关,共2只,安装在两侧的防松装置上,触碰点为两侧张紧的钢丝绳。当卷扬机下降距离过大,桁架触地或坐在物料上时,钢丝绳张力消失,行程开关丢失触碰信号,中控系统停止刮板动作,停止下降动作,自动启动上升动作,待信号恢复,再次启动刮板动作。

5.8.8 防撞开关

防撞开关为十字限位开关,共有2只,分别安装在主体桁架的前部与后部,利用防撞杆触碰,实现弹簧复位。系统根据十字杆被推动的旋转方向,判定防撞杆哪侧触墙,并发出报警,待排除故障并复位后,方可移动刮平机。

5.8.9 防埋感应器

防埋感应器为电容式传感器,共有1只,安装位置为主体桁架内部中心靠下部位,其探头与刮板上的垂直距离约40 mm,防止料位过高导致刮料电机超载。

5.8.10 断链感应器

断链感应器为电感式传感器,共有2只,垂直安装在链条刮板上方,感应部位为刮板上表面,安装距离小于10 mm,用于监测链条状态。当发生断链时,传感器连续信号中断,中控切断刮料电机电流,发出断链报警。

5.8.11 料位感应器

料位感应器为电容式传感器,共2只,安装在桁架下方,位置应尽量靠近仓顶的卸料点,下表面比地脚支撑略高,用于感应料位。当刮平机处于自动作业状态时,通过监测与物料的距离,控制刮平机下降的终止位置。

5.8.12 遥控接收器

遥控接收器用于接收遥控器的操作信号,并传输至中控系统,安装在平方仓顶部中间位置,保证其接受范围覆盖整个平方仓,控制线路与中控室相连。遥控接收器不可安装在电控箱内,其安装位置必须远离变频器、马达及其连接电缆,越远越好,以避免接收器受到杂讯干扰。

5.9 集尘小车安装

5.9.1 集尘小车轨道的制作

(1) 集成小车轨道成对制作。集尘小车轨道由两组相互平行的工字钢焊接完成。根据安装图纸计算所需的工字钢数量,提前将工字钢打磨、除锈,并在接口处打坡口,将工字钢按头尾相接的方式排在需焊接的平台下方。如图5.9-1、图5.9-2所示。

图 5.9-1　集尘小车轨道梁制作　　　　图 5.9-2　集尘小车轨道梁检查

(2) 按照20～40 m一组制作焊接。每组预制轨道长度应为轨道所焊接横梁中心距的整数倍。工字钢连接应满焊,且焊接后工字钢不得有扭转,焊接必须在完成后将工字梁下翼缘上、下表面、侧边接口打磨光滑。将两段相同长度的工字钢成对制作成一个框架,工字钢中心距与集尘小车行走轮中心距相等。

(3) 用辅材角铁制作横筋、斜筋,使两根轨道相互平行,但加横筋、斜筋时应避开轨道,即反挂在横梁的焊接面。在轨道上翼缘上表面焊接2～4组吊耳。

(4) 打磨焊缝,按照运营方要求刷好油漆。剩余轨道按相同方法制作。

5.9.2 集尘小车轨道吊装

(1) 准备工作:至少准备2组手拉葫芦,葫芦行程和载荷都应符合要求;轨道过长时可用卷扬机辅助轨道上升。所有起重工具都必须将一端固定在牢固的基础上。吊装时两侧的手拉葫芦同时将轨道拉升,可辅以电动葫芦省力;待轨道接近反挂横梁时,禁止使用电动葫芦,必须使用手拉葫芦将轨道上表面与横梁下表面贴紧并焊接牢固,然后依次按顺序将轨道上表面与横梁下表面焊接。

(2) 因多种原因可能导致每段横梁下表面焊接面都不处于同一水平面上,故吊装横梁前应首先测量每段横梁下表面焊接面的相对高度,找出相对高度误差较大的面(5 cm以上的高度差)。如图5.9-3、图5.9-4所示。

图 5.9-3　集尘小车轨道梁吊装准备 　　　　图 5.9-4　集尘小车挂手拉葫芦

（3）应提前用钢丝在横梁下拉出一条紧绷的直线。轨道吊装后应与这条钢丝相互平行。

（4）将轨道与横梁进行贴合时应按照相同方向依次连接，不得先将当前轨道首尾焊接后再连接中间部分。

（5）如某段下横梁位置过高，不应强行将轨道与横梁贴合，可用厚板或型材过渡连接到高面。如某段下横梁位置过低，则用厚板或型材过渡到其他高的连接面。

（6）每组轨道应都在横梁下表面连接，不宜在其他无基准面处连接。轨道连接的腹板和下翼缘板点焊（点焊仅限于后面还需安装行走链条的轨道，另一根轨道应在连接时就满焊）。如图 5.9-5、图 5.9-6 所示。

图 5.9-5　集尘小车轨道梁吊装 　　　　图 5.9-6　集尘小车轨道梁安装

5.9.3　集尘小车吊装

（1）集尘小车吊装前，应在地面将伸缩溜筒或抑尘斗连接好，将集尘小车上接料斗与下接料斗用帆布密封。

（2）安装伸缩溜筒时将锥形溜筒与集尘小车下料斗相套接，将集尘小车上的三组钢丝绳穿到帆布护罩上的吊耳里，并最后夹紧。

(3) 抑尘料斗为装配式安装，按照抑尘料斗图纸进行。如图 5.9-7～图 5.9-10 所示。

图 5.9-7　抑尘料斗布袋安装

图 5.9-8　抑尘料斗内部构件安装

图 5.9-9　抑尘料斗圆柱锥形体安装

图 5.9-10　安装弹簧与悬挂链条

(4) 使用电动葫芦、高空车进行吊装与安装。如图 5.9-11～图 5.9-14 所示。

图 5.9-11　使用高空车安装集尘小车

图 5.9-12　集尘小车安装

图 5.9-13　集尘小车安装

图 5.9-14　集尘小车安装就位

5.10　埋刮板系统安装

当豆粕需要进行出仓作业时,刮平机向仓外侧刮料,即有出料地沟的一侧,散料由预埋在地沟内的刮板机输送出仓。刮板输送系统位于库房南侧,安装内容包括筒壳、刮板及链条涨紧、机头机尾等。如图 5.10-1～图 5.10-6 所示。

图 5.10-1　刮板筒壳吊装至现场

图 5.10-2　筒壳安装

图 5.10-3　筒壳利用龙门架安装　　　　图 5.10-4　刮板链条安装

图 5.10-5　刮板机头安装　　　　　　　图 5.10-6　刮板机尾安装

6　设备调试

6.1　设备试机前检查

（1）电气系统、安全联锁装置、制动器、控制器、信号系统等安装需符合要求，其动作应灵敏和准确，操作系统无异常状态；

（2）钢丝绳的固定及其在滑轮组和卷筒上的缠绕应正确、可靠；

（3）各润滑点和减速机所加的油脂的性能、规格和数量应符合设备技术文件的规定；

（4）各机械传动机构无阻滞现象，运转部位及其运行方向上无障碍物阻碍。

6.2 设备空载、满载试运行要求

(1) 试运行步骤严格按照试验大纲要求,对试验数据进行详细记录;

(2) 操作机构的操作方向应与设备的各机构运转方向相符;

(3) 分别开动各机构的电动机,其运转应正常、平稳,行走、刮料不应卡链、卡轨,制动器能准确、及时地动作,各限位开关及安全装置动作应准确、可靠;

(4) 当主体桁架下放最低位置时,卷筒上钢丝绳的圈数不应少于3圈,固定圈除外;

(5) 电缆滑车的放缆与收缆的速度应与相应的机构速度相协调,并能满足工作极限位置的要求。如图6.2-1、图6.2-2所示。

图 6.2-1　扫平机调试　　　　　　图 6.2-2　试运转

7　质量、安全与环保控制措施

7.1　建立以项目技术负责人为首的技术管理体系,明确各岗位职责。

7.2　做好图纸会审,施工前编制技术方案,并进行安全技术交底工作。

7.3　计量器具必须经计量监测合格;安排专人维修施工机具。

7.4　特种作业人员持证上岗。

7.5　组织施工人员学习培训,提高安全意识。如图7-1、图7-2所示。

图 7-1　安全技术交底　　　　　　图 7-2　晨会安全培训

7.6 按照临时电器设备安装标准架设电气设施,完善机电设备防护措施。

7.7 在危险区域设置明显的警示标志,夜间施工有足够的照明。

7.8 高空作业吊物下严禁站人;对螺栓扳手及其他小型工具等要装入工具袋内,防止落下伤人;各工种进行上下立体交叉作业时不得在同一垂直方向上操作。

7.9 手拉葫芦的链条、吊钩等主要受力部件不得损坏;提升过程中手拉葫芦链条用力要均匀,禁止用力过猛使链条跳动或卡环。

7.10 施工现场合理摆放各种材料、成品及半成品。

7.11 对扬尘、有毒场所采取通风、吸尘措施,加强个人防护,避免危害。

8 结语

自动平仓系统是榨油厂先进的工艺技术设备之一。刮平机作为机械化散料平房仓的核心设备,能够实现平房仓散料进仓、出仓的自动化连续作业,大幅提高了散料输送效率,降低运营成本。施工前应组织所有施工人员认真熟识、审查施工图纸和所有设备的随机文件,明确施工内容,领会设计意图,对所有设备的构造、原理、性能及安装技术做系统详细了解,分析工程特点及施工中的重要环节。施工中严格按照施工方案和规范、操作规程进行。经过60天的紧张施工,自动平仓系统安装调试完成,投入使用,受到业主等各方好评,也为同类型工程的施工安装积累了经验。

大型榨油厂防爆电动葫芦的安装与交付

1 概述

1.1 工艺简介

大型榨油厂多采用浸出法加工工艺。大豆、菜籽等原料经预处理加工，通过浸出工艺流程生产出毛油。榨油生产加工设备众多，如轧胚机等设备投产后需要定期进行检修和大修。最常用的水平和垂直运输设备，首选电动葫芦。

电动葫芦结构紧凑，自重轻，体积小，起重能力大。在保证安全的前提下，是改善劳动条件、提高生产效率的优选起重工具，是榨油厂生产检修过程中必备的机械设备。电动葫芦安装后，为建筑封顶之后小型设备与材料的垂直运输提供了便利。

另外，在榨油厂工程设备安装施工过程中，建筑封顶之后，汽车吊、塔吊等大型起重工具使用受到限制，建筑物内部生产配套安装的电动葫芦，为后续施工中小型设备、材料、工器具等垂直运输提供了便利。

1.2 工程概况

中粮广东产业园 5 000 t/d 饲料蛋白加工项目包括预处理车间 8 层钢框架结构，顶标高 42.5 m；浸出车间 6 层钢框架结构，顶标高 32 m。设备主要分布在预处理和浸出两个车间，主要有：大豆调质塔、袋式除尘器、空气加热器、刹克龙、绞龙、刮板机、斗式提升机、离心泵、蒸发器、分离器、冷凝器、换热器、溶剂罐、轧胚机等。两个车间均在必要位置配置了电动葫芦。

1.3 依据规范规程及技术文件

JB/T 5317—2016《环链电动葫芦》；
GB 50278—2010《起重设备安装工程施工及验收规范》；
GB 50205—2020《钢结构工程施工质量验收规范》；
GB 50231—2009《机械设备安装工程施工及验收通用规范》；
电动葫芦安装使用说明书等出厂技术资料。

2 电动葫芦配置

榨油厂浸出车间生产工艺中使用的溶剂正己烷，属易燃易爆品，因此对浸出车间有防爆要求。该工程选购的电动葫芦应为"防爆环链电动葫芦""防爆钢丝绳电动葫芦"等防爆产品。电动葫芦执行国家机械行业标准JB/T5317—2016《环链电动葫芦》。

预处理车间在⑥～⑦轴线与ⓒ～ⓓ轴线间,预留吊物洞口,在42.5 m标高钢梁上,设置1台5 t粉尘防爆钢丝绳电动葫芦,用于垂直提升车间检修设备配件。预处理车间38.5 m层有5台双对辊破碎机,投入生产后,每季度需要对破碎机的辊子进行出厂拉丝工作。每台辊子重1.5 t,使用电动葫芦进行水平和垂直运输,方便快捷。

预处理车间双对辊破碎机、轧胚机使用的电动葫芦,如图2-1、图2-2所示。

图2-1 预处理车间38.5 m层5台双对辊破碎机与电动葫芦

图2-2 预处理车间轧胚机使用电动葫芦

从0 m层到38.5 m层车间,电动葫芦的数量为一级破碎机、二级破碎机各1台,轧胚机2台,豆皮粉碎机1台。在预处理车间和浸出车间,两个吊物洞5 t电动葫芦各一台,合计15台。电动葫芦规格及机位如表2-1所示。

表2-1 电动葫芦规格及机位明细表

序号	名称	单位	数量	导轨规格	数量	备注
1	防爆手拉链条葫芦(浸出车间)(提升重量2 t)	台	2	—		
2	防爆手拉链条葫芦(浸出车间)(提升重量3 t)	台	2	—		
3	防爆电动葫芦(提升重量3 t)	台	1	Ⅰ36a	5.5	浸出吊物洞
4	环链电动葫芦(提升重量3 t)(预处理轧胚机处)	台	2	Ⅰ45已安装		
5	环链电动葫芦(提升重量5 t)(预处理破碎机一破、二破)	台	2	Ⅰ36a	54	
6	环链电动葫芦(提升重量2 t豆皮添加)	台	2	Ⅰ20a	21.6	
7	手拉链条葫芦(提升重量3 t剪切式破碎机)	台	2	Ⅰ25	14.5	
8	手拉链条葫芦(提升重量5 t)	台	2			
9	电动葫芦(提升重量5 t)	台	1	Ⅰ36a	13.5	预处理吊物洞

3 电动葫芦安装

3.1 技术控制要点

（1）电动葫芦安装在车间钢梁下部，必须在钢结构安装结束、支撑梁具备安装条件、钢结构找正完成后方可进行安装。

（2）电动葫芦安装时，应检查整机设备有无变形、损伤和锈蚀等现象。钢丝绳不得有锈蚀、损失、弯折、打环、扭结、裂嘴和松散等现象。

（3）电动葫芦的钢架和吊车梁安装时，坐标位置、标高、跨度和表面的平面度，均应符合设计和安装要求。轨道安装如图 3.1-1、图 3.1-2 所示。

图 3.1-1　U 形轨道安装

图 3.1-2　电动葫芦安装

（4）制动器应开闭灵活，制动应平稳可靠。制动器不应过松或过紧，确保不发生溜车和冲击现象。

（5）钢轨在铺设前，应对钢轨的端面、直线度和扭曲进行检查，合格后方可铺设。

（6）安装钢轨前，应先确定轨道的安装基准线。轨道的安装基准线宜为吊车梁的定位轴线。如图 3.1-3、图 3.1-4 所示。

（7）轨道实际中心线与吊车梁中心线位置偏差不应大于 10 mm；且不应大于吊车梁腹板厚度的一半。

（8）电动葫芦轨道的跨度小于 10 m，电动葫芦轨道的跨度允许偏差为 ±3 mm。浸出车间及预处理车间部分电动葫芦安装如图 3.1-5～图 3.1-8 所示。

图 3.1-3　浸出车间防爆电动葫芦安装　　图 3.1-4　预处理车间轧胚机检修电动葫芦安装

图 3.1-5　浸出车间防爆电动葫芦　　图 3.1-6　预处理车间破碎机检修用电动葫芦

图 3.1-7　浸出车间吊物洞防爆电动葫芦安装　　图 3.1-8　预处理车间破碎机使用电动葫芦

（9）钢轨下用弹性垫板作垫层时,弹性垫板的规格和材质应符合设计规定。拧紧螺栓前,钢轨应与弹性垫板贴紧；当有间隙时,应在弹性垫板下加垫板垫实,垫板的长度和宽度均应比弹性垫板大 10～20 mm。轨道与车间钢结构梁连接,如图 3.1-9、图 3.1-10 所示。

图 3.1-9　轨道与钢结构梁连接型钢焊接 　　图 3.1-10　轨道与钢结构梁螺栓连接

（10）钢轨底面应与钢吊车梁顶面紧贴,如有间隙应加垫板垫实。电动葫芦在安装过程中根据不同使用条件,分别选用滑触线和电缆。如图 3.1-11、图 3.1-12 所示。

图 3.1-11　电动葫芦滑触线安装 　　图 3.1-12　电动葫芦轨道与钢结构梁短柱连接

(11) 轨道经调整符合要求后,应全面复查各螺栓有无松动现象。

(12) 电动葫芦车轮轮缘内侧与工字钢轨道翼缘间的间隙应为 3～5 mm。轨道梁安装如图 3.1-13～图 3.1-16 所示。

图 3.1-13　轨道梁安装

图 3.1-14　轨道梁安装

图 3.1-15　电动葫芦 U 形轨道安装

图 3.1-16　电动葫芦 U 形轨道安装

(13) 电气系统、安全连锁装置、制动器、控制器、照明和信号系统等设备的安装应符合要求。如图 3.1-17～图 3.1-20 所示。

图 3.1-17　滑触线安装

图 3.1-18　轨道限位挡板

图 3.1-19　限位挡板制作　　　　图 3.1-20　限位挡板安装

（14）钢丝绳端的固定及其在吊钩、取物装置、滑轮组和卷筒上的缠绕应正确可靠。

（15）各润滑点和减速器所加油脂的性能、规格和数量应符合设备技术文件规定。

3.2　电动葫芦空负荷试运转要求

电动葫芦安装后要进行试运转，在试运转前应进行检查：

（1）操纵机构的操作方向与起重机的各机构运转方向应相符；

（2）分别开动各机构的电动机，其运转应正常，大车和小车运行时不应卡轨；各制动器能准确、及时地动作，各限位开关及安全装置动作应准确、可靠；

（3）当吊钩下放到最低位置时，卷筒上钢丝绳的圈数不应少于 2 圈（固定圈除外）；

（4）电动葫芦的防碰撞装置、缓冲器等装置应能可靠工作；

（5）每一台新安装好的电动葫芦，应先空转数次。

4　电动葫芦使用与维护

4.1　使用要求

（1）正常使用前，进行额定载荷和超额定载荷 10% 的动载荷试验，重复升降，检查传动部分、电气部分和连接部分是否正常可靠；

（2）超额定载荷 25% 的静载荷试验，提起载荷距地面 100 mm，悬空 10 分钟，去掉载荷后检查是否正常；

（3）严禁超额定载荷使用；

(4) 不允许倾斜起吊,不可水平拖拉,不能起吊埋置物;
(5) 限位器是防止吊钩上升和下降超过极限造成事故的安全装置,不能作为开关使用;
(6) 工作完毕,关闭电源总开关,切断主电源;
(7) 防爆电动葫芦应由专人操纵,且需熟练掌握操作规程;
(8) 各机构应动作平衡,吊钩无抖动,制动可靠,制动下滑量应符合要求;
(9) 交接班时,应检查钢丝绳是否弯曲、打结,绳是否突出或过于扭转;
(10) 严禁载荷长时间悬于空中,防止零部件产生永久变形;
(11) 运行中发现故障,立即切断主电源;
(12) 使用完毕,停到指定地点,吊钩升到距地面 2 m 以上位置;
(13) 电动葫芦不得频繁使用;
(14) 吊钩运行时不允许碰撞任何金属物资。

4.2　使用与维护

4.2.1　临时使用

在预处理车间、浸出车间设备安装与施工后期,吊物洞口两台 5 t 电动葫芦安装完成。按照规定程序试验、验收合格。

在征得业主同意后,临时用于土建装饰装修、工艺管道安装、消防、保温等后续施工过程,主要是小宗施工材料、工器具等零星物品垂直运输,十分方便快捷。

但在使用一段时间后,电动葫芦频频出现故障,甚至损坏。

4.2.2　电动葫芦损坏原因分析

在电动葫芦使用过程中,由于工期紧,施工作业任务重,工人加班加点工作普遍。电动葫芦使用频繁,管理人员不到位,导致电动葫芦出现了故障。

经过调查,发现造成电动葫芦损坏的主要影响因素有 5 项。项目部针对问题及时制定解决方案,详见表 4-1。

表 4-1　影响因素及解决方案

序号	影响因素	出现频数(次)	出现频率(%)	解决方案
1	工人操作不熟练	8	36.36	加强培训
2	操作人员联系信号不通畅	7	31.82	配备足量对讲机
3	电动葫芦限位不灵敏	5	22.72	更换
4	歪拉斜拽	1	4.55	制定严格规定
5	吊装物料超载	1	4.55	严格限制载荷
合计		22	100	

项目部组织技术人员对损坏的钢丝绳等配件,进行更换与维修;对损坏的电动葫芦,重新进行购买安装。

如图 4.2-1～4.2-8 所示。

图 4.2-1　购买更换钢丝绳　　　　　图 4.2-2　电动葫芦钢丝绳滚动端固定

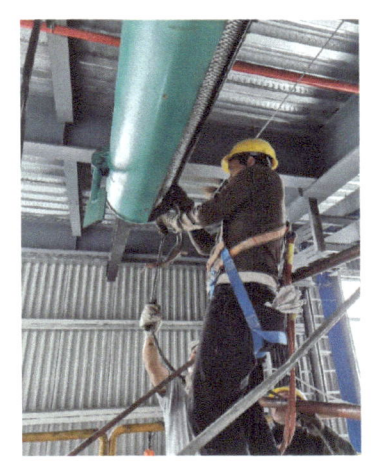

图 4.2-3　电动葫芦滚筒清理　　　　图 4.2-4　电动葫芦导绳器安装

图 4.2-5　电动葫芦钢丝绳固定端锁紧　图 4.2-6　电动葫芦钢丝绳缠绕

图 4.2-7　电动葫芦钢丝绳安全锁扣安装 　　图 4.2-8　电动葫芦低限位调整

4.3　维护

4.3.1　电动葫芦使用管理

（1）按安全技术要求，对各班组加强培训，熟练掌握操作规程；
（2）指派专人操作电动葫芦，且需经过严格培训；
（3）工人持证上岗，熟悉各自岗位，并作操作预演；
（4）重新装配限位装置；
（5）材料、工器具准备齐全；
（6）统筹安排各班组材料运输，降低使用频次；
（7）在吊钩组醒目处，标识额定起重量，限定起重荷载，严防超过额定载荷使用；
（8）每天由专人巡查各电动葫芦使用情况，发现问题及时采取措施；
（9）常温下使用的钢丝绳，每周至少润滑一次；
（10）保证防爆电动葫芦有足够润滑油；
（11）起重吊钩应设置钩口闭锁装置。

安全技术培训与交底，如图 4.3-1、图 4.3-2 所示。

图 4.3-1　安全技术培训 　　图 4.3-2　安全技术交底并签字留档

4.3.2 每层吊物洞口设置护栏、警示牌等。栅栏门上锁,并指定专人管理。如图4.3-3、图4.3-4 所示。

图 4.3-3　预处理车间电动葫芦吊物洞口临边防护　　图 4.3-4　浸出车间吊物洞口临边防护及警示牌

5　结语

防爆电动葫芦安装完毕后,临时用于后续施工过程,在小件材料设备及工器具垂直运输中发挥了重要作用。针对使用频繁、超载、工人操作不熟练等问题,及时制定具有针对性的临时管理规程,加强工人培训,指定专人进行管理和操作,对电动葫芦及时做好维护和保养。对于发生损坏的葫芦,重新原厂购置同样产品进行更换,并提供足量备品备件。2020 年 12 月,榨油厂工程总体交付使用后,电动葫芦等设施同步投入使用,质量可靠,运行良好,满足了榨油厂投产后的使用要求。

大型榨油厂溶剂罐吊装与安装施工技术

1 概述

我国油脂生产加工行业发展迅速,油脂加工水平日臻完善。榨油厂浸出法榨油生产工艺中,油料的浸出,是利用溶剂对不同物质具有不同溶解度的性质,将固体物料中有关部分加以分离的过程。

榨油工艺流程:料胚(或预榨饼)──→存料箱──→封闭绞龙──→溶剂──→浸出器──→湿粕──→混合油──→混合油过滤──→混合油贮罐──→第一蒸发器──→第二蒸发器──→汽提塔──→浸出毛油。

在榨油厂浸出法榨油工艺中,使用的溶剂正己烷,易燃易爆,其溶剂罐一般采用埋地方式。与地上普通卧式储罐相比,具有施工快,消防设备简单,防火防爆性能良好,节省土地资源,工程造价低等优点。

某粮油工程 5 000 t/d 饲料蛋白加工厂项目,采用国际领先水平的浸出法榨油生产线,使用正己烷作为溶剂。现场安装正己烷溶剂罐 4 台,每台体积 130 m³,采用埋地卧式储罐。浸出车间与溶剂罐如图 1-1 所示。

图 1-1 榨油厂浸出车间与溶剂罐

溶剂罐安装位置在浸出车间西侧,禁区围墙内地下溶剂库内。溶剂罐直径 3.2 m,长度 17.6 m,壁厚 8 mm。

与一般直埋式地下溶剂罐不同,该工程溶剂罐放置于钢筋混凝土池内:长方形地下钢筋混凝土池,现浇 C30 P6 混凝土,壁厚 300 mm,底板厚度 600 mm。内净尺寸为:长 37.2 m,宽 9.2 m,深 4.4 m。溶剂罐入池并锚固后,回填中粗砂。投产使用后,一旦出现溶剂泄漏等紧急情况,混凝土池可降低溶剂对土壤和地下水的污染风险。平面布置图如

图 1-2 所示。

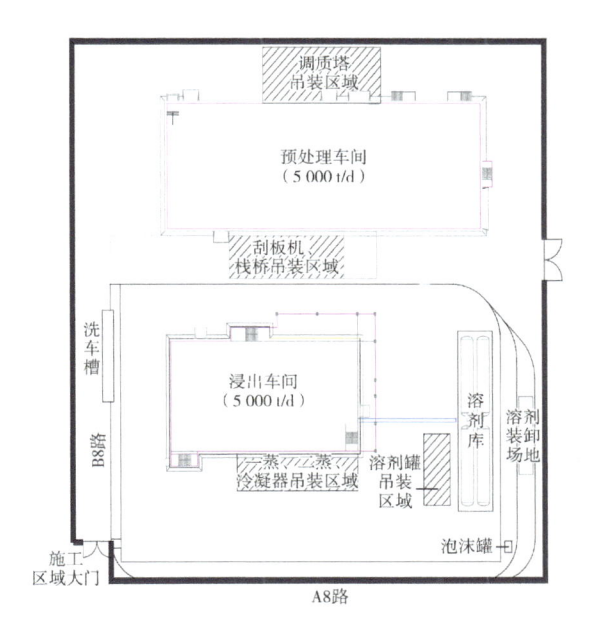

图 1-2　榨油厂车间与溶剂罐平面布置图

2　施工准备

2.1　基于 BIM 技术，对方案深化优化

（1）建立三维模型

首先研读图纸，结合浸出车间生产工艺与溶剂罐之间的有机关系，应用 BIM 技术，建立三维模型，深化优化设计方案。三维模型如图 2.1-1 所示。

（2）模拟安装过程

应用 BIM 技术，利用三维模型，优化溶剂罐与工艺管道连接方案，合理确定校核溶剂罐溶剂出口、放空口、测量口、液位传送口等。在电脑中模拟施工安装过程，提前解决安装过程中可能出现的问题，并对施工作业人员进行安全技术交底，有效提高施工质量和项目管理水平。

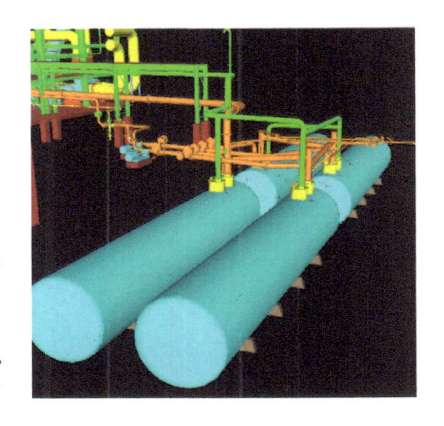

图 2.1-1　溶剂罐与管道 BIM 模型图

2.2　设备到货检查

溶剂罐到货后，必须由建设单位、监理单位、施工单位派员共同参加，检查设备，核对说明书、检验试验报告、随机技术文件，查看罐体完好情况及配件是否齐全等。罐体表面应无损伤、无变形、无锈蚀等。如图 2.2-1、图 2.2-2 所示。

图 2.2-1　溶剂罐到货检查　　　　图 2.2-2　溶剂罐运抵现场

2.3　设备基础检查

设备安装前,钢筋混凝土溶剂池需达到设计强度。对照图纸要求,复核预埋件尺寸。溶剂罐预埋件与罐体绑条安装示意图,如图 2.3-1 所示。

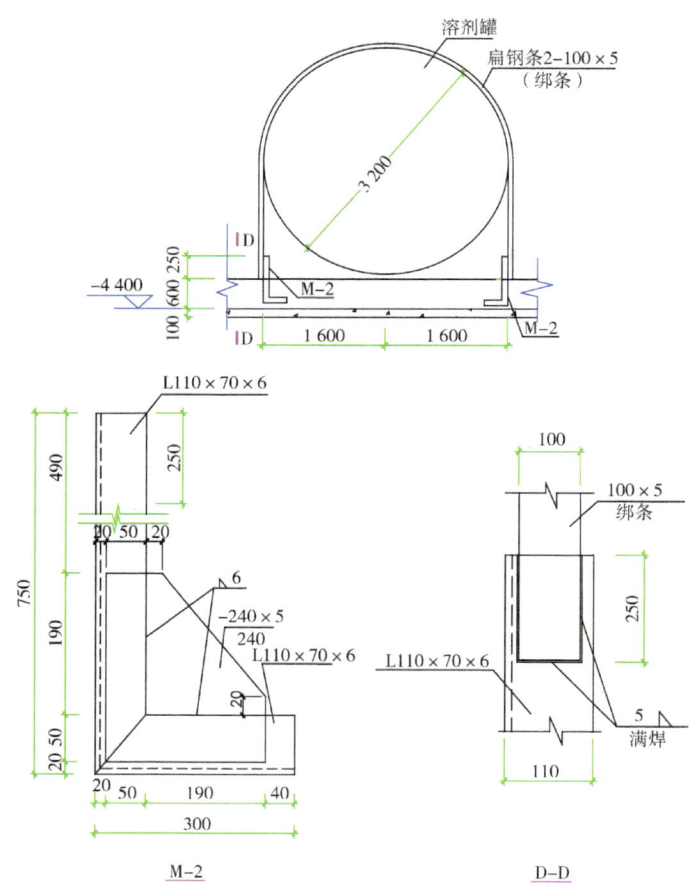

图 2.3-1　溶剂罐预埋件与罐体绑条安装示意图
(图中尺寸单位均为 mm)

3 编制吊装方案

3.1 编制依据

(1) 招标文件设备参数;
(2) 无锡中粮工程科技有限公司结构、建筑施工图;
(3) SHJ 515—1990《大型设备吊装工程施工工艺标准》;
(4) GB 6067.1—2010《起重机械安全规程第1部分:总则》;
(5) GB/T 5082—2019《起重机 手势信号》;
(6) SHT 3536—2011《石油化工工程起重施工规范》。

3.2 注意事项

(1) 设备单体就位后,应收紧绑条,避免设备发生转动移位。
(2) 根据设备安装参数及安装位置,确定吊装机械停位位置。
(3) 在设备吊装前,需确认吊装作业面地基承载力。

3.3 吊装数据列举及吊装方法

3.3.1 吊车选用

溶剂罐卧式安装,设备单体重量 9.283 t,设备吊装采用汽车吊完成。
吊车选用 50 t(ZTC500H)汽车吊。

3.3.2 计算参数列举

主臂长度:32.7 m
回转半径:12 m
额定起重量 Q:12 t
计算载荷:P=设备质量+吊钩质量+吊索卸扣质量=9.283+0.85+0.3=10.433(t)。
负荷率:$e=(P/Q)\times 100\% =(10.433/12)\times 100\%=86.94\%$;$Q>P$,满足吊装要求。
吊装受力分析图,如图 3.3-1 所示。

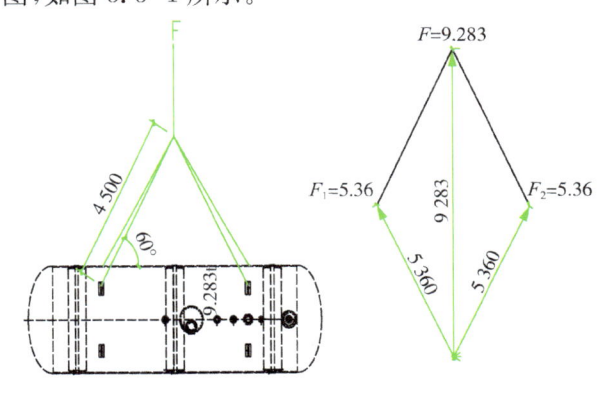

图 3.3-1 吊装受力分析图(单位:mm)

3.3.3 钢丝绳选择及核算

根据受力分析,钢丝绳 4 根起吊,单股拉力 2.68 t。

主吊钢丝绳:φ21.5-6×37+1-1700,四头使用;安全系数 $K=8$,容许拉力=296/8=37 kN(约 3.7 t),故钢丝绳承载安全。

吊装平面分析图,如图 3.3-2 所示。

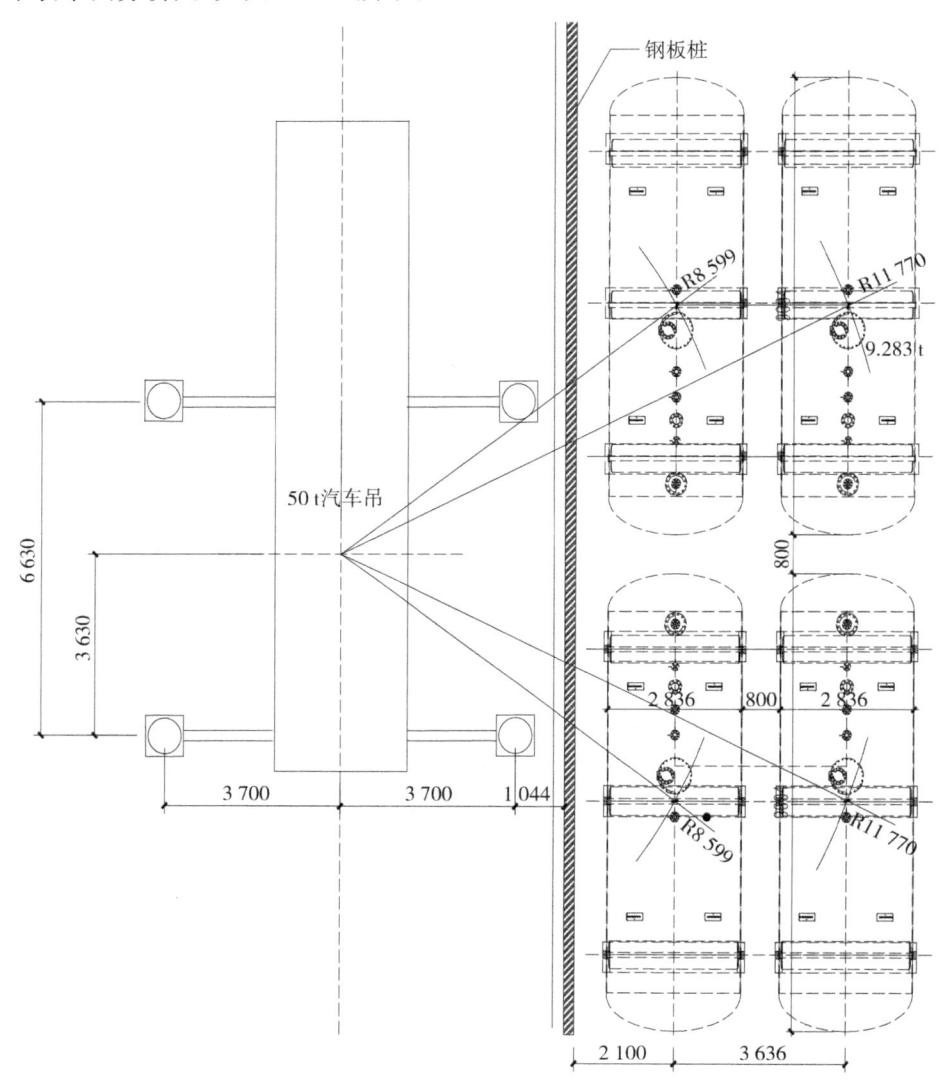

图 3.3-2 吊装平面分析图(单位:mm)

3.4 吊车技术资料

吊车技术资料，如表 3.4-1 所示。

表 3.4-1 吊车技术资料表

工作幅度(m)	主臂长度(m) 伸油缸Ⅰ至100%，支腿全伸，侧方、后方作业						8t配重
	11.6	15.8	20.1	26.4	32.7	39.0	45.0
3.0	50000	45000	34000				
3.5	50000	45000	34000				
4.0	45000	43000	34000	25000			
4.5	40500	40000	34000	25000			
5.0	37000	37000	33000	25000			
5.5	33000	33000	32000	25000			
6.0	30000	30000	30000	25000	20000		
7.0	25500	25500	25000	23000	19000	14000	
8.0	22000	21700	21500	21000	17500	13500	
9.0		18000	18000	19000	16000	12800	9500
10.0		15000	15000	16000	14600	12000	9300
11.0		12500	12500	13500	13400	11300	9100
12.0		10500	10500	11300	12000	10600	8600
14.0			7600	8600	9200	9100	7800
16.0			5600	6600	7200	7600	6900
18.0				5100	5700	6100	6100
20.0				3900	4500	4900	5200
22.0					3600	4000	4300
24.0					2850	3200	3500
26.0					2250	2600	2900
28.0						2100	2350
30.0						1650	1900
32.0						1250	1500
34.0							1200
36.0							900
38.0							650
Ⅰ(m)	0	4.2	8.5	8.5	8.5	8.5	8.5
Ⅱ(m)	0	0	0	6.3	12.6	18.9	24.9
倍率	12	11	8	6	5	4	3
吊钩	50t						

4 计算校核与加固

4.1 失稳

在溶剂罐安装就位并按照设计要求回填中粗砂后,发现罐体失稳变形。罐内情况如图 4.1-1 所示。图为现场罐体变形情况,经组织参建各方工程师现场分析,认为罐体变形,属典型的外压造成筒体失稳情况。

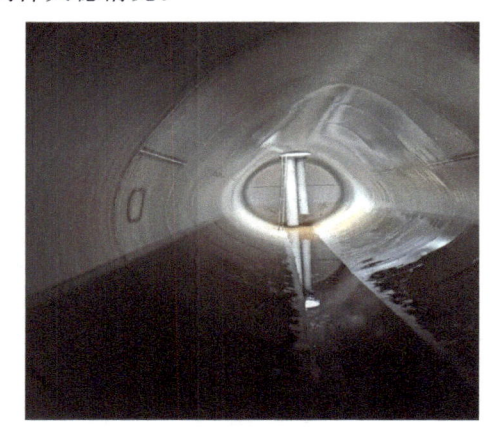

图 4.1-1 筒体失稳变形内景

4.2 计算校核

按照覆土面积、深度来估算罐体单位面积所承受的外压,考虑设计系数后,重新校核罐体的强度。由于受地埋罐的形状等因素影响,实际受力情况复杂,为便于估算,简化成理想状态进行计算,计算简图如图 4.2-1 所示。

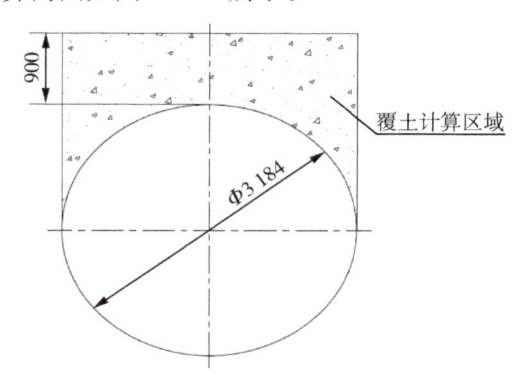

图 4.2-1 罐体荷载计算简图(单位:mm)

从溶剂罐的受力分析图可以看出,罐体除了承受内压外,还承受罐体四周的覆土压力,如果考虑不够,这个压力可能会使罐体变形失稳。地埋罐除了要进行强度计算外,还应进行稳定性校核及验算。

受力计算如表 4.2-1 所示。

表 4.2-1 筒体受力计算表

筒体直径	cm	318.4
筒体长度	cm	1 560
覆土容重	kg/m³	1 700
覆土体积(筒体上半部)	m³	61.67
筒体覆土表面积	cm²	779 825.28
覆土重量	kg	104 843.95
覆土对单位面积筒体的外压	kg/cm²(bar)	0.13
设计压力系数		1.1
设计压力值(外压)	kg/cm²(bar)	0.15

经计算,实际罐体上部覆土的重量对罐体的压力为 0.13 bar,加上设计系数后为 0.15 bar(外压),罐体 45°位置承受的压力实际上会远超这个值(如图 4.1-1 罐体失稳变形内景)。再考虑雨水对覆土重量的增加,以及丰水期空罐情况下罐体下部所承受的外压,综合考虑各种不利因素及荷载组合情况,认为罐体强度不足,需要对罐体采取加固措施。

处理意见:由于壳形体并未存在明显的塑性变形,建议重新起出罐体,在罐体复位(加压或者采用机械方法)后加设加强圈以使罐体达到强度要求,加强圈规格为 100 mm×14 mm 304 不锈钢板,间隔≤3 000 mm。

4.3 返厂加强

(1)加固措施:①加设加强圈;②罐体外表面增设防腐措施。

(2)罐体设置加强圈

加设扁钢加强圈,提高罐体整体抗压强度。加强圈规格为 100 mm×14 mm 304 不锈钢板,间隔 2 800 mm。

加强圈布置如图 4.3-1 所示。本项目加强圈设置在罐体外部。

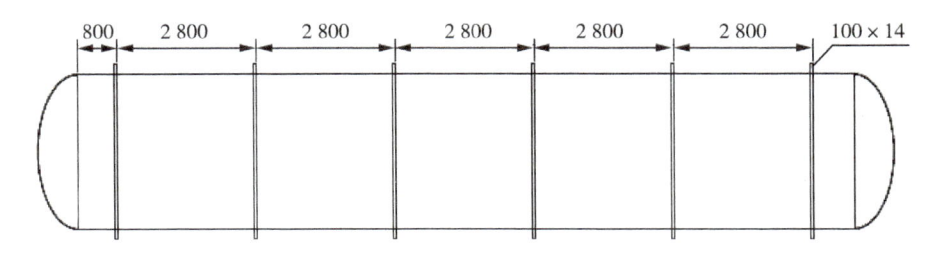

图 4.3-1 罐体加强圈设置图(单位:mm)

(3)防腐措施

罐体返厂加强后重新运抵现场。由于罐体壁厚只有 8 mm,考虑到 50 年使用年限,对罐体外表面进行防腐处理。

防腐做法：环氧树脂四道,玻纤布三层。防腐施工如图4.3-2、图4.3-3所示。

图4.3-2　罐体环氧树脂纤维布防腐　　　图4.3-3　罐体涂抹环氧树脂

5　设备吊装与安装

5.1　要求

（1）溶剂罐位于地下溶剂库内,禁区围墙已大部分施工,吊装机械作业半径受围墙阻碍。设备单体就位后,应收紧绑条,避免设备发生转动。

（2）根据设备安装参数及安装位置,确定吊装机械停位位置,避免因结构障碍而影响设备就位。

5.2　试吊

试吊要求：在准备工作完毕并经检查无误后,必须试吊。试吊时,将设备吊起0.2 m,停10分钟,对机械各受力部位及吊装索具各环节进行检查,观测吊装安全距离,起重机站位处地基承载情况等,经确认合格后再正式起吊。如图5.2-1、图5.2-2所示。

图5.2-1　溶剂罐吊耳套钢丝绳　　　图5.2-2　溶剂罐试吊

5.3 吊装就位

试吊检查合格后,正式吊装。吊装过程如图 5.3-1、图 5.3-2 所示。

图 5.3-1　溶剂罐吊起　　　　　　　　　图 5.3-2　溶剂罐吊装

5.4 设备固定

(1) 罐体找平找正,将每根绑条(不锈钢扁钢 150 mm×8 mm)轻轻地放在每道鞍座的中心位置上。

(2) 先将绑条的一头与鞍座预埋件焊接牢固后,另一头在绑条和基础预埋件上各焊一个吊耳,用 1 t 的手拉葫芦,将绑条拉紧,确保绑条与溶剂罐筒体无间隙紧密接触。

(3) 将绑条与预埋件焊接牢固。扁钢条和角钢涂刷 300 μm 厚环氧沥青。扁钢条与罐体接触处缝隙用防腐密封膏密封。如图 5.4-1、图 5.4-2 所示。

图 5.4-1　罐体绑带与基础预埋件焊接　　　　　　　　　图 5.4-2　罐体绑条焊接

（4）支座浇筑混凝土

罐体支座 C40 素混凝土，待罐体找平找正，绑条焊接完成后浇筑。如图 5.4-3～5.4-7 所示。

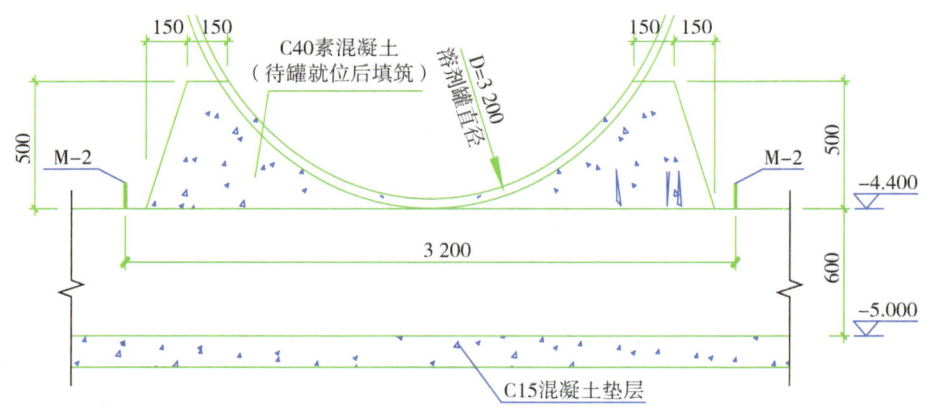

图 5.4-3　溶剂罐混凝土支座剖面图(单位:mm)

图 5.4-4　溶剂罐混凝土支座浇筑　　图 5.4-5　溶剂罐混凝土支座浇筑

图 5.4-6　罐体吊装就位　　图 5.4-7　罐体鞍座混凝土养护

5.5 回填

覆土回填

(1) 罐体充水20%,中粗砂分层回填,每层300～500 mm,直至完成20%,洒水密实。

(2) 罐体充水至50%,砂层回填至50%并洒水密实。进行罐体沉降观测,沉降量满足设计要求后,继续充水并回填。如图5.5-1、图5.5-2所示。

图 5.5-1　中粗砂分层回填　　　　图 5.5-2　砂层充水密实回填

(3) 罐体充水至70%,砂层回填至设计标高:距池壁顶部500 mm。

(4) 连接提升泵,罐内水抽出。抽水前打开检修孔,防止罐内负压。

5.6　设备检查

通过检修孔进入罐内,逐个检查设备完好情况,确保罐体无变形。

5.7　接管装配

(1) 考虑到设备运输问题,所有接管都是在溶剂罐吊装到位后,现场进行装配。

(2) 接管装配时,必须按照图纸尺寸和方位进行装配,并保证每个接管法兰面的水平,确认无误后方可点焊固定与焊接。

(3) 所有接管焊接完成后,焊缝必须做煤油渗漏试验,确保每道焊缝无渗漏,如图5.7-1～图5.7-4所示。

图 5.7-1　溶剂管道安装　　　　图 5.7-2　溶剂管道安装

图 5.7-3　工艺管道安装　　　　　　图 5.7-4　应急消防器材柜安装

5.8　管道系统试压

工艺管道系统安装完成后,对溶剂管道试压。对法兰、阀门等连接处喷肥皂水,检查是否渗漏,如图 5.8-1、图 5.8-2 所示。

图 5.8-1　溶剂管试压　　　　　　图 5.8-2　溶剂管接口试压检测

6　质量与安全保证措施

(1) 施工前做好图纸会审,编制施工方案,认真进行安全技术交底。如图 6-1、图 6-2 所示。

图 6-1　图纸会审　　　　　　图 6-2　安全技术交底

(2) 严格按照设备图尺寸复核设备基础,遇到问题及时纠正。

(3) 起重工等特殊工种人员持证上岗。

(4) 起重作业统一指挥信号,各操作岗位应协调动作。

(5) 登高 2 m 以上高空作业人员,应经体检合格才可上岗;操作时佩戴安全带,并系挂在安全可靠的物体上,脚手板、脚手架应坚实稳固。

(6) 在起吊过程中,任何人不得在重物之下和受力索具附近逗留、通过。不允许有人随同重物升降。

(7) 起重作业现场需设有明显的标志及警戒线,并有专人护卫,非施工人员不得擅越入内。如图 6-3、图 6-4 所示。

图 6-3 吊装警示牌　　　　　图 6-4 吊装区域道路警示标识

7　结语

溶剂罐及工艺管道安装完成,配合榨油厂顺利投产运营。安装中出现的罐体质量问题,经验教训深刻。由于卧式埋地储罐安装在地下、溶剂渗漏不易发现、维修不便等缺点,在设计和施工安装卧式埋地溶剂罐时要注意以下几点:

① 尽量减少罐体上的焊接接管。

② 卧式埋地溶剂罐,要承受覆土的压力、地下水的浮力以及土壤腐蚀等不利因素的影响,因此在设计过程中,要对卧式埋地溶剂罐进行稳定性核算和抗浮验算。

③ 对罐体壁厚取值 12 mm 以上为宜,不能过小,以保证罐体强度。

④ 罐体吊装就位后,及时浇筑鞍座混凝土,保证罐体稳定性,防止罐体移位变形。

⑤ 溶剂罐池底板设集水坑,方便施工过程中排水。

⑥ 混凝土池四角及中部设排水管,及时排出池内积水,避免对罐体产生浮力。

发酵豆粕车间综合安装施工技术探讨

1 前言

中国油脂加工行业发展迅速。豆粕作为大豆榨油生产的产品之一,是动物优质饲料蛋白。豆粕经过发酵处理,更易于被动物肠道吸收,营养价值大大提高。

发酵豆粕又名生物肽、生物豆粕、生物活性小肽,用豆粕接种微生物,用外生酶来增加豆粕的营养价值,蛋白质消化吸收率可达82%。大海粮油工业(防城港)有限公司发酵豆粕厂房及工艺设备安装项目,是益海集团在国内首个且产能最大的发酵豆粕项目。项目占地面积 8 586 m^2,总建筑面积 17 741 m^2,由江苏省工业设备安装集团有限公司(以下简称江苏省安)承建,2018 年开工建设。整个项目包含 9 个单体建筑,且相互连接,构成配套齐全的豆粕发酵产品生产线。

2 工程特点及依据标准

2.1 工程特点

由于粮油工业工程的特殊性,大型设备直接由钢结构承重,柱网平面布置和梁柱标高布置为工艺流程服务,形成独有的结构特点。该工程设备体量大,重型设备和非标设备数量多,占用空间大;工艺管线数量多、直径大、荷载大、管线交叉多;各类支架体积大、数量多,对钢结构承重系统施工要求非常高。

2.2 依据标准

(1) GB 50205—2020《钢结构工程施工质量验收标准》;
(2) GB 50236—2011《现场设备、工业管道焊接工程施工规范》;
(3) GB 50252—2010《工业安装工程施工质量验收统一标准》;
(4) GB 50300—2013《建筑工程施工质量验收统一标准》;
(5) GB/T 5082—2019《起重机 手势信号》;
(6) 工程项目施工图纸及有关文件。

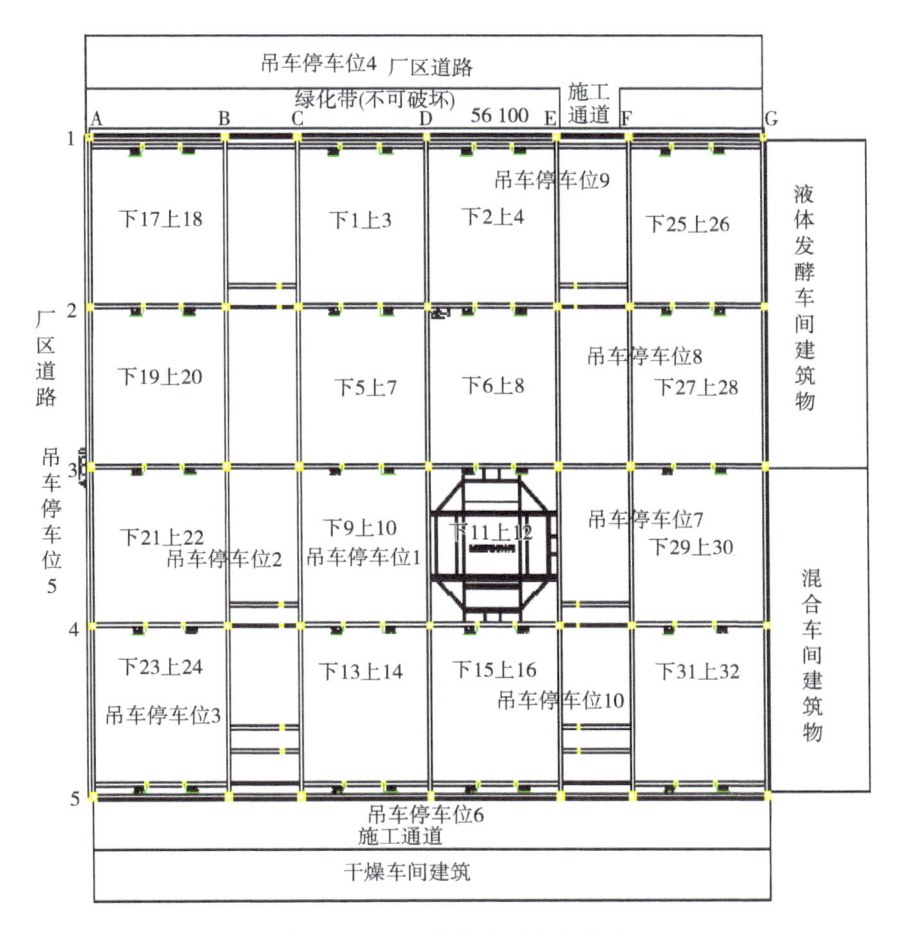

图 3.1-1 车间结构平面布置图

3 施工要点

3.1 建筑部分(钢构、土建)与核心设备发酵罐的安装配合

因受场地条件限制及工艺布局要求,核心设备发酵罐的安装顺序与钢结构安装顺序存在冲突。该项目共有发酵罐 32 台,分上下两层其平面布置见图 3.1-1,发酵罐由设备供货厂家安装。因项目工期较紧,且设备供货已经出现了延迟,项目启动时,设备厂家提出了其设备到货及安装方案,要求钢构及土建按照其方案进行配合安装。具体安装要求:

(1) C—E 交 1—3 轴区域钢构配合发酵罐 1#—8# 安装,完成 1~2 层钢构安装;
(2) C—E 交 3—5 轴区域钢构配合发酵罐 9#—16# 安装,完成 1~2 层钢构安装;
(3) A—B 交 1—3 轴区域钢构配合发酵罐 17#—20# 安装,完成 1~2 层钢构安装;
(4) F—G 交 3—5 轴区域钢构配合发酵罐 29#—32# 安装,完成 1~2 层钢构安装;

(5) A—B交3—5轴区域钢构配合发酵罐21#—24#安装,完成1~2层钢构安装;
(6) F—G交1—3轴区域钢构配合发酵罐25#—28#安装,完成1~2层钢构安装。
(7) 上部结构穿插安装。

3.2 发现问题

经反复计算和测量后,应用BIM技术模拟施工,发现若按上述方案执行,穿插进行上部结构安装时会造成以下问题:

(1) 柱D-2二节柱自重近6.5t,考虑我们钢构加工的顺序和发货时间,此方案执行会造成停车位1不具备停车条件,我们原计划使用的50 t吊车无法进行安装,至少需要130 t吊车才能保证安装。造成吊车费用增加。

(2) 屋面梁为单片梁,跨度28.5 m(屋面梁吊装下面会做具体描述),按此方案吊车站位缺失造成2轴线、3轴线屋面梁无法用50 t吊车安装。改用大型吊车造成吊车费用增加。

(3) 上部结构有梁上柱,且较高,危险性较大,安装时必须成片安装,系杆及连接梁需同步安装,停车位缺失会造成较大的安装困难。

3.3 制定新方案

综合分析出现的问题,提出新的安装方案,经业主同意与供货商协商调整供货时间。新方案为(图3.3-1~图3.3-4):

(1) C—E交1—3轴区域钢构配合发酵罐1#—8#安装,完成1~2层钢构安装。
(2) A—B交1—3轴区域钢构配合发酵罐17#—20#安装,完成1~2层钢构安装。

图3.3-1　D轴线二节柱安装　　　　图3.3-2　梁上柱等二次结构安装

图3.3-3　上层结构、屋面梁安装　　　　图3.3-4　整体结构安装

(3) A—E交1—3轴区域上部结构及二节柱、连系梁、屋面梁安装。

(4) C—E交3—5轴区域钢构配合发酵罐9♯—16♯安装,完成1~2层钢构安装。

(5) F—G交3—5轴区域钢构配合发酵罐29♯—32♯安装,完成1~2层钢构安装。

(6) C—G交3—5轴区域上部结构及二节柱、连系梁安装、屋面梁安装。

(7) A—B交3—4轴/F—G交2—3轴区域钢构配合发酵罐21♯、22♯、27♯、28♯安装,完成1~2层钢构安装。

(8) 吊车在停车位2和停车位8完成上部结构及二节柱、连系梁、屋面梁安装。

(9) A—B交4—5轴/F—G交1—2轴区域钢构配合发酵罐23♯—26♯安装,完成1~2层钢构安装。

(10) 完成剩余上部结构及二节柱、连系梁、屋面梁安装。

按新方案施工,既保证了核心设备发酵罐的工作面的连续性,也保证了钢构安装工作面的连续性,减少了钢构安装大型吊车的使用,节约了机械台班费。

3.4　屋面大跨度梁安装

车间屋面跨度达56 m,屋面梁C轴线单片梁跨度达28.5 m,重3.8 t。屋面梁中间截面小,两端截面大,且不等高,起吊时极易出现晃动、变形等危险状况。现场吊装工况极为苛刻,不具备使用两台吊车抬吊的可行性。在与起重施工员讨论计算后,决定采用单台50 t吊车吊装屋面梁。采用三点式吊装,结构梁的中间增加一处吊点,两端其中一侧增加3 t倒链,用来调节梁的平衡。屋面梁吊装过程中平稳就位,减少了吊装的不稳定因素,顺利完成安装。(见图3.4-1、图3.4-2)

图3.4-1　屋面梁起吊　　　　图3.4-2　屋面梁就位

4　成品保护

(1) 安装好的管道不得用作吊拉负荷及支撑,也不得蹬踩。

(2) 搬运材料、机具及施焊时,要有具体防护措施,不得将已做好的墙面和地面弄脏、砸坏。

(3) 设备房应专人管理。

(4) 各种已安装的设备与装置,应加装保护盖或挡板等。阀门的手轮卸下保管好,竣工时统一装好。

安全文明施工管理措施，如表 4-1 所示。

表 4-1　安全文明施工管理措施

序号	管理措施
1	加强人员教育及培训，提高施工人员素质
2	施工人员进入现场必须遵守现场安全文明施工各项管理制度，必须遵纪守法
3	在施工现场明确文明施工管理责任区，坚持"谁施工，谁负责"的原则
4	施工人员进入现场必须着装整齐，施工人员必须佩带工作卡，按规定的标准正确使用劳动保护用品，不得赤膊，不得穿短裤、裙子、拖鞋、凉鞋、高跟鞋等
5	在现场设置定点的垃圾池或垃圾桶，随时随地清理现场垃圾，定期施药除"四害"
6	保证施工现场道路畅通，不得在安全通道上堆放任何材料、设备及其他物品，不得破坏安全通道
7	施工现场的临时电源(包括总电源箱、配电箱、开关箱、插座箱、电线电缆等)，电焊机一、二次线，各种气瓶的布置和管理应进行统一规划，不得随意摆放
8	严禁在施工现场住宿，严禁各施工人员在非经许可的情况下进入施工现场以外的区域。严禁在工作现场(包括仓库)进餐，以防止鼠、虫害
9	加强对现场待安装的设备和已安装的设备保护，防止二次污染和丢失、损坏。加强现场施工区域的安全保卫工作
10	在施工过程中，做到"工完、料净、场地清"，不给施工现场留下任何残迹和隐患，每天下班前清理一次
11	施工料具的倒运，要轻拿轻放，禁止从楼上向下抛掷杂物
12	现场施工材料堆放整齐，标识清楚，现场临时水管接头严密。施工过程中的污水应用管道或流水槽集中收集排放，不得随意向现场排放或流向场外
13	严禁在施工现场焚烧有毒有害物质

5　结语

在粮油工程施工中，类似于发酵豆粕这种多厂房连接的综合车间，在设备安装和结构安装前，必须提前考虑好施工过程中可能发生的安装要点难点，及时调整优化施工方案，避免过程中因方案和计划的不合理造成施工难度增加、危险性增大，最终增加施工成本、延误工期。经过益海集团发酵豆粕车间钢结构施工，江苏省安积累了经验，也为今后承接类似项目的施工打下良好基础。

大型粮油产业园管架沉降矫正施工技术探讨

1　前言

广东粮油产业园,是华南地区大型综合型产业园。项目总投资 80 亿元,占地 998 亩 (1 亩合 666.7 m²),位于广东省东莞市麻涌镇新沙港工业园区。主营业务产业园内有油脂、大米、面粉和仓储物流等。产业园内有产量 240 万 t/a 的饲料蛋白加工厂,100 万 t/a 的精炼厂,52 万 t/a 的包装油厂,60 万 t/a 的小麦加工厂等。仓储能力达到 80 万 t,并配套有 7 万 t 级码头。厂区鸟瞰图及管廊管架,如图 1-1、图 1-2 所示。

图 1-1　厂区鸟瞰图　　　　图 1-2　外管网管架竣工实景

厂区外管网管架工程于 2015 年开工建设,2016 年 11 月竣工验收并交付使用。2017 年 5 月,出现不均匀沉降;2018 年 12 月,局部最大沉降量 320 mm,管架横向水平偏移 12 mm。该段管廊架上排布有:毛油及成品油管、给水管、消防水管、消防喷淋管等管道。为了保证管网正常使用,防止出现安全问题,排除安全隐患,需要对管廊架矫正加固。

2019 年 3 月,接到业主委托后,江苏省安调配有经验的施工技术人员组成项目组。首先,对场地进行走访调查。在调阅施工图纸及岩土工程勘察报告后发现:该场地有厚度较大的填土、淤泥、淤泥质粉细砂,强度低,力学性能差,且局部地段风化程度变化不均匀,垂直方向各岩层力学性能强度差异大,属不均匀地基。原工程施工时,对此段软弱土沉降量的计算不准确,工程桩出现了较大沉降量,是造成此段管架不均匀沉降的主要原因。管架测量及沉降如图 1-3、图 1-4 所示。

图 1-3　外管网管架加固施工现场　　　　图 1-4　管架沉降观测

本次施工要达到的目标：外管网管架沉降矫正施工，彻底排除安全隐患，满足业主外管网使用功能，达到厂区美观、安全可靠等要求。

研究切实可行的技术措施：项目部通过技术创新，采用经济适用、安全可靠、技术先进的施工方法，对发生不均匀沉降的外管网管架进行矫正，以保证外管网正常使用，产业园粮油加工厂正常生产。

2　编制技术方案

2.1　分析研究

2019年6月5日，江苏省安在项目现场召开外管网管架沉降矫正施工专题研讨会，业主、监理、公司技术专家应邀参会。与会人员详细分析了矫正施工可能遇到的问题和施工难点，结合本工程实际，通过头脑风暴法，集思广益，突破传统思维，积极探索创新，结合本工程实际，提出三种方案：

方案一：补打钢筋混凝土预制工程桩，搭设工装支撑，原管廊钢结构井架支撑加高，难度较大；

方案二：补打钢筋混凝土预制工程桩，新作钢结构井架，纠正不均匀沉降问题，但造价较高，经济性略差；

方案三：补打钢筋混凝土钻孔灌注桩，搭设工装支撑，井架顶升矫正，支座加固，技术难度大。

2.2　选定方案

针对广东粮油产业园外管网管架沉降矫正施工，项目部从多角度、多方位考虑，对以上3种方案进行对比分析,认为在本项目中,方案三在技术先进性、经济合理性、工期等方面能够满足需求,因此,把方案三"搭设工装支撑,井架顶升矫正,支座加固"作为实施方案。针对方案三,制定了切实可行的实施方案。如表2-1所示。

表 2-1 矫正施工方案措施表

序号	问题	对策	目标	措施	地点	完成时间	负责人
1	补打桩解决不均匀沉降问题	控制桩长、桩位及沉降量	保证井架、管架等正常使用	严格进行基础施工质量控制、基础预埋件质量控制、测量精度控制等,保证工程进度及质量	施工现场	6月10日	李东初
2	施工中井架及管架安全	工装支撑,保证施工中安全稳定	施工中不出现新的沉降及位移	(1) 按照图纸要求施工 (2) 制定施工计划表	施工现场	6月20日	陆锋
3	焊接质量控制	编制作业方案及操作要点	保障施工人员的安全	(1) 落实各项安全措施 (2) 对施工作业人员进行安全教育及技术交底 (3) 作业人员持证上岗	施工现场	6月20日	齐景春

3 矫正施工

3.1 制定实施计划

从打桩开始,承台施工,工装支撑制作及顶升,吊车辅助管架提升,原井架支座凿除,型钢梁安装就位等,全部完成时间45天。施工主要机具如表3-1所示。

表 3-1 施工主要机具表

序号	名称	规格型号	数量	单位	备注
1	汽车式起重机 50 t	浦沅 QY130H-1	1	辆	
2	白棕绳	Φ20 mm×50 m	6	根	
3	道木	标准	10	块	
4	平衡梁	30 t 级	1	件	
5	路基板	5 mm×2400 mm×250 mm	12	块	

3.2 矫正施工

3.2.1 打桩

(1) 按安全技术要求,检查各工作面,保证安全需要;
(2) 按设计方案做好各项准备工作;

(3)检查各工作面环境状况。管架立面图,如图3.2-1所示;

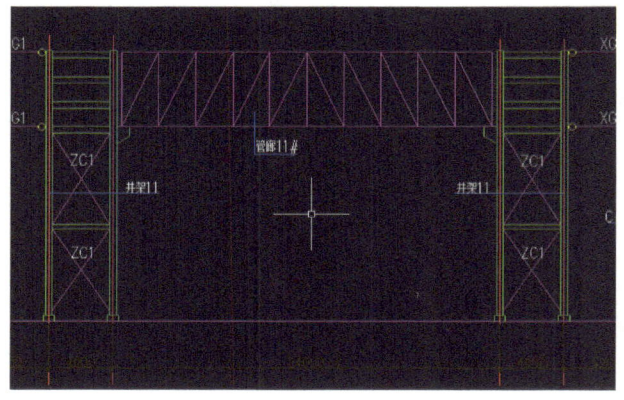

图 3.2-1 管架立面图

(4)打桩。在管架南北两侧,参照原设计要求,各打4根钻孔灌注桩,C30混凝土直径600 mm,选择原设计微风化花岗岩作为持力层,养护期21天。

3.2.2 型钢工装支撑

为了确保施工过程井架安全稳定,制作工装支撑,如图3.2-2所示。

图 3.2-2 井架加型钢工装支撑 　　　图 3.2-3 吊车辅助卸载井架部分

3.2.3 吊车辅助卸载

井架原混凝土支座凿除前,先用千斤顶通过工装顶升井架,同时,用吊车辅助卸载管架,如图3.2-3所示。

使用千斤顶,顶升管廊架,顶升必须逐步进行。因管廊架上部的管道都是在使用过程中,管廊架上部的油管、水管、消防水管、消防喷淋等管道,使用两个10 t的千斤顶。为了确保安全,同时用50 t吊车吊着管廊架上部,千斤顶上升过程中,吊车也随之对管架进行提升,保持吊车的电脑显示屏上始终显示吊车起重数值为 5 t。

顶升及钢梁安装,如图 3.2-4、图 3.2-5 所示。

图 3.2-4　千斤顶对井架进行临时支撑　　　图 3.2-5　管架底部钢梁安装

3.2.4　井架混凝土支座凿除

在确保安全的前提下,对井架原混凝土支座进行凿除。

3.2.5　安装钢梁

在井架原混凝土支座清除后,安装钢梁。

3.2.6　型钢梁就位、找正及联接

型钢梁就位后,要求将纵、横向的中心线调整至与基础的纵、横向中心线的偏差值在规范的允许范围内,其后用经纬仪(或线砣)找正其垂直度,其误差必须在 2 mm 以内。

3.2.7　钢结构焊接

钢梁安装就位后,经测量,井架及管架沉降及水平位移矫正达到要求,对节点进行焊接施工。所有焊接材料都必须具有质量保证书,焊条使用前必须经过烘焙。所有焊工必须持证上岗。焊缝检查合格后,进行型钢梁防腐处理。

4　测量复核

管架矫正施工完成 3 个月后,项目组对管架沉降及位移情况进行复测。

经测量,沉降量及位移量均符合要求,达到了加固矫正目标。业主及监理等对施工效果均给予肯定。

安全可靠。采用周密的施工工法,本工程施工作业安全可靠,严格执行现场安全文明施工要求。安装过程中,作业人员正确佩戴安全防护用品,操作空间安全。加强作业人员安全教育培训,做好培训记录。

矫正完成实景图如图 4-1 所示。

图 4-1　管架矫正施工完成实景图

5　结语

　　针对管网管架沉降问题,通过调查走访工程原有施工情况,分析工程所处软弱土地基的特殊性,制定切实可行的方案和对策。在厂区生产正常进行的情况下,组织专业技术人员对管架进行加固矫正,成功解决了管架沉降及位移问题,得到了业主、监理的一致认同,也为解决类似工程施工问题积累了经验。

网格式电缆桥架在粮油工业工程中的应用

1 工程概况

1.1 概述

随着社会经济快速发展,建筑节能、功能设计提升到一定高度,对电缆桥架(线槽)工艺要求越来越高。网格式电缆桥架已开始推广应用于工业厂房、数据中心和机房等,在机电安装行业中广泛使用,所占比重越来越大。

网格式电缆桥架相比传统桥架有较大优势,其具有新颖的结构特征,无可比拟的集成化优势,必然能满足不断变化的市场需求。近几年来,网格式电缆桥架已开始推广应用于新建工程中。江苏省安在多项大型粮油工程项目施工中使用网格式电缆桥架,积累了一定的施工经验。

1.2 工程概况

中储粮油脂工业盘锦有限公司榨油厂项目,建筑面积 11 669.51 m²。项目内容包括 5 000 t/d 预处理、浸出、豆粕粉碎磷脂灌装车间土建、钢结构厂房制作与安装,机电设备安装,电气、仪表安装与调试,以及深化设计等相关工程。

1.3 方案论证

经过近些年的发展,出现了各种材质、各种形式的桥架。按材质分:有镀锌桥架、铝合金桥架、钢制桥架、玻璃钢桥架等;按形式分:有槽式桥架,梯式桥架,托盘式桥架等。而网格式电缆桥架是较新概念的桥架,因其安装灵活快速、轻巧,升级和维护更加方便,节省安装空间。网格式结构电缆散热性能更好,综合布线系统灵活应用更美观,与传统桥架在施工工艺方面有较大的区别。结合中储粮油脂工业盘锦有限公司 5 000t/d 压榨车间系统安装及服务项目特点,提出网格式电缆桥架的施工方案,得到业主认可。

1.4 安装流程

电气安装施工流程,如图 1.4-1 所示。

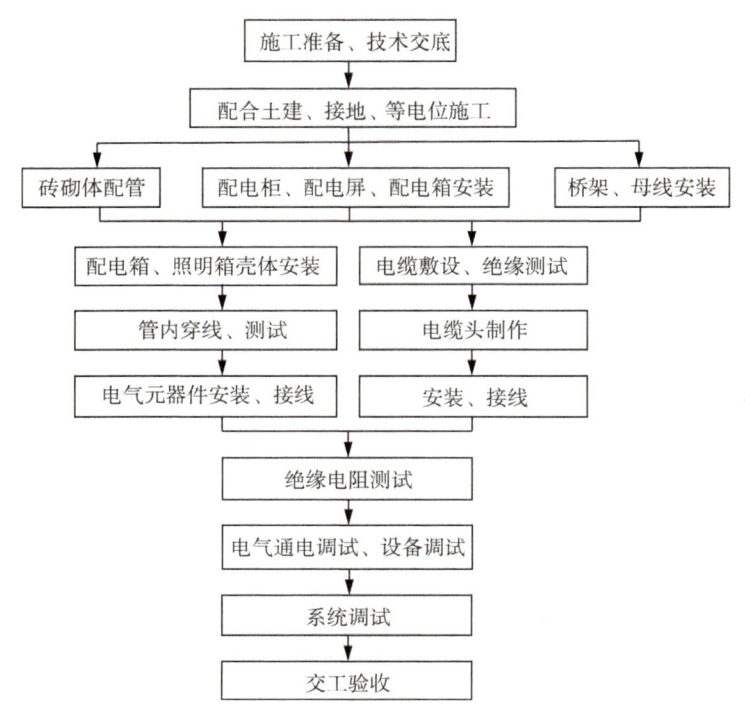

```
施工准备、技术交底
         ↓
配合土建、接地、等电位施工
         ↓
砖砌体配管  配电柜、配电屏、配电箱安装  桥架、母线安装
         ↓                              ↓
配电箱、照明箱壳体安装            电缆敷设、绝缘测试
         ↓                              ↓
管内穿线、测试                    电缆头制作
         ↓                              ↓
电气元器件安装、接线              安装、接线
                    ↓
              绝缘电阻测试
                    ↓
         电气通电调试、设备调试
                    ↓
                系统调试
                    ↓
                交工验收
```

图 1.4-1　安装流程图

2　安装灵活快速、多变

网格式电缆桥架连接。采用专用连接件将需要被连接的网格式桥架两端对接连接在一起。专用连接件有快速连接件和多种组合连接件,无须螺丝、螺帽即可固定,连接快速灵活方便。

制作异径弯头。相对于传统的桥架需要定制各种弯头、三通、四通、垂直弯等配件,网格式桥架无须定制。网格式桥架由成品直段送至施工现场,各种角度的弯通、水平三通、四通、爬坡弯可根据现场实际标高尺寸,采用直段直接快速制作。比如制作水平弯头,制作时先确定弯头内侧和外侧的半径尺寸,然后用专用剪线钳将直段网格式桥架的内侧和底板侧的网格剪断。剪断时,注意仅剪断需要折弯的横向网格,同时将剪断处网格边缘毛刺进行处理,处理完毕,弯曲成型,再用专用连接件进行连接紧固,组装成弯头。如图 2-1 所示。

制作水平三通。制作时,将主干网格式电缆桥架外侧横向部分的若干需要连接的网格剪断,然后用专用连接件,将支线网格式电缆桥架与主干线网格式电缆桥架连接,组装成水平三通。网格式桥架可组合的特点为现场施工安装人员提供了极大的便利性。

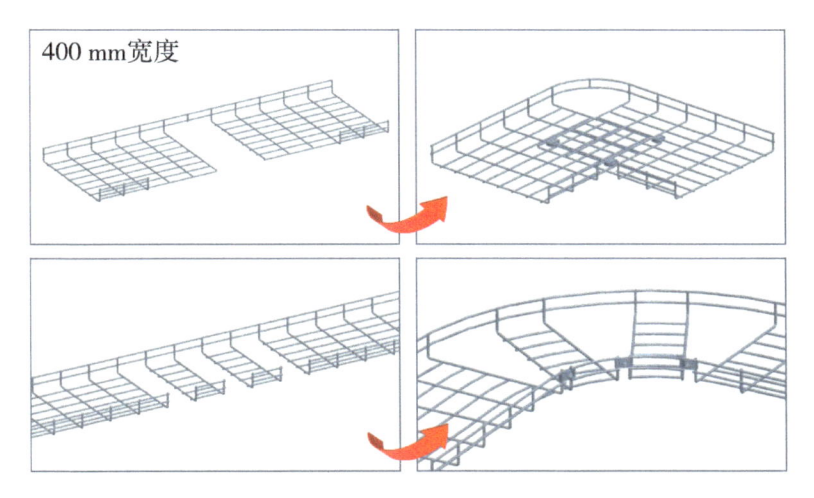

图 2-1 专用连接件转弯

3 升级和维护更加方便、轻巧

网格式电缆桥架因其独特的网格式,普遍采用 Φ4-7 的圆钢焊接组成,每个网格尺寸为 50 mm×100 mm,两侧顶部采用弯边波浪式设计,每个焊点都是通过专业生产线焊接完成,其承载能力不输于传统桥架,但其重量相较于传统桥架大大减少,更加轻巧灵便,方便安装。同时,也较大节省了安装桥架所需的支吊架等钢材的成本。而且,网格式电缆桥架根据不同的安装场所提供多种材质:镀锌层加厚的热镀锌材质、经过特殊处理的 304L/316L 不锈钢系列抗腐蚀性能好,经久耐用。

对于需要增加设备、更换新设备的情况,比如:榨油厂因施工工艺问题,施工现场设备、管道经常需要变更,电线电缆的增加、更换及拆除比较频繁。网格式桥架为开放式结构,桥架的变更移位及电缆的布置更加灵活、便捷,大大简化电缆的移动、增减和变更,相较于传统桥架能够适应不同的应用需求,方便升级扩建。

4 节省安装空间,电缆散热性能更好

网格式电缆桥架凭借着独特的安装工艺,在实际安装过程中,可以凭借其灵活的安装方式,采取多种安装方法。比如在设备较多、空间较狭小的空间内,可以采用侧立垂直安装方式,其与水平方向安装基本一致,并不会影响网格式电缆桥架的承载能力;同时,也大大节省了安装空间,实用又美观;此外,独特的垂直安装方式,即电缆绑扎在焊点网格上,能防水,也不易堆积灰尘,促进了环境的洁净。

网格式电缆桥架凭借开放式结构能使电线电缆自然通风散热,不会聚集热量,相比于传统桥架,桥架内电缆温度较大地降低了,因此更能优化电缆性能。电缆距离较短时,可以考虑使用截面积更小的电缆,降低电缆的采购成本,且在实际运行中能够减低能耗,

更加节能。如图 4-1、图 4-2 所示。

图 4-1　网格式桥架施工　　　　图 4-2　网格式桥架施工

5　综合布线系统应用灵活、美观

　　网格式电缆桥架开放式的结构,使得电线电缆根根可见,在电缆敷设过程中,可以随时全面管控电缆布线的质量,便于日后维护和故障检修。同时,在网格式桥架中,电缆敷设可以从任意点出线,这样在实际过程中可以很方便地实现电缆与设备、电缆与机柜连接。如图 5-1、图 5-2 所示。

图 5-1　网格式电缆桥架施工　　　　图 5-2　MCC 柜安装

6 相比传统桥架效益成本分析

6.1 网格式电缆桥架因其灵活、轻巧的安装系统,其安装过程非常简便、快捷,较大地提高了施工效率,降低人工成本,缩短施工工期。榨油厂系统调试如图6.1-1、图6.1-2所示。

图6.1-1 榨油厂系统调试　　　　图6.1-2 榨油厂系统调试

6.2 相较于传统桥架,网格式电缆桥架在电缆敷设过程中,具有相同的承载能力,但因其桥架本身重量较轻,所以大大节约了桥架支撑、支吊架的钢材成本。

6.3 由于网格式电缆桥架开放式的结构特点,电线电缆更容易通风散热,可以考虑使用截面积更小的电缆,降低电缆的采购成本;同时因其结构特点,更便于维修、维护、改造等,节约了后续维修、升级扩建的成本。

7 结语

网格式电缆桥架已开始推广应用于工业厂房、数据中心和机房等,在机电安装行业中广泛使用,所占比重越来越大。网格式电缆桥架相比于传统桥架有较大优势,其具有的新颖结构特征,必然能满足不断变化的市场需求。中储粮油脂工业盘锦有限公司榨油厂项目工程于2016年8月20日开工建设,2017年12月20日投产运营,工程中使用网格式电缆桥架,取得良好效果,受到业主和参建各方的一致肯定。

大型榨油厂除尘系统设备吊装与安装施工技术

1 工程概况

1.1 概述

在浸出法榨油工艺中,原料加工输送、仓储、产品装运等过程会产生颗粒物粉尘,这些粉尘易燃易爆,污染大气环境。使用除尘器除去油料作物运输、筛选、破碎过程中产生的各种颗粒物,消除安全隐患,对排放气体进行除尘、净化,满足环保要求。

中粮东海粮油榨油厂项目,使用的是脉冲布袋除尘器。含尘气体由灰斗(或下部宽敞开式法兰)进入过滤室,较粗颗粒直接落入灰斗或灰仓,灰尘气体经滤袋过滤,粉尘阻留于滤袋表面,净气经袋口到净气室,由风机排入大气。当滤袋表面的粉尘不断增加,导致设备阻力上升至设定值时,程控仪开始工作,逐个开启脉冲阀,压缩空气通过喷口对滤袋进行喷吹清灰,使滤袋突然膨胀,在反向气流的作用下,附于滤袋表面的粉尘迅速脱离滤袋落入灰斗内,粉尘由卸灰阀排出,全部滤袋喷吹清灰结束后,除尘器恢复正常工作。如图 1.1-1 所示。

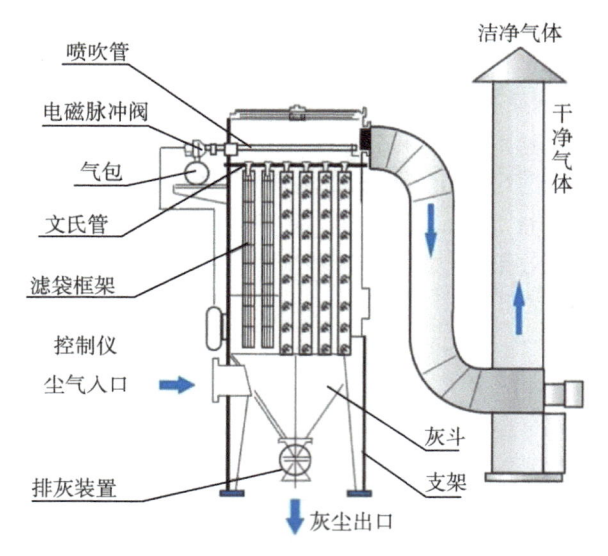

图 1.1-1 布袋除尘器工作原理图

1.2 工程特点

中粮东海粮油工业（张家港）有限公司新建榨油厂工程项目，施工安装内容包括工艺设备及电气安装工程。工程建成投产后，日处理大豆 5 000 t，菜籽 3 000 t。生产过程中产生的尾气，经过除尘系统处理净化后，符合国家环保要求，排放气体达到室内 100 mg/m³，室外 300 mg/m³。所有风机均安装减振及消音装置。

预处理车间除尘器，需就位于车间顶部，标高 39.5 m，5—6 轴范围。有 2 台除尘器 FI161/162，设备直径 2.7 m，高度 11 m，设备重 4.3 t。除尘器三维模型图如图 1.2-1 所示。

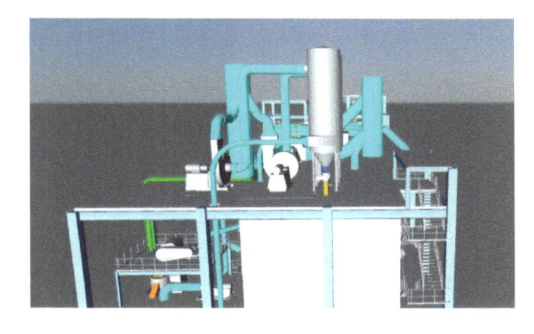

图 1.2-1　预处理车间顶部除尘器三维模型图

除尘器平面布置图和立面图，如图 1.2-2、图 1.2-3 所示。

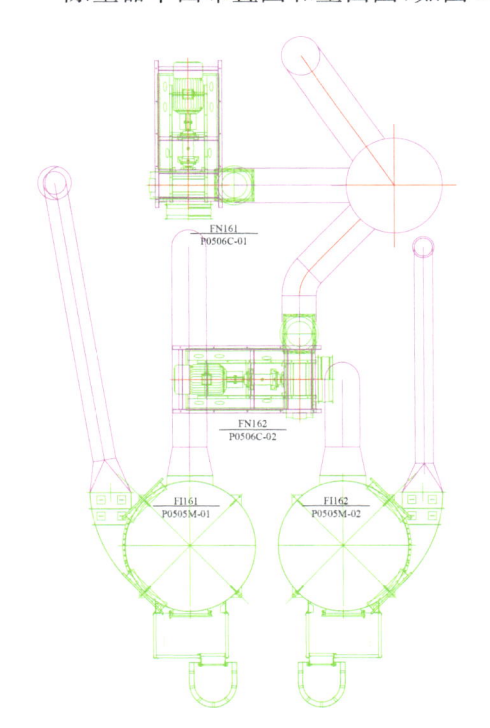

图 1.2-2　除尘器平面布置图

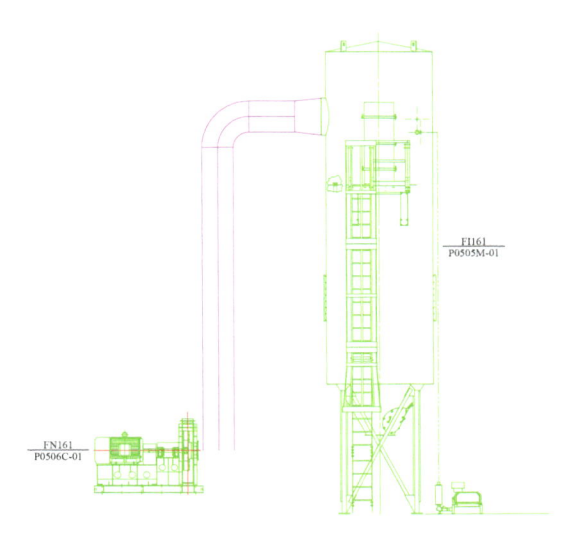

图 1.2-3　除尘器立面图

1.3 工程施工技术要点

（1）检查测量基础混凝土强度及预埋件埋设正确性；
（2）采取可靠措施确保安装精度；

（3）除尘器作为塔式设备，需就位于标高 39.5 m 车间屋面，编制缜密吊装方案，确保设备吊装安全可靠；

（4）采用减振支架和降噪措施，降低设备运行振动和噪声；

（5）除尘器用缆索可靠拉结，防止台风吹倒倾覆。

2　依据标准及规范

（1）设备布置图、设备参数表；
（2）榨油厂车间建筑结构设计施工图；
（3）SHJ 515—1990《大型设备吊装工程施工工艺标准》；
（4）GB/T 6067.1—2010《起重机械安全规程》；
（5）SH/T 3536—2011《石油化工工程起重施工规范》；
（6）GB 17440—2008《粮食加工、储运系统粉尘防爆安全规程》。

3　施工准备

3.1　依据平面布置图，放出设备纵向、横向的基础中心线。放线要准确、规范、避免累计误差。

3.2　放线时必须以图纸中的基准轴线为起始点，不得以建（构）筑物的墙面或柱面作为起始点。如图 3.2-1 所示。

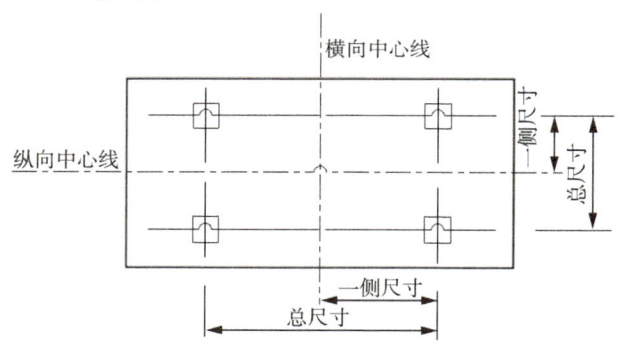

图 3.2-1　设备基础放线校核

3.3　纵横向中心线放出后，确保互相垂直。

3.4　检查核对除尘器进风口、出风口、泄爆口等位置是否与现场工艺布置一致，是否符合设计要求。

3.5　设备吊装之前，在除尘器供货厂商指导下，将钢骨架、过滤袋等安装到除尘器内部。

4　工艺流程

设备安装工艺流程图，如图 4-1 所示。

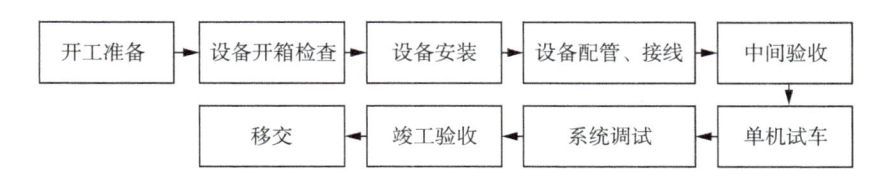

图 4-1　除尘器设备安装工艺流程图

5　设备吊装与安装

5.1　设备特点

（1）除尘设备位于车间顶部中间跨，设备安装前，车间结构已经封顶，边缘结构件对吊车臂杆的变幅存在影响。

（2）设备本体为细长型，且安装位置没有操作平台，对吊装索具的拆卸造成不便。

（3）为减少高空作业，所有附件（爬梯、缆风绳等）在吊装前设置到位。

（4）选用两台汽车吊抬吊进行吊装。

5.2　吊装过程及数据列举

5.2.1　吊装过程

（1）吊装前，检查所有索具完好性，严禁使用不符合规定的索具。

（2）130 t 主吊根据平面布置停位，将已组装设备平移至 A5 柱南侧与大米厂之间的道路上。辅吊 25 t 汽车吊停位于设备西侧。

（3）主吊、辅吊分别设置吊点于顶部吊耳和底部支腿。

（4）吊装总指挥现场指挥协调两台吊车同步起吊。

（5）设备离开地面 200 mm 后，辅吊停止起升，主吊动作将设备竖立后，拆除辅助吊装索具。

（6）主吊单机将设备起吊就位。

5.2.2　吊装数据列举

除尘器位于车间 39.5 m 层，外形尺寸 Φ2 700 mm×11 000 mm，设备重 4.3 t。

吊车选用 130 t（ZAT1 300V753）汽车吊，其参数列举：

主臂：73.5 m。

回转半径：27 m。

额定起重量 Q：6.15 t。

计算载荷 P＝设备质量＋吊钩质量＋吊索卸扣质量＝4.3＋0.35＋0.3＝4.95（t）

负荷率 e＝(P/Q)×100％＝(4.96/6.15)×100％＝80.5％；Q>P，满足吊装要求。

主吊钢丝绳：φ21.5－6×37＋1－140，四头使用；安全系数 K＝8，容许拉力 303.75 kN。

吊装平面图、立面图,如图 5.2-1、图 5.2-2 所示。

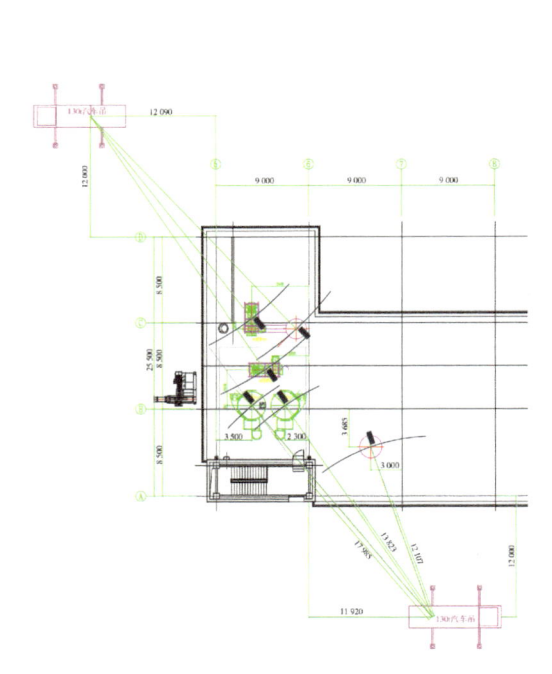

图 5.2-1　除尘器吊装平面图(单位:mm)

图 5.2-2　除尘器吊装立面图(单位:mm)

5.2.3　吊车技术资料

(1) 130 t(ZAT1300V753)吊车性能表,如表 5-1 所示。

表 5-1　130 吨吊车主臂额定起重量表　　　　　　　　　　　　　单位:t

工作幅度(cm)	臂长(m)										工作幅度(cm)
	55.1	55.1	55.1	55.1	59.7	59.7	59.7	64.3	64.3	68.9	73.5	
10	14.6	17.5	21.4	26.1								10
11	13.8	16.5	20.3	25.5								11
12	13.0	15.6	19.4	24.7	14.0	17.0	20.5					12
14	11.7	14.2	17.4	20.5	12.8	16.5	19.2	13.5	15.7			14
16	10.6	12.9	15.0	14.5	11.7	15.0	14.8	12.5	15.8	13.0	9.6	16
18	9.6	11.8	12.0	11.7	10.7	13.8	12.0	12.0	13.0	12.8	9.6	18
20	8.8	10.7	10.0	9.5	9.8	10.5	10.4	11.7	10.2	11.0	9.4	20
22	8.0	9.0	8.5	8.0	9.0	8.8	8.0	9.3	9.0	8.9	9.0	22
24	7.5	8.0	7.0	6.5	8.0	7.5	6.7	8.0	7.0	8.0	7.7	24

支腿全伸 7.8 m,20 t 配重、全方位、360°作业

(续表)

工作幅度(cm)	臂长(m)										工作幅度(cm)
	55.1	55.1	55.1	55.1	59.7	59.7	59.7	64.3	64.3	68.9	73.5	

支腿全伸7.8 m,20 t配重,全方位、360°作业

工作幅度(cm)	55.1	55.1	55.1	55.1	59.7	59.7	59.7	64.3	64.3	68.9	73.5	工作幅度(cm)
26	7.0	6.7	6.0	5.5	7.0	6.4	5.6	6.8	6.0	6.4	6.8	26
28	6.5	5.8	5.0	4.5	6.0	5.4	4.7	5.8	5.0	5.4	5.5	28
30	5.5	5.0	4.2	3.6	5.5	4.6	4.0	5.0	4.3	4.6	4.7	30
32	5.0	4.3	3.6	3.0	4.6	4.0	3.3	4.3	3.5	3.9	3.9	32
34	4.2	3.7	3.0	2.4	4.0	3.3	2.6	3.7	3.0	3.2	3.3	34
36	3.7	3.2	2.4	1.8	3.5	2.7	2.0	3.0	2.4	2.8	2.8	36
38	3.2	2.7	2.0	1.4	3.0	2.3	1.6	2.6	1.9	2.3	2.3	38
40	2.8	2.3	1.6	1.0	2.6	1.9	1.2	2.2	1.4	1.9	1.9	40
42	2.4	1.8	1.2		2.2	1.5		1.8	1.2	1.5	1.5	42
44	2.0	1.6			1.9	1.1		1.5		1.2	1.2	44
46	1.7	1.3			1.6			1.2				46
48	1.4	1.0			1.2							48
50	1.1											50
52	1.0											52
倍率	3				3			2	2	2		倍率
吊钩	25 t											吊钩
伸缩方式 Ⅰ	1	1	2	3	2	2	3	2	3	3	4	Ⅰ 伸缩方式
Ⅱ	2	3	3	3	3	3	3	3	3	3	4	Ⅱ
Ⅲ	3	3	3	3	3	3	3	3	3	3	4	Ⅲ
Ⅳ	3	3	3	2	3	3	3	3	3	3	4	Ⅳ
Ⅴ	3	3	3	2	3	3	2	3	3	3	4	Ⅴ
Ⅵ	3	2	2	2	3	2	2	3	2	3	4	Ⅵ

注:主臂不带副臂。

(2)吊装使用主要机具,如表5-2所示。

表5-2 主要机具一览表

序号	名称	规格、型号	单位	数量	备注
1	汽车吊	130 t	台	1	
2	汽车吊	25 t	台	1	
3	钢丝绳	$\varphi 21.5-6\times37-1700$	副	3	8 m/根
4	卸扣	5 t	只	6	

5.2.4 设备吊装

(1)除尘器、离心风机等本体较大、较重、就位高度高,吊装时选择合适的吊点,保证安全。必要时钢丝绳包裹,避免损伤设备表面油漆。除尘器吊装如图5.2-3、图5.2-4所示。

图 5.2-3　主吊将除尘器竖立　　　　图 5.2-4　除尘器吊装

（2）除尘器起吊前，缆风绳、护笼等附件在地面组装完成，减少高空作业。如图5.2-5、图5.2-6所示。

图 5.2-5　除尘器吊装就位　　　　图 5.2-6　护笼、缆风绳在吊装前安装

5.3　设备安装

（1）除尘器筒体较大，安装时除设备本体自带支架外，为满足承重需求，需额外增加支撑、斜撑等，保证除尘器安装安全可靠。

（2）除尘器、离心风机根据设计图纸安装在相应的层高处，主体支撑架应与钢结构焊接（满焊）牢固，混凝土楼面基础应使用化学锚栓固定。如图 5.3-1、图 5.3-2 所示。

图 5.3-1　与钢结构基础焊接　　　　图 5.3-2　与混凝土基础预埋件焊接固定

（3）风管的长度应根据现场施工做适当的修整，焊接或法兰连接应协同业主进行确定。如图 5.3-3、图 5.3-4 所示。

图 5.3-3　风管编号　　　　图 5.3-4　风管安装准备

（4）风管水平管固定支架安装。垂直风管须在每个楼层用槽钢或角钢固定。如图 5.3-5、图 5.3-6 所示。

图 5.3-5　风管安装　　　　图 5.3-6　风管安装

（5）所有风管法兰连接部分要求用铜质跨接线做防静电跨接。

（6）除尘器的进风口和出风口应配有便于粉尘浓度检测的检测孔，并在合适位置焊接快开门。如图5.3-7、图5.3-8所示。

图5.3-7　安装快开门　　　　　图5.3-8　粉尘浓度检测孔

（7）压缩空气管道连接到除尘器合适位置，供脉冲阀使用，管路上调节压力大小的三联体、压力表、泄压阀及附件安装。如图5.3-9～图5.3-12所示。

图5.3-9　附件安装　　　　　图5.3-10　支撑构件安装

图 5.3-11　压缩空气管道安装　　　　图 5.3-12　风管阻火阀安装

（8）长度不大于 6 m 的除尘风网直风管安装法兰，使用螺栓连接；长度大于 6 m 的风管每隔 6 m 加装清理口，并考虑便于操作。

（9）风管和顶壁、墙壁、支柱或楼面之间的间隙应不小于 100 mm。

（10）支风管与主风管的连接应从主风管上方或侧面进行，并顺向吸风的运动方向，安装角度不大于 30°。如安装困难，可会同业主调整，安装角度不大于 45°。

（11）散料包装吸尘点与管道的过渡区应设计成过渡角在 90°～120°之间。

（12）除尘风网的安装应根据业主要求在风网的合适位置加装快开门、通风蝶阀及插板阀。

（13）除尘风网安装支架应采用专用的风网抗震支架，支架方便调节，支撑强度能够满足不同管径及重量；支架与钢结构焊接牢固。

（14）离心风机安装时应进行校正，平行度、水平度在 0.1 mm～1 000 mm 范围之内，减小振动。

减速机及工艺管道安装及调试，如图 5.3-13～图 5.3-16 所示。

图 5.3-13　减速机安装　　　　图 5.3-14　联轴器调试

图 5.3-15　除尘器风管安装　　　　　　图 5.3-16　缆风绳固定

6　质量安全保证措施

（1）除尘器设备吊装，作为榨油厂工程设备吊装的一部分，严格按方案实施。

（2）做好图纸会审，严格按照设备图尺寸复核设备基础，遇到问题提前纠正。

（3）特种作业人员持证上岗。登高作业人员，应经体检合格，方可上岗。操作时佩戴安全带，并系挂在安全可靠的物体上，脚手板、脚手架应坚实稳固。

（4）施工中，随时清理现场，清除障碍物，便于操作。

（5）吊装前，办理吊装作业票。明确作业班组成员分工，对班组成员进行安全技术交底。

（6）准备工作完成后，班组长负责检查设备吊耳的焊接质量，索具设置的正确性。

（7）试吊要求：在一切工作准备完毕并经检查无误后必须试吊。试吊时将设备吊起 0.2 m，静置 10 min，对机械各受力部位及吊装索具各环节进行检查，经确认合格后再正式起吊。

（8）吊装时指挥命令明确，信号传递清晰，各岗位协调动作。就位时，就位人员必须与吊装指挥密切配合，指挥抬高或降落要及时。

（9）在起吊过程中，任何人不得在重物之下和受力索具附近逗留、通过。不允许有人随同重物升降。

（10）起重作业现场需设有明显的标志，拉设警戒线，并有专人护卫，非施工人员不得擅越入内。

7　结语

除尘器作为榨油厂工程众多塔式设备之一，位于车间屋面，安装高度高，吊装及安装施工难度和危险性较大。施工安装过程中，经过统筹车间结构施工及总体设备安装流程，编制切实可行的施工方案，严格测量和控制安装精度，顺利完成除尘器设备吊装及安装任务，保证了榨油厂工程的总体进度，也为同类工程施工积累了经验。

粮油产业园综合管网施工安装技术

1 工程概况

1.1 概述

中粮广东产业园，位于广东省珠江口狮子洋北岸，总用地面积33.8万 m²，建筑面积22万 m²，包括榨油厂、精炼厂、大米厂、面粉厂、磷脂厂等。本期工程分为中粮（东莞）粮油工业有限公司厂区工程5 000 t/d饲料蛋白加工厂预处理车间、5 000 t/d饲料蛋白加工厂浸出车间配套综合管网及管架、产业园区至码头区域的管架、动力中心蒸汽站改造等部分。管网工程于2019年8月5日开工，2020年3月11日竣工。

图 1.1-1　中粮广东产业园精炼厂　　　　图 1.1-2　产业园油管廊及油罐区

1.2 油管道安装

油管道安装，包含码头至1♯罐区、1♯罐区至2♯罐区棕榈油输送管道，榨油二厂至1♯罐区毛油管道，精炼二厂与1♯、2♯、3♯罐区连接油管道。

1.3 压力管道安装

压力管道安装包含产业园至码头区域的压力管道安装（φ108×4）、动力中心至榨油二厂蒸汽管道(φ478×10)、动力中心至精炼车间蒸汽管道(φ159×4.5)、动力车间改造四个部分。

蒸汽管道工作压力 1.0 MPa，工作温度为 180℃，管道直径 DN100～450，材质 20#，DN100 长度约为 1 100 m，DN150 长度约 110 m，DN450 长度约 380 m。蒸汽管道 GC2 为 5% 无损检测。

1.4 公辅管道安装

公辅工程管道：污水、压缩空气、中水软化水、自来水管道、消防水管道等。

2 管网安装施工流程

管道施工，遵循先地下后地上、先设备后系统连接、先高压后低压、先预制后组装、装置区域同步进行安装的原则。施工流程如图 2-1 所示。

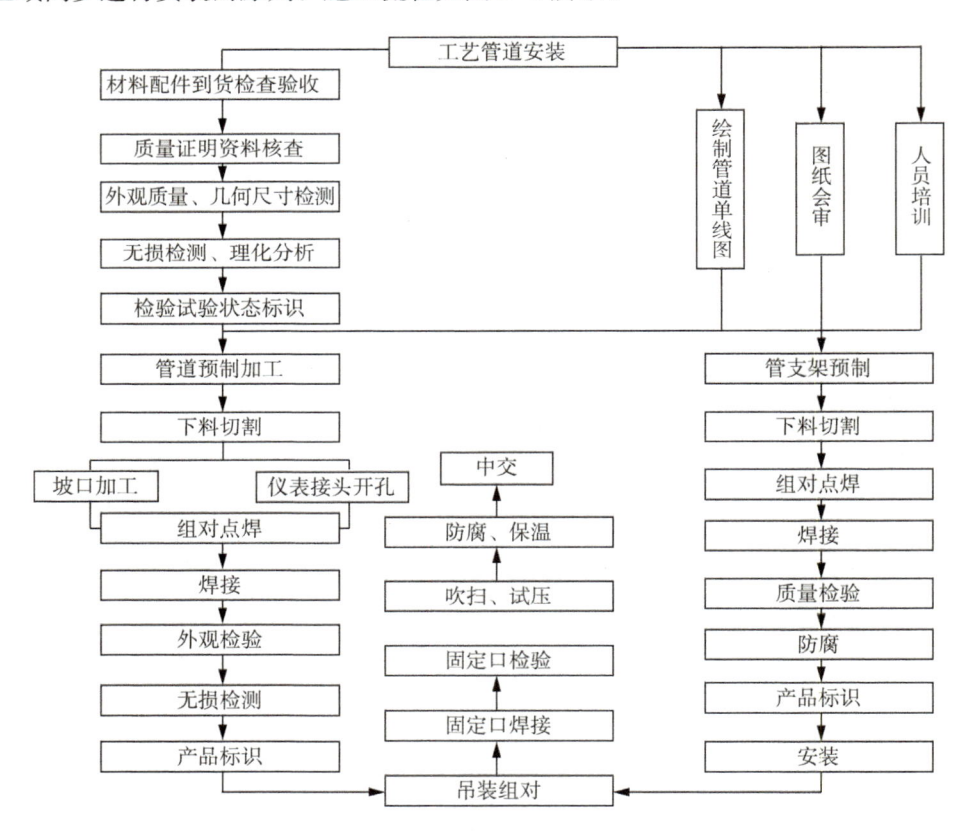

图 2-1 管网安装施工流程图

3 管网安装难点分析

3.1 新建榨油厂与已投产厂衔接

榨油厂综合管网是厂区的血液系统和神经系统,施工质量极为重要,直接关系到整个榨油厂及产业园区的正常运行。

3.2 不得影响正常生产

本工程管网管道施工,是在厂区正常生产情况下进行的。因榨油厂浸出车间易燃易爆特点,施工动火等作业需要严格管控。工程施工前首先与业主协商,取得生产与物流等部门同意,得到业主理解与支持,在保证厂区正常生产的前提下进行。

3.3 提前筹划

管网施工需要占用部分路面。管道施工完成管道无损检测时,特别是管网连通等环节,需要全厂统筹安排,在停产检修时进行,提前做好筹划。

3.4 焊接质量与变形控制

管道施工中,管道焊接质量与变形控制是关键。在施工过程中,焊接变形是由于焊缝被高温加热急剧膨胀,冷却后焊接处收缩和弯曲。若变形超过规范标准及设计文件许可范围,不仅会影响外观,还会影响使用功能,安全性能下降。管道变形需严格控制在允许范围内,保证管网正常使用。

4 施工准备与资源配置

4.1 技术准备

依据合同文件和招标文件等要求,组织编制施工方案。
依据法规及规范:
(1) GB 50184—2011《工业金属管道工程施工质量验收规范》;
(2) GB 50316—2000《工业金属管道设计规范(2008 版)》;
(3) GB 50727—2011《工业设备及管道防腐蚀工程施工质量验收规范》;
(4) GB 50236—2011《现场设备、工业管道焊接工程施工规范》;
(5) GB 50264—2013《工业设备及管道绝热工程设计规范》;
(6) 《特种设备安全监察条例》;
(7) 《压力管道安全管理与监察规定》;
(8) GB 50017—2017《钢结构设计标准》。

4.2 施工准备

4.2.1 工业管道安装前，施工技术人员认真研读图纸及技术说明文件，踏勘现场。

4.2.2 各专业技术人员参加由设计单位、建设单位、监理组织的图纸会审、技术交底。

4.2.3 各专业技术人员向操作层进行详细的安全技术交底，并办理有关手续。

4.2.4 对现场的材料应按材料清单进行清点。检查产品质量保证书、合格证、型号、规格、标准、材质、技术参数、数量是符合设计要求。

4.2.5 柱钢筋混凝土基础达到要求强度，测量复核尺寸达到设计要求。

4.3 资源配置计划

4.3.1 劳动力需求计划，如表4-1所示。

表4-1 劳动力需求计划表

工 种	按工程施工阶段投入劳动力情况（2019年）8—12月					按工程施工阶段投入劳动力情况（2020年）1—3月		
	8月	9月	10月	11月	12月	1月	2月	3月
桩机工	15	15	0	0	0	0	0	0
钢筋工	5	10	10	0	0	0	0	0
混凝土工	5	10	15	10	5	0	0	0
木工	5	10	15	15	5	5	5	5
瓦工	5	10	10	10	6	6	6	6
铆工	6	10	20	20	10	4	4	4
架子工	4	4	4	6	6	8	8	8
电焊工	6	8	8	12	12	12	6	2
管工	2	10	24	24	12	12	8	6
钳工	2	2	2	4	4	2	2	0
电工	2	4	4	8	8	12	12	4
仪表工	2	2	2	2	2	14	14	2
油漆保温	6	6	6	18	18	18	18	10
起重工	2	2	2	4	4	4	2	2
辅助人员	4	6	6	6	6	6	6	6
探伤人员	1	1	1	1	1	1	1	1
合计	72	110	129	140	99	104	92	56

4.3.2 主要机具使用计划,如表 4-2 所示。

表 4-2　主要施工机具使用计划表

序号	设备名称	规格型号	数量	产地	制造日期	额定功率(kW)	备注
1	叉车	CPCD5　5 t	1	苏州	1989.10	63	
2	交流电焊机	BX3-400	10	温州	2008.5	18	
3	可控硅整流焊机	ZX5-400	10	上海	2009.1	22	
4	电动空压机	N-0.36/7	2	南京	2007.8	3	
5	电动液压弯管机	WYQ-10Φ27-108	2	泰州	1998.6	1.1	
6	电动试压泵	4D-SY　6 MPa	2	浙江	2008.7	3	
7	砂轮切割机	Φ400	16	浙江	2003.8	0.75	
8	焊条烘干箱	YGCH-100 500℃	4	吴江	2005.6		
9	倒链	3 t	6				
10	倒链	2 t	4				
11	倒链	1 t	6				
12	卡环	10 t	4				
13	卡环	5 t	4				
14	角向磨光机		10				
15	电锤		8				
16	液压开孔机	Φ15～100 mm	6				
17	直线切割机		3			1.0	
18	电动套丝机	TQ-4	4			1.1	
19	液压弯管器	DB4-11.5-2	6			1.1	
20	液压压线钳	16～185 mm²	8				

4.3.3 配备试验和检测仪器设备,如表 4-3 所示。

表 4-3　试验和检测仪器设备表

序号	仪器设备名称	型号规格	数量	备注
1	经纬仪	J6	2	
2	水准仪	S3	4	
3	条式水平仪	0～400 mm	14	
4	百分表	5 mm　0.01 mm	15	
5	百分表	0～10 mm	12	
6	焊缝检验尺	65°×30 mm	12	
7	焊缝检验尺	70°×40 mm	12	
8	钢板尺	500 mm	20	
9	钢板尺	1 000 mm	24	

(续表)

序号	仪器设备名称	型号规格	数量	备注
10	直角尺	250×500 mm	20	
11	钢卷尺	5 m	20	
12	钢卷尺	0~30 m	12	
13	钢卷尺	0~50 m	12	
14	压力表	1.6 MPa	4	
15	压力表	0~6.4 MPa	4	
16	压力表	0~25 MPa	4	
17	压力表	0~10 MPa	4	
18	测振仪	XZ-2 0—2 000 N	2	
19	台式压力表	YBI-254 —0.1—0 MPa	1	
20	电气调试设备		1	
21	仪表调试设备		1	

5 钢结构综合管架安装

5.1 安装工艺流程

地脚螺栓复测 → 钢构件卸车 → 构件进场检验 → 钢柱吊装就位 → 地脚螺栓临时紧固 → 缆风绳拉结稳固 → 钢柱轴线位置、垂直度调整 → 钢柱螺栓和柱脚压板紧固、焊接 → 下一钢柱安装 → 钢柱间系杆安装 → 形成稳定格构体系。

5.2 安装要求

(1) 钢结构安装必须保证结构稳定性。
(2) 钢结构管架安装按相邻两个基础组成一个安装单元,若干个单元组成管廊。
(3) 钢结构工程安装前,应按构件明细表核对进场的构件,查验产品合格证和技术文件。
(4) 钢结构安装工程检验批应在进场检验和焊接连接、紧固件连接、制作等分项工程验收合格的基础上进行验收。
(5) 测量安装偏差,在结构形成空间刚度单元并连接固定后进行。
(6) 在结构形成空间刚度单元后,应及时对柱底板和基础顶面的空隙进行细石混凝土、灌浆料等二次浇灌。
(7) 结构安装时,必须控制施工荷载,严禁超荷载。

5.3 管架安装

(1) 本工程属于连续成排结构管架。预制构件到达现场后,根据构件安装位置就近卸车,地面上提前放置好垫木,卸车时注意对油漆的保护。
(2) 地面拼装前,先组织人员安装立柱。单根立柱就位后,找平找正,将地脚螺栓固定，保证立柱安全不倾翻。钢柱吊装前应在地面上固定好临时脚手架、攀登梯子，划好中心标高三角标记，挂好固定缆风绳。在立柱安装的同时，开始进行梁的地面组装，梁的拼装方向与就位时的方向相同。

（3）在地面拼装完成一定量的条件下，开始进行梁的吊装，两台吊车同时施工，从管架基础的一端依次推进。吊车选用 25 t 汽车吊，吊装钢丝绳长 12 m，吊装时顶部夹角＜60°，同时，起吊时需平稳操作，保证构件不产生塑性变形。

（4）构件就位后，连接螺栓在 24 h 内完成。管架安装如图 5.3-1～图 5.3-10 所示。

图 5.3-1　钢结构管架安装

图 5.3-2　跨路钢结构桁架管架安装

图 5.3-3　管道吊装与安装

图 5.3-4　通往成品油罐区管架安装

图 5.3-5　通往发油平台管廊

图 5.3-6　钢结构排架安装

图 5.3-7　钢结构管廊施工 　　　　图 5.3-8　钢结构排架安装施工

图 5.3-9　通往精炼厂管道安装 　　图 5.3-10　榨油一厂与二厂之间管道安装

6　管道安装施工要点

6.1　施工要点与难点

本项目难点为口径较大的蒸汽管道及有通球试验要求的棕榈油输送管道。压力管道为低压蒸汽管道,最大口径为 $\Phi 478\times 10$ mm,管道热力补偿采用旋转式补偿器。旋转补偿器安装时前后补偿器之间应存在推力角,补偿器位于管道轴线两侧,与管线呈 80°～85°为最佳。如图 6.1 所示。

图 6.1　旋转补偿器

6.2 材料进场验收

本项目使用的压力管道材料包含管道、管件,材料表面须标识出厂炉号、执行标准、规格,且须与质保书对应。如图 6.2-1 所示。

图 6.2-1　管材标识

6.3 管道安装

6.3.1　必须严格按照压力管道要求施工,焊接步骤如下:

(1)焊前准备。打坡口,坡口角度及所留钝边厚度均应严格按照规范要求,本项目由于工程量较小,未采用坡口机进行管道坡口施工,而是采用人工热切割处理坡口。在进行焊接前,坡口内外壁处需打磨光滑,焊接采用氩电联焊,打磨宽度大于 50 mm。

(2)焊接。焊材采用与管道材质相对应的焊材,低压管道采用 J427 焊条。

(3)焊条使用前烘干。烘干温度 300℃～350℃,加热时间 1 h。焊条采用保温桶保温,随用随取。焊接过程严格按照焊接工艺要求施工。管道安装在外管架上,为减少固定口的施工,管道在地面三节为一个吊装段进行安装。如图 6.3-1～图 6.3-4 所示。

图 6.3-1　管材准备　　　　　　　　图 6.3-2　管道加工

图 6.3-3　管道焊接　　　　　　　　图 6.3-4　管道吊装

6.3.2　焊缝标识

焊接完成后需在焊缝处做标识，如标注固定口（G），方便后期检测。本项目检测比例为 5%，合格标准为二类焊缝，其中固定口检测比例不低于本规格管道检测口的 40%。如图 6.3-5 所示。

图 6.3-5　管道焊缝处做标识

6.4　管道牵引

为了节约空间资源，部分管道需布置在一期工程的管架上。原管架内已经布置了管道，二期管道要从管廊架的中间插入，施工难度较大。施工时采用卷扬机牵引法进行管道的安装。

在管道头部焊接牵引装置，防止管道垂头，避免在牵引过程中卡在管架结构上。施工过程中管架上要分段安排人员，观察管道前进过程中是否遇到阻塞。牵引装置如图 6.4-1 所示。棕榈油管道安装，如图 6.4-2 所示。

图 6.4-1　管道牵引装置　　　　　　图 6.4-2　棕榈油管道安装

6.5 棕榈油管道施工

(1) 本项目共设四根棕榈油管道,管道规格为 Φ325×7 mm,所有管道弯头采用 3D 弯头。如图 6.5-1 所示。

(2) 棕榈油管道施工与普通管道施工过程一样,区别在于棕榈油管道设有通球装置。

(3) 由于棕榈油很容易凝结,所以每次管道使用过后,都必须有通过通球的过程,来将管道内的残留物进行清理,这样对管道对口的要求及焊缝内壁成形要求较高。

(4) 通球装置的球体与管道内径是一致的,如遇到焊瘤、错口等,球会堵塞在管道中,维修成本极高。在施工过程中对于焊接对口需严格控制,管道采用氩弧焊打底。

(5) 管道焊接完成后需用压缩空气吹扫、打靶。泵房内景如图 6.5-2 所示。

图 6.5-1 棕榈油管道弯头   图 6.5-2 泵房内景

(6) 由于管道输送距离较远,设计要求在管道中段增加一套加压装置。增加装置系统主要是在每根输油管线上增加一台接力泵来给管道加压,如果要增加旁通必然需要增加三通,由于设计未要求安装三通阀,只能在管道本体开设三通口。三通口切割时不可将三通处管道完全切割,需留出通球轨道,否则通球时球体会垂落卡塞在三通口。轨道切割完后必须打磨光滑。

6.6 管道检测

6.6.1 管道检测依据及方法,如表 6-1 所示。

表 6-1 工艺管道安装检测内容及方法

序号	项目名称	检验和试验的依据	检验和试验的方法	检查人	备注
1	管道安装	现行规范	吊线检查、水平尺、钢卷尺、焊口 X 光抽检探伤	质检员、施工员	控检
2	管道水压试验	现行规范	电动试压泵	质检员、施工员、业主共检	停检
3	管道系统清洗	现行规范	进出口水质检查	质检员、施工员	控检
4	蒸汽管道吹扫检查	现行规范	靶板检验	质检员、施工员、业主共检	停检
5	管道保温	现行规范	探针外观检查	质检员、施工员	控检
6	管道的除锈及油漆	现行规范	目测及工具检测	质检员、施工员	控检

6.6.2 无损探伤检测

(1)焊缝外观:由现场焊接施工人员负责,对每道焊缝进行外观检查,并填写外观检查记录,绘制焊口分布图。

(2)无损探伤:按规范要求由现场施工人员、质检员与探伤人员共同商定,确定探伤焊口。如图6.6-1、图6.6-2所示。

图 6.6-1　管道焊缝探伤机安装

图 6.6-2　管道焊缝无损检测

(3)管道外观检查:由现场施工人员负责检查班组记录,并组织修改,填写检验评定表。

管道焊缝检查等级按 GB 50184—2011《工业金属管道工程施工质量验收规范》中8.1.1条规定进行划分。管道拍片比例应符合 GB 50184—2011《工业金属管道工程施工质量验收规范》规定。详见表6-2。

表 6-2　管道焊缝无损检测的检验比例

焊缝检查等级	Ⅰ	Ⅱ	Ⅲ	Ⅳ	Ⅴ
无损检测比例(%)	100	≥20	≥10	≥5	—

焊缝的质量等级不低于Ⅱ级,当设计文件有规定时,按照设计文件的规定执行。

(4)管网施工完成后,请第三方检测单位对管道焊接质量进行检测。

检测单位对综合管网的蒸汽管（$\Phi 480\times 8$ mm）管道 88 道对接接头中的 5 道进行检测，检测比例 5.6%；固定焊口检测 3 道，占总检测量比例 60%；初检 2 道缺欠超标，其中对编号 19G 进行割口重焊、25#进行一次返修后复检，并扩探 4 道，检测结果按 NB/T 47013.2—2015《承压设备无损检测 第 2 部分：射线检测》中的Ⅲ级要求，最终评定合格。检测报告如表 6-3 所示。

表 6-3 射线检测报告 1

工程名称	中粮（东莞）粮油工业有限公司厂区工程二期总图综合管网		指导书编号：CDGZ-20RT-Z			
建设单位	中粮（东莞）粮油工业有限公司		报告编号：CDGZ-20RT-B			
安装单位	江苏省工业设备安装集团有限公司		单元名称：蒸汽管道安装			
检件规格	检件材质 20#		坡口形式 V		焊接方法氩弧焊＋手工电弧焊	
检测部位及编号	片位号	透照日期	缺欠性质	缺欠长度	评定级别	备注
WGA-015G	1～2	20.07.15			Ⅰ级	
	2～3	20.07.15			Ⅰ级	
	3～4	20.07.15			Ⅰ级	
	4～5	20.07.15			Ⅰ级	
	5～6	20.07.15			Ⅰ级	

6.7 管道水压试验

管道水压试验前需在管道最高点设置排气阀，管道起始段及末端均设有已检测合格的压力表。进水时将排气阀打开，水进满后关闭阀门打开加压泵加压。本项目试验压力设为 1.65 MPa，升压时按照规范要求逐级升压、稳压、观察，达到试验压力后稳压至 24 h 即可。

7 防火防爆

（1）管道切割及焊接动火作业多，管道安装过程中，由于要经过防爆车间，火花不能进入到车间范围内，现场采用高挂防火毯、专人监护等措施，确保安全施工。

（2）金属切割与焊接作业时防火、防爆工作要严格按业主和监理单位的有关规定办理动火证，并对动火周围的易燃易爆物应彻底清理干净。如附近沟池等地可能存在可燃气体、液体时，应采取有效的安全措施。

（3）焊工应经过特殊工种安全教育，经考核合格后持证上岗。施工前进行详细安全技术交底和培训。如图 7-1、图 7-2 所示。

（4）使用角向磨光机时应检查设备漏电保护器和线路绝缘情况，砂轮片是否有破损或裂纹，打磨时要戴护目风镜和口罩。

（5）室内焊接时要有良好的通风排烟措施。

（6）高空施焊时应有高空劳动保护措施，佩戴安全带、安全帽。小型工具应摆放在可靠部位，以防从高空落下。

图 7-1　施工现场专人安全监护　　　　图 7-2　施工前安全技术交底与培训

（7）在金属容器内或金属结构上焊接，必须将防护用品穿戴整齐，脚下垫橡胶板或其他绝缘衬垫。

（8）施工现场严格对电焊、照明，使用临时电源、临时电线，包括使用电钻、砂轮等进行用火管理。

（9）高处作业必须拉设安全防护绳索，工人系好安全带，高挂低用。避免高空作业交叉进行。

（10）地处广东东莞，台风频发，须及时关注天气预报，应对台风来袭。遇有六级以上的大风、暴雨等恶劣天气时，停止作业。

8　结语

本工程在施工前，详细踏勘现场，认真研读设计图纸；对钢结构管架和管道深化设计，优化管道安装排布，严格控制材料；从钢结构基础开始，严格控制标高、几何尺寸，实现基础、管架、设备、管道的精确定位。施工中严格按照焊接工艺报告执行，确保焊接质量。经过 7 个月的紧张施工，综合管网工程顺利竣工验收并投入使用，为同类工程施工提供借鉴。

SolidWorks 在榨油厂工程施工中的应用

1 SolidWorks 介绍

1.1 SolidWorks 特点

SolidWorks 是一款功能强大的三维建模软件，包含许多组件。其易于学习和使用的特质，使 SolidWorks 成为领先的主流三维 CAD 解决方案。SolidWorks 可以提供不同的设计解决方案，减少设计错误，提高产品质量。

对于熟悉微软 Windows 系统的人来说，SolidWorks 可以很快上手。SolidWorks 独特的拖放功能使用户能够在相对较短的时间内完成大量的装配设计。通过 SolidWorks，用户可以在更短的时间内完成更多的工作，并更快地将高质量的产品推向市场。

SolidWorks 是目前市场上三维 CAD 解决方案中简便易行的软件之一。著名咨询公司 Daratech 评论，SolidWorks 是基于 Windows 平台的三维 CAD 软件中最著名的，也是快速增长的市场领导者。

SolidWorks 具有强大的设计功能，易于使用操作（包括 Windows 风格的拖放、点击、剪切/粘贴），在使用过程中，整个产品设计 100% 可编辑，零部件设计、装配设计和工程图都是全关联的。

1.2 SolidWorks 建模原理

SolidWorks 的零件建模基于实体特征，通过拉伸、旋转、抽壳、阵列、镜像以及打孔等操作来实现产品的设计。通过草图编辑和不同的特征效果由面成体，通过简易的拖放可以进行快速建模和修改。

SolidWorks 有单独的钣金设计模块，提供了顶尖的、全相关的钣金设计能力。可以直接使用各种类型的法兰、薄片等，正交切除、角处理以及边线切口等钣金操作变得非常容易。

SolidWorks 自带标准件库和材料属性库。软件里默认是 ANSI 标准，如需要用到国标型材，可以在指定文件夹添加型材库。如果需要增加软件中没有的材质，可以通过在软件中编辑各种属性数值获得。

1.3 SolidWorks 插件

1.3.1 PhotoWorks

PhotoWorks 是与 SolidWorks 完全集成的高级渲染软件。软件用于产品真实效果的渲染，可产生高级的渲染效果图，该软件使用非常方便，设计人员可以利用渲染向导一步步完成零件或装配真实效果的渲染。

利用 PhotoWorks 可以进行以下几种渲染：设置模型或表面的材质和纹理，为零件表面贴图，定义光源、反射度、透明度以及背景景象，利用现有的材质和纹理定义新材质或纹理，图像可以输出到屏幕或文件，可以进行实时渲染。

1.3.2 Toolbox

Toolbox 是与 SolidWorks 完全集成的智能化标准零件库。Toolbox 提供了如 ISO、DIN 等多标准的标准件库。利用标准件库，设计人员不需要对标准件进行建模，在装配中直接采用拖动操作就可以在模型的相应位置装配指定类型、指定规格的标准件。设计人员还可以利用 Toolbox 简单地选择所需标准件的参数自动生成零件。

1.3.3 SolidWorks Motion

SolidWorks Motion 是运动仿真分析工具，用来模拟机械结构的运动。SolidWorks Motion 可帮助研究接触力和摩擦等物理数据，在设计周期的早期测试和完善设计。SolidWorks Motion 简化了快速开发更多备选设计的过程。

1.3.4 SolidWorks Simulation

SolidWorks Simulation 是与 SolidWorks 完全集成的设计分析系统。SolidWorks Simulation 提供了单一屏幕解决方案来进行应力分析、频率分析、扭曲分析、热分析和优化分析。其结果的准确度取决于夹具、载荷和材料属性。为了让结果更加接近实际，软件中模型被定义的材料属性必须准确描述零件材料特性，夹具与载荷也必须准确地还原零件的工作环境。

2 SolidWorks 施工应用实例

2.1 浸出车间室外风管

大型榨油厂工程，由于风管外径大、跨度大、暴露室外，难以提供合适的工作面，故采用场外预制、现场吊装安装的方式。为一次安装成功，对三维设计的合理性和准确性、现场设备安装精度、管道预制精度均有很高要求，结合 BIM 整体设计和 SolidWorks 深度优化，对各管段长度、法兰相对偏角、弯头角度进行确定，形成场外加工图。

2.1.1 风管定位

浸出车间共六台沙克龙，现用其中两台沙克龙与屋面水洗塔之间的风管举例，主管段管外径为 Φ1 220 mm。

如图 2.1-1 红框中两个沙克龙，布置图上标注中到中距离 3 000 mm，为保证预制件能够一次安装成功，避免二次加工，现场让工人爬上沙克龙测量，中到中距离 2 965 mm。

通过现场测量可知，沙克龙出风口中心和水洗塔进风口中心相对坐标 $P=(3\,990, -9\,500, 18\,390)$，由于沙克龙出风口制作裤衩形三通预制件，扣除其高度 2 320 mm，沙克龙出风口三通中心和水洗塔进风口中心实际相对坐标 $Po=(3\,990, -9\,500, 16\,070)$，可以据此通过草图功能绘制起点终点。如图 2.1-2 所示。

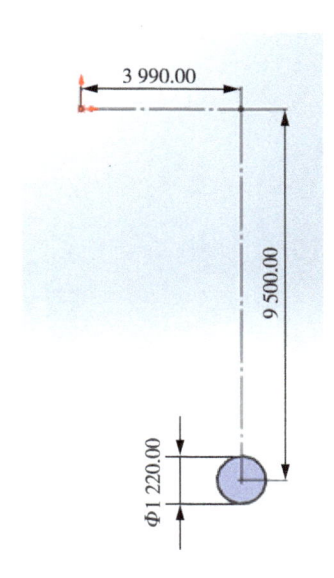

图 2.1-1　沙克龙平面布置图(单位:mm)　　图 2.1-2　沙克龙与水洗塔风口坐标草图(单位:mm)

2.1.2　风管绘制

由于空间受限,沙克龙出口风管往上无法只用一根斜管直接接入水洗塔,为保证风量,设计两段斜管倾角均为 30°,由此确定沙克龙自三通向上风管的第一个弯头为 60°的 1D 弯头,且进入水洗塔的弯头为 120°的 1D 弯头。受钢结构影响,60°弯头朝向为 y 轴负方向,120°弯头朝向为 y 轴正方向逆时针旋转 45°。通过草图绘制引导线,再使用扫描成型。

如图 2.1-3、图 2.1-4 所示。

图 2.1-3　　　　　　　　　　　　图 2.1-4

调整立管长度,使两段斜管轴线在同一平面内,调整间距,为中间弯头绘制做准备。方法为分别以"经过下方斜管轴线"和"垂直于上方斜管横截面"作为限制条件创建基准面,修改立管拉伸长度使上方斜管横截面圆心经过该基准面,再以两斜管轴线绘制相切圆,半径 $r=1\,220$ mm,修改两段斜管的草图,使其长度只到切点,然后同样进行扫描绘制出三维图,如图 2.1-5～图 2.1-8 所示。

图 2.1-5

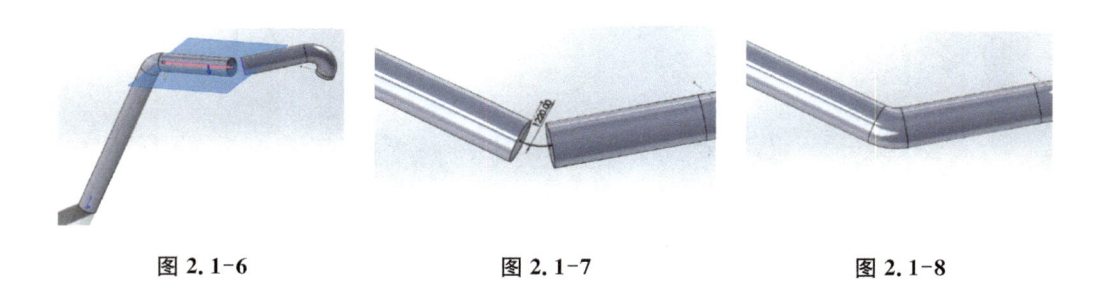

图 2.1-6　　　　　　　图 2.1-7　　　　　　　图 2.1-8

2.1.3　弯头角度和预制件上法兰角度的确定

通过智能尺寸功能,得到两斜管间弯头角度为 38.7°。因为场外预制时法兰会先焊好,为了保证法兰眼的配对不会对管道走向造成影响,需要对法兰进行精准定位,确定其与管件间的相对角度。

先自定义法兰正向情况如图 2.1-9 所示。

为便于加工,两段斜管的两头法兰均为 0°偏角安装。简化建模,直接使用拉伸切除命令得到法兰眼在弯头上的方位。如图 2.1-10 所示。

图示法兰方向为正

图 2.1-9

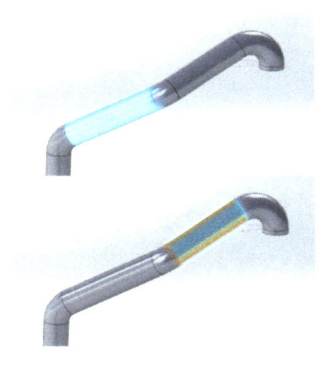

第二章
粮油工业设备安装技术

图 2.1-10 　　　　　　图 2.1-11　弯头(粗略)

获得图示形体,如图 2.1-11 所示。

对获得的形体进行"移动/复制"命令,使弯头的两个面均与上视基准面重合,将模型制作成工程图,得到初步的弯头法兰视图,人为加工图纸,画出法兰实际的样子,如图 2.1-12、图 2.1-13 所示。

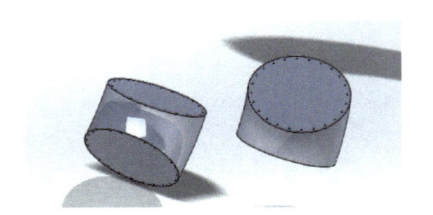

图 2.1-12 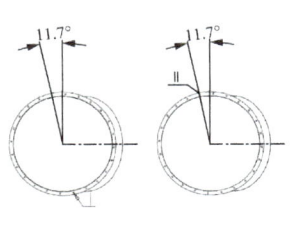　　　　　　图 2.1-13

2.1.4　风管深化与应力分析

配置风管材料为 304 不锈钢。

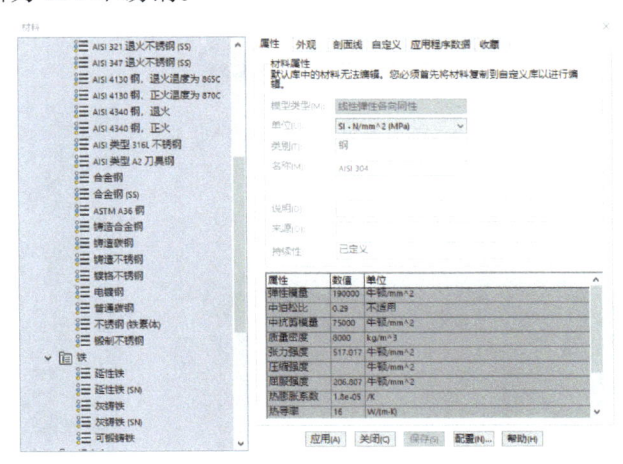

图 2.1-14　材料属性表

前面步骤绘制的模型是实心的,现使用抽壳命令,设置壳厚 6 mm,然后去掉顶头盲板得到空心管。

利用插件 SolidWorks Simulation 对风管进行应力分析，步骤为：模拟现场实际情况添加夹具。（图 2.1-15）

图 2.1-15　夹具　　　　图 2.1-16　外部载荷

添加外部载荷。风管除与沙克龙和水洗塔连接部位受到力的作用，外部载荷只有引力，所以只添加引力。（图 2.1-16）

对模型进行网格化并运行算例。

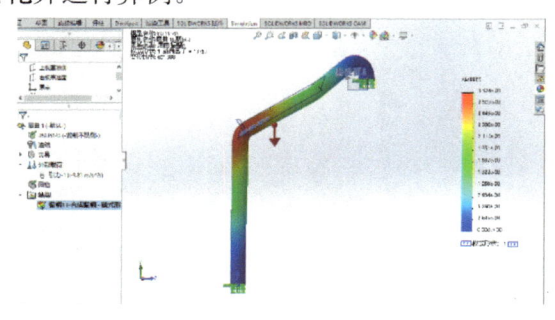

图 2.1-17　应力分析

由图 2.1-17 可知，应力集中在下方第一个 60°弯头处，制作时会考虑在内部增加支撑。

其他风管建模、分析的方式相同，不再赘述。

2.1.5　安装

风管管段现场组装，汽车吊吊到指定位置，两组工人分别在沙克龙和水洗塔上面对口，一次完成，没有偏差。（见图 2.1-18）

2.2　设备建模

为使模型中的元素更加全面，可以用 SolidWorks 对设备外形进行快速建模，如果有详细的构件图和装配图，可以一比一还原设备内部结构和连接形式。

图 2.1-18　风管安装（一次成功）

2.2.1 沙克龙建模

参考厂家提供的小样图,对建模形成一个初步的方案。由于沙克龙主体为对称的锥形结构,刨去顶部加筋、中间部位牛腿以及沙克龙的进风口,可以先对主体绘制一半草图,再使用"旋转凸台"命令得到主体外形,如图 2.2-1 所示。

图 2.2-1

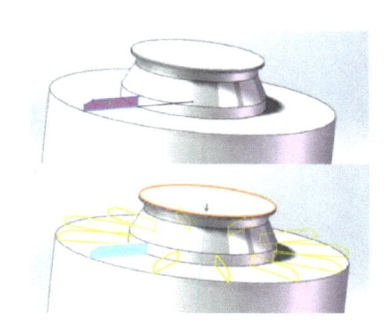

图 2.2-2

顶部筋板先用"拉伸凸台"命令绘制一个,再通过"圆周阵列"进行复制,简化建模过程。选择沙克龙出风口处对主体进行"抽壳"。如图 2.2-2～图 2.2-4 所示。

图 2.2-3

图 2.2-4

沙克龙进风口建模,方法可以采用绘制水平截面草图再"拉伸凸台",或者绘制竖直截面再"扫描",然后抽壳并绘制法兰。

沙克龙牛腿建模。覆板使用"包覆"命令,筋板使用"拉伸凸台"和"镜像",然后进行"圆周阵列"完成该部分建模。渲染后的沙克龙,如图 2.2-5、图 2.2-6 所示。

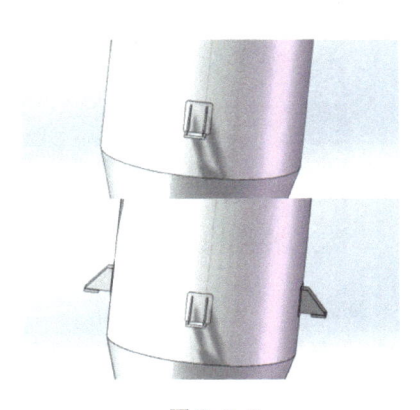

图 2.2-5

图 2.2-6

添加其他建好的设备和风管模型制作装配体,装配效果如图 2.2-7～图 2.2-9 所示。

图 2.2-7　　　　　　　图 2.2-8　　　　　　　图 2.2-9

2.2.2　豆皮仓漏斗建模出图

以豆皮仓底部漏斗为例,由于是需要现场加工制作并安装的非标设备,现结合结构图对漏斗进行设计建模,然后导出图形尺寸并优化成现场下料图。建模步骤不再赘述。如图 2.2-10～图 2.2-13 所示。

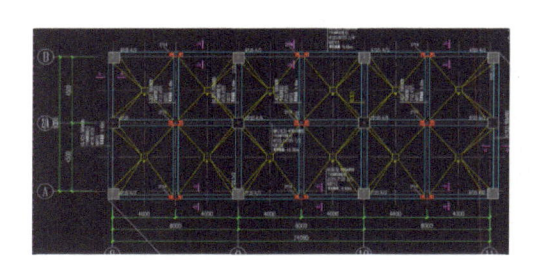

图 2.2-10　结构图上绘制豆皮仓漏斗草图　　　　图 2.2-11　漏斗建模

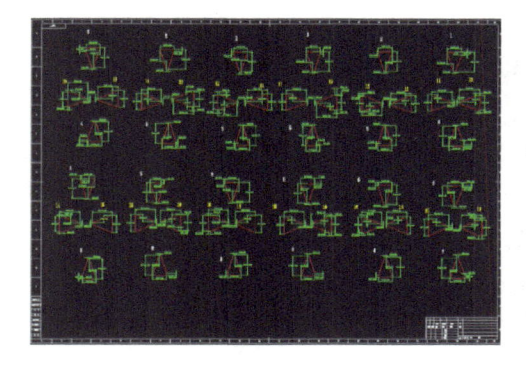

图 2.2-12　模型展开导出 CAD 图纸　　　　图 2.2-13　优化现场下料图

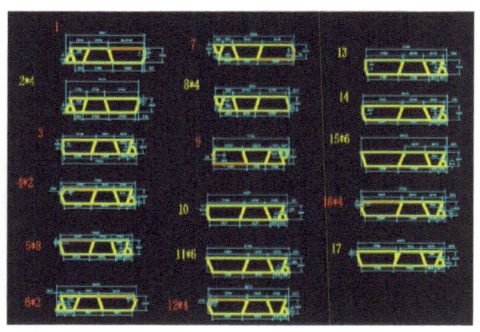

3 结语

SolidWorks 功能强大,本工程只运用其基本建模命令和常用插件,就能很好地解决很多现场施工过程中遇到的困难。

诚然,各类 BIM 软件的广泛应用使得建筑产品模型从概念、设计施工到拆除的建筑全生命周期过程中均可提供建筑产品丰富、整合的信息。相比而言,SolidWorks 的功能在该领域应用不多,但其优势是操作简便、易学易用,由于其被广泛应用于机械领域,所以自身的建模可以足够精密,且与金属材料有关的包括设备、非标件等方面相性很好。希望在不久的将来,SolidWorks 在工程领域能够被普及,为现场施工提供更多选择,在提高现场施工质量、降低设备和风管等制作和安装难度、节约人工和材料成本等方面,发挥重要作用。

皂角综合利用车间反应釜接管整修技术

1 工程概况

2020年4月,益海(泰州)粮油工业有限公司皂角综合利用车间设备及工艺管道安装工程需要安装四台进口反应釜。设备到货后,发现其中两台反应釜的接管发生弯曲变形,如图1-1所示。两台进口压力容器在长距离航运过程中,由于设备固定支撑不合理,安全措施不到位,容器部分接管损坏。如果返厂修复,需要漫长的进出口报关及长距离运输。

图1-1 反应釜接管弯曲变形

经检查,初步判定变形是由支撑架强度不足引起的。在长距离航运过程中,由颠簸导致设备发生位移,造成反应釜接管受力折弯。

反应釜由意大利Tubital S.R.L公司制造,该公司在中华人民共和国内取得了A1和A2级别的压力容器制造许可。查阅反应釜文件后,得知此型号反应釜的参数性能如下:反应釜为Ⅱ类压力容器,设计压力6 MPa,设计温度120℃,试验压力9.24 MPa,设备容积11 m³,设备自重11 400 kg,介质为脂肪酸和水的混合物,主体材料为1.4404 EN10028-7,厚度40 mm。

折弯的管口为Φ21.3×4.78 mm不锈钢无缝管,材质为1.4404 EN10028-7,法兰为DN15PN100,标准为EN1092-1 TY.11/F。其中,EN10028-7是欧洲标准,1.4404材料化学成分如表1-1所示。

表1-1 奥氏体钢的化学成分(熔炼分析)

钢种		质量百分比(%)											
牌号	钢号	C	Si	Mn最大	P最大	S最大	N	Cr	Cu	Mo	Nb	Ni	Ti	其他
奥氏体面耐腐蚀钢													
X2CrNiN18-7	1.4318	≤0.030	≤1.00	2.00	0.045	0.015								
X2CrNi18-9	1.4307	≤0.030	≤1.00	2.00	0.045	0.015								

(续表)

钢种		质量百分比(%)											
牌号	钢号	C	Si	Mn最大	P最大	S最大	N	Cr	Cu	Mo	Nb	Ni	Ti	其他
奥氏体面耐腐蚀钢													
X2CrNi19-11	1.4306	≤0.030	≤1.00	2.00	0.045	0.015							
X5CrNiN19-9	1.4315	≤0.06	≤1.00	2.00	0.045	0.015							
X2CrNiN18-10	1.4311	≤0.030	≤1.00	2.00	0.045	0.015							
X2CrNi18-10	1.4301	≤0.07	≤1.00	2.00	0.045	0.015							
X6CrNiTi18-10	1.4541	≤0.08	≤1.00	2.00	0.045	0.015							
X6CrNiNb18-10	1.4550	s0.08	≤1.00	2.00	0.045	0.015							
X1CrNi25-21	1.4335	≤0.020	≤0.25	2.00	0.025	0.010							
X2CrNiMo17-12-2	1.4404	≤0.030	≤1.00	2.00	0.045	0.015							
X2CrNiMoN17-11-2	1.4406	≤0.030	≤1.00	2.00	0.045	0.015							
X5CrNiMo17-12-2	1.4401	≤0.07	≤1.00	2.00	0.045	0.015							

和国内常用的奥氏体不锈钢材料对比后发现，1.4404材料与国内SUS316L材料相似，如表1-2所示。

表1-2 SUS316L钢化学成分(质量百分数)(%)

C	Si	Mn	P	S	Cr	Ni	Mo
≤0.030	≤1.00	≤2.00	≤0.045	≤0.030	16.0~18.0	12.0~15.0	2.00~3.00

2 研究制定方案

（1）折弯的管口为备用接口，短管与设备连接处已经有裂纹，经与设备制造厂家协商，确定维修方案。

（2）切除短管，并按图纸要求加工设备壳体的焊接坡口，如图2-1所示。

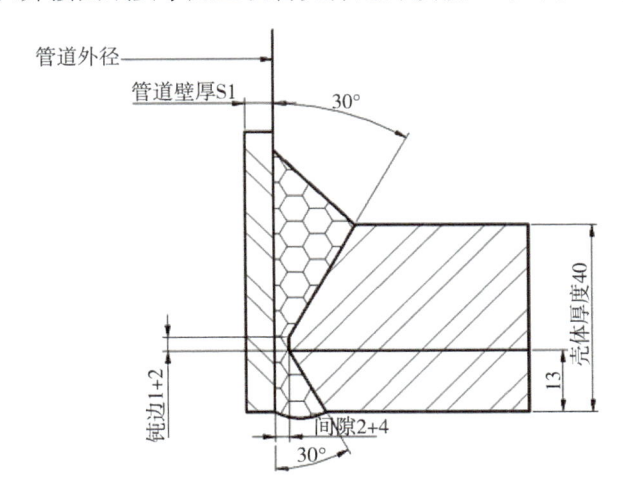

图2-1 焊接坡口(单位:mm)

（3）短管采用 $\Phi21.3 \times 4.78$ mm 不锈钢无缝钢管，SUS316L材质，长度以设计图纸上尺寸为准,法兰使用原设备上自带法兰。

(4) 焊接采用手工氩弧焊,每焊接一层,待焊缝冷却后进行一遍着色探伤,如无缺陷,再进行施焊,直至焊缝高度达到设计要求为止。

(5) 焊接结束后,设备进行整体水压试验,试验压力为 9.24 MPa,试验用水氯离子含量不得高于 25 ppm。

3 缺陷修复

3.1 确定修补方案

在与设备制造商、业主方、监理工程师等各方充分协商后,项目部开始按照确定的方案对反应釜接管质量缺陷部位进行焊接修补。

3.2 依据的主要规范、规程

(1) TSG 21—2016《固定式压力容器安全技术监察规程》;
(2) GB 150.1—2011《压力容器》;
(3) NB/T 47015—2011《压力容器焊接规程》;
(4) NB/T 47014—2011《承压设备焊接工艺评定》;
(5) NB/T 47013.1～47013.6—2015《承压设备无损检测》;
(6) NB/T 47018—2017《承压设备用焊接材料订货技术条件》;
(7) 制造单位提供的图纸及压力容器产品质量证明书。

3.3 修补前准备工作

3.3.1 容器修补前应到当地市场监督管理部门履行告知手续,接受特种设备检验部门的监督检验。

3.3.2 维修、改造单位必须持有国家市场监督管理总局颁发的特种设备制造许可证。制造类别为固定式压力容器,级别为 A2 级,品种为第三类压力容器制造,制造编号为 TS 2210296—2022。

3.3.3 根据业主提供的压力容器质量证明文件编制有关工艺文件。

3.3.4 提前接好临时电源。准备好切割、打磨工具。

3.3.5 施焊前应对焊接工装设备进行检查、校准,并确认其工作性能稳定可靠。计量器具和检测试验设备应在检定或校准的有效期内。

3.3.6 焊接材料选用应根据母材的化学成分、力学性能,以及使用条件和施焊条件综合考虑。

3.4 焊接人员

(1) 焊工必须经过专门的焊接基础知识和实际操作技能培训,并按 TSG Z6002—2010《特种设备焊接操作人员考核细则》要求进行考试,取得特种设备焊工合格证书后,才能进行特种设备焊接工作。

（2）焊工应有良好的工作作风，严格按照焊接施工员制定的焊接工艺规程和作业指导书进行施焊，严格遵守各项工艺规程和有关规范、标准，并认真实行质量自检。

（3）施焊前应认真熟悉作业指导书，当工况条件不符合焊接工艺规程和焊接技术措施要求时，应拒绝施焊。当出现重大质量问题时应及时报告，不得自行处理。

3.5 焊接材料

（1）容器接管焊接所用的焊接材料应有出厂质量证明书，其检验项目应符合相关标准。质量证明书应清晰齐全，盖有制造厂质检部门检验专用章的原件（红章）或供货方检验部门的专用章（红章）和经办人签字等印鉴、印记。

（2）焊接材料应进行验收。合格后应做好标识入库储存。

（3）焊材入库储存、保管，应符合下列规定：

① 焊材库必须干燥通风，库房内不得有有害气体和腐蚀介质；

② 焊材应放在架子上，架子离地面和墙壁的距离应不小于 300 mm；

③ 焊材库内应设置温度计和湿度计，保持库内温度不低于 5℃，相对湿度不大于 60%，且按种类、牌号、规格分类放置，并应有标识。

（4）钨极气体保护焊接采用铈钨棒。

（5）焊接用的氩气纯度不低于 99.99%，管内充氩气，其纯度应大于 99.5%，含水量应小于 50 mg/l。

3.6 焊接工艺评定

（1）焊接工艺评定应按 NB/T 47014—2011《承压设备焊接工艺评定》要求进行。

（2）焊接工艺评定选用江苏省安现有焊评。对接焊缝选用 008HP，管板角焊缝选用 035HP，满足现场需要。

3.7 坡口加工及检查

（1）焊接坡口型式及尺寸应符合有关规范规定。

（2）管子切割及坡口加工应采用机械方法，若采用等离子切割方式，应采取防护措施，并涂上白垩粉或其他防飞溅涂料，防止氧化物破坏表面质量。

（3）坡口加工后应进行外观检查，若对坡口表面质量有疑问，可进行表面渗透探伤。

3.8 组对定位焊接

3.8.1 管子组对前，应在坡口内外表面边缘 20 mm 范围内，采用手工或机械方法清理，不得有毛刺、油漆、氧化物等对焊接有害的物质。采用有机溶剂清洗，应待溶剂挥发后方可进行组对和定位焊。

3.8.2 组对与定位焊符合下列要求：

（1）壁厚相同时，其内壁应平齐，内壁错边量不得大于 0.5 mm。

（2）管子组对后的定位焊可采用根部定位焊缝和过桥定位焊缝两种方式。定位焊工艺应与正式焊接工艺相同,钨极氩弧焊时,应采用充氩保护。

（3）焊接时起焊点应在两定位焊缝之间,焊缝应保证焊透及熔合良好,且无缺陷。

（4）焊缝应平滑过渡到母材。

4　焊接工艺

（1）容器接管材质为316L不锈钢,管道直径为DN15。采用钨极氩弧焊,焊接材料选用ER316L氩弧焊丝。

（2）施焊前,焊接施工员应在焊接工艺评定的基础上编制焊接工艺规程（卡）。焊接人员严格按工艺卡规定的焊接工艺参数进行焊接。工艺记录员要及时准确地测量记录焊接工艺参数,使所有实际焊接参数符合工艺文件的规定。

4.3　焊接施工环境

（1）环境温度不低于0℃。

（2）气体保护焊时,风速不大于2 m/s,手工电弧焊时,风速不大于8 m/s。

（3）相对湿度不大于90%。非雨、雪天气。

（4）所有焊接设备处于完好状态。

（5）焊工手工工具应用不锈钢制品,打磨焊缝宜用不锈钢专用砂轮片。

（6）不锈钢焊口两侧各100 mm处应涂上白垩粉或其他防飞溅涂料。

4.4　焊接工艺要求

（1）对接及管板角焊缝的焊接均采用钨极氩弧焊。焊丝选用ER316L。

（2）焊接应采用小线能量、短电弧、不摆动或小摆动的操作方法。

（3）多层焊时,宜采用多层多道焊,层间温度应不得大于100℃,每一焊道间应仔细清理熔渣,并清除表面缺陷,接头应相互错开。

4.5　钨极氩弧焊要求

（1）管内充氩气,开始时氩气流量应大一些,确保管内空气排除后方可施焊。

（2）焊接时氩气流量应小一些,以避免焊缝背面因氩气吹托在成形时出现内凹。

（3）采用钨极氩弧焊焊接时,焊丝端应始终保持在焊接区域,置于氩气保护范围,中断或离开保护区域时,应剪掉前端氧化部分。

（4）焊件表面严禁电弧擦伤,禁止在坡口表面起弧或熄弧。

（5）焊接过程中应确保引弧和收弧质量,收弧时应填满弧坑。

（6）焊接完毕,对焊缝进行酸洗钝化处理。

5　焊接质量检验

（1）不允许表面存在裂纹、气孔、咬边等表面凹陷。

（2）对接焊缝表面余高≤3 mm。管板角焊缝焊脚高度为接管管道的厚度。
（3）内壁错边量不应超过材厚度的10%，且不应大于2 mm。
（4）当无损检测确认非允许缺陷存在时，必须进行返修。缺陷的消除应采用砂轮机打磨，并修整合适的补焊形状，确认缺陷已消除后方可补焊。
（5）返修、补焊，应按该焊接工艺执行，补焊宜采用氩弧焊，其部位应按原检测方法进行，其质量要求与原规定相同。
（6）同一部位的返修次数不宜超过两次，超次返修应制定相应措施，经技术负责人批准。

6 容器水压试验

6.1 试压机具的准备

（1）加压设备：高压泵。
（2）试压仪表：压力表-弹簧管型，表盘直径为150 mm，量程为0～16.0 MPa，精度不得低于1.6级。具有计量部门提供的校验证书。

试压设备清单，如表6-1所示。

表6-1 试压设备清单

序号	设备清单	型号	数量	单位	备注
1	试压泵	4DSY-10	1	台	满足要求同型号设备
2	压力表	0～16.0 MPa	2	块	
3	储水桶	3 m^3	1	只	
4	临时引水管道		100	米	

6.2 容器注水

6.2.1 容器注水先使用试压泵进行注水。水中氯离子含量不能超过25 ppm。
6.2.2 容器注水前，试压人员最后检查试压准备工作，确认如下工作已经完成：
（1）试验接管装配得当。
（2）泵工况良好。
（3）按注水速度注水时，水源供应充足。
（4）注水作业时，在容器顶部备有放气点。
（5）安全人员证实所有的安全措施和要求已经到位。

6.3 容器试压

（1）上述工作完成后，仔细检查整个试压系统接管和法兰等连接情况，确认无误后，启动高压泵向容器内注入高压水，开始容器的压力试验。
（2）设计工作压力6.0 MPa（以容器出厂证明文件为准），压力达到9.24 MPa设计压力，稳压10 min，降至工作压力，稳压时间30 min，不降压、无泄漏和无变形为合格。

（3）缓慢地增加试验压力，当压力达到试压段最高点的最低试验压力的 30% 时，停机检查所有的焊缝和法兰，看是否有漏水情况。

（4）检查正常后，继续增大压力至试验压力的 60%，再次停机检查漏水情况和系统的完整性。然后根据试压要求，继续增压至试验压力。

（5）试压期间如果发生焊接接头及法兰泄漏，及时停止进行修补，没有问题后，重新进行压力试验，直到达到要求为止。

6.4 容器卸压

（1）试压过程经过业主验收通过后，按照一定的速率缓慢减压，以避免引起容器颤动。

（2）减压的整个过程中要特别小心，要缓慢地开关泄压阀，防止水击荷载损伤容器，阀门一定不要完全打开降压。

（3）容器排水。排水通过容器底部排水口进行排水，引入临时排放点。

6.5 泄漏性试验

（1）容器水压试验合格后还需要进行泄漏性试验，试验介质采用压缩空气，试验压力为设计压力的 1.15 倍。

（2）泄漏性试验的检查重点应是焊缝、阀门填料函、法兰或螺纹连接处、放空阀、排气阀、排水阀等的密封性能。

（3）泄漏性试验的试验压力应逐级缓慢上升，当达到试验压力时，稳压 10 min。之后，用涂刷中性发泡剂的方法，检查所有密封点，无泄漏为合格。

（4）管道系统气体泄漏性试验合格后，应及时缓慢泄压，并填写试验记录。

7　安全技术措施

（1）施工过程中，由专人统一指挥，确保整个试压的协调性。

（2）试压前向当地特种设备检验部门提出申请，经批准后实施。

（3）注意天气变化，下雨天人员和设备要有防雨措施，试压场地要有排水设施。

（4）试压过程中有专人巡视检查，巡视人员戴"安全监督员"的袖章。

（5）试压用的压力表要有出厂检验合格证和单位仪表校验标志，并有铅封；压力表的示数为实验压力的 1.5 倍～2 倍，压力表垂直安装在试压管线的易观察部位，压力表至少安装 2 块；试压时，在压力表上方加设遮阳设施，防止高温引起压力的变化。

（6）在容器最高处要安装放空阀，试压要注意水温变化对压力的影响，特别注意压力剧增。

（7）在升压过程中，试压设备 50 m 范围内为试压禁区，严禁非试压人员进入；严密性试验时可巡检，试压禁区要设专人监控（必须距容器 50 m 以外）。

（8）试压开始前，在通往试压区所有进口通道设置警告标志，容器内压力解除后再撤除标志；警告标志如："警告——容器正在进行高压试验""切勿靠近"。

（9）水压试验区域 50 m 范围内只限参与试压的工作人员和经安全监督员准许的人

员停留。

（10）试压时升压必须缓慢稳定，达到规范标准规定的压力时稳压，稳压期间对容器进行检查，无异常可继续升压。

（11）在安装打压装置临时管道时，保证电焊机可靠接地，以防止电弧擦伤。

（12）接地夹不能连接到打压装置的支撑架上。

（13）试压时，与试压作业没有直接关系的工作一律停止。在管道进行试压加压时，所有不需要直接参与操作人员的行动（检漏、拧紧垫圈、操作泵、记录数据等）要加以限制，尽可能不要进入试压作业区。

（14）在提交了压力容器维修告知单并经省特种设备安全监督研究院确认后，项目部开始着手进行管口维修工作，首先要切除损坏的接管，并加工坡口，现场照片如图7-1所示。

图7-1 切除损坏坡口

（15）在处理壳体坡口时发现，原来的焊接位置存在缺陷，有夹杂、气孔、未熔合的情况。反馈给业主后，设备制造商的回答是：原来管口在焊接时，采用了手工电弧焊；焊接时气候湿度大，焊条烘干不充分，导致产生了这些缺陷；设备出厂时进行了试压，符合设计要求。

（16）继续处理设备接管的坡口，打磨到设计要求，并对坡口进行了着色探伤，确保焊接区域内表面无裂纹缺陷。如图7-2所示。

图7-2 对坡口打磨着色准备探伤

（17）在确保坡口表面无缺陷后，清理掉着色剂后，开始进行焊接工作，焊接一层检测一层，确保没有气孔、未熔合、裂纹等缺陷，直至焊接完成，达到设计要求。如图7-3～图7-7所示。

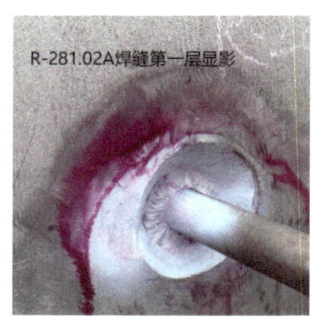

图 7-3　第一台反应釜管口焊缝外部第一层着色探伤

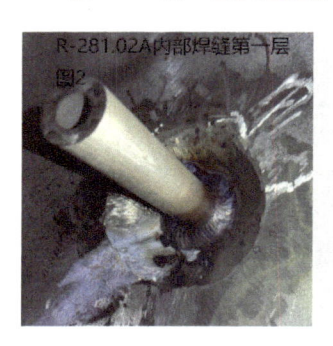

图 7-4　第一台反应釜管口焊缝内部第一层着色探伤

图 7-5　第二台反应釜管口焊缝外部第一层着色探伤

图 7-6　第二台反应釜焊缝最后一层着色探伤

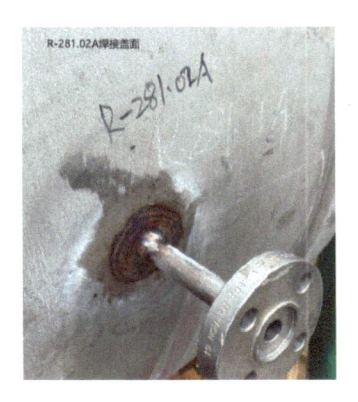

图 7-7　第二台反应釜焊缝最后一层着色探伤

（18）焊接结束后，由第三方检测单位对焊缝进行无损检测，出具报告，并整理好相应的施工记录。最终设备经水压试验检测，维修的管口无渗漏、无变形，达到了设计要求。至此，设备维修工作结束。

8　结语

整修工作结束后，省特种设备安全监督检验研究院现场检验，认为该设备维修完成，符合设计及规范要求，并出具了监督检验合格报告。

第三章

粮油工程施工管理

大型粮油工程安全文明施工管理

1 工程概况

改革开放以来,中国经济社会发生了翻天覆地的变化。人们的生活水平大幅提高,既要吃得营养,又要吃得健康,对食用油的品质和种类有了更高要求。同时,中国已经成为全球粮油重要市场,粮油生产加工水平和现代化工艺设备位居国际先进水平。

中粮东海粮油工程项目,采用国际先进的粮油加工生产线,采用成套进口设备,需要安装的设备众多,体型庞大,安装要求精度高,非标件加工制作多。同时,在施工中使用的中小型机械设备较多,危险源多,对工程施工管理水平要求高。

2 建立健全安全生产责任制度

2.1 建立高效施工管理组织机构

健全项目施工管理组织机构,切实履行安全生产主体责任。

建立以项目经理为组长的安全生产领导小组,制定安全管理目标,落实安全责任。制定安全保证计划,落实安全施工资金配置。

从项目经理、技术负责人、专业工程师、安全工程师到生产班组,做到分工明确,责任到人,对安全生产各负其责。

项目经理作为工程项目安全生产第一责任人,实施全过程的安全控制。

技术负责人,针对工程特点制定安全技术措施,按照图纸要求,迅速、有效地解决生产安全的技术问题。配合安全员做好分部分项安全技术交底。

各专业工程师和施工员,做好每项施工流程的分部分项安全技术交底,督促班组安全作业和施工。对施工设施、设备及电气、机械等检查验收,合格挂牌后方可使用。

2.2 向安全员充分授权

按照项目规模和特点,东海粮油项目施工,配备 3 名专职安全员,对施工现场进行全过程控制。随时掌握安全生产情况,对现场不安全状况提出改进措施和处置。发现安全隐患,发出整改通知单。遇有险情,立即上报。建立宣传教育工作网络,组织开展以安全生产、文明施工为主要内容的系列活动。如图 2.2-1、图 2.2-2 所示。

图 2.2-1　每周全员安全培训　　　　　图 2.2-2　安全员组织新入场员工培训

2.3　亮明身份，实名管理

（1）现场管理人员和操作工人佩戴安全帽。
（2）现场项目经理等指挥人员佩戴岗位牌。
（3）全体施工人员现场着装保持统一整洁。如图 2.3-1、图 2.3-2 所示。

图 2.3-1　统一着装，挂牌上岗　　　　　图 2.3-2　工人统一着装

3　制定安全文明施工措施并严格执行

3.1　安全策划

3.1.1　根据工程特点，编制安全生产保证计划和可操作性文件，建立安全管理台账。

3.1.2　编制、完善现场临时用电、脚手架、大型机械拆装、消防、冬雨季施工等专项安全施工方案。

3.1.3　制定安全施工规章制度、操作规程和生产安全事故应急救援预案。

3.1.4　组织安全生产教育和培训，如实记录安全生产教育和培训情况。

3.1.5 组织开展危险源辨识和评估,制定重大危险源安全管理措施。

3.1.6 组织应急救援演练;及时排查生产安全事故隐患,提出改进安全生产管理建议。

3.1.7 制止和纠正违章指挥、强令冒险作业、违反操作规程的行为。

3.1.8 落实安全生产整改措施。如图3.1-1、图3.1-2所示。

图3.1-1　项目部研究安全管理方案 　　　　图3.1-2　公司领导宣讲安全法规

3.2　认真进行安全教育与培训

3.2.1　转变观念,人人对安全生产心存敬畏

所有参建人员从进场那一刻起,思想上要高度重视安全。无论之前的操作习惯和工作作风如何,进场以后,必须服从管理。

工人进场,首先进行入场安全教育。施工过程安全培训,并贯穿始终。全过程、全覆盖地进行安全教育培训,提高操作者的自我保护意识。上下班考勤,增强仪式感,如图3.2-1、图3.2-2所示。

图3.2-1　工人上班面部识别考勤 　　　　图3.2-2　工人下班面部识别考勤

采取多样化的培训教育形式,如通过观看事故案例视频、工人业余培训学校、晨会等对工人进行安全教育。所有工人必须经过三级安全教育,并做好记录。建立安全生产保证体系有效运行安全记录,包括相关的台账、报表、原始记录等。安全记录由项目专职安

全员进行收集、整理,并进行标识、编目和立卷。安全记录完整翔实,工程项目竣工后,资料归档。如图 3.2-3、图 3.2-4 所示。

图 3.2-3 中粮榨油厂项目部工人安全培训会

图 3.2-4 安全员讲解施工注意事项

3.2.2 项目部安全教育

由项目部开展全员安全教育,增强安全意识,掌握安全知识,明确安全责任。内容包括:国家有关安全生产法律、法规和规章,工程的性质,施工生产特点及有关安全规章制度,施工安全的基本知识和消防常识,以及典型事故的教训。安全教育考试合格后,方可进行施工,否则不得进入施工现场。结合安全生产月主题活动,请专家进行安全知识宣讲。如图 3.2-5、图 3.2-6 所示。

图 3.2-5 公司领导现场讲授安全课

图 3.2-6 安全生产月活动动员大会

3.2.3 班组安全教育

班组长负责,结合专业施工特点,每天晨会,做好安全技术交底。让每一位操作者都能掌握安全设施工具及个人防护用品、急救器材和消防器材的性能及使用方法,施工流程、工作特点和注意事项,掌握安全操作规程。将每天晨会视频资料上传至项目安装管理群。如图 3.2-7、图 3.2-8 所示。

图 3.2-7　非标制作班组晨会 　　　　　图 3.2-8　电气班组安全技术交底会

3.2.4　日常安全教育

主要方式为每天班前晨会及每周例会，每次活动都有计划、有内容、有记录。教育内容为学习相关的安全文件、通报和安全规程及安全技术知识，检查安全规章制度的执行情况和消除事故隐患。要利用有效的宣传工具，如会议、简报、标语、漫画、图片、安全讲话、事故案例分析会等多种形式进行日常安全教育。如图 3.2-9、图 3.2-10 所示。

图 3.2-9　项目部组织每周安全例会 　　　　图 3.2-10　组织观看安全教育案例视频

项目部每周召开安全生产例会，总结上周安全生产情况，布置下周安全生产措施，并在例会上学习安全生产规章制度。

对于难度大的专项工作任务，由工程师对班组进行任务难点分析，进行专门安全技术交底，让每一位操作者都清楚技术难点、危险源有哪些，应对措施是什么，并签字存档。安全技术交底如图 3.2-11、图 3.2-12 所示。

图 3.2-11　专项施工任务班组安全技术交底 　　图 3.2-12　大型设备吊装专项任务安全技术分析会

3.3 挂牌上岗,增强荣誉感

对每位进场员工,采用面部识别系统上下班考勤。帽贴上标明姓名、专业、所在班组。如图 3.3-1、图 3.3-2 所示。

图 3.3-1　标明姓名、工种和所属班组帽贴　　图 3.3-2　工人佩戴帽贴安全帽亮明身份

3.4 奖罚分明,增强责任感

制定奖惩制度。对于表现好的个人和班组,及时表彰奖励增强荣誉感;对于违规操作,严肃批评教育,该罚款罚款,绝不姑息。如图 3.4-1、图 3.4-2 所示。

发现违反安全管理规定的工人,要求其立即停止工作,并对整个班组进行临时安全教育。当看到其他班组有条不紊工作,而自己不得不停下手头工作时,工人内心触动很大,之后的施工操作,都能自觉遵守各项规章制度。此项制度实施效果很好,工程施工步入正规化,散漫现象不见了,现场面貌大为改观。

图 3.4-1　安全文明施工惩罚通知　　图 3.4-2　安全文明施工惩罚通知

3.5 宽严相济,增强仪式感

关心职工健康,足额配备劳动防护用品。在工人入场、工程开工、结构封顶等重要节点举行活动,增强仪式感、自豪感。

每逢节假日,给职工加餐。夏季来临,为每位职工发放清凉防暑用品,如人丹、藿香正气水、十滴水、清凉油等解暑药品。还发放了凉席,为员工午休提供方便。如图3.5-1、图3.5-2所示。

图3.5-1　发放工人午休凉席　　　　图3.5-2　工人午休凉席摆放架

4 制定安全施工流程,实行全过程安全控制

4.1 编制安全施工流程

开工前,按批准的施工组织设计、施工总平面图布置要求,布置各项临时设施,包括施工机具、停车场、设备材料堆放和水、电气的布置,所有的临时布置均应符合安全防火和工业卫生要求,以及业主的规定和要求。在施工过程中,对可能影响安全生产的因素进行控制,确保施工生产按安全生产的规章制度、操作规程和顺序要求进行。安全施工流程,如图4.1-1所示。

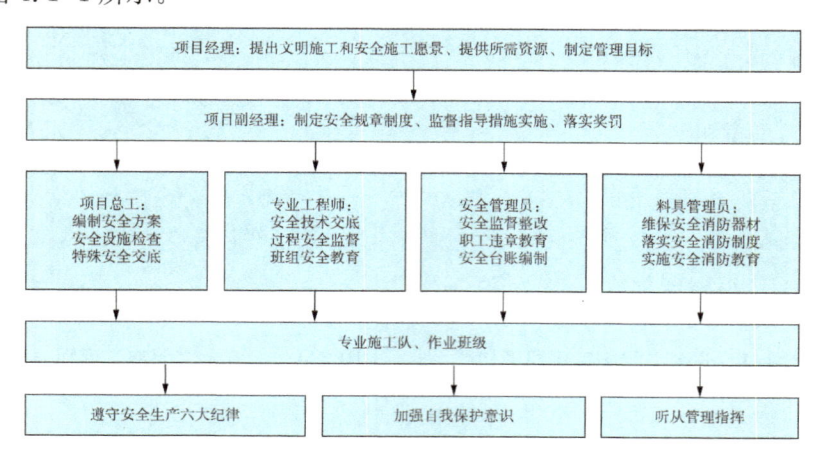

图4.1-1　安全文明施工控制流程图

4.2 开工前准备

熟悉施工图纸，办理开工报告和各项必要的手续。落实施工机械设备，安全设施、设备及防护用品进场计划。办理职工意外伤害保险。对于压力管道和压力容器施工，需到政府部门办理开工告知手续。安全防护用品准备齐全。如图4.2-1所示。

图 4.2-1　安全防护用品准备齐全

4.3 持证上岗

进入施工现场的管理人员、电工、管道工、焊工、设备工、调试工等特种作业人员，必须经过培训、考核，并持有效的专业资格证书上岗。

4.4 安全设施、设备、防护用品检查

榨油厂预处理车间、浸出车间多层工业厂房，设备洞口多，交叉作业多。对预留洞口、临边、电梯井设置防护，并张贴醒目的安全提示语。如图4.4-1、图4.4-2所示。

图 4.4-1　浸出车间安全警示牌 　　　　图 4.4-2　设备安装洞口警示牌

安全网、钢平台、提升架等重要防护措施，定期检查，落实整改，做到安全可靠，确保作业区域的安全。预留洞口防护、临边防护、电梯井防护，确保作业区域的安全。悬挂安全警示标语，危险作业现场拉设安全警戒线，如图4.4-3、图4.4-4所示。

图 4.4-3　悬挂安全标语横幅 　　　　图 4.4-4　吊装现场拉设警戒线

做好工程质量安全管理，切实履行质量安全主体责任。建立健全安全生产责任制度，并严格执行。按照国家安全生产法规和公司有关规定，制定严密的安全保障体系，各岗位分工明确，责任到人。

控制污染，节能降耗，致力环保。杜绝火灾事故。改善环境，减少健康损害。有毒有害废弃物受控处置，不发生污染物随意排放事件。节能降耗，提高能源资源利用率。

确保起重机械、深基坑、高支模、脚手架等危险性较大的分部分项工程的设备处于安全状态。严把"到岗履职关、材料检测关、过程控制关、质量验收关"，重点加强对设备吊装、管道焊接等质量管理，发现问题和隐患时，及时采取措施消除，确保施工安全。雨季施工时，加强雨前排查、雨中巡查，工地该停工的必须停工，人员该撤离的及时撤离，确保施工工地汛期安全。

施工现场必须制定严格的安全防护技术措施。临边、洞口、交叉作业的安全防护，必须专人负责。防护设施技术合理，安全可靠。如图 4.4-5、图 4.4-6 所示。

图 4.4-5　设备洞口安全防护栏 　　　　图 4.4-6　设备洞口安全防护网

4.5　安全技术交底

工程施工组织设计中，编制针对工程特点的安全技术措施。施工前，由技术负责人和专职安全员向作业人员进行安全技术交底，对无安全措施和未进行安全技术交底的内

容,不得进行作业。

图 4.5-1　安全员安全交底 　　　　　图 4.5-2　班组安全技术交底

4.6　安全检查与巡查

4.6.1　定期和不定期组织安全检查。对施工过程中暴露出的安全设施不安全状态、人的违章操作和指挥的不安全行为等情况,及时纠正并做好安全记录。

项目经理负责组织安全生产检查组,每周对施工现场实施全面检查,并做好记录。施工负责人对不按规章操作或违章工作的人员立即下令停工整改,项目进度服从安全,服从质量。如图 4.6-1、图 4.6-2 所示。

图 4.6-1　安全员、业主及监理每周例行安全检查 　　　　　图 4.6-2　项目部安全施工技术措施检查

4.6.2　根据季节变化、施工周期情况,项目部进行重点检查,加强巡查。对查出的隐患开具"整改通知书",根据"三定"原则限期整改。

4.6.3　对重复出现的隐患责任人和严重违章人员,予以处罚或辞退,采取零容忍的态度。发现问题第一时间纠正,如图 4.6-3、图 4.6-4 所示。

4.6.4　对采购安全用品进行检查验收,并做好记录,确保符合要求。对查出的不合格用品开具"不合格通知书",并进行处理。

4.6.5　在灭火器材上标明购买日期、换药检修日期、品种与型号等标识。

4.6.6　对施工现场的安全设施、设备进行检验,验收合格后才能投入运行。

图 4.6-3　安全检查及整改　　　　图 4.6-4　检查整改通知及时明确

4.6.7　通道保护棚、楼层周边等搭设安全防护设施，搭设完毕后验收合格方可使用。

4.6.8　对临边、洞口的防护，对工地防火、环境卫生、劳动保护、文明施工等的检查验收，按照安全生产保证计划中规定的要求进行。

4.6.9　过程检验及标识。在检查检验过程中，若遇到损坏或缺少可靠安全防护的中小型机械，如一时难以撤离现场的，做好标识，禁止使用。材料检查及制作精度测量如图 4.6-5、图 4.6-6 所示。

图 4.6-5　现场材料检查　　　　图 4.6-6　施工制作精度测量

5 关键作业过程安全管理

5.1 现场临时用电管理

5.1.1 施工现场临时用电，按照项目《临时用电施工组织设计》进行设置。

5.1.2 施工现场用电设备及线路绝缘良好。

5.1.3 设备及临时电气线路接电应设置开关或插座，不得任意搭挂。

5.1.4 露天设置的电气装置必须有可靠的防雨、防湿措施。

5.1.5 电气箱内须设置漏电开关。如图 5.1-1、图 5.1-2 所示。

图 5.1-1　配电箱　　　　图 5.1-2　安全警示牌

5.1.6 现场临时照明用电可靠接地，引入电源须有二级漏电保护装置，移动照明灯具时必须切断电源。手持式移动行灯，应使用低压电，电压不得超 36 V。

5.1.7 电气装置遇到跳闸时，不得强行合闸，应查明原因，排除故障。

5.1.8 现场移动电动工具应接地良好。

5.1.9 使用电动工具必须至少有两人在场操作，以便处理应急事故。

5.1.10 电焊机必须一机一闸一漏一箱，并装有随机开关。

5.1.11 焊机外壳必须良好接地。

5.1.12 钳与线连接应牢固紧密。

5.1.13 电气作业人员必须经过专业培训并考核合格，持有电工特种作业证。

5.1.14 所有电气设备必须保证接线正确，保证接零接地良好，配置漏电保护装置。

5.1.15 不准在电气设备或供电线路上带电作业(无论高压或低压)。

5.1.16 停电后，还应在电源开关处上锁或拆除熔断器，同时挂上"禁止合闸，有人工作"等标示牌。

5.1.17 施工现场临时用电电缆线架空，避免拖地。如图 5.1-3、图 5.1-4 所示。

图 5.1-3　现场临时电缆过路架空　　图 5.1-4　车间内临时电缆统一悬挂

5.2　施工机械安全管理

5.2.1　机械操作人员必须持证上岗。
5.2.2　按规定搭设机械防护棚。
5.2.3　机械设备必须接地和接零,随机开关灵敏可靠。
5.2.4　做好定期检查、保养及维修。
5.2.5　防护装置必须齐全有效,严禁带病运转。
5.2.6　固定机械设备和手持移动电器,必须实施二级漏电保护。
5.2.7　中小型机械必须做到定机、定人、定岗位。
5.2.8　施工机械启动前应检查地面基础是否稳固,转动部件是否充分润滑,制动器、离合器是否动作灵活,必须经检查确认合格后方可启动。
5.2.9　施工现场的电气设备、工具、用电线路,必须有持证电工专职维护管理。
5.2.10　架设的高、低压电气设备必须符合电气安全工作规程要求。
5.2.11　施工机械在运行中,如有异常响声、发热或其他故障,应立即停车,切断电源后,方可进行检修。
5.2.12　电气设备的所有接头,应牢固可靠、接触良好。如发现松动应立即切断电源进行处理。如图 5.2-1、图 5.2-2 所示。

5.3　消防设施与管理

5.3.1　建立防火责任制,明确职责。定期开展消防教育活动。配备专职人员及消防器材。
5.3.2　严格按《施工现场防火规定》等规定施工,定期进行防火检查。

图 5.2-1　集团公司工程师深入现场检查设备情况　　图 5.2-2　设备检查合格方可使用

5.3.3　在施工现场醒目部位设置安全消防宣传牌、119 火警电话标志牌。

5.3.4　焊接等明火作业,严格执行动火工作票制度,并应有可靠的防火措施。

5.3.5　定期检查灭火设备设施,保持在有效状态。

5.3.6　严格易燃易爆品储存与使用,专人管理,防火防爆,消除火警隐患。

如图 5.3-1、图 5.3-2 所示。

图 5.3-1　现场氧气瓶存放点　　图 5.3-2　预处理车间出入通道安全提示语

5.3.7　现场设立专门吸烟点,吸烟点外禁止吸烟。

5.3.8　严格管理易燃易爆危险品。

5.3.9　氧气瓶和乙炔瓶不得混放,工作距离不小于 5 m。

5.4　起重吊装作业

5.4.1　起重机械驾驶员、司索工等必须持证上岗,严禁无证操作。

5.4.2　选择匹配的起重设备及机具,禁止超载吊装。

5.4.3　吊车站位及支脚支撑严格按施工方案进行,禁止歪拉斜吊、违章作业。

5.4.4　设备起吊前应找准吊物的重心和吊点,检查捆绑绳索,各捆绑点不应有松动、打滑现象。如图5.4-1、图5.4-2所示。

图5.4-1　找准设备重心绑扎钢丝绳 　　　　图5.4-2　条件具备后设备起吊

5.4.5　对贵重和精密设备,吊运绳索使用尼龙带或在钢丝绳外面套上胶皮套管,防止损伤设备表面。如图5.4-3、5.4-4所示。

图5.4-3　贵重设备钢丝绳外套管保护 　　　　图5.4-4　贵重设备钢丝绳外套管保护

5.4.6　起重作业前严格检查刹车装置、联锁装置,并专人操作、专人维护,确保安全可靠。

5.4.7　大风和下雨等恶劣天气不进行吊装作业。雨天过后,重新检查并加固地锚、钢丝绳、地基等,保证吊装作业安全。

5.4.8　起吊时,起重机臂应先伸至合适位置,角度、回转半径等应符合施工方案及操作规程要求,严禁超负荷起吊。如图5.4-5、图5.4-6所示。

图 5.4-5　榨油厂设备吊装　　　　　　　图 5.4-6　榨油厂设备吊装

5.4.9　正式吊装前应先进行试吊装,将起吊物吊离地面 10～15 cm,停滞 5～10 分钟,检查所有捆绑点及吊索具工作状况,确认无误后,进行正式吊装。

5.4.10　在吊装区域内应设安全警戒线,非工作人员严禁入内,同时起吊过程应由专人指挥,统一行动。起重臂下严禁站人。如图 5.4-7、图 5.4-8 所示。

图 5.4-7　起重指挥与吊车驾驶员联络　　　　图 5.4-8　豆皮仓壁板吊装

5.5　焊接作业,严格执行动火许可制度

5.5.1　焊接作业必须遵守安全规程,做好个人防护。如图 5.5-1、图 5.5-2 所示。

图 5.5-1　焊接作业戴好防护罩 　　　　　图 5.5-2　焊接作业戴好防护罩

5.5.2　焊工必须持证上岗。

5.5.3　每天办理动火作业票，摆放在焊接操作现场。每次动火前，各专业负责人及班组长，按照动火作业票要求向动火作业人、监护人重新交底。如图5.5-3、图5.5-4所示。

图 5.5-3　现场动火作业票摆放架 　　　　　图 5.5-4　动火作业票内容

5.5.4　动火前，清理周围易燃易爆物，配置灭火器。有专人负责监护。

5.5.5　在动火作业的下一层，必须设置防火布、接火盆等设施，防止焊渣、火花溅落。

5.5.6　操作前先检查焊接设备是否漏电、漏气，检查阀门压力等装置是否可靠灵敏；检查电机、开关、导线、电焊钳手把等是否可靠，绝缘是否良好，接地装置是否牢固，确认正常后方可操作。

5.5.7　设备的垂直运输，应使用可靠的网篮或棉纱绳绑扎牢靠。氧气瓶、乙炔瓶、电焊机应分别运输，不得混运。

5.5.8　焊接大件需要辅助时，必须动作协调一致，放置稳妥，防止倾倒伤人。

5.5.9　焊接操作点与可燃物间隔距离不得小于 10 m。

5.5.10　密闭空间操作,必须使用通风设施。室内作业,保持良好通风。

5.5.11　必要时,焊接操作设立警告标志,防止烫伤他人。

5.5.12　焊接工作完毕,必须检查施焊环境,清除隐藏火种,切断电源,卸下表具。

5.5.13　新工艺、新材料焊接,必须有安全、可靠的技术方案和措施方可进行。

5.5.14　雨天施工,焊接地点应设有防雨施工棚,导线不得浸泡在水里。禁止雨中施焊。

5.6　登高作业,优先使用机械,减少脚手架搭设,降低风险

5.6.1　登高作业人员身体条件符合要求。

5.6.2　着装符合登高作业要求。

5.6.3　正确佩戴安全帽、安全带。拉设生命线。

图 5.6-1　钢结构高处作业拉设生命线　　图 5.6-2　高处作业挂好安全带

5.6.4　作业点下方设警戒区,并设警戒标志。

5.6.5　攀登作业时要手抓牢、脚登稳、避免滑跌、重心失稳。

5.6.6　配备通讯联络工具并安排专人监护。

5.6.7　配备工具袋,施工工具和工件应有防滑落措施。严禁向下抛投杂物。

5.6.8　铺板应进行固定,防止脱落或由于受力不均侧翻。

5.6.9　登高作业与其他作业交叉进行时,必须按指定的路线上下。

5.6.10　使用梯子时,立梯坡度 60°为宜。梯底宽度不低于 50 cm,并应有防滑装置。

5.6.11　夜间高处作业要有充足可靠的照明,必要时安装临时照明灯具。

5.6.12　进行高空焊接、氧割作业时,必须事先清除火星飞溅范围内的易燃物。

5.6.13　现场需要登高作业,优先使用高空车、升降机等机械设施,少用脚手架。如图 5.6-3～图 5.6-6 所示。

5.6.14　必须要使用脚手架时,须制定详细施工方案并按规定报批。

5.6.15　脚手架搭设完毕,经验收合格方可使用。

5.6.14　施工前进行安全技术交底。

5.6.15　脚手架搭设和拆除时,设立警戒标志,派专人现场监护。管道安装如图

5.6-7、图 5.6-8 所示。

图 5.6-3　外管网施工使用升降机作业

图 5.6-4　项目现场配备升降机

图 5.6-5　豆皮仓施工使用升降机作业

图 5.6-6　优先使用机械登高作业

图 5.6-7　工艺管道安装

图 5.6-8　压力管道安装

5.7 季节施工措施

5.7.1 高温天气施工,应做好各种降温防暑工作。

5.7.2 配备充足饮用水、降温饮料和设置降温凉棚。

5.7.3 合理安排作业时间,错开日照强烈时段。

5.7.4 施工作业面设置防暑降温设施,现场配备应急药箱。

5.7.5 入冬前,检查临时用水管道,完成管道保温或排空等防冻措施。

5.7.6 施工期间加强管道保温保护,防止管道冻裂。

5.7.7 排除现场积水,截断流入现场的水源,做好排水及防滑措施。

5.7.8 施工现场一旦结冰积雪,须尽快清理。不得在室外堆放容易因受冻、受潮损坏的零部件、附件。

5.7.9 做好机械维修、保养,及时更换为冬季润滑油或冬夏两用润滑油,确保冬季施工机械设备正常运行。

5.7.10 做好防滑、防冻、保温工作,脚手架、上人马道采取防滑措施。

5.7.11 雪后及时检查脚手架和安全网是否牢固,防止高空坠落。

5.7.12 六级以上大风或雷电、暴雨天气停止施工。台风季节配置夜间值班人员,确保安全。

2021年9月13日,台风"灿都"来袭,苏州市气象台发布台风黄色预警,东海粮油项目立即启动应急预案,做好各项应急准备工作。机械设备停止工作,工人迅速撤离现场。台风来袭前吊车停止工作,集中停放至安全地带。如图5.7-1、图5.7-2所示。

图 5.7-1 台风"灿都"来袭前起重设备停用　　图 5.7-2 台风来袭前机械设备集中停放

6 定期组织应急救援演练,应对突发状况

项目部针对可能发生的重大事项,如火灾、爆炸、有毒有害废弃物污染、触电、高处坠落、物体打击、重大疫情等,编制应急救援预案,并按照预案做好应急器材和物资准备,一

且发生紧急情况，做到迅速响应，紧急救援，妥善处置。

制定施工工地质量安全事故处置应急预案，组织应急演练，保持与专业应急救援队伍的联系，时刻保持应急状态。在高温、台风预警、防疫等特殊时段，项目经理24小时值班，及时应对处置突发情况，并按规定程序和时限及时上报信息。

江苏省安中粮东海项目部，按照应急预案要求，组织全体参建人员定期进行高处坠落、触电、火灾等各种类型的应急救援演练。如图6-1～图6-12所示。

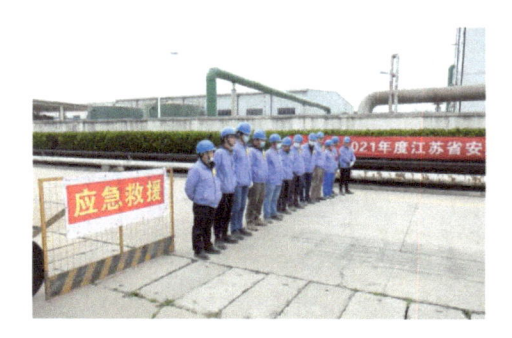

图6-1　江苏省安东海项目部应急演练 　　　　图6-2　东海项目应急演练

图6-3　演练总指挥下达演练开始指令 　　　　图6-4　应急救援队迅速集结到位

图6-5　灭火器使用要领讲解 　　　　图6-6　使用灭火器及水龙带灭火演练

图 6-7　高处坠落应急救援演练

图 6-8　高处坠落应急救援演练现场

图 6-9　触电应急救援演练

图 6-10　触电应急救援演练

图 6-11　业主领导点评演练效果

图 6-12　救援总指挥对演练活动总结

7　安全管理,核心是每个参与者

大型粮油工程施工,进口设备多,设备安装工程量大,安装精度要求高,非标件制作安装众多，交叉施工量大，作业面狭窄，安全文明施工管理难度很大。中粮东海粮油工程施工管理，抓好工程安全文明施工管理，就是掌握了工程管理的金钥匙。从施工策划开始，严格制定管理制度，规范工人施工安全文明行为，保证了施工质量和进度，取得良好效果。

施工管理，核心是人员的管理。因劳务队伍流动性大，人员素质和操作技能参差不齐，在每一位工人进场之初，就进行严格的安全文明施工教育培训。力图让每一位参建者认识到，规章制度和操作规范必须严格执行，而不能流于形式。通过东海粮油工程项目实践，取得了良好效果，项目团队工程施工管理水平有了较大提高。

8 结语

为了安全优质完成项目建设，江苏省安总结多年来粮油工程施工管理经验，坚持以人为本、生命至上，树牢安全第一理念。施工前，根据工程规模和特点，建立项目安全组织机构，明确各岗位人员安全职责；施工中，组织经验丰富的安装队伍，抓好安全文明施工管理，确保安全生产和人身安全。2022年3月，江苏省安高质量完成了中粮东海粮油工程施工任务，施工管理水平跃上一个新台阶。

大型榨油厂工程台风季安全文明施工管理

1 台风对工程施工的影响

1.1 台风危害

近年来,全球极端天气频发,对人们生产生活造成很大影响。台风对沿海地区建筑施工的破坏触目惊心,造成巨大的直接损失和间接损失,必须引起足够重视。建筑施工方必须不断总结经验教训,健全安全生产制度,科学防范台风特别是超强台风,确保人民群众生命财产安全。

台风通常生成于西北太平洋和南海海域,包括一般台风、强台风、超强台风。表1-1是2015年以来广东沿海灾害损失情况。

表1-1 台风灾害建筑机械损失表

台风名称及时间	风力等级	塔机失稳倒塌	塔机受损变形	动臂塔机倒塌	施工升降机倒塌/受损	物料提升机倒塌/受损	门式起重机倒塌/受损	备注(总台数)
2015年"彩虹"湛江	最大风力15级	92	30	0	0/32	0/21	0/0	QTZ80:79.8% QTZ63:9.6% 合计:175台
2016年"莫兰蒂"厦门	最大风力15级	79	30	0	2/9	0/0	6/0	合计:126台
2017年"天鸽"珠海	最大风力14级	110	27	0	0/1	1/0	0/0	合计:139台
2018年"山竹"江门台山海宴镇	最大风力14级	2	1	0	0/0	0/0	0/0	珠海合计:3台
2019年"韦帕"湛江	最大风力9级	0	0	0	0/0	0/0	0/0	东莞合计:0台

注:2016年台风"莫兰蒂"登陆时,发生东莞"4·13"龙门吊倒塌重大事故,造成18死17伤的严重后果,教训惨痛。

1.2 台风预警及响应措施

防御台风的根本目的是保证安全,减小损失。同时,做到安全性和经济性的协调统一,坚持安全第一、兼顾经济性原则。

首先,项目部对既往台风造成的影响与破坏进行调研分析:收集汇总、整理分析相关信息,总结方法,提高防范应对水平与能力。

其次,因地制宜,制定有关管理规定及文件,让项目有关各方统一认识,明确职责,掌握方法。在接到东莞气象主管部门发布的台风预警信号后,协同建设单位和监理单位立即启动防御台风应急预案。

再次,组织工程项目部应急人员及时关注气象信息,密切关注天气变化,及时排查和消除施工现场的安全隐患。项目经理及主要人员坚守岗位,确保通讯畅通,了解和掌握应急处置措施。

最后,应急救援人员,特别是特种作业人员,确保关键设备设施安全。对于无法确保安全的装置,提前拆除,避免风险。

广东省台风应急响应分为 5 个等级,分别对应白色、蓝色、黄色、橙色、红色五级台风预警信号。如表 1-2 所示。

表 1-2 台风预警信号及响应

预警信号	预警内容	应急响应等级
台风白色预警信号	48 小时内将受台风影响	Ⅰ级响应 (1) 从收到白色预警信号开始直至气象部门解除所有预警信号为止,企业负责人带班指挥,项目负责人 24 小时现场值班; (2) 密切关注预警信号变化,了解台风发展趋势; (3) 检查工程项目部应急抢险物资储备情况,设立警示牌; (4) 启动企业和工程项目部的应急处置机制
台风蓝色预警信号	24 小时内将受台风影响,平均风力可达 6 级以上,阵风 8 级以上;平均风力为 6~7 级	Ⅱ级响应 (1) 注意台风最新消息和政府及有关部门防御台风通知; (2) 进入台风戒备状态,做好防御台风准备
台风黄色预警信号	24 小时内将受台风影响,平均风力可达 8 级以上,阵风 10 级以上;平均风力为 8~9 级,阵风 10~11 级并将持续	Ⅲ级响应 (1) 进入台风防御状态,密切关注台风最新消息 (2) 停止高空作业等户外作业,对可能发生建筑起重机械坠落的区域作戒标识;疏散转移可能发生危险的区域的人员;及时撤离处于危险地带的人员,确保转移至安全场所 (3) 应急处置部门和抢险单位应加强值班,实时关注灾情,落实应对措施
台风橙色预警信号	12 小时内将受台风影响,平均风力可达 10 级以上,阵风 12 级以上;或者已经受台风影响,平均风力为 10~11 级,或者阵风 12 级以上并将持续	Ⅳ级响应 (1) 进入台风紧急防御状态,密切关注政府及有关部门发布的台风最新消息,密切监视灾情 (2) 停止一切施工作业,切断施工电源,撤离除值班人员外的所有人员,确保转移至工地以外的安全场所 (3) 安排专人 24 小时应急值守,并提供安全的避险场所 (4) 应急处置部门和抢险单位密切监视灾情,做好应急抢险救灾准备工作
台风红色预警信号	12 小时内将受或者已经受台风影响,平均风力可达 12 级以上,或者已达 12 级以上并将持续	Ⅴ级响应 (1) 所有人员撤离施工现场,到安全场所避险 (2) 当台风中心经过时,风力会减小或者静止一段时间,应当继续保持戒备和防御,以防台风中心经过后强风再袭 (3) 应急处置部门和抢险单位严密监视灾情,做好应急抢险救灾准备工作,持续保持戒备和防御

台风过后，预警解除，协同建设单位、监理单位等，尽快对工程受灾、受损情况进行摸查，开展复工前安全自查，对所有正在施工的危险性较大的分部、分项工程、临时用电设施、办公和生活设施等进行全面排查，及时消除隐患，确保安全后方可复工。

2 榨油厂工程概况

2.1 工程概况

中粮（东莞）粮油工业有限公司榨油厂工程，5 000 t/d饲料蛋白加工厂，建筑面积20 530 m²，施工内容包括饲料蛋白加工厂5 000 t/d预处理车间、5 000t/d浸出车间及配套生产辅助设施的建筑装饰、钢结构、给排水、暖通、电气工程、机电安装等。该工程引进国际先进水平榨油设备，项目落成投产后，是当年国内日产量最大的榨油厂。

图 2.1-1 中粮（东莞）榨油厂

如图2.1-1所示。

2.2 东莞市气候特点

榨油厂工程位于东莞市麻涌镇新沙港工业园区。东莞市位于在广东省中南部、珠江口东岸、东江下游的珠江三角洲，具有天然深水良港，地理环境优越。东莞市地处南亚热带浅海区，属于亚热带季风气候，长夏无冬，光照充足，热量丰富，气候温暖，温度变幅小，雨量充沛，干湿季明显。

每年4月1日到10月31日，是东莞的台风季节。平均年降雨量1 770 mm，集中在汛期4—9月份，高温、台风、暴雨天气给当地生产生活，特别是工程施工造成很大影响。

2.3 安全文明施工管理难点

（1）榨油厂工程于2019年3月28日开工。由于工程地处入海口，施工时处于东莞台风季，其间暴雨台风，高温酷暑，工程施工环境异常严酷。

（2）施工现场安全文明管理难度非常大。施工现场位于厂区内，施工不得影响正常生产。进出厂区要求严格，必须服从中粮（东莞）粮油工业公司的安全与环保等各项极为严格的管理规定。工人入场安全要求，如表2-1所示。

（3）根据现场实际情况，项目部组织强有力的专业技术人员管理队伍，对工程安全文明施工管理难点进行梳理分析，结合工程特点制定施工方案。

（4）项目部各岗位和各专业技术人员构成合理，综合素质高，有很强的创新意愿，安全意识和职业素养较高，对台风季安全管理充满信心。

表 2-1　工人入场安全要求

行为	安全规范要求	实景照片	实景照片
入厂	入厂首先进行安全培训，考试合格后发放"外来施工出入证"		
路线	进入厂区必须走人行道，横穿马路需要走斑马线		
开车	车辆限速 20 km/h，一旦超速，报警器响起，罚款 200 元		
步行	行走禁止玩手机，违者罚款		

（5）对于业主的严格管理和东莞的酷热天气，比较难适应的是来自内陆地区的建筑工人。建筑工人进厂区第一件事就是参加安全培训，考试通过取得"外来施工人员出入证"；进出厂区要出示出入证、身份牌，佩戴符合质量和安全要求的安全帽；进入工地区域时，还要按照国家新颁布的工人实名制政策要求进行虹膜考勤、三级安全培训。工人感觉太严格、很烦琐。但在执行并适应两个月后，管理效果显现，工人都能自觉自愿遵守各项管理制度，安全隐患大大降低。如图 2.3-1、图 2.3-2 所示。

图 2.3-1　项目部每周安全例会　　　　　图 2.3-2　每日安全晨会

3　建立安全管理制度及措施

3.1　建立制度，制定规则，明确要求，完善管理

工程质量安全目标：确保工程质量合格，安全文明施工零事故。达到安全文明工地施工目标。全面落实"安全第一，预防为主，综合治理"的指导方针，及时投入安全防护、文明施工措施费用，保障必要的人员、经费、物质等条件。

隐患检查制度。定期对施工现场进行全面检查，尤其是对基坑开挖、边坡支护、脚手架、模板工程、吊装作业等危险性较大的分部分项重点排查，发现隐患及时整改。

重大危险源公示制度。对于台风季施工现场可能造成事故的各类重大危险源，写入"危险源识别牌"，现场人员人人知晓。

应急救援演练制度。编制针对性和可操作性强的应急预案，定期组织演练。一旦发生险情，立即启动预案，科学组织抢险。

台风季值班制度。合理安排值班人员，项目负责人和安全员要坚守岗位，确保通讯联络畅通。发现险情立即作出应急反应并及时向上级报告。

培训制度。开办外来务工人员夜校，在施工现场建立临时培训教室，有计划地对施工现场一线人员进行安全培训。在施工现场推行人性化警示用语，在施工现场作业区、加工区及生活区使用统一规范的警示牌。对从事特种作业的农民工进行专门培训并要求其持证上岗。

检查制度。项目部在险情或大风暴雨天气结束、恢复施工之前，必须逐个环节、逐个部位对施工现场进行全面细致的安全检查，确保不留隐患。检查结束后，经监理单位复查并由总监理工程师签发开工令后方可复工。

人性化管理。项目部想出各种办法，做好高温天气下的防暑降温工作，落实每一位工人的防暑降温物品，合理调配工人的作业时间，避免高温时段室外作业。同时，改善劳动作业条件，减轻劳动强度，积极为广大工人创造良好的作业和休息环境。

3.2 针对环境及季节特点，首先做好场地排水

(1) 施工时处于东莞台风季，高温酷暑、狂风暴雨频发。严热的天气使得施工难度很大，而合同工期需要严格遵守，不得延误。

(2) 施工现场应按标准实现现场硬化处理。

(3) 根据施工总平面图规划和设计排水方案及设施，利用自然地形确定排水方向，按规定坡度挖好排水沟。

(4) 设置连续、通畅的排水设施和其他应急设施，防止泥浆、污水、废水外流或堵塞下水道和排水河沟。

(5) 指定专人负责，及时疏浚排水系统，确保施工现场排水畅通。

2019年5月东莞发布暴雨橙色预警，如图3.2-1、图3.2-2所示。排水系统发挥重要作用。

图 3.2-1　台风来临前夕　　　图 3.2-2　暴雨骤降 210 mm

3.3 确保施工现场运输道路安全畅通

(1) 临时道路起拱5%，两侧做宽300 mm、深200 mm排水沟。

(2) 对路基易受冲刷部分，铺石块、焦渣、砾石等渗水防滑材料，或设涵管排泄，保证路基稳固。

(3) 雨期指定专人负责维修路面，对路面不平或积水现象及时修复、清除。

3.4 临时用电控制

厂区对临时用电要求极为严格。一旦用电不慎导致跳闸，造成厂区停电、工厂停机，将会给国有资产造成巨大损失。临时用电方案需要精心设计，从材料设备选型到施工安装过程都要高标准、严要求。

3.5 严控扬尘

工程处于食品加工厂区，为了保障粮油食品生产安全，业主对项目安全文明施工要

求极高。现场购置雾炮,经常洒水,冲洗车辆,购置彩条布、滤网等覆盖裸土等,采取一切必要措施,严格控制扬尘。

3.6 安全措施

(1) 工作场地、运输道路、脚手架及作业平台采取适当的防滑措施以确保安全。

(2) 机电设备、施工材料应采取防雨、防淹、防风措施;安全接地装置、机动电闸箱及现场临时用电线路的漏电保护装置要可靠;机械设备应有防雨棚,其电源线路要求绝缘良好,有完善的保护接零。电缆宜架空敷设,禁止电缆在雨水中浸泡。

(3) 大型机械、脚手架应设置避雷装置,确保人身及设备安全。

(4) 在台风来临之前对现场大型机械加强安全检查。

(5) 在工程开工前,对施工现场、办公场地进行硬化处理,永久性道路的路基夯实后铺设 10~20 cm 厚级配砂石疏水层。进入雨期施工前,要重新检查道路、场地硬化情况,破损、松动处及时修复,做到不积水、不存水。施工场地四周排水管、排水沟要及时疏通,并将水引进场区下水道。

(6) 安排雨期施工需要的设施(潜水泵等)和材料(雨布、塑料薄膜等)的遮雨材料进入施工现场。

(7) 供应库房进行修整并加固,确保不漏雨,四周做好散水排水措施。水泥按不同品种、批号、出厂日期和厂家分别堆放,并遵守"先收先发、后收后发"的原则,避免久存的水泥受潮而影响工程质量。

(8) 机械基础及堆放材料场地要坚实、平整,且高出自然地坪,有排水设施,排水沟畅通,做到雨停水散,严禁雨水浸泡。

(9) 土方工程特别是基槽、基坑开挖时,要按规定放坡,采取截流、排水措施,防止雨水长时间浸泡,并应配备足够的抽水设备;对已挖好的基坑,要合理安排,分段施工。为避免基坑长时间暴露,验槽合格后及时进行下道工序施工。浸水后的地基和回填土,必须按规范严格控制含水量。

(10) 雨期露天浇筑混凝土,终凝前表面必须有防雨遮盖措施,施工缝必须按《施工技术操作规范》要求留置,雨后及时做好接缝或面层的处理工作。

(11) 严格按焊接工艺要求及规定发放焊条,并使用保温筒携带。剩余的焊条按规定回收后再次烘干,重复烘干次数不得超过 3 次。

(12) 雨天施焊必须搭设良好的防风雨棚,否则不得进行焊接工作,空气湿度过高时,不宜施焊,否则要采取可靠的去湿措施。电焊机要接地良好,焊把线绝缘良好。

4 安全第一,兼顾经济性

4.1 编制防御台风方案

本项目安全文明施工要求非常严格。为了确保实现安全文明生产目标,结合本工程实际,对工程安全生产中急需解决的难点问题,从重要性、紧迫性和经济性等方面进行了合理安排。

2019年3月20日,在项目经理部会议室召开施工准备专题会,业主方中粮(东莞)公司、方圆监理、江苏省安公司技术专家,针对现场情况,详细分析了台风对现场安全影响的各种可能性,结合本工程的实际,提出安全施工管理方案。

现场搭设临建,要考虑工人生活起居、上下班交通工具等方面的安全舒适。

现场办公室等做好地锚。施工机械布置,特别是起重设备,能有效抵御台风。

4.2 防御措施

榨油厂工程项目部,会同各有关方,从多角度、多方位考虑,采取行之有效的措施,防御台风来袭。具体见表4-1。

表4-1 防御措施

序号	说明	实景图片	实景图片
1	搭设临建供工人现场居住;塔吊等做好防御台风措施		
2	为施工工人租住公寓,有效抵御台风 租用标准集装箱办公,打好地锚		
3	起重设备用于现场起重吊装,一旦接到台风预警,迅速停止作业		

4.3 编制方案系统图

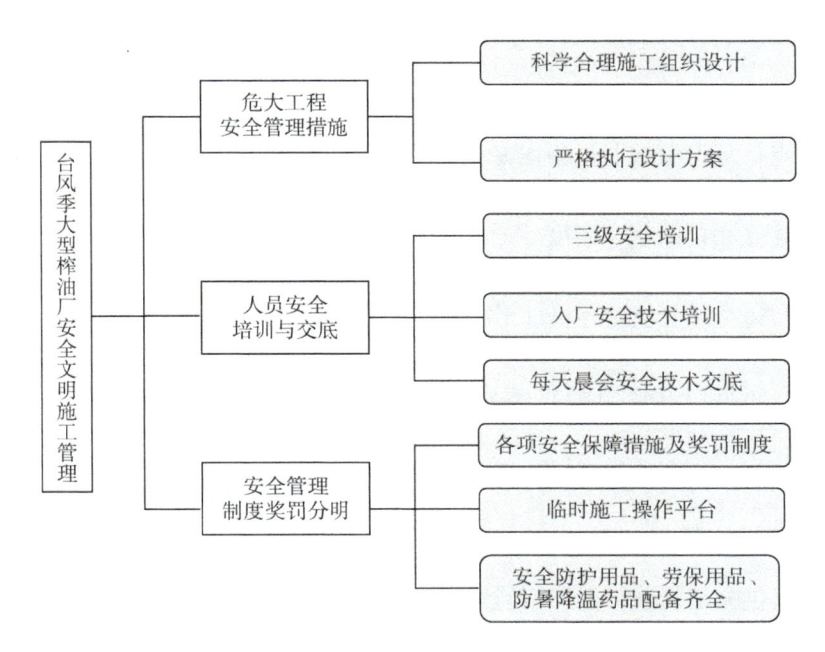

图 4.3-1 方案系统图

5 应急救援预案及演练

5.1 制定应急救援预案

为确保在暴雨、台风等灾害发生后,能迅速、高效、有序地开展抢救行动,最大限度地避免或降低国家、企业、员工和相关方财产和人身安全风险,制定防汛抗台应急准备与响应预案,建立健全应急抢险指挥组织机构。

（1）现场指挥组：了解掌握险情,组织现场抢险及对外联络。

（2）调度组：根据指挥组指令,及时调动抢险人员、器材、机械上一线抢险。

（3）后勤保障及联络组：保持公司本部及行业主管部门等外部的联络,做到"上情下达,下情上传",并负责生活保障。

5.2 应急救援主要职责

（1）迅速开展防汛抗台抢险任务,及时向集团公司和政府部门通报灾害信息,布置预防措施,根据灾情调运抢险物资和人员参加救灾。

（2）对工程施工临时设施、塔吊、井字架、脚手架倒塌实施抢险任务。

（3）按照上级有关部门下达的指令,支援受灾地区和单位投入抢险救灾。

（4）抢险结束后,及时将处理结果报上级有关部门,并及时进行小结。

5.3 应急救援准备

5.3.1 落实应急救援组织,每年年初要根据人员变化进行组织调整,确保救援组织的落实。

5.3.2 按照任务分工,做好物资器材准备,并指定专人保管,定期检查,使其处于良好状态;各重点目标设救援器材柜由专人保管,以备急用。

5.3.3 对项目部全体管理人员和作业班组进行应急救援教育。

5.3.4 建立完善的规章制度。

值班制度:建立昼夜值班制度。

检查制度:每月结合安全生产工作检查,定期检查应急救援工作落实情况及器具保管情况。

例会制度:每月召开应急救援领导小组成员和救援队负责人会议,研究应急救援工作。

总结评比制度:与安全生产工作同检查,同评比,同表彰奖励。

5.4 材料物质保障

5.4.1 提供充足的通信器材、救援器材、防护器材、药品、应急用电和照明设备等器材保障;明确经费来源,确保应急救援所需的费用充足。

5.4.2 通信器材:每人持有移动电话,并24小时开机,办公室设固定电话,确保通讯畅通。

5.4.3 救援器材:担架、日常用药物箱。

5.4.4 防护器材:安全帽、安全网、安全带。

5.4.5 药品:绷带、消毒水、碘伏、跌打药、创可贴、防暑降温药品等。

5.4.6 应急用电和照明设备。

表 5-1 项目现场应急演练

1	全体集合演练 总指挥布置任务		
2	接到预警通知, 全体人员迅速撤离现场		

(续表)

| 3 | 疏散通道及指示
救援物质准备 | | |

5.5 接警

值班室接到报警后,应首先报告应急救援领导小组。

报告内容为:事故发生的时间和地点;事故的类型,如台风引起的火灾、爆炸、坍塌、坠落等;预估造成事故的程度;向上一级应急指挥部门报告,根据事故的级别判断是否需要启动区域级应急救援预案。

6 在工程实施过程中,从容应对灾害天气

在中粮(东莞)榨油厂工程施工过程中,多次接到建设主管部门发出的预警信息,按照应急演练要求从容处置:

2019年6月10日,接到东莞市安监站暴雨橙色预警信息,停止一切施工作业,所有人员撤离危险地带;

2019年6月22日,接到东莞市安监站暴雨Ⅳ级应急响应,所有人员撤离危险地带(如图6-1、图6-2所示);

图6-1 台风过后施工现场　　　　图6-2 台风间隙榨油设备吊装

2019年6月23日,接到东莞市安监站暴雨大风黄色预警,停工,做好应急准备;

2019年6月24日,接到东莞市安监站暴雨红色预警,所有人员撤离现场,安排专人不间断应急值守,发现险情迅速上报,及时处置;

2019年7月31日,台风"韦帕"来袭,接到暴雨黄色预警,做好强降雨防御,禁止冒险作业。

因为有了详细的安全施工方案及应急演练,对台风、暴雨等灾害天气有了充分准备,每次台风来袭,都能沉着应对,有条不紊,将灾害损失降到最低,安然度过整个台风季。

通过整个台风季安全施工实践,项目部人员安全文明施工意识较大提高,质量管理系统性和科技创新主动性增强,为工程顺利推进打下良好基础。同时,协作精神、工作主动性、解决问题的信心、团队精神等方面都有了较大提高,项目有条不紊地进行。如图6-3、图6-4所示。

图 6-3　台风来袭前的中粮(东莞)榨油厂　　图 6-4　施工中的中粮(东莞)榨油厂浸出车间

7　结语

极端天气情况下,为确保安全生产,建立健全规章制度,编制完善的施工方案,在生产实践中不断修正和完善,依靠全体管理人员和班组作业工人共同努力,保证实施效果。

2019年10月31日,广东地区年度台风季结束。江苏省安中粮(东莞)榨油厂工程项目安全领导小组,组织监理等单位专业工程师,邀请业主代表,对工程施工现场质量、安全、进度等进行了全面检查。检查结果表明,工程施工进度满足合同节点进度要求,已完成的分部分项工程符合图纸设计。在阶段总结会上,参建各方从专业技术、管理经验、综合素养等多方面进行了总结。大家一致认为:在施工过程中,江苏省安严格按照预定方案进行安全文明施工管理,较好地解决了在台风、暴雨等灾害性天气中遇到的各种问题。同时,也为今后沿海地区工程施工积累了经验。

深耕粮油工业市场　锻造硬核安装队伍

1　与粮油工业工程结缘

千百年来,受生产方式所限,我国传统食用油以散装食用油为主,杂质多、烹饪时油烟大、卫生安全无保障。改革开放拓宽了大众视野,消费者对于食用油安全、卫生有了更高需求。1991年,中国第一瓶金龙鱼小包装食用油上市。经过精炼加工,食用油更加安全卫生,适合煎、炒、烹、炸、凉拌多种烹饪手法。一次性塑料包装,更加安全卫生,食用方便。小包装食用油逐渐受到中国消费者喜爱,改变了国内民众食用油消费习惯。品牌运营和广泛的经销网络渠道建设,使得小包装食用油市场规模快速增长。

粮油加工企业如雨后春笋般在国内纷纷建立。江苏省安凭着对市场敏锐的洞察力,及时发现粮油工业在中国市场的巨大发展前景并把握商机。1994年,从承接东海粮油工业有限公司厂区设备、油罐、电气、管道、钢结构制作安装等工程开始,迈出了在粮油工业安装领域的第一步。

2　创新攻关,积累经验

20世纪90年代,粮油工业在国内属于新兴产业,大型设备依赖进口,工程安装技术资料缺乏。江苏省安凭着过硬的工业安装基本功,硬是边学边做,不断总结提高,积累经验。从1994年到2010年,先后完成张家港东海粮油、益海粮油、中粮油脂(钦州)等54项粮油工业安装工程项目,合同金额达8亿元,合同履约率100%。

自1994年承建中粮东海粮油工程开始,江苏省安在粮油安装工程领域迅速发展,打造了国内粮油行业安装一流形象。通过不断创新安装技术,站稳国内粮油行业益海粮油及中粮、中储粮等大型粮油集团项目建设重要市场。

二十八年来,江苏省安在激烈的市场竞争中,通过安装技术的不断创新和服务的改善,成为粮油工程行业建设的领跑者,承建了大量粮油企业厂房钢结构制作安装,压榨、浸出、精炼设备工艺制作安装,储罐制作安装,筒仓、电气仪表制作安装等工程,承建的大型粮油工业安装工程项目遍布全国各地。

3　致力于工程创优,提高质量管理水平

江苏省安提出"科技创新,转型创优"方针,严格执行质量、健康、环境三合一管理体系,科学管理,保证工程质量,实现创优目标。

企业负责人统一协调,主抓质量安全,项目经理全面负责现场管理。组织强有力并富有同类型工程施工经验的现场管理机构和施工技术人员,做到计划周密,环环相扣。严密组织、科学合理安排施工作业计划,协调各分部分项和各工序的施工,做好工序衔接和各工种工作配合。配备良好的机械装备,确保其配备充分、及时到位,以提高机械利用率;指定专人管理和维护好机械设备,全面为生产服务。

在项目施工前,各专业施工员应全面详细地熟悉设计施工图及相关的技术、质量要求,及时编制施工方案,编制施工预算,编制详尽的作业指导书,做好施工前的各项准备工作。做好施工班组的技术安全交底和各项培训工作,做到全员交底,使之对施工的每一个环节都清楚明了,确保工期和质量。将各专业、各工种的矛盾消除在施工前,做到设备布置合理、管线布置紧凑、操作维修方便等,避免返工。

施工中加强与各兄弟单位之间的协调工作,见缝插针,流水作业,既能缩短安装工程的工期,又可缩短其他专业施工工期,保证项目总工期,减少因多专业施工产生的矛盾对总工期的影响。

多年来,江苏省安在粮油储备、盐化工、煤化工等工业领域发挥专业优势,取得丰硕成果,完成了中粮系列工程、盐化工程、煤化工安装工程、益海嘉里(辽宁)淀粉安装工程等项目。中粮东海粮油、辽宁玉米深加工工程、中盐金坛机电安装工程等项目荣获中国安装工程优质奖。

图 3-1　宁波金光粮油仓储工程　　图 3-2　益海(连云港)粮油工业有限公司储罐工程

粮油工程建设团队深耕粮油工程行业,建成了一座座里程碑工程:高标准完成中粮、中储粮益海嘉里等数十项粮油工程建设项目,将绿色建造、智慧建造理念植入建设全过程,以品质保障和专业服务赢得市场,赢得业主信任。宁波金光粮油仓储10万t筒仓群安装项目荣获江苏省优质工程奖;益海(连云港)粮油工业有限公司7万t储罐工程荣获江苏省优质安装工程奖"紫金杯";益海嘉里(安徽)粮油工业有限公司榨油厂及筒仓机电安装工程荣获江苏省优质安装工程奖"扬子杯"。

4　搭建人才成长平台,凝聚核心人才团队

有了一系列大型项目平台,人才队伍招聘与培养顺理成章。舍得投入,培养具有独

特技术优势的专业人才和团队,锻造出能打硬仗的项目团队和掌握关键工艺技术的技工队伍。通过合作和引进人才,建立了专业的图纸深化队伍,服务于工程实践,技术水平不断提高。

鼓励年轻人勇挑重担。得益于江苏省安的"师徒制"优良传统,年轻人在师傅一对一、手把手的指导下,实战水平快速提高。有的项目部成员平均年龄只有28岁,成为朝气蓬勃、敢打敢拼的团队。

面对竞争日趋白热化的建设工程市场,责任心、吃苦精神、操作技能、专业技术等,都是江苏省安人的必备素养。

2021年,首届"省安杯"技能大赛中,粮油工程团队获得优异成绩。专家评委综合考评每个参赛选手的作品和答题成绩,评出优胜者:主任工程师齐景春荣获金奖,项目副经理陆锋荣获二等奖,电气工程师孙春峰荣获三等奖。

江苏省安正是拥有了这样一支富有工匠精神、能打硬仗的高素质队伍,才具有强大的核心竞争力,创造了一项又一项奇迹。

5 坚持科技创新,持续提高专业技术水平

江苏省安深耕粮油工业安装工程领域,积累了大量工艺技术资料。在设备安装过程中,遇到难题,由主任工程师牵头,组成科技攻关组,同时公司给予大力支持,包括人员、设备和资金支持,营造浓厚的科技创新氛围。在取得科技成果的同时,专业技术水平快速提高。例如,自主研发的"储罐安装液压顶升倒装法施工工艺",有效解决了储罐安装难题,提高了施工效率和安全性。

在榨油厂工程施工中,浸出器体量大、要求高,是施工安装的重头戏之一。经过多项工程的摸索和总结,江苏省安研发出"浸出器施工工艺流程及安装方法"。在榨油厂浸出车间钢结构正常安装的前提下,为保证浸出器设备安装,钢结构安装过程中必须留出设备进出的通道,利用设备基础制作浸出器下部设备就位的滑道,进行设备的安装。

根据浸出车间钢结构的具体情况,考虑到车间结构钢梁不能承载吊装浸出器的重量,选择在屋顶浸出器宽度方向两端的长度方向各设置5个 φ200 mm 吊装孔洞,必须保证在屋面混凝土浇筑之前预留好孔洞,避免后期开孔。考虑到浸出器壳体的重量,用2根 DN150×10 mm 的钢管横担在预留孔洞上,将浸出器壳体的重量分担于屋面,以保证吊装安全。绕过钢管挂下钢丝绳,设置吊装工具。

浸出器壳体内盛装的是大豆或菜籽及其他榨油原粕和正己烷溶剂,正己烷溶剂为有毒且易燃易爆的化学液体,因此连接各节浸出器壳体时要严格注意连接端的密封性能。在每节壳体连接处要加装软四氟垫片,垫片要平整地夹在壳体的连接法兰之间,拧紧螺栓。下壳体连接安装后要检查壳体的水平情况,必须符合设备的安装精度要求。

刮板链条安装是又一个难点。浸出器内共有100多组刮板,每只刮板及其链子、滚筒、销子螺栓,每只重约为300 kg,安装在上下壳体内,其空间不足1 m,安装比较困难。安装顺序:先将上下壳体上的法兰孔打开,移走盖板,将刮板吊入法兰孔内,在靠近浸出器尾部壳体的上法兰内安装刮板,在刮板孔内加入机油,套上滚筒,装上销子(注意刮板

不能装反)。浸出器刮板的运行方向是:上部刮板往尾部运行,下部刮板往头部运行。

坚持科技创新,充分发挥专业技术人员在施工中的主观能动性,把先进工艺和施工方法、先进技术应用到工程中,针对工程施工中遇到的难点、痛点,开展技术攻关,最终结出丰硕成果。其中,《榨油厂浸出器安装施工工法》《大型榨油厂关键设备安装施工工法》等4项创新成果被评为江苏省省级工法,取得28项优秀QC小组成果,41篇论文获得安装行业优秀论文奖。

6　坚守初心,勇于担当

植根于内心的工匠精神,不用扬鞭自奋蹄。经过几代人的努力拼搏,江苏省安建成一座座极具影响力的超级工程,同时积淀下来的企业文化和优良传统,更是一笔巨大的财富,代代传承。精益求精、追求卓越,严守规矩、敬业奉献的工匠精神,已深深植根于每位省安人心中。

2019年3月28日,中粮(东莞)粮油工业有限公司5 000 t/d饲料蛋白加工厂项目开工。这是江苏省安在中粮广东产业园承建的又一个重要项目。特别是在暴雨与高温交替,台风时常造访的季节里施工,困难可想而知。在项目负责人王俊峰带领下,制定科学而灵活的施工方案,统一调配机械设备,保证物质材料供应。凭着丰富的施工经验,抓住一切有利时机抢工期;暴雨间隙,见缝插针赶进度。打桩,基坑支护与开挖,图纸深化设计,钢结构构件预制加工制作与安装,大型设备吊装……百余名工人奋战在施工一线,保证了工程施工安全、质量和进度。他们克服恶劣天气、施工材料大幅上涨等不利因素影响,与参建各方充分沟通,协同工作,圆满完成建设任务。2020年12月15日,随着启动键的按下,大豆压榨生产线正式开机投产!一次开车成功并产出合格产品。从车间开始预热,6小时即产出毛油及豆粕,设备运行稳定,各项指标符合要求。中粮油脂平台领导、专家和众多建设者,共同见证了这一历史时刻,项目顺利投产运营,受到业主方中粮集团及社会各界的好评。这是属于建设者的高光时刻!省安人倍感骄傲和自豪。

7　结束语

江苏省安深耕粮油工程建设行业二十八年,参加了国内主要大型粮油工程项目建设,培养造就了大批专业技术人才。中国人要把饭碗牢牢端在自己手中,粮油工程建设肩负着国计民生的重大保障职责,关乎千千万万国人的粮油食品安全。江苏省安人凭着高度的责任感、使命感,以过硬的基本功和优质服务,走在了粮油工程建设行业的前列。

大型榨油厂机电安装工程材料采购管理

1 概述

材料费一般占建安产值的 55%～65%,材料采购在机电安装工程施工中的重要性尤为突出。一个项目要做好,在前期投标报价时,就要进行市场调查,掌握实时的材料价格,合理确定投标报价。确认中标后,要从长期合作信誉良好的供应商库中,把大批量的材料及时敲定,避免价格波动较大造成损失,也能保证材料分批次按要求到达施工现场。

2 充分利用 BIM 技术,统计材料设备量表

材料的采购由施工技术人员进行统计汇总,经常出现数量偏差,或者技术要求不全等现象,使得采购回来的材料或设备不符合实际要求,无法使用。例如法兰的压力等级不同,材料就完全不一样;阀门的垫子,高温的不用金属缠绕垫,用成四氟垫就会漏。应用 BIM 技术,在有效解决图纸中错、漏、碰、缺等问题的同时导出准确量表,为采购工作提供可靠依据。同时,严格采购管理制度,保证采购质量。例如,材料采购计划要施工员签字确认,技术负责人审核,项目经理确认后,才能下发到材料采购人员手中。严格按照材料采购管理制度,循序渐进,不能因为工作繁忙而跳过部分环节。

3 打铁还需自身硬,材料采购员必须练就一身硬功夫

材料采购过程中,经常出现奇怪现象:价格高出市场价格或质量不达标。譬如受人情影响,不进行必要的询价程序直接确定供货商;或者价格在合适的范围内,材料挂羊头卖狗肉,以次充好。再如,用 304 不锈钢代替 316 不锈钢,用 201 不锈钢代替 304 不锈钢。低劣材料直接导致工程质量降低,损害了公司利益,也影响了公司声誉。还经常出现材料厚度偏差的现象,有些不良供应商,签订合同按过磅价计算,材料厚度超差多,甚至要按更高一个规格送货;在签订合同按理论价格计算时,材料下差很大,有些超过规定标准;更有甚者,供货数量不足,材料收货员为了个人利益和供应商串通一气。材料采购要严格执行采购制度,多方比价,做到货比三家,货真价实。

对采购人员业绩考核,实行奖励机制,调动其积极性,高薪养廉。对发现问题的供应商,严格限制进入公司采购名单。定期对材料采购人员进行培训,提高业务能力和道德素养。送达现场的材料及时验收,发现数量不符时及时提出。资料齐全,按合格证、质保书进行检查。配备相应的测量及检测工具,如游标卡尺等。收货后及时按规定送检,确

保用于工程的材料合格。

4 建立材料采购平台，通过大数据把握市场行情

江苏省安在2012年建立材料采购平台，多年来运行良好，为工程施工项目大宗材料采购发挥了重要作用。

随时关注市场行情，观察价格涨跌趋势，灵活采取对策，在价格低谷时多备一些，在价格上涨过程中，快速订购材料；在价格高峰时尽量延迟采购，充分利用材料备货期。

大宗材料包括钢结构、管材、钢板、电缆、桥架等，这类材料的采购控制，对整个项目实施有着举足轻重的作用，决定了项目成本的控制。如图4-1、图4-2。

图4-1 设备货场 　　　　　　　　图4-2 材料堆场

小批量的材料采购，一定要做好数量统计，做到数量精确，并按比例留有一定的余量，保证材料数量，否则材料缺了一点，再购买会增加运输费用，就造成了材料成本的增加。另外项目上还有很多加工件材料的采购，要把加工件的图纸材质要求向加工单位交代清楚，有原件的最好带原件过去。没有原件的，如果是批量的，先加工完一个，取回安装比对后再确认有无问题，减少材料的浪费，少做无用功，缩短加工周期。

5 建立优质供应商库，保证材料采购质量，确保及时供货

材料采购中还会出现如下问题：设备采购后，供应商后期服务跟不上，给现场施工带来很大困扰。例如，如果打包机、单轨行车等质量不稳定，虽然安装完成单机调试没有问题，但是一旦带负荷长期运营，会频繁出现问题，这时候，再找供应商就比较麻烦。选择信誉好、大品牌的供应商，后期服务有保障。

在合同签订时，要充分考虑付款方式，特别是质保金问题，约束条款明确。

建立优质供应商库，将质量无保障、服务跟不上的供应商纳入黑名单。材料采购信息管理难度大，材料种类繁多，对于各种技术标准，采购方和供应商出于各自利益原因，不可能信息公开。有了优质供应商库，选择信誉良好的供应商，建立相互信任、长期合作关系，合作双赢。供应商材料能按时进场保质保量，采购单位能按照约定付款。采购单

位降低了大量监造催货验货工作,供货商也降低了风险,确保了收益。预制管桩及商品混凝土供应,如图 5-1、图 5-2 所示。

图 5-1　预应力钢筋混凝土工程管桩

图 5-2　浸出车间基础商品混凝土浇筑

6　优先选用工厂化预制加工制作,提高构配件精细化水平

随着城市化进程的加速,业主提供给施工单位的场地越来越狭小,同时,对工程施工环保的要求越来越严格,现场材料堆放场地紧张。因此,采购材料时要集中采购,降低成本,分批次供应按需到货,既要保证施工现场的材料供应,又要考虑降低材料成本。环保要求严格,施工场地不允许喷砂除锈,增加了材料采购的难度。选择供应商时,优先选择能提供预制加工服务的优质供应商,工厂化预制加工制作,提高构配件精细化水平,降低现场施工环保压力。如图 6-1、图 6-2 所示。

图 6-1　钢材运抵现场

图 6-2　榨油设备吊装

7　注重科技创新和四新技术应用

材料采购管理也和施工技术息息相关,材料采购中注重新技术新材料的采用。科技创新就要淘汰落后的材料,创新的目的就是要提高施工质量,降低施工成本,做到物美价廉。采用新材料、新工艺,是提高工程技术水平,有效降低施工成本的有效方法之一。材料采购管理能促进新型材料的开发应用。例如,在中粮广东产业园工程中,采用 U-PVC 保温材料,有效降低了材料成本,加快了施工进度,缩短了工期,外形更美观,且施工方便清洁无污染。

8　结语

材料采购管理是每个项目的重点内容,也是每个公司关注的热点。同时,材料采购也是提高工程质量、控制工程施工成本的关键环节。材料设备采购管理人员,要善于积累经验,实时掌握市场动态,采用科学的采购方法,降低采购成本,提高采购管理水平,保证工程建设质量。

落实工人实名制管理　保障粮油工程施工质量

1　工程概况

中粮(东莞)粮油工业有限公司榨油厂二期项目,建筑面积 20 530 m²,合同额 8 410 万元,2019 年 3 月 28 日开工,2020 年 12 月 15 日投干料试运行,历时一年零八个月。项目由江苏省安承建,施工内容包括土建、钢结构、给排水、暖通、电气工程、工艺管道及设备安装、机电工程安装等内容。

江苏省安中粮东海项目部,迅速组织起专业齐全、技术精湛的项目管理团队和技能队伍,进驻施工现场,做好施工前各项准备工作。

2　实名制管理

2.1　工程施工管理新要求

东莞粮油项目开工伊始,恰逢国家推行工人实名制管理政策,这对东莞项目施工管理提出了新要求。

工人实名制,是为了规范建筑市场用工秩序,加强建筑用工管理,维护建筑施工企业和建筑作业人员的合法权益,保障工程质量和安全生产,促进建筑业健康发展。工人实名制,是建筑企业通过单位和施工现场对签订劳动合同的建筑工人按真实身份信息对其从业记录、培训情况、职业技能、工作水平和权益保障等进行综合管理的制度。

2.2　执行实名制政策

按照实名制政策要求,东莞项目部首先对进入施工现场的建筑工人进行基本安全培训,并在全国建筑工人管理服务信息平台上登记。

管理服务信息平台系统由全国平台、各省市县平台、建筑企业的实名制管理信息系统和建筑工人个人客户端等组成,各级各类建筑工人实名制管理信息系统统一使用国务院住房城乡建设主管部门发布的数据格式和接口标准,并能在全国范围内实现实时数据共享。

3 实行用工实名制,加强劳务队伍管理

3.1 工人实名制信息录入

进入施工现场的工人,须先完成建设单位的安全培训考核,再完成施工单位的三级教育,做好安全交底等一系列工作,才能进行工人实名制的信息登记和核实。中粮东莞榨油厂项目,采用虹膜采集或身份证信息的录入方式。基本信息应包括姓名、年龄、身份证号码、手机号码、籍贯、家庭住址、文化程度、培训信息、技能水平、不良及良好行为记录等。如图 3.1-1 所示。

图 3.1-1　工人参加安全教育培训

3.2 签订劳动合同

入场工人首先与施工单位签订劳动合同。在合同中明确建筑工人有按时足额获得工资的权利。任何单位和个人不得拖欠建筑工人工资。建筑工人应当遵守劳动纪律和职业道德,执行劳动安全卫生规程,完成劳动任务。如图 3.1-2 所示。

图 3.1-2　工人入场签订劳动合同

3.3 三方协议

在政府主管部门监督下,施工用工单位、建设单位和银行签订三方协议,建设单位把工程进度款的80%付给施工单位,剩下的20%直接转入施工单位在银行开设的建筑工人专用账户。

3.4 工人工资支付到卡

施工单位实行建筑工人劳动用工实名制管理,与招用的建筑工人书面约定工资支付标准、支付时间、支付方式等内容,并按照书面约定的工资支付周期和具体支付日期足额支付工资。

工人实名制、按约定发放工资,保障了建筑工人合法权益,杜绝拖欠建筑工人工资现象。东莞粮油项目按月发放工资。

3.5 上下班考勤

工人上下班走专用通道,如图3.5-1、图3.5-2所示。

图 3.5-1　实名制通道　　　　图 3.5-2　员工专用通道

个人信息在系统录入后,工人每天上下班打卡考勤。每月月初统计好工人考勤,按班组做好工资表,工人本人签字后,报监理、业主审批,作为每个月进度款必备条件之一。工资表再做成银行规定格式加密文件,报公司签字盖章后交银行,银行支付工人工资。银行支付完成再打印回单留项目部备查。施工现场显著位置设置"建筑工人维权告示牌"。做到专款专用,按时发放,切实保护工人的利益。工人上下班打卡考勤,如图3.5-3所示。

3.6 建立台账

用人单位应当按照工资支付周期编制书面工资支付台账。

图 3.5-3　工人上下班打卡

工人工资支付台账应当包括用人单位名称、支付周期、支付日期、支付对象姓名、身份证号码、联系方式、工作时间、应发工资项目及数额、代扣、代缴、扣除项目和数额、实发工资数额、银行代发工资凭证或者建筑工人签字等内容。

中粮东莞项目部配备一名劳资专管员，对分包单位劳动用工实施监督管理，掌握施工现场用工、考勤、工资支付等情况，并审核分包单位编制的建筑工人工资支付表。

4 问题与改进

4.1 系统录入问题

（1）信息系统录入需要刷身份证，有些工人的身份证因保护不当，身份证消磁了，系统刷不了信息。解决办法：及时到发证机关加磁。

（2）有些工人因为工种或自身情况，眼睛有损伤或眼睑开合度不够，虹膜录入系统无法录入。解决办法：用指纹考勤机作为辅助，录入工人考勤。

（3）由于有些工种的特殊性，有些工人的指纹也磨损严重，无法录入。遇到这两种情况兼有的，采取人工打卡考勤的办法录入。由项目部劳资专管员随时掌握各种情况，对现场作业人员实名制信息进行登记与核实。

4.2 临时停电导致系统无法使用

有时遇到停电，或者开挖施工挖断电源线或网络线路等情况，也会造成系统无法使用。管理员要做好记录，及时发现维修。考勤设备也会出现死机的情况，工人半天打不了卡，管理员需及时重启。

4.3 考勤速度慢

因为工地灰尘比较大，设备上积累了灰尘。虹膜考勤机因光线问题，敏感度降低，影响工人考勤速度。

刚开始购置考勤机一台，因打卡时排长队又购置两台，还是没能解决排长队问题。因榨油厂工程规模较大，用工高峰期有 300 多工人同时上下班。上下班排长队，工人有意见。后来不断改进，采用错峰上下班方法，各班组之间间隔 5～10 分钟，解决了考勤速度慢问题。

5 实名制在应对突发疫情中发挥重要作用

2020 年初，面对突如其来的新冠疫情，施工现场的每一位人员都要及时申报个人信息。实名制管理系统，在确保防疫生产两不误、保证员工身体健康、确保项目现场不发生疫情、做好各项防疫工作、抓好项目管理中发挥了重要作用。

严格落实现场人员实名制管理制度。实行封闭管理，减少人员流动，无特殊情况项目部人员不得离开工地。人员进出情况须留有详细记录，建立登记台账。上下班需集中出发、返回，避免人员分散行动。

坚持人员进出登记、测温制度。对进入施工现场的人员，进行信息登记、测温，查验健康码和行程卡。积极配合社区、属地街道或卫生部门的流行病学调查和核酸检测，确保应检尽检，做好台账。

建立防控管理体系，做好疫情防控和健康卫生宣传，落实群防群控，督促工人培养良好卫生习惯，提高应对各类疾病的自我防范能力。统一为现场作业人员配发口罩，要求作业人员按规定佩戴，注意保持距离。

项目部每日对进场人员逐一测量体温，建立登记台账，发热人员不得参与施工作业，并及时安排就医。配备必要的酒精、消毒水等防疫物资和设备，设置专门隔离观察室，对宿舍、食堂、浴室、厕所、休息室等重点场所和人员密集场所实行每日消毒和通风处理。

6　结语

经过中粮东莞榨油厂项目施工实践，工人实名制管理制度在规范建筑市场用工秩序，加强建筑用工管理，维护建筑施工企业和建筑作业人员的合法权益，保障工程质量和安全生产，促进建筑业健康发展等方面，都发挥了重要作用。

建设工程项目施工是多要素、多参与方的系统工程，疫情对施工的各个环节都有较大影响。江苏省安中粮东莞项目部，在维持项目正常管理，确保质量、安全的同时，做好劳务工人队伍管理，为努力实现项目在特殊时期保质量、保安全、保进度等方面，做出了有益探索。

岭南地区粮油工程施工的白蚁防治

1 工程概况

1.1 概述

白蚁是热带、亚热带地区主要害虫之一，对建筑物危害触目惊心。全国至今已发现白蚁400多种，散布在广东省的绝大部分白蚁是台湾乳白蚁、散白蚁等种类，其成熟巢于每年4—6月分群扩散繁衍后代。

近年来，随着空调和木装修的大量应用，台湾乳白蚁在建筑物牢固保护之中，日益猖獗，根治十分困难。植物性的物品和原料，如木制品、棉麻制品等，都是白蚁的食物源。人们日常生活中常常发现，房屋木门框、木窗框、木地板、木质天花板、墙裙等被白蚁蛀坏，埋地电缆被白蚁蛀咬造成短路，白蚁防治刻不容缓。

1.2 建筑工程白蚁防治的必要性及紧迫性

中粮广东产业园榨油厂工程及管网工程，建筑面积137 706 m²，浸出车间和预处理车间分别为六层钢结构及钢筋混凝土结构，建成投产后，每天加工5 000 t大豆。工程地处广东省东莞市麻涌镇，白蚁危害比较普遍，必须掌握白蚁的生活习性及危害特点，采取有效措施避免白蚁对新建榨油厂的危害。如图1.2-1所示。

东莞地处亚热带，气候温暖潮湿，十分适合白蚁生长繁殖。因此，东莞乃至整个广东始终是全国白蚁危害最严重的地区之一。

图1.2-1 新建中粮广东产业园榨油二厂

白蚁通过建筑物的管道或缝隙进入室内，危害木结构和电缆、电线等，造成损失。白蚁一旦营巢，将巢置于建筑物的隐藏保护之中，寻找及杀灭将十分困难。发现症状之时已危害严重，且难以根治，后患无穷。因此，在工程建设时进行有效的预防，是减少和控制建筑物白蚁危害的最佳途径。

2 新建建筑工程产生白蚁的主要成因

新建建筑物产生白蚁主要有以下五个方面：

（1）新建地域原有的蚁患蚁源；
（2）建筑模板和建筑废料引来的蚁患；
（3）灯光密集引来的蚁患(有翅成蚁、繁殖蚁)；
（4）装饰材料家具等物品的携带进入；
（5）新植林木带来蚁源等。

因此，要做好新建建筑物白蚁防治，必须要将白蚁的生物学特性与建筑物结构特点相结合，使用长效防白蚁药剂进行药物处理，营造不利于白蚁生存的生态环境。贯彻"预防为主，综合治理"的方针，提倡生物防治、物理防治、化学防治、管理防治相结合，从根本上控制白蚁危害。

3 将白蚁生物学特性与建筑物结构特点相结合，采取防治措施

3.1 从现场开挖入手，清除白蚁源

3.1.1 开挖时，尽可能清除土壤中的木质纤维性杂质。

3.1.2 清理建筑物现场所有木质杂物，清除混凝土表面的木模板，清除白蚁食物源，防止白蚁滋生。

3.1.3 现场木质构件、木模板集中堆放，便于蚁情检查。

3.1.4 严格检查进场木质材料，防止带入白蚁源。

3.1.5 每年4—6月份，是白蚁分飞期，施工时每天15:00—20:00时段尽可能少开灯，避免白蚁(有翅成虫)趋光飞入，落地营巢。

3.2 做好现场防水排水，破坏白蚁生存环境

3.2.1 做好首层防水，保持地面干燥，防止白蚁通过首层蔓延至室内。

3.2.2 做好建筑物内部防排水系统及建筑物外围排水系统，避免产生积水，防止白蚁吸水生存。

3.2.3 建筑物屋面、变形缝盖板面必须做好排水，以防积水下渗。

3.2.4 室外空调主机排水管应做到集中排水，以保持外墙干燥，断绝白蚁水源。

3.3 园林绿化白蚁防治措施

尽可能保持建筑物周围原始植被；砍树会导致根系残留，引来白蚁取食，新植植物又可能带来新的蚁源。在园林设计引种植物时尽可能减少桂花树、龙眼等白蚁喜食植物。

4 榨油厂工程白蚁防治措施

针对中粮广东产业园榨油厂工程及管网工程，依据广东省标准《新建房屋白蚁预防技术规程》(DB44/T 857—2011)编制白蚁防治方案，并报请监理及业主批准后实施。

4.1 化学防治与保治服务两阶段实施，确保防治工程有效性

白蚁预防工作，包括建筑物土建施工阶段的化学防治和保治服务两个步骤，二者相辅相成，其中化学防治是整个工程的基础，保治服务是工程的补充，是防治工程的保障措施，没有后期保治工作，前期预防工程就失去了意义。

白蚁防治施工实施顺序：先土建，后装修；先基础，后木构件；先建筑物，后市政、绿化。要求做到技术合理，施工方便，保证质量，用药安全可靠，环保无污染。

4.2 白蚁防治使用药物及施工内容

使用药物：选用的白蚁预防药物为江苏宝灵化工股份有限公司生产的"帅灵40%毒死蜱乳油"(有效成分为毒死蜱)，符合广东省标准《新建房屋白蚁预防技术规程》(DB44/T 857—2011)中的药物规定。

施工内容主要包括以下九项内容：
(1) 建筑物外围环境调查和白蚁灭治处理；
(2) 建筑物首层周围防蚁带的设置；
(3) 建筑物地坪以下管道出入口的防蚁封口处理；
(4) 建筑物首层墙基防蚁药物处理。
(5) 建筑物二层以上各楼层室内墙基防蚁药物处理；
(6) 建筑物室内门洞、窗洞防蚁药物处理；
(7) 建筑物各变形缝包括基础沉降缝、伸缩缝等防蚁药物处理；
(8) 建筑物室内各竖向管井的防蚁药物处理；
(9) 建筑物室内外综合管沟(电缆沟)的防蚁药物处理。

4.3 工程进度计划及保证措施

白蚁防治随各建筑物主体结构及其附属设施等共同施工。以各建筑物施工项目为主，与土建、安装、装修等工程穿插施工，随各建筑物的土建、机电设备安装及装修竣工验收而完工。

4.3.1 施工前期准备

(1) 进场施工前，全面巡视建筑物的土建施工进度，了解土建工程工序，按"先急后慢""先难后易"的原则，统筹施工。

(2) 与现场监理和土建施工方充分沟通，明确各方防治施工程序，所有施工人员在交叉作业中有机配合、协调，保证施工进度和质量。

(3) 白蚁防治工程与建筑物的土建、机电设备安装等工程穿插进行时，一旦形成作业面，立即组织施工，施工完毕后移交给下一施工工序。

4.3.2 工期保证措施

(1) 专人负责防治施工进度控制，保持与业主、监理方以及项目其他施工方沟通联络。

(2) 机械维修人员在每次施工前进行设备检修、维护和保养，确保运转正常；材料员根据各相关施工单位的施工进度计划，及时安排材料进场，保证施工需要。

(3) 密切关注天气情况，避免雨天室外施工，防止药物流失。

(4) 严格按照质量要求执行施工程序，保证各项施工一次成活，避免返工。

4.3.3 施工材料特性及其供应计划，如表4-1所示。

表 4-1 施工材料表

商品名	帅灵 40% 毒死蜱乳油（附药物证书）
生产厂家	江苏宝灵化工股份有限公司
农药登记证号	XK13-003-00746（卫生杀虫剂登记）
特性	类别：有机磷类卫生杀虫剂 作用机制：乙酰胆碱酯酶抑制剂，具触杀和胃毒作用 毒性：中等毒；雄性大白鼠：口服 LD50＝776 mg/kg　经皮 LD50＞5 000 mg/kg 商品理化性质：常温下稳定，适合室内外环境使用 浓度：40%（W/W）　外观：琥珀色至淡褐色液体 优点：1. 能与土壤中的有机物质紧密结合，吸附系数 Kd 最高可达到 1862 2. 水溶性低。一旦被土壤吸附后，不易被雨水冲刷 3. 持效期（半衰期）长。虽然在光、蒸汽作用下会发生分解，但用于建筑物防蚁时因为被覆盖，阻隔了光和蒸汽的作用，使药物稳定地保持在施药地点，达到长效。根据温湿度、降水量、土壤类型的不同，持效期最长可达 21 年，是目前防治有效期最长的药物

4.5 施工工序及工艺

4.5.1 蚁源现场调查

现场蚁源情况调查清理很重要。要组织专业技术人员对所属区域范围及其周边绿化带进行一次全面检查，对受白蚁危害的地方及存在白蚁危害隐患的部位记录备案。对发现的白蚁做好采样和鉴定工作，了解蚁源种类、分布及危害程度，采取更有针对性的处理方法。

4.5.2 直接喷粉法

在蚁源较集中部位进行直接喷药灭治。对于隐蔽处白蚁，挑开一小孔往里喷粉，使白蚁黏附上药物，也可在蚁路上喷粉，使觅食的白蚁在回主巢时不知不觉地黏附上药物。由于白蚁具有互相吮舔、清洁等行为习性，携药白蚁个体能够将自身黏附药物传染到主巢其他个体上，达到杀灭全巢白蚁的目的。新型白蚁灭治合剂，能使白蚁产生胃毒作用，效果好，对人畜低毒无害。

施工步骤：寻找蚁源、蚁路 → 挑开蚁路 → 喷药粉 → 药效检查，整个过程约需 10—15 日。

4.5.3 监控诱杀法

白蚁诱杀系统主要由"白蚁活动监测箱"和"白蚁诱杀箱"组成。监测箱主要指由木板或塑料板制成的小盒子（外形和大小依环境而定），内置浸泡糖水的诱饵或木板等白蚁喜食饵料（无毒），将其置于室外易受白蚁危害的部位，定期检查，观测白蚁的活动情况并记录备案，定期更换饵料，保证饵料新鲜。

4.5.4 监测诱杀

施工人员在定期检查过程中发现"监测箱"内有白蚁进入时，可将无毒饵料换成有毒饵料，使其诱杀白蚁，同时如发现饵料中白蚁较多时也可直接喷粉灭杀。

诱杀箱和监测箱的设置根据厂区内具体情况布置，一般每 50 m 设置一个。定期检查"诱杀箱"观察白蚁活动情况并记录，及时补充饵料；当完全没有活体时，可断定该蚁群已死亡。如图 4.5-1、图 4.5-2 所示。

图 4.5-1　白蚁监测诱杀　　　　图 4.5-2　基础工程完毕后喷药

4.5.5　垂直屏障

无地下室建筑物垂直屏障设置方法：
(1) 施工部位：首层室外地坪回填土。
(2) 时间：地梁回填完毕，做室外水泥地坪前。
(3) 方法：喷雾处理，药物浓度 1%，剂量为 1.5 L/m²。

4.5.6　水平屏障

(1) 施工部位：底层回填土。
(2) 时间：回填完毕，做水泥地坪前。
(3) 方法：喷雾处理，药物浓度 1%，剂量为 1.5 L/m²。

4.5.7　首层外围防蚁带设置

(1) 施工部位：首层室外地坪回填土(宽 50 cm，深 30 cm)。
(2) 时间：基坑回填完毕后，做垫层(防水)前处理。
(3) 方法：喷雾处理，药物浓度 1%，剂量为 1.5 L/m²。
(4) 施工效果：形成距外墙 50 cm 宽，30 cm 深的含药土壤层。如图 4.5-3、图 4.5-4 所示。

图 4.5-3　基础回填前喷洒药物　　　　图 4.5-4　配药

4.5.8 地坪以下管道进出口的处理
(1) 施工部位：地坪以下的给排水管、电缆进出口等位置。
(2) 时间：给排水管和电缆安装后，回填前施药。
(3) 方法：喷雾处理，药物浓度 1%，剂量为 1.5 L/m²。

4.5.9 首层墙体的防蚁处理
(1) 施工部位：首层墙面自地面计 1 m 高以下。
(2) 时间：在墙体批荡前施药。
(3) 方法：喷雾处理，药物浓度 2%，剂量为 1.5 L/m²。如图 4.5-5、图 4.5-6 所示。

图 4.5-5　首层墙体喷药防治白蚁　　　　图 4.5-6　门窗洞口药物处理

4.5.10 二层以上各楼层室内砌体墙处理
(1) 施工部位：二层以上各楼层内墙自地面计 0.5 m 以下。
(2) 时间：在墙体批荡前施药。
(3) 方法：喷雾处理，药物使用浓度 1%，剂量为 1.5 L/m²。

4.5.11 门洞的药物处理
(1) 施工部位：各楼层所有门洞。
(2) 时间：门框安装之前。
(3) 方法：喷雾处理，药物使用浓度 1%，剂量为 1.5 L/m²。

4.5.12 变形缝（包括伸缩缝、沉降缝）的药物处理
(1) 施工部位：所有沉降缝、伸缩缝。
(2) 时间：变形缝封闭之前。
(3) 方法：喷雾处理，药物使用浓度 1%，剂量为 1.5 L/m²。

4.5.13 室内管道竖井、电梯井、管沟的药物处理
(1) 施工部位：上述所有室内竖向管井的内壁。
(2) 时间：在给排水、供电、电梯等设备安装之前。
(3) 方法：喷雾处理，药物使用浓度 1%，剂量为 1.5 L/m²。

4.6 工程质量管理措施

4.6.1 施工人员全部持证上岗。
4.6.2 开工前检查机具和材料，保证施工器械运作良好，施工材料充足齐全。

4.6.3 施工前由技术人员组织阅读施工方案,进行技术交底。

4.6.4 施工过程中严格按照工序和正确的方法操作,避免漏处理或处理不均匀;施工完毕,详细填写施工记录单,交甲方及监理人员现场签证,保证施工记录齐全、清楚。

4.6.5 对所用药物进行定期自检,以保证药物质量。施工过程中由专人负责药物配比,保证有效药物使用浓度达到要求,杜绝因药物浓度使用不当导致的低效甚至无效等质量事故。

4.6.6 认真做好计量记录工作,用数据说话,保证施工用药的定额用量。

4.6.7 在每一批药物进场前,送广东省农业害虫综合治理实验室检测,并提交检验报告。

4.6.8 严格按规定进行药物配比,每次施工用药剂量、浓度由施工人员进行详细记录,并取得业主或监理方认可。用药随时接受业主和监理人员现场抽样及送检。

4.6.9 白蚁防治工程中药物施工属于隐蔽工程,建立工程技术档案,汇集、整理有关资料,并入工程竣工验收资料。

4.7 保治措施

质量保治期内,每年在白蚁繁殖、危害高峰期,定期派出专业技术人员对防治工程范围进行全面复查,及时发现及时处理。必要时在外围环境设置监测站,若发现有白蚁出现,则须及时将监测站更换为诱杀站,同时扩大检查范围并详细检查,视现场具体情况增设诱杀站。

4.8 安全文明施工措施

4.8.1 严格遵守国家有关法律、法规和条例,保障安全运输和使用药物。

4.8.2 所有施工人员均持证上岗,熟悉操作规程,熟悉施工器械操作,熟知使用药物的注意事项和急救方法。

4.8.3 在配药和施药过程中,施工工人必须穿棉质工作服,扣好领口和袖口,佩戴安全帽、防毒口罩和胶质手套。

4.8.4 工程施工过程中,现场人员严禁饮食和吸烟。

4.8.5 施工现场外围设置"药物施工"等警示标志,施工区域在未明显干燥前,未穿戴防护衣物者不宜进入。

4.8.6 定期检查施工器械中所有的密封垫圈和断流阀,确保所有施工器械性能良好;质量低劣和超龄服役的器械坚决淘汰,严禁施工过程中发生药液渗漏事故。

4.8.7 施药人员每次连续作业时间不超过2小时,每天接触药物时间累计不得超过5小时。

4.8.8 施工结束后及时清洗器械,未用完的药液须用密闭容器盛装,并贴上标签,运回仓库妥善保管;及时清理现场,不在现场遗留盛装药物的容器及其他临时设施。

5 结语

粮食安全关系到国家安全与社会稳定,粮油工程项目建设质量关系到千家万户的日常生活。中粮东莞榨油二厂及外管网工程施工中,严格按照白蚁防治方案实施,取得良好效果,榨油厂投产运营两年来,没有发现白蚁危害。

粮油工程白蚁防治是一项系统工程,要求针对项目特点、所在地的气候条件,以及白蚁危害情况,辨证施治。需要组织专业技术人员从周围环境调查到防治方案编制,从防治工程实施到后期保治,做到有的放矢,针对性强,防治保治效果才能有保证。在白蚁防治保治的同时还要注意生态保护。

守住疫情防线　筑牢安全底线

2020年初,突如其来的新冠疫情,打乱了人们正常的生活,也给工程施工带来了意想不到的困难。谁能料到,这是一场全人类共同面对的战役。

防控就是责任,生命重于泰山。坚持预防为主、常抓不懈的原则开展工作。普及新冠病毒的防控知识,提高项目人员的防控意识,完善疫情防控报告网络。由于制度严明,措施得力,江苏省安施工的300多个项目,未发生一起疫情传播事件,保证了各工程项目正常施工。

1　疾风知劲草,大疫显担当

2020年春节一过,为阻断病毒传播,全国各地严阵以待,严格限制人员流动,江苏省安承建的中粮东莞5 000 t/d工程项目停工等待。齐景春、陆锋、汤坤永、沈太金等作为先遣队从南京出发,在沿途没有餐饮供应等艰苦条件下,克服重重困难,日夜兼程,驱车1 400 km,到达广东东莞,为保证中粮广东产业园重大国际民生项目复工做好各项准备。防疫培训及进出场管理,如图1-1、图1-2所示。

图1-1　全员防疫教育　　　　图1-2　每日测量体温

面对重大疫情,地处广东的中粮产业园项目工程复工困难重重。

成立以项目经理为组长、专职安全员为组员的疫情应急处置小组,负责各项复工及防疫防控事宜。

主动与政府部门联系,严格执行各项防疫政策,制定疫情防控专项应急预案。各项工作迅速展开:采购防疫物资,消毒居住、办公、施工等场所,封闭施工现场,联系工人返岗。设置隔离观察室,如图1-3、图1-4所示。

图 1-3　临时隔离观察室　　　　　图 1-4　临时隔离观察室

2　克服困难，点对点接工人到岗

视工人如兄弟，保安全温暖返岗路。东莞粮油项目工人来自江苏、安徽、河南等地，地理阻隔和交通管控给企业复工带来许多不确定性，"用工荒"成为企业复工后的头号难题。由于交通不畅，工人返岗极其困难。项目部认真梳理工人身份信息，及时掌握职工健康状况。对于无法乘坐公共交通出行的工人，联系专车点对点接送。对于需要隔离的工人，严格执行政府部门的各项要求，妥善安排隔离场所及饮食起居。灵活细致的工作努力，换来工人的高度信任和支持，工人陆续返岗。

2020年2月下旬，全国各地仍然对疫情严防死守，很多工程项目启动缓慢，而东莞粮油项目在采取可靠防护措施的前提下，已有228人返莞返岗，项目顺利复工。

3　全员实名制管理，防疫生产两不误

工人兄弟的生命财产高于一切，健康与安全是绝对不能触碰的红线。

每日早晚测量体温，安全晨会宣讲防疫知识，对现场办公区、生活区、食堂、工人宿舍、车辆进行消毒，工作细致入微。走进复工后的江苏省安中粮广东产业园项目部，发现特别暖人的细节：进入项目部首先要通过防疫检查点，工人们在那里接受体温测量，领取当天的安全防护口罩并接受安全防疫交底指导。

每天早晚会有专人对施工现场人员密集活动区域进行消毒作业。工人们用餐由过去的食堂聚餐改为领盒饭分散进餐，工人住宿由过去的5~6人一间改为2人一间。

进出工地登记、防疫宣传告示，如图3-1、图3-2所示。

图 3-1　进出工地登记　　　　图 3-2　张贴防疫告示

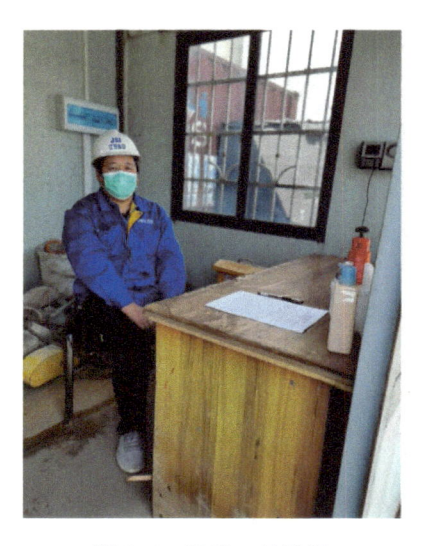

4　凭着扎实的功底和健康体魄，关键时刻，冲上一线

　　大疫如大考，考验着中华民族的凝聚力，考验着项目部的战斗力，也考验着每个人的担当与应变能力。项目负责人王俊峰，技术负责人齐景春，工程师陆锋、栾晓军、孙春峰、滕磊等二十多人组成的团队，全力以赴组织施工，没有一个人下线。

　　工程复工后，钢结构施工组徐班长突然接到公安部门通知，需进行隔离。为了保证工程顺利进行，齐景春自己亲自披挂上阵，带领五十多位工人师傅爬上高耸的钢架，讲解技术难点，布设安全措施。关键工艺节点，他亲自操作示范，工程有条不紊地进行。岁月静好，只因有人负重前行。在这场没有硝烟的全球防疫战争中，无数人挺身而出，逆向而行，勇挑重担。

　　面对项目施工遇到的种种困难，项目部全体人员庄严承诺："我们会尽最大努力，做好现场疫情防控，确保现场人员平安健康，有序推进项目施工，向全体职工、集团公司和业主方交一份满意的答卷！"

　　关键时刻冲得上去，不是偶然的。项目团队长期坚守在施工一线摸爬滚打，个个练就一身过硬本领。从施工员到项目经理，从技术员到工程师，多年转战全国各地，踏踏实实，一步一个脚印，骁勇善战，奋勇争先，完成一个又一个大中型、特大型施工项目，成为特别能战斗的团队。

5　严格进场人员动态管控不松懈

　　工人进入现场立即建立员工健康申报卡，填写返岗情况登记表，建立防控工作台账等；实名制录入现场门禁系统，包括姓名、身份证号、住址、年龄、工种、班组等信息。办理工作牌,进行防疫交底和安全教育交底后,才能正常上岗。

全面摸排,应检尽检。积极配合社区、属地街道或卫生部门的流行病学调查和核酸检测,确保应检尽检。

坚持人员进出登记、测温制度。对进入施工现场的人员,进行信息登记、测温,查验健康码和行程码。

项目现场 14 日内有中高风险区行程史的所有人员,第一时间向所属社区报告,提供活动轨迹和个人健康信息。提供 48 小时核酸检测阴性报告;不能提供的,不得进入施工现场。

图 5-1　组织所有现场人员进行核酸检测

严格落实现场人员实名制管理制度。实行封闭管理,减少人员流动,无特殊情况项目部人员不得离开工地。人员进出情况须留有详细记录,建立登记台账。上下班需集中出发、返回,避免人员分散行动。

服从属地和业主方统一调度管理,建立防控管理体系,做好疫情防控和健康卫生宣传,落实群防群控,督促工人养成良好卫生习惯,提高应对各类疾病的自我防范能力。防疫物资配备及每天消杀如图 5-2、图 5-3 所示。

图 5-2　防疫物品配置　　　　　　图 5-3　施工场所消杀

统一为现场作业人员配发口罩,要求按规定佩戴,注意保持距离。

项目部每日对进场人员逐一测量体温,建立登记台账,发热人员不得参与施工作业,并及时安排就医。

配备必要的酒精、消毒水等防疫物资和设备,设置专门隔离观察室,对宿舍、食堂、浴室、厕所、休息室等重点场所和人员密集场所实行每日消毒和通风处理。

加强生活区、办公区日常卫生保洁,及时清扫卫生死角,定期进行环境消毒并建立台账,营造良好的卫生环境。

实行分餐制,就餐时保持安全距离,不相互交谈。

严格执行访客管理制度,出入口张贴场所码。材料、设备供应等所有外来人员来访,需出示绿色健康码,提供48小时核酸检测阴性证明,方可入场。

项目部严格执行24小时值班值守制度,接到防疫相关要求或遇到突发情况立即传达、上报。

6 编制疫情防控应急预案,应对突发状况

编制疫情防控应急预案,内容包括施工现场防疫制度、组织机构、防疫物资配备、隔离措施等,并适时组织演练。

一旦出现疑似或确诊病例等突发状况,立即配合卫生防疫部门进行流行病学调查,对其到过的场所、接触过的人员进行全面筛查,采取必要的隔离观察措施,做到"五个立即":

立即报告:向工程监管部门报告;

立即封闭:工地人员暂时不得进出;

立即隔离:对异常人员同宿舍人员、同班组作业人员暂时进行隔离;

立即停工:在确保安全的情况下,对所在班组的施工工序实施局部停工;

立即消毒:按规定程序对患者活动场所、使用物品等进行消毒处理。

7 结语

建设工程项目施工是多要素、多参与方的系统工程,疫情对施工的各个环节都有较大影响,若防控疏漏,极易引发聚集性疫情。疫情防控,来不得半点疏忽松懈,容不得丝毫麻痹大意。

江苏省安中粮东莞项目部在维持项目正常管理,确保质量、安全的同时,做好工人队伍管理,随时关注政府有关部门的防疫政策要求,严格执行动态管理要求,为努力实现项目在特殊时期保质量、保安全、保进度等方面做出了有益探索。

弘扬工程师文化　　践行工程师精神

何谓工程师？《现代汉语词典》(第7版)这样解释："技术干部的职务名称之一。能够独立完成某一专门技术任务的设计、施工工作的专门人员。"

更为贴近现代建筑安装业的理解是：工程师就是通过科学技术手段，以标准化、系统化、团队化的方式完成项目的人。

汉字象形文字里的"工"字，是仿照曲尺类的工具造出来的，它的内涵是运用工具来达成整齐细致的效果，进而引申为主管营建制造的技术官员名称，即工正、工师。

其实，在中世纪的欧洲，Engineer这个词的内涵也是更近于工匠的，但是，欧洲工程建制化的发展极大地推动了工程师的职业化，也使得他们成为工业时代最不可忽视的一个群体。

而中国古代虽然没有工程师这个名词，但并不缺乏这样的人，比如，清代著名的"样式雷"家族，即使按现在的标准来衡量，也称得上相当出色的工程师家族。"样式雷"烫样，至今收藏在故宫博物院里，形象逼真，精细无比。这足以说明中国古代建筑，绝非全靠工匠凭经验修建而成，从宫廷建筑群故宫，到皇家园林如圆明园、颐和园，都具有高超的建筑设计和施工水准。

1　砥砺奋进七十年，工程师精神代代传承

江苏省安七十年来艰苦创业，铸就骄人业绩，同时也培养造就了工程师精神代代传承的专业技术队伍。

他们专业过硬，技艺精湛，秉承"成为客户、员工和经营伙伴首选"的企业愿景，足迹遍及中东、俄罗斯、美国、蒙古国、斯里兰卡、马尔代夫、马来西亚、印尼等国外建筑市场。

"刻苦钻研，勇于创新，做技术精湛的工程师；敬业爱岗，甘于奉献，做勇于担当的大国工匠"，是江苏省安几代人共同的信念。江苏省安成立七十年来，一代代工程科技人员秉承工程师精神，用智慧、心血与汗水完成了一项项具有先进技术水平的重大工程，科技创新人才队伍不断发展壮大。

2　从长江大桥到栖霞山化肥厂，前辈工程师树立榜样

说起专家，人们往往会想到高等学府、科研院所里的专家学者。江苏省安经过七十年来的发展壮大，不仅业绩辉煌，更培养造就了大批工程师型专家。这些从生产一线成长起来的人才，具有丰富的实践经验，有专业技术特长，有较高理论水平，是江苏省安事业蓬勃发展的中坚力量。

1968年12月29日,南京长江大桥全面建成通车,其可谓一桥飞架南北,天堑变通途,其成了东部地区重要的交通枢纽。这是中国人自主设计、自行建造的第一座长江大桥,江苏省安有幸参与其中。建设者们想尽千方百计,克服艰难险阻,怀揣建设美好祖国的初心,日夜奋战,建成了一座全中国人民的精神丰碑。南京长江大桥建设过程中蕴含的自强不息、创新发展的精神,已经深深地植根于每一位江苏省安人的心中。

工程师的立身之本是自己的专业技能,应对自己的交付物有严格要求,不断提升其标准。他们以内心的创新为驱动,以所掌握的专业技能为武器,身体力行地创造和改造着这个世界。

资深焊接专家、教授级高工谢汉民,就是省安工程师的一位杰出代表。

1974年,中国石化为南京栖霞山化肥厂从法国引进30万t/a合成氨和52万t/a尿素装置。当时对外交流不畅,设备和设计问题很多,施工遇到极大困难。江苏省安的工程师们,面对从未见过的设备和工艺,勇于迎接挑战。谢汉民率领200多名焊工日夜奋战,攻克多项技术难关,高质量完成任务,受到外事部门表彰及外方专家的称赞,并多次获奖。经过艰辛努力,在进行大量技术改造和设备更新后,栖霞山化肥项目成功达产,大大缓解了国内化肥供应市场的紧张状况。

可以说,老一代工程师完成了省安人在安装施工领域关键工艺和技术的积累和创新,为企业后续发展奠定了坚实的技术基础。

3　薪火相传,大项目培养过硬团队

江苏省安一直以工程师文化为导向,建立内部学习和分享机制,创造专注的环境,重点培养超级专业工程师,并以他们为核心,组建能打硬仗的全功能团队。

敬畏市场,敬畏专业,敬畏风险。每次面对一项新的工程,省安的工程师们都以学徒的姿态认真学习优化图纸,用心编制施工组织设计和专项技术方案。年轻一代的工程师团队,经过艰苦磨炼,有了敢于迎接高、大、难项目的从容和底气,哪里有急难险重任务,就到哪里去,已经完全接过了师傅的衣钵,成为工业设备安装的杰出人才。

改革开放四十余年来,从新员工拜师学艺传统,到分公司主任工程师制度,到近年来的首席工程师制度。省安的各级工程师,以重大型项目为摇篮,培养并大胆起用年轻人,薪火相传,将江苏省安的工程师精神发扬光大。2017年以来,江苏省安首席工程师制度实施,首批11位首席工程师受聘,专业领域包括起重吊装、BIM技术、电气调试、无损检测、电气、焊接、通风与空调、管道、仪表等十几个专业。他们作为各专业领域的领头羊,解决技术方案的归集和更新,带领专业技术人员开展技术攻关和科技研发;再加上实行多年的科技创新研发及奖励制度,有望今后在科技创新方面持续发力,提升公司核心竞争力。

一枝独秀不是春,百花齐放春满园。以各专业领头羊高级人才为中心,打造全能团队,是江苏省安践行工程师文化的重要一步。

图纸深化团队是江苏省安根据市场和业主要求在实践过程中逐步组建发展起来的。2010年以来,经过领军人才引进和加大投入等措施,图纸深化队伍逐渐成为江苏省安的核心技术团队之一,堪称"十年磨一剑"。

把图纸深化作为项目的起点,进行细致的计算校核、参数选型、综合图绘制等,用图纸和技术指挥项目部的设备报审与采购和现场施工,并引入 BIM 技术,深化设计、施工、调试和运维的一体化机电承包模式的工程。江苏省安不仅仅是按图施工的单位,更是有深化设计能力、参数校核、智能施工、调试检测、辅助前期运行管理等综合能力的单位。这种承包模式更着眼于"工程建设阶段"这一大目标,这就需要施工单位施工过程中考虑设计、施工、调试及运行维护各方面的具体要求。实践中,大量使用 BIM 技术对图纸深化,对设备管线进行三维建模,利用其可视化模型和施工模拟技术以及在此基础上的后场加工能力,提高机电安装施工成功率和劳动效率,为江苏省安赢得了市场和美誉。

4 以图纸和 BIM 技术为驱动,培养工程师队伍的领军人物

2014 年,随着海外项目的逐步增多,我们对工程师文化有了新的认识。国际业主的项目经理往往是设计师出身,机电工程又由专业工程师带队,对承包商项目部的设计能力、技术能力和综合能力往往有非常高的要求。具有良好的设计能力,深刻理解技术规范的项目经理暨项目领军人物,是施工单位项目部生存的第一步。与此同时,大量国际设备的采购和安装,都是对专业工程师的巨大挑战。在外语环境下,没有设备供应商工程师的现场指导,专业工程师的技术能力、工程经验和独立工作能力,甚至操作习惯,都将直接影响项目的质量和进度。加上项目所在地与公司本部距离遥远,当地的法律和文化差异又进一步放大了项目部的短板和缺陷。

经过实战以及向国际同行认真学习,通过引进国际化的高水平工程师和在图纸深化团队中培养、选拔项目经理等方法,江苏省安正在打造出适应国际工程项目、具有较强战斗力的项目团队。项目团队以设计和技术为基础,以具有专业能力的工程师为主力,引进高水平国际化人才,辅助招聘当地的工程师。

同时,积极推动 BIM 技术应用,使得图纸与采购、施工、调试紧密结合,实现技术在机电工程中的深度融合应用,从而实现降本提质增效,促进企业转型升级和行业科技进步。

海外项目团队上下齐心协力,以优良质量完成工程,为江苏省安赢得了当地专业的国际化机电工程承包商的美誉。利用团队的技术优势,推动了后续多个大型工程项目的顺利实施,包括央企也主动找江苏省安作为机电的专业分包,去一起承接国际业主的项目。

面对高标准的国际项目,打造工程师团队,建立工程师文化,是中国施工企业的一条必经之路。尊重工程师个体和工程师文化是形成团队技术能力的基础,充分放权给工程师团队,让技术专家来决策,在关键时刻听工程师的而不是听领导的,只有这样才能打造出具有真正战斗力的项目团队。

5 工程师文化建设,任重道远

并不是有了工程师,工程师文化就自然建立起来了。它是在以工程师为主体的团队

中,经过长期磨合思考而产生的,是一种能力型文化。

如何培养出优秀的工程师,如何建设江苏省安的工程师文化,这是江苏省安一直在努力探索的问题。

过去的十多年来,江苏省安每年会招聘百余名大学应届毕业生,从事一线工作,从最基层的工作做起。他们逐步掌握图纸深化、计算机校核、施工预算、BIM 技术应用、施工管理等技能,与各施工班组密切交流与沟通,执行来自业主或监理工程师的各项指令。

项目部一线的工程师应该是什么水平,应该做什么,这些从工程师成长出来的项目经理,能否像主任医师一样组建外科手术式的全功能团队?作为工程师,应严格要求自己,努力成为所在专业领域的专家,利用工具提高效率。这种富有工匠精神的工程师组合成团队,将会适应时代的发展和市场的变化,将会很好地完成高质量业主和高标准项目的要求。应从设备采购选型,新材料、新产品、新工艺应用,合理安排施工进度、工序和劳动力配备,设备调试及工程资料收集整理等方面提升能力。这些能力的提升都可以体现为工匠精神。工匠精神,抛开从事行业的差异,共通的是对工作的执着、认真,精益求精,追求卓越。

江苏省安通过浸入式的长时间积累,系统性地解决问题,以及工具和技术的广泛应用这三个标准的实践,来打造工程师文化。

而从管理层面上来说,对工程师及其团队要有足够的信任和尊重。创新的源泉来源于精神的解放,一个以工程师文化为立足之本的公司,管理层必须要懂得尊重技术、尊重人才,并充分放权。

6　结束语

优秀的工程师,对职业敬畏,对工作执着,对项目负责,用精湛的专业技术做好每一项工程。面对竞争激烈的市场环境,技术优势是最关键的因素,坚持以人为本,珍惜专业人才,积极培养、相信年轻人,用好年轻人,依靠骨干人才的硬实力,建设一支能打硬仗、能打胜仗的专业工程师团队。

工程师和工程师文化,是专业化的基石,这不是一句空话。合格的工程师和良好的企业文化,是一切项目管理成功的基石,也是江苏省安成立七十年来的立身之本。

坚持专业化之路

互联网时代，企业的发展呈现多种趋势与特点，不再一味以大为美，追求大而全，做精做专亦是取胜之道。但做精做专，需要信念、勇气、智慧，更需要脚踏实地的努力。

七十年来，江苏省安立足于机电安装行业，一直致力于为客户提供优质工程产品和服务，让业主满意，从而赢得了市场，保持了企业稳定发展。近年来，我们抵挡住多元化经营、高额投资回报等种种诱惑，把"专业化、区域化、市场化、科技创新、转型创优"作为企业的战略方针，尤其是把专业化作为立足之本、重中之重，积极探索适合本企业发展的道路。

1 充分发挥专业优势，业务做专做精

2021年，全国建筑业总产值达29.3万亿元，从业人员5 282万人，稳居支柱产业地位，为经济社会发展、城乡建设和民生改善作出了重要贡献。在巨大的蛋糕面前，江苏省安为什么选择专业化作为自己的发展道路呢？

一方面，专业化代表着对所属领域的深耕。定位精准，以技术壁垒铸就核心竞争力，让江苏省安成为客户"必然的选择"。另一方面，专业化要以做精做专为要，可用最小的成本获得最强的突破效果。我们把专业化视为市场上的一柄长枪，柄长刃利，攻击点集中，易于发力。通过培养专注、专业、专家精神，苦练内功求发展，努力摆脱靠压低价竞争和人脉关系承接项目的限制。

2 找准最具竞争力的专业化领域

2.1 跟踪新型行业和新兴业主

加强与行业中的龙头企业合作，跟踪新型行业和新兴业主，实现共同发展。这也是江苏省安近年来成功承接一系列明星项目的关键所在。前提是，自身必须要具备足够的实力。

积极探索新兴行业。继南京金融城能源站之后，我们又承担腾讯上海云数据中心分布式能源站系列工程，取得了良好的经济效益和社会效益。随着环保事业和互联网的发展，这类分布式能源将大量兴建，这对建筑施工企业来说，就是一片新兴领域。

同时，我们在工业、高级民用和电力等领域，也找到了快速发展的专业细分领域，取得了显著成效。

2.2 深耕高级民用建筑市场

在高级民用领域中,江苏省安积极拥抱大客户,与境外公司同台竞技,参与了长江实业、新鸿基、九龙仓、三星电子、富士康、阿尔派等境内外工程。值得一提的是,自与香港嘉里建立良好合作关系后,江苏省安先后承建了南京、扬州、厦门、哈尔滨、合肥、济南、福州等地的香格里拉酒店系列项目,并勇敢地走出去,参与该集团在蒙古国和斯里兰卡民主社会主义共和国等国数个境外工程施工,积累了经验,锤炼了队伍,取得了良好的经济和社会效益。

2.3 紧紧抓住工业领域的传统安装项目

多年来,江苏省安在粮油加工与储备、盐化工、煤化工等工业领域,发挥专业优势,取得丰硕成果。完成了中粮、中储粮系列工程,以及盐化工程、煤化工安装工程、益海嘉里(辽宁)淀粉安装工程等项目。中粮东海粮油、辽宁玉米深加工工程、中盐金坛机电安装工程等项目荣获中国安装工程优质奖。

介入全过程工程咨询。在工业安装项目中,充分发挥专业特长,为业主提供全过程的工程咨询服务,向后续运营维护管理等高附加值的领域有序拓展。

3 专业技术是立足之本

我们正处于一个前所未有的科技发展期,"科技改变世界"不再是一句口号,而是正在发生的现实。然而,建筑施工企业所面临的现状是:效率低、收益差、负担重、竞争大。一直以来,建筑业被视为劳动密集型、科技含量低的产业,目前国内建筑业的科技人员比例为4.8%,仅高于农林牧渔业、居民服务业和餐饮服务业这三个行业,也决定了经济转型环境下建筑业企业挣扎的现状。

在建筑施工领域,如何才能摆脱靠低价竞争和人脉关系获得项目的限制?专业化是最有可操作性的一条道路。公司必须舍得投入,培养具有竞争优势的专业人才和团队,做到人无我有,人有我精,以不可替代的技术优势,在中高端项目特别是高端项目中增强竞争力。多年来,公司在设计和图纸深化方面的投资已经初见成效,我们将继续加大相关投入,保证人才和团队的竞争优势。

人才是根本,技术是关键。说到底,在工程施工领域,一切奇迹的实现最终都要落实到技术这个层面。掌握设计能力和图纸深化能力,拥有良好的合约能力和全球化的采购渠道,锻造出能打硬仗的项目团队和掌握关键工艺技术的技工队伍,最好是拥有一批专利并拥有自己的拳头产品,这样才能做到以专业化赢得市场和客户的信赖。

江苏省安科技创新在公司发展历程中起到非常重要的作用。由于重视科技创新,公司在同行业中始终享有施工工艺先进、报价合理、社会信誉好、技术力量雄厚等美誉,科技创新、人才团队是公司最重要、最具特色、最有潜力的发展优势。

3.1 依托工程技术研究中心，搭建技术研发平台

江苏省安工程技术中心运营十年来，公司持续增加技术研发投入，经广大工程技术人员的不懈努力，取得了喜人成果：拥有自主知识产权国家专利9项，省级工法37项，获得行业科技进步奖6项，创国家优质工程奖8项，中国安装工程优质奖（中国安装之星）14项，江苏省优质工程奖45项。

科技研发和推广，提高了公司综合技术水平，成熟的工法为同类工程的施工提供了捷径。把科技创新落实到每一项工程项目的全过程，精心策划、精心组织、科学管理，在承接超大、超深、超高、超难、超常规的一系列项目中，用先进的施工方式和施工技术完成了一批批精品工程。技术创新对企业发展的贡献率大幅提高。

3.2 积极探索智慧建造

大数据时代的来临，以BIM技术为代表的信息化技术，促进了企业技术进步和管理创新，为企业转型发展插上了翅膀。通过BIM技术在项目上采用深化设计、管道工厂预制化、装配式支吊架应用等先进技术和科学管理方法，逐步实现了BIM技术落地应用。

积极探索采用BIM工厂化预制加工、二维码追踪云系统、3D扫描及打印技术、自动焊接技术、VR虚拟现实技术等先进的工艺方法，致力于智慧建造模式。全面提高施工质量和工作效率，保证施工安全，实现精细化管理。可以预见，通过标准化设计、工厂化生产、装配化施工、一体化装修、信息化管理、智能化应用，实现建造方式创新，已指日可待。

4 培育专业化团队

提高技术人员在公司的占比，培养以BIM技术应用为核心的复合型人才，构筑专业化的基础，立足技术，致力创新，提升比较优势，这是江苏省安的立身之本。这几年公司在图纸深化方面的投入和运行就是一个实例。

4.1 舍得投入，大力培养专业人才队伍

专业化服务需要专业人才队伍。从2009年开始，江苏省安实施人才战略，每年招聘应届大学毕业生100人，这些新鲜血液已经成为公司发展的重要力量。

舍得投入，培养具有独特技术优势的专业人才和团队，锻造出能打硬仗的项目团队和掌握关键工艺技术的技工队伍。

我们通过合作和引进人才，建立了专业的图纸深化队伍服务于工程，并通过项目和与境外公司的合作与竞争得到了锻炼、提高。经过十几年的努力，公司重点扶持的图纸深化设计已经形成上百人的团队，以强大的技术优势，在中高端项目领域大展身手。他们奔走于"高、大、难、精、尖、特"项目，在施工中发挥了重要作用，为公司赢得了市场和美誉。

4.2 开展校企合作，加速培育既有国际视野又有民族自信的人才队伍

近年来，江苏省安与南京航空航天大学、安徽工业大学、南京工程学院、南京信息职业技术学院、南京浦口中等专业学校等院校，开展校企合作，加快培养建筑人才，努力建设既有国际视野又有民族自信的人才队伍，培养熟悉国际规则的建筑业高级管理人才。

4.3 建立江苏建筑人才联合实训基地

长期以来困扰企业的工人技能素质偏低等问题，导致企业核心竞争力不强，严重制约了企业的持续健康发展。江苏省安在南京尧化门建立了实训基地，就是要培养自有专业技术工人队伍，加强工程现场管理人员和建筑工人的教育培训。

完善"师徒制度"。师徒传艺是省安人长期坚持的优良传统。经验丰富、身怀绝技的师傅们，手把手把自己的绝活、积累多年的经验传授给徒弟，让年轻人成长进步。师傅们传绝技，带高徒，带出众多技术骨干。

经过多年努力，我们拥有了一支富有工匠精神、能打硬仗的技工队伍。

5 优化公司治理结构，建立长效激励机制

近年来，江苏省安在经营承包等传统管理方式基础上，进一步推进市场化，即通过划小经营核算单位，给经营者更多的自主权，让有能力的人脱颖而出，快速成长为一个个承包经营者。通过优化组合和团队建设，轻装上阵，生产效率和经济效益大幅度提高。现在，公司初步实现了"组织小型化、干部年轻化"目标，经营管理水平显著提高。

积极深化股权制度改革，通过股权重组和配套激励机制，实现管理层和骨干持股，调动大家积极性，增强企业凝聚力，促进企业健康发展。

6 志存高远，主动作为谋发展

当江苏省安与日本 SNK 竞争时，在蒙古国、斯里兰卡等国施工后，更加清楚地认识到，专业技术对于安装企业生存发展的重要性、迫切性。只有进一步加大在提高图纸深化能力方面的投入，引进国际人才，提升企业的设计能力，才有可能在国际竞争中站稳脚跟。

此外，境外业主和境外项目的商务工作，也建立在技术能力的基础之上。简言之，公司需要坚持在技术人才和技术力量方面的持续投入，建立技术人员的上升通道，提升项目部的技术能力和技术含量，营造崇尚科技创新、尊重人才的良好氛围，才能真正提高核心竞争力。

展望未来，国家基础设施投资仍将持续，在轨道交通、PPP、建筑产业化、建筑信息化等方面都将大有作为。我们必须抓住发展机遇，提升内部管理水平，进军新兴市场，寻求健康持续发展。

第四章

粮油工程施工工法

大型榨油厂关键设备安装施工工法

1 前言

随着人们生活水平的逐步提高,食用油、动物蛋白的需求量越来越大,对食品卫生和食用油的安全、品质要求越来越高。而精炼食用油在保证食用油品质、数量的基础上,其副产品豆粕是动物的绝好饲料,受到养殖行业的广泛追捧,供不应求。因此,中国精炼食用油生产行业发展迅速。

精炼食用油是利用压榨系统生产的,通过大豆的压榨、浸出、精炼而成;同时生产饲料蛋白、饲用磷脂等系列产品。

榨油,首先对大豆进行预处理。大豆脱皮,以减少粗纤维的含量,提高蛋白质含量。工艺流程为:大豆──→清选──→干燥──→调温──→破碎──→脱皮──→软化──→轧胚──→浸出──→浸出粕──→脱溶──→烘烤──→冷却──→粉碎──→高蛋白大豆粉。

油料的浸出,是利用溶剂对不同物质具有不同溶解度的性质,将固体物料中相关部分加以分离的过程。工艺流程:料胚(或预榨饼)──→存料箱──→封闭绞龙──→(溶剂──→)浸出器(──→湿粕)──→混合油──→混合油过滤──→混合油贮罐──→第一蒸发器──→第二蒸发器──→汽提塔──→浸出毛油。从浸出器泵出的混合油(油脂与溶剂组成的溶液),须经处理使油脂与溶剂分离。分离方法是利用油脂与溶剂的沸点不同,首先将混合油加热蒸发,使绝大部分溶剂汽化而与油脂分离。再利用油脂与溶剂挥发性的不同,将浓混合油进行水蒸气蒸馏(即汽提),把毛油中残留溶剂蒸馏出去,最终获得含溶剂量很低的浸出毛油。

精炼,是指将浸出系统生产的毛油,经过精炼工艺,得到食用标准油的过程。大豆油精炼工艺流程:毛油──→过滤──→酸化──→中和──→分离──→水洗──→分离──→干燥──→吸附脱色──→过滤──→析气──→蒸馏脱臭──→过滤──→精炼成品油。

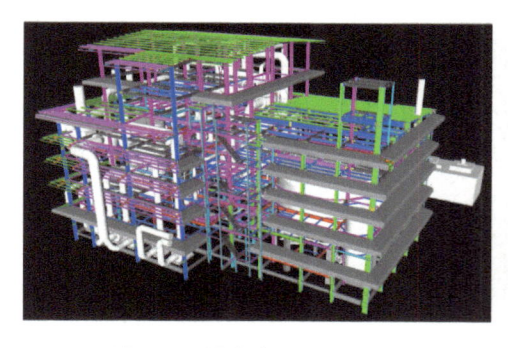

图 1-1 浸出车间 BIM 模型

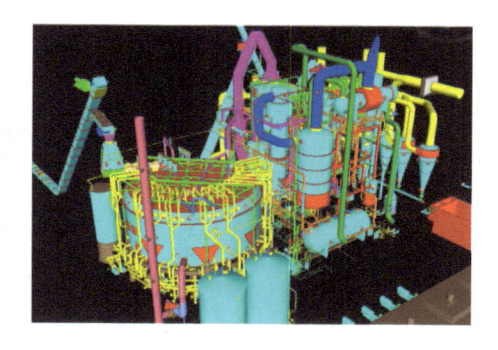

图 1-2 浸出车间设备 BIM 模型

5 000 t/d 压榨系统(实际产能可达到 6 500 t/d),首次采用超大型平转式浸出器,年产精炼散装植物油 140 万 t,包装植物油 132 万 t,饲料蛋白 192 万 t,是目前国内最大、世界第二大的压榨系统。依托本工程研发的《超大型压榨系统关键设备安装施工工法》,被批准为 2019 年度企业级工法,并在同类工程中推广使用。浸出器及设备模型图,如图 1-1、图 1-2 所示。

5 000 t/d 压榨系统主要设备如表 1-1 所示,其中核心设备为平转式浸出器。

表 1-1 主要设备一览表

序号	主要设备名称	外形尺寸(mm)	重量(t)	备注
1	平转式浸出器	Φ18 613×16 200	500	
2	DT DC	Φ6 500×13 127 Φ6 500×18 300	190 107	
3	调质塔	3 400×3 400×19 597	116	

平转式浸出器,如图 1-3 所示。

图 1-3 平转式浸出器

2 工法特点

利用 BIM 技术对浸出车间进行深化设计,明确设备安装位置,优化工艺管线,确定设备、管线、钢结构的安装工序;利用全站仪,进行放线,实现了设备、管道的精确定位。

从平转式浸出器的基础开始,严格控制标高、几何尺寸;利用全站仪、水准仪进行精准测量,利用钳工水平尺进行局部测量,从而保证中心轴的安装精度,实现外径 18 m 的超大型开式平面伞齿轮的安装精度。

3 适用范围

本工法适用于大型榨油厂浸出法榨油工艺关键设备的安装。

4 工艺原理

本工法运用BIM技术对浸出车间进行深化设计，精确定位设备安装位置、工艺管线位置，生成平面图及剖面图。运用Tekla Structures对钢结构厂房进行深化设计，绘制详细的平面图、柱脚螺栓布置图、柱脚节点大样图、梁柱节点大样图、标准焊接大样图等。

为了减少现场焊接工作量，加快施工进度、缩短工期，工艺管道、钢结构厂房全部进行工厂化预制生产，钢结构生产厂家按照绘制的钢结构图纸进行模块化加工生产，各个单元模块运至现场后，工人按照图纸进行现场组装，节省大量焊接设备、焊接材料及焊接劳动力。

本工法关键技术有：

(1) 利用BIM技术进行设备、工艺管道深化设计；
(2) 关键设备——平转式浸出器的精准定位；
(3) 平转式浸出器中心轴的辅助定位；
(4) 外径18 m的超大型开式平面伞齿轮安装；
(5) 可拆卸式阀门保温盒；
(6) 管道绝热支架；
(7) 钢柱翻转工装；
(8) 焊件对接三维调整结构；
(9) 一种重型设备水平运输装置。

5 工艺流程及操作要点

5.1 施工工艺流程

平转式浸出器安装工艺流程：

支座安装→下壳体、底部型钢及出料口安装→底部椎体、轴支撑圈及滤油网安装→扇形筛板及油托盘安装→下段壳体盛水试验→伞齿轮底部托轮及传动装置安装→旋转隔板安装→中段壳体及喷淋管安装→上部椎体安装→伞齿轮传动系统调整→单机试运转。

5.2 操作要点

5.2.1 浸出器支座的安装

浸出器支座达到强度要求后，在支座上划出纵、横的中心线，并与基础上的安装基准线对齐，用垫铁调整其支座顶面的标高，使其符合图纸的要求，其误差小于5 mm，同时要求其水平度误差不大于0.2/1 000（用铝合金水平尺测量）。其后测量支架的间距及浸出器壳体上的支腿间距，两者进行对比，若偏差小于5 mm，可以移动支座使其与下部壳体

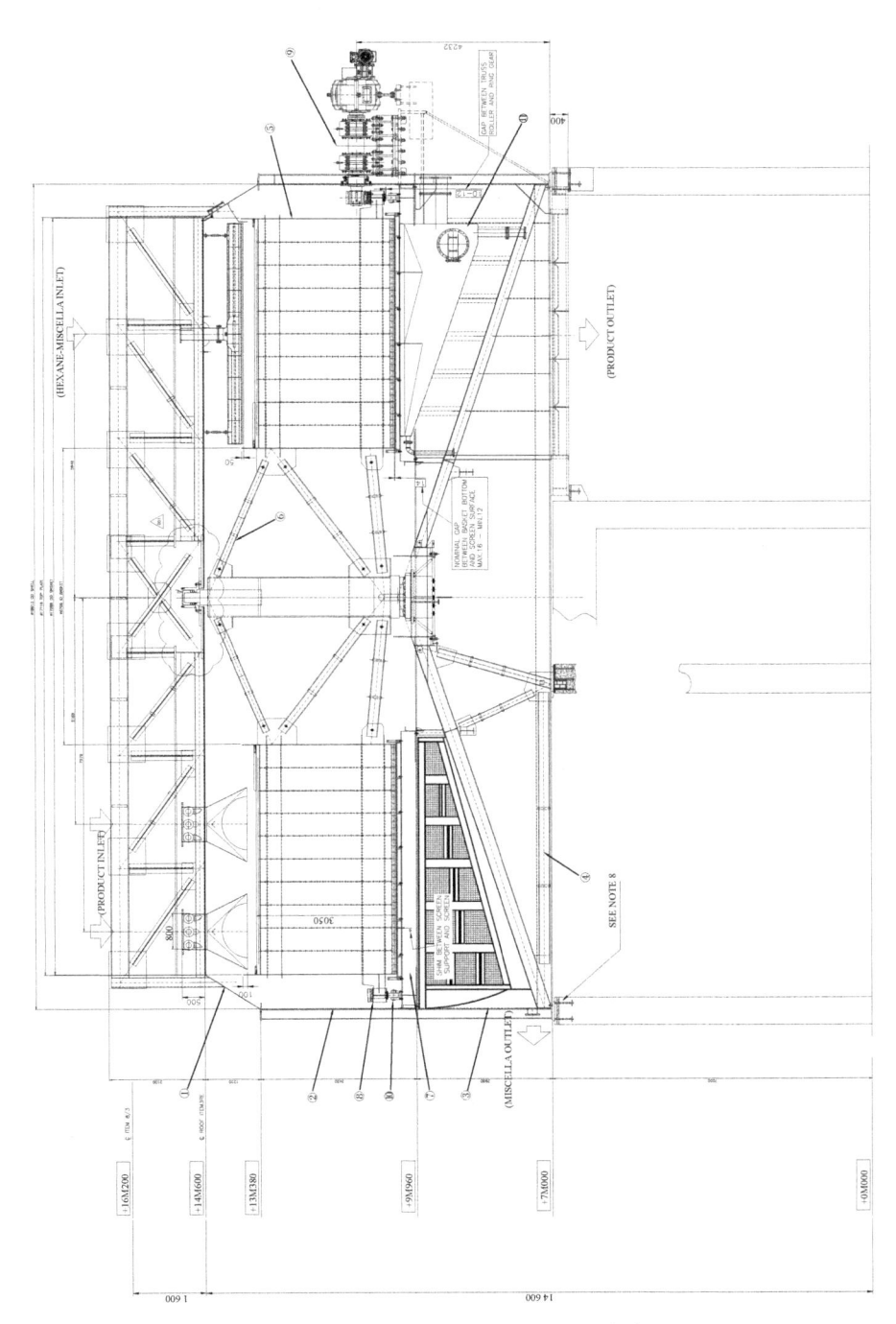

浸出器外径 18.61 m,内径 17.11 m,底标高 7.0 m,顶标高 16.2 m
①椎体,②中段筒体,③下段筒体,④支撑梁,⑤旋转筒体,⑥轴支撑梁,⑦筛板主梁,
⑧大齿圈,⑨主动轴,⑩托轮,⑪集油槽

图 5.2-1　平面浸出器剖面图

的支架间距相等;若偏差过大则要修割支座上的螺栓孔使其间距符合要求,在支座的螺栓孔上要加 20 mm 厚的钢板垫片,尺寸不小于 100 mm×100 mm。浸出器支座,如图 5.2-2 所示。

图 5.2-2　浸出器基础支座

5.2.2　下部壳体的安装

按施工图纸的要求,先安装下部壳体,吊起下部壳体后用倒链调节壳体,要保证下部壳体的水平,下部壳体就位后,用 0.1 mm 的塞尺检查支座与下部壳体的密实度,间隙过大处用铜皮或镀锌铁皮塞实,其接触面要大于 50%。用水平管或用水准仪测量下部壳体的水平度,其横向误差不大于 2 mm,纵向误差不大于 5 mm。若水平度超过标准,则用垫铁进行调节。去掉法兰盖,除去表面的油漆,用铁砂布、锉刀将法兰面砂平后,将聚四氟乙烯垫片胶粘在法兰面上。如图 5.2-3、图 5.2-4 所示。

图 5.2-3　浸出器壳体运抵现场 　　　图 5.2-4　浸出器下部壳体安装

5.2.3　上部壳体的安装

下部壳体安装完成后,安装上部壳体,使其法兰口的内表面与下部壳体法兰口的内

表面平齐,要求其与下部联接的法兰内错口不大于 2 mm,并且错口只允许尾部半圆壳体的内表面高,垫片放置正确无误。筛板安装,如图 5.2-5 所示。

图 5.2-5 浸出器筛板安装

完成上两步工作后,就可进行下一道工作,即上部壳体的安装。吊起浸出器上部壳体,就位安装后,拧紧法兰螺栓,并装上支柱斜撑。其水平度及垂直度要符合有关规范要求,以确保浸出器的强度及刚度。浸出器安装步骤表,如表 5-1 所示。

表 5-1 浸出器安装步骤表

序号	工作内容	备注
第一阶段 15 天	浸出器现场拼装,现场钢结构基础和支撑钢架检验合格移交后,需要铺设吊装和装配用脚手架平台,脚手架铺设时间 5 天。脚手架平台完成后,开始第一阶段,时间约 15 天,主要工作是下部壳体、底部型钢、底部出料口、轴支承圈吊装,下部壳体、底部型钢、底部出料口调整焊接	
第二阶段 15 天	下部壳体内部锥顶吊装,调整焊接,轴支承圈调整焊接,底部锥体滤油网装配	
第三阶段 15 天	扇形筛板中心连接圈吊装,扇形筛板框架底部梁吊装,调整点焊固定,油托盘装配	
第四阶段 15 天	吊装扇形筛板内圈压圈,铺设浸出器扇形框架筛板、拼装、调整、校平、焊接,下部壳体做盛水试漏。完成下部壳体的工作	
第五阶段 5 天	伞齿轮底部托轮安装定位,伞齿轮传动系统吊装,拼装调整。完成中段和上部锥顶以及顶盖的工作	
第六阶段 15 天	浸出器中心旋转隔板吊装,拼装调整,轴吊装,轴用斜撑临时固定,轴临时定位。筛条周围内圈挡板装配,筛条周围外圈挡板装配	
第七阶段 10 天	中段壳体吊装。调整焊接。外壳支撑矩形管吊装焊接,吊装顶部喷淋管,减速机平台吊装	
第八阶段 15 天	上部锥顶吊装、装配,顶部盖半成品、型钢吊装、装配,调整焊接。从第五阶段到第八阶段结束,合计 45 天,完成中段和上部锥顶以及顶盖的工作	
第九阶段 30 天	轴调整焊接,减速机平台调整装配焊接,中心旋转隔板调整焊接,伞齿轮传动系统调整焊接,做壳体内外焊接。清理工作,调整工作,外部油漆工作	

浸出器吊装与安装，如图 5.2-6～图 5.2-18 所示。

图 5.2-6　浸出器下部壳体安装

图 5.2-7　浸出器上部壳体安装

图 5.2-8　浸出器上部锥体安装

图 5.2-9　伞齿轮安装径向精度调整

图 5.2-10　伞齿轮扩孔、装定位销

图 5.2-11　伞齿轮螺栓拧紧

图 5.2-12　伞齿轮调平

图 5.2-13　浸出器底部锥体结构安装

图 5.2-14　浸出器下部接油槽安装

图 5.2-15　浸出器顶部溶剂喷淋管安装

图 5.2-16　浸出器顶部轴承安装

图 5.2-17　浸出器顶部桁架安装

图 5.2-18 传动系统安装

各装配尺寸必须符合设备制造图及有关规范的相关要求。同时各转动部件间按图纸要求加油脂进行保养。

5.2.4 减速机的安装

采用热装法装上输入及输出轴上的联轴器,然后就位减速机,在轴承箱的轴上进行找平,若不平则使用薄铜皮或不锈钢皮进行调整。浸出器驱动电机悬臂安装在下部壳体上,安装前先拧紧悬臂支架的螺栓,再就位电机。

5.2.5 试运行

运行前检查:人孔、观察孔应封闭。

启动电机,使浸出器在最慢的状态下运行,检查运行情况,检查有无碰擦、跑偏、起拱等现象。

降液管、降液槽安装:根据图纸安装降液管及降液槽,并用水平度偏差小于 0.1/1 000 的铝合金水平尺找平,其偏差不大于 2 mm。

5.3 DTDC 设备安装

5.3.1 设备工作原理

脱溶烤粕机(DTDC)是浸出系统中的重要设备:高效换热,节省运行成本;对第一、二层的热风的热量进行热风/冷风换热,用于冷却干燥机(DC)第一、二层进风预热,将 DC 外排热风中的热量回收,减少热能浪费,节省新鲜蒸汽的消耗;减少干燥器外排空气中的粉尘排放,更加环保;在换热过程中可对外排空气中的粉尘进行捕集,在热量回收的过程中对外排空气进行清洁;自动化清理,保持高效换热,节省人力成本;自清洗装置定时定期对换热器进行自动清理,以保持换热板片清洁,从而保证稳定高效的换热,正常运行时,无须人工干预。立面图如图 5.3-1 所示。

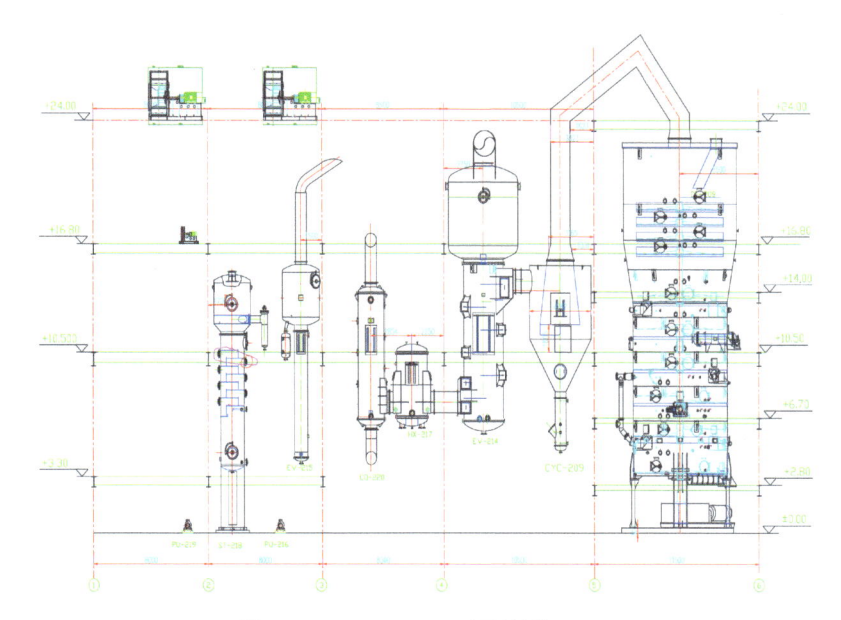

图 5.3-1　DTDC 立面图(单位:mm)

DTDC 设备安装高度为 0~22 m,重量约为 141 t。

DTDC 设备工作原理:将原料进行高温蒸馏,并加入溶剂催化、萃取出食用油。因此该设备安装工艺科学与否,对工程交付后的生产有很大影响。工艺流程图如图 5.3-2 所示。

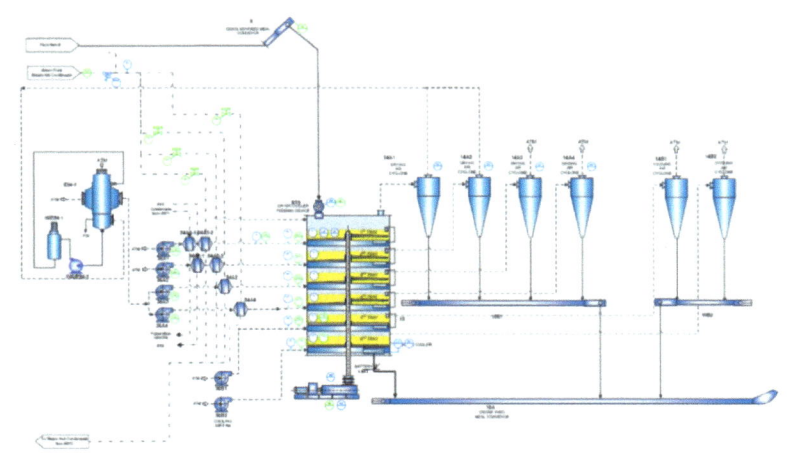

图 5.3-2　DTDC 工艺流程图(单位:mm)

5.3.2　DTDC 设备安装基础处理、划线

(1) 施工流程:

基础划线与处理⟶设备就位与粗平⟶一次灌浆⟶调整与精平⟶二次灌浆⟶清洗与装配⟶电气配合安装⟶试运转⟶中间交工。

(2) 设备验收：DTDC 的全部设备是分批到场的，分别存放在不同的地点，因此必须与业主一同认真细致地进行开箱验收工作。根据施工图、装箱单与其他技术资料对设备进行查对，并填写验收记录单。

5.3.3 垫铁布置：把选定的垫铁布置在地脚螺栓两侧，并调节至设计标高范围，垫铁组的间距以 500 mm 为宜。每组垫铁数量不超过 4 块。同时它要与基础接触均匀密实。

5.3.4 设备吊装与安装

(1) 吊装

为了保护车间的基础结构，在 DTDC 就位时，大型吊车不得进入浸出车间。就位时，按由下至上的施工顺序进行。就位前，按纵横中心线及标高先安装设备的 4 只腿，并找平、拧紧螺栓，其后将 DTDC 第一节筒体吊起，用 2 只 10 t 倒链调整，使其上部的法兰口保持水平，并将其落在支座上。同时要求找出设备纵向中心线并标示清楚。如图 5.3-3、图 5.3-4 所示。

图 5.3-3 DTDC 第一节吊装　　图 5.3-4 DTDC 第一节安装就位

(2) 找正

第一节筒体与支架就位后要求将设备的纵、横向中心线与基础的纵、横向中心线的偏差值调整至规范的允许范围内，其后用经纬仪（或线砣）找正其垂直度，误差必须在允许范围以内，以后按同样的方法和要求进行第二节筒体就位、找正。

第一、二节筒体之间用焊接连接，在第二节吊装前，必须对设备进行椭圆度、接口平整度、接口清理检查，并需采用弧板及管支撑措施；在第一、二节筒体组对时，接口处应设置不少于 8 点标识，作为配口控制检测点。配口时点焊固定，分段焊接完毕后，按焊接标准检查焊缝，符合要求后再进行上部的吊装、安装。

第二、三节为法兰连接，按上述方法进行接口检查和配口，在第二、三节筒体的法兰面间放上密封垫，同时必须认真检查垫子搭接的严密度，在各项检查无误后拧紧连接螺栓。

第三、第四节筒体为焊接连接，第四、五节为焊接连接，第五、六节为法兰连接，均按上述方法依次安装、就位、找正、连接。

在第四节安装完毕后，将 DTDC 的两根主轴吊入筒体内，采用临时支撑垂直固定。

全部就位后,用经纬仪再对其整体的垂直度进行复核,垂直度的偏差不大于 3 mm。整个设备找正合格后,从筒体的顶部穿入主轴。DTDC 的 2 根主轴为 Φ230 mm,长度分别为 12 m 和 4 m,主轴垂直度偏差小于 0.1/1 000,最大不超过 0.5 mm。在靠近主轴顶部位置找正主轴的中心,并加以固定。然后用框式水平仪自上而下在 0°、90°、180°、270°四个方向上每 1 m 测量 1 个数,以找出最大偏差,用顶丝慢慢调整使其垂直度偏差在允许范围内。如图 5.3-5、图 5.3-6 所示。

图 5.3-5　DTDC 第二节吊装　　　　图 5.3-6　第二节筒体安装

5.3.5　轴、轴承及减速箱的安装

主轴上装有 5 只径向滑动轴承,分别安装在 5 层隔板的下部。轴承安装前先要检查轴承、轴颈尺寸精度,检查形位公差是否在允许范围内,不符合的应进行调整。

将轴承和轴颈用煤油清洗干净,在轴颈上加一层红丹油,以查看两者的接触点数是不是符合要求;用刮刀进行刮平,如此反复,至合格为止。

把刮研合格的轴承装在隔板下部,由于隔板平面与主轴中心线有垂直度偏差,轴承装上后可能卡死而主轴不能转动,因此需在隔板与轴承接触的法兰上垫上薄垫片并进行调整,一边拧紧法兰螺栓,一边用塞尺检查,直到轴颈与轴承轴瓦的间隙均匀转动灵活为止。为了保证主轴的垂直度和弯曲度不被破坏,轴承安装的先后顺序为 5、1、3、2、4 号。轴承安装好后,逐层按要求把扫叶装好,扫叶下部与隔板的距离为 25 mm。

5.3.6　找正及找同心

减速箱的输出轴与主轴的联轴器找正及找同心的工作是安装 DTDC 的一个重要环节,技术文件要求联轴器的同心度(径向、端面)偏差＜0.05 mm。

为了能快速省力地完成找正工作,改变了传统的主轴和减速箱输出轴同时转动的方法,主轴用倒链吊住不转,而减速箱转动,两只百分表随减速箱输出轴一起转动,然后读出表中的读数,查看偏差是否在规定的范围之内,如果不在范围内,用垫铁调整减速箱高低,用千斤顶调整左右使同轴度达到规定的要求。如图 5.3-7、图 5.3-8 所示。

图 5.3-7　DTDC 安装　　　　　　　图 5.3-8　DTDC 管道安装

5.4　调质塔安装施工

5.4.1　施工前准备

（1）设备开箱

根据制造厂提供的设备清单及零件清单，对照设备图纸进行开箱。开箱时，应有制造厂、监理单位和安装单位三方代表参加，对设备的规格、数量及外表的情况进行检查，检查有无缺损件及有无锈蚀等。对有缺陷的设备及零件应重点检查，做记录并进行会签。开箱后的设备及零部件应妥善保管，防止锈蚀、受潮、变形等。

（2）基础复查

设备安装前，应根据设备基础图纸，检查土建施工单位提供的基础资料、混凝土强度试验报告，对基础的基准线、标高、地脚螺栓孔位置及尺寸等进行复查，检查是否符合规范及设计要求。不合格的设备，经返修合格后才能安装。如图 5.4-1 所示。

图 5.4-1　基础复核

（3）调整和测量的基准确定

塔支承（裙式支座、耳式支座、支架等）的底面标高应以基础上的标高基准为基准。标高不符合要求时，应用垫铁进行调整，垫铁尽量布置在地脚螺栓附近，垫铁长度应超过设备底板的宽度,并应用双螺母固定,对特殊位置可用 U 型垫铁,垫铁不得超过 4 块(1 平 2 斜)。

塔的方位区以基础上距离最近的中心线为基准。

塔的中心线位置应以基础上的中心线为基准。

①设备安装前,应清除基础表面的污垢及预留地脚螺栓孔的积水和杂物。用錾斧去除基础表面的疏松层,并凿成麻面。基础地脚螺栓孔两旁放置垫铁的位置应铲平。铲平的基础应放上垫铁进行找平并保证其水平度偏差在 2 mm/m 内,垫铁与基础的接触应密实、垫铁四角不应翘起。

②按图纸及技术文件要求,画出安装基准线及定位标记。

5.4.2 设备安装

调质塔安装:根据工艺管口确定设备方位,写好明显的标志符号。吊装到位后,应进行设备标高检查和垂直度校正。塔的垂直度可用经纬仪来测量,在未吊装前先在塔体上、下部做好 0°和 90°两个方向的测点位置标记,其允许偏差为 H/1 000,最大不得超过 30 mm,调整合格后拧紧地脚螺栓并点焊垫铁,交土建进行二次抹面。如图 5.4-2 所示。

设备就位后,设备找平与找正应按基础上的安装基准线(中心标高水平标记)对应塔上的基准测点进行调整和测量。

图 5.4-2 调质塔安装

塔的铅垂度应以塔的上下封头切线部位的中心线为基准,有时也可以以设备的主法兰口、塔体铅垂的轮廓面为准。

调质塔设备找平找正时,应在同一平面内互成直角的两个或两个以上的方向进行,用经纬仪进行找平找正。

塔体找正时,应根据要求用垫铁调整,不允许用紧固或放松地脚螺栓及局部加压等方法进行调整,塔体的铅垂度偏差一般应小于 $h/1\ 000$,且不超过 30 mm,标高允许偏差在±5 mm 范围内。

塔找平找正后,内部构件安装应符合技术文件和规范要求。

5.4.3 设备清洗与封闭

设备安装时,注意防止多余的部件或其他工具遗留在塔内,必须仔细检查,防止遗漏。清理检查设备内部以及塔盘栅,检查完后,人孔门、手孔门的最终封闭,必须与甲方人员共同进行,并签字确认。已做过整体或局部热处理的设备,管道、电仪、平台支架等安装时,不允许在其筒体上直接施焊。

设备安装完毕后,应进行清扫,清除设备内部的铁锈、泥沙、灰尘、木块、边角料、焊条等杂物。对无法进行人工清扫的设备,可用蒸汽或空气吹扫,吹扫后必须及时除去水分。

对因受热膨胀可能影响安装精度及损坏构件的设备,不得用蒸汽吹扫;忌油设备吹扫不得含油。

清扫检查合格后,应及时封闭,并填写"清理、检查、封闭记录"。如图 5.4-3 所示。

图 5.4-3 调质塔安装就位

5.5 设备的单机试运行

5.5.1 按出厂技术文件和规范要求进行设备试运转工作,试运转前,对设备及其附属装置进行全面检查,符合要求后方可进行试运转。

5.5.2 相关的电气、管道或其他专业的安装工程已结束,电气假动作已完成,试运转准备工作就绪,现场已清理完毕,人员组织已落实。

5.5.3 试运转前,必须检查电机转向、润滑部位的油脂等情况,直至符合要求。有关保护装置应安全可靠,工作正常。

5.5.4 运转时,附属系统运转正常,压力、流量、温度等均符合设备随机技术文件的规定。

5.5.5 严格按顺序进行运转,即应先无负荷,后负荷;先从部件开始,由部件至组件,由组件到单台设备试运转,然后进行联动试车。泵必须带负荷试车。运转中不应有不正常的声音,密封部位不得有泄漏;各固件不得有松动;轴承温升符合设备随机技术文件的规定。

6 材料与设备

施工用机具及检测设备如表 6-1～表 6-3 所示。

表 6-1 吊装机具一览表

序号	名称	规格、型号	单位	数量	备注
1	汽车吊	160 t	台	1	
2	汽车吊	QY70K	台	1	
3	汽车吊	50 t	台	1	
4	钢丝绳	$\Phi 28-6\times 37-1700$	副	2	每根 8 m
5	钢丝绳	$\Phi 21-6\times 37-1700$	副	2	每根 8 m
6	卸扣	8 t	只	4	
7	卸扣	16 t	只	4	

表 6-2 安装机具一览表

序号	安装设备	规格、型号	单位	数量	备注
1	直流焊机	ZX5-400	台	35	
2	氩弧焊机	NSA300	台	10	
3	钻床	立式 $\varphi 40$	台	2	
4	台钻	$\Phi 13$	台	4	
5	磁座钻	$\Phi 25$	台	8	
6	角向磨光机	$\Phi 125$	台	20	
7	角向磨光机	$\Phi 100$	台	20	
8	烘箱	500℃	台	1	
9	烘箱	350℃	台	2	
10	电动试压泵	P40 MPa	台	2	
11	探伤机	XXQ3005	台	1	
12	探伤机	XXQ2005	台	1	
13	冲击钻	$\Phi 22$	台	6	
14	手枪钻	$\Phi 13$	台	12	
15	吊装索具	各种规格	根	20	
16	千斤顶	3 t～15 t	台	8	
17	倒链	3 t	台	20	
18	倒链	1 t	台	6	
19	管子钳	$\Phi 50$	台	10	
20	配口钳	$\Phi 100$	把	10	
21	焊规		把	4	
22	试压用压力表	0—0.25 MPa	个	6	
23	吊线锤	磁性	个	4	
24	弯管机	$\Phi 100$	台	3	
25	弯管机	$\Phi 50$	台	2	
26	套丝机	$\Phi 50-100$	台	2	

表 6-3　检测仪器设备一览表

序号	名称	单位	数量	备注
1	水准仪	架	1	测量
2	经纬仪	架	1	测量
3	焊检尺	把	3	测量
4	卷尺	把	15	测量
5	游标卡尺	把	2	测量
6	千分尺	把	2	测量
7	百分表	套	2	测量
8	框式水平仪	只	1	测量
9	塞尺	套	1	测量
10	钳工水平仪	把	2	0.20%

使用的检测器具，按有关量具管理要求进行管理和使用，并符合规定。

7　质量控制

7.1　本工法执行的质量标准、规范

（1）GB 50231—2009《机械设备安装工程施工及验收通用规范》。
（2）设备厂家提供的技术资料。
（3）设计院设计的工艺图纸。
（4）厂家安装说明书等。

7.2　质量控制关键点

（1）基础放线定位。
（2）基础沉降观测点设置和测量。
（3）伞齿轮安装精度。
（4）大型设备吊装。

7.3　质量控制措施

（1）设备安装前必须编制施工方案，经审批后方可实施。
（2）设备安装前必须做好技术交底工作。施工员应编制关键工序作业指导书并下发给施工班组。
（3）关键工序结束后，应由项目质检员进行检查，合格后填写报告，交监理和业主代表检查签字后方可进行下一道工序。
（4）根据设备到货情况、施工顺序要求，分批集中进行安装；必要时，按施工网络计划的要求向设备采购部门提出各设备的到货顺序和时间要求，做到合理安排。

(5) 根据每台设备的具体特性,依据有关的施工验收规范和技术标准,编制详尽的施工方案,并制定周密的质量计划及保证措施。

(6) 做好施工前的技术准备工作:编写施工方案、图纸会审、划分三级质量控制点、技术交底。

(7) 做好设备基础的交接检工作及交接手续。

(8) 认真做好设备的出库检查、验收工作。

(9) 设备均采用吊车吊装,关键、重要的超重、超限设备的吊装,需编制相应的吊装方案。

(10) 设备的找正:立式设备采用经纬仪双向找正法,卧式设备采用连通管式水准仪找正法。

(11) 设备就位后要采取防护措施,防止零部件损坏、丢失。

(12) 机器的找平找正采用框式水平仪,对中宜采用激光对中仪,配管前和首次开车前应进行复核。

(13) 机器的解体清洗按技术文件、说明书的要求进行,清洗工作应在搭设的防护棚中进行。

(14) 机器试运转时,采用测温仪、接触式转速仪、便携式测振仪进行温度、转速、振动等参数的测定。

8　安全措施

(1) 操作平台、楼梯、爬梯等护栏,必须设置齐全,焊接安装,固定可靠。

(2) 施工现场洞口、临边,必须采取有效安全的盖板和护栏,并挂设醒目安全警示标志。

(3) 作业人员必须经过专门的安全教育和相关培训,经考试合格后方可进入施工现场。

(4) 作业人员进入现场必须穿戴符合规定的劳动保护用品,且配备合格的安全防护用品。

(5) 设备吊装前,应制订吊装安全措施和吊装方案,并按起重吊装的性质和程序报请有关部门审核和批准。经批准的吊装方案,应在吊装前向全体起重吊装人员进行交底。

(6) 起重工、电工、焊工等特殊作业人员必须持证上岗。

(7) 吊装作业严格按吊装方案进行。吊装时,设置吊装安全警戒区域,与吊装无关人员禁止进入。

(8) 作业期间杜绝违章指挥和违章作业的行为。狭小空间施工通风如图 8-1 所示。

图 8-1　狭小空间操作送新风

9 环保措施

9.1 防止扬尘措施

9.1.1 由专人负责道路、施工现场以及施工区域的洒水防尘工作,保证车辆通过时不扬尘且无泥浆。禁止施工车辆带泥上路,严格执行当地城市市容、环保部门的规定。

9.1.2 凡进入现场运输或卸货的卡车及吊车,在道路上行驶的速度不得超过5 km/h。

9.1.3 对施工场地易发生扬尘的局部区域,委派专人进行定时洒水,且铺盖丝网,防止尘土扬起。

9.2 降低施工噪音措施

9.2.1 对施工噪声进行严格控制,对投入现场施工的机具设备委派专人进行定期维修和保养,使到场设备保持完好状态。

9.2.2 对投入现场的施工机具设备逐台进行检查验收,不合格的禁止使用。

9.2.3 减少旧设备的使用,夜间严禁使用大功率设备,最大限度减少人为施工噪声,施工区域噪音控制在 60 dB 以下。

9.3 控制污染措施

9.3.1 在现场设置废弃物专用回收桶,对危险废弃物实施统一收集、统一处理。可回收废弃物统一收集处理达 80%。

9.3.2 设置回收站,对废油漆桶、废油漆刷、废旧手套、废油布、废棉纱、废旧电池以及废墨盒等统一收集、统一处理,禁止在现场私自焚烧处置。

9.3.3 要求每个焊工将焊接产生的焊条头及时进行回收,且在当晚下班前对焊接作业场所进行自检,禁止随意丢弃焊条头。

10 效益分析

10.1 社会效益

通过本工法的实施,工程节约了材料,减少了大量人力、设备的投入,缩短了施工工期;在保证质量的前提下,施工进度大幅提前;对促进粮油产业发展做出了贡献,受到业主及各方好评,社会效益显著。

10.2 经济效益

中储粮油脂工业盘锦有限公司投资建设的 5 000 t/d 压榨车间系统安装及服务项

目,一次试车成功,按期投产。工程建设节约投资160余万元。

11 应用实例

(1) 中储粮油脂工业盘锦有限公司5 000 t/d压榨车间系统安装及服务项目。
(2) 中粮(东莞)粮油有限公司5 000 t/d饲料蛋白加工厂及配套项目。

大型榨油厂软化锅安装施工工法

1　前言

油菜是我国第一大油料作物,油菜栽培历史悠久,可以追溯至 8 000 年前的石器时代。菜籽油脂肪酸含量高,组成比例均衡,营养保健效果好,可以长期食用。菜籽油的市场前景广阔。

油料制油的方法通常分为两类:一类是压榨法取油,一类是溶剂浸出法制油。其中溶剂浸出法利用化学溶剂正己烷"固-液萃取"油料中的油脂,具有出油效率高、豆粕质量好、加工成本低、生产环境良好、操作人员少等优点。溶剂浸出法取油这一先进制油工艺在世界各国得到普遍使用。对于高油分油料,则采取预榨/膨化浸出法,先通过压榨取出一部分油,再经溶剂浸出法提取压榨饼中剩下的油脂。我国大中型菜籽油厂的制油工艺绝大多数采用高温预榨-浸出制油工艺,油菜籽浸出法制油的工艺一般为菜籽预榨-浸出-精炼工艺,具体操作步骤包括:油菜籽──→清理──→软化──→轧胚──→蒸炒──→预榨──→浸出──→毛油。

与大豆制油工艺不同的是,油菜籽属于高含油料,采用预榨浸出工艺,需要先对油菜籽进行软化处理。

油料的软化,是通过调节油料水分和温度,改善油料的弹性,使之达到最佳轧胚条件的过程。软化主要应用于含油量高、含水量低、含壳量高、物理可塑性差、质地坚硬的油料。同时要求软化后的料粒有适宜的弹塑性,且内外均匀一致,能满足轧胚的要求。

卧式软化锅全称为蒸汽加热管式回转筒干燥机,英文名为 Rotary Cylinder Dryer with Steam Tube,简称软化锅。软化锅滚筒内装有若干组随筒体转动的加热排管,筒体内壁焊接有内螺旋板,并且在安装时使筒体略呈倾斜状,这样油料从一端进入滚筒,筒身的倾斜和滚筒转动可使内螺旋板带动物料向前运动。同时,物料受热软化后再从滚筒另一端卸出,达到加热软化油料的目的。如图 1-1 所示。

卧式软化锅优点突出,处理量大、节省能源、出料匀称。以 $\Phi 3\,000 \times 18$ m 的卧式软化锅为例,配用电机功率 75 kW,用于菜籽蒸炒,处理量为 1 300 t/d。卧式软化锅的传热面是筒体内部的管束,整个筒体除滚圈、齿圈外均包有保温层。卧式软化锅润湿水分可以达到 18%,扬料板不断将物料翻动、抛散,物料无结团现象,特别适用于高水分蒸炒工艺。

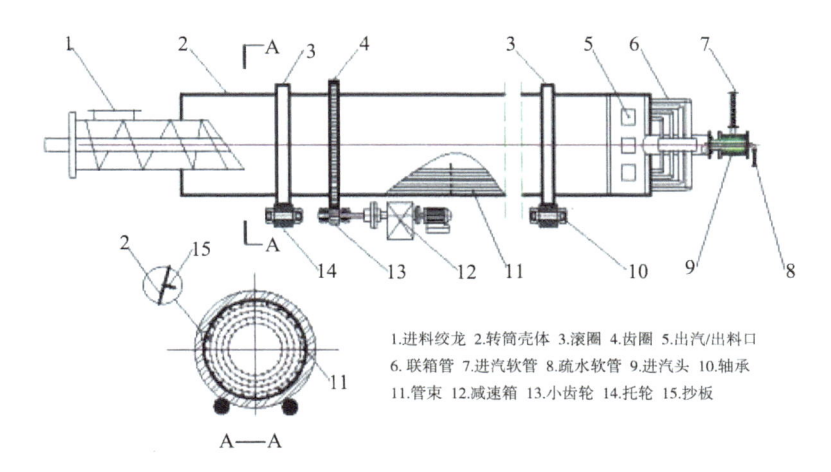

图1-1 大型卧式软化锅构造图

1.进料绞龙 2.转筒壳体 3.滚圈 4.齿圈 5.出汽/出料口 6.联箱管 7.进汽软管 8.疏水软管 9.进汽头 10.轴承 11.管束 12.减速箱 13.小齿轮 14.托轮 15.抄板

2 工法特点

2.1 利用 BIM 技术对预榨车间进行深化设计，明确以软化锅为主的各设备安装位置，优化工艺管线，确定设备、管线的安装工序；利用全站仪进行放线，实现了设备、管道的精确定位。

2.2 精度控制技术：从软化锅托辊的基础开始，严格控制标高、几何尺寸；利用全站仪、水准仪进行精准测量；利用钳工水平尺进行局部测量，保证齿轮与软化锅啮合的安装精度。

2.3 根据现场条件，通过对吊装方案进行严格比选，在确保完成作业的同时减少经济和人力的投入。

3 适用范围

本工法适用于大型榨油厂浸出法榨油软化锅等蒸炒系统工艺关键设备的安装。

4 工艺原理

本工法运用 BIM 技术，对榨油系统各车间进行深化设计，精确定位软化锅设备安装位置、工艺管线位置，生成平面图及剖面图。根据设备生产工艺要求，严格控制各部件安装顺序，严格控制安装精度；根据现场条件，通过对吊装方案进行严格比选，在确保完成作业的同时减少经济和人力的投入。

本工法关键技术有：

（1）利用 BIM 技术进行设备、工艺管道深化设计。

（2）软化锅安装技术，包括设备的精准定位、托辊的辅助定位等。

（3）软化锅设备的吊装关键技术。
（4）重型设备水平运输装置。

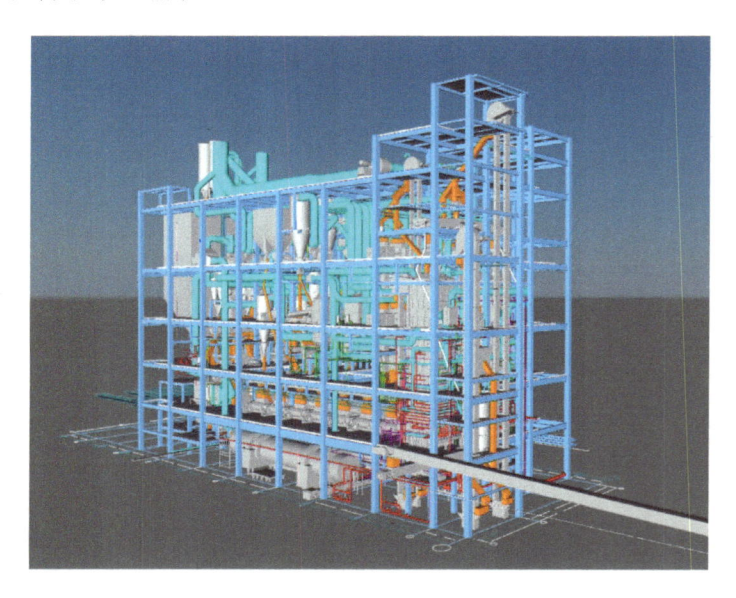

图 4-1　预处理车间 BIM 模型图

5　工艺流程及操作要点

5.1　施工工艺流程

图纸深化→基础制作→托辊安装→软化锅安装→工艺管道安装→电气安装→仪表安装。

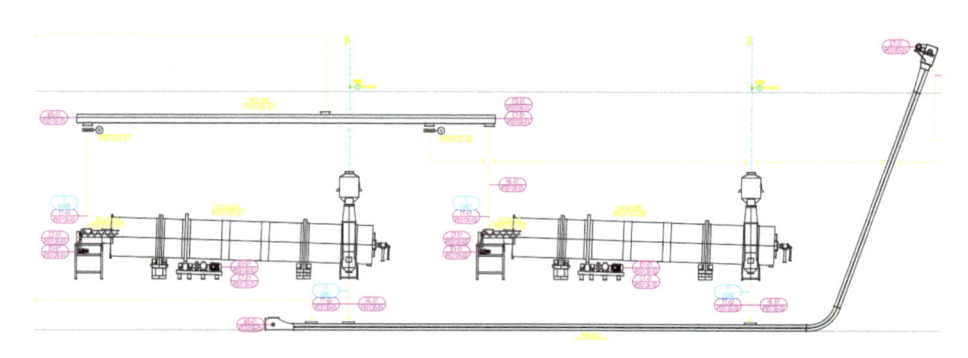

图 5.1-1　预榨车间蒸炒系统工艺图

5.2 操作要点

5.2.1 利用 BIM 技术进行图纸深化设计

利用 BIM 技术对榨油系统各车间进行深化设计,精确定位设备安装位置、工艺管线位置,生成平面图及剖面图。预榨车间的软化锅 BIM 模型图与剖面图,如图 5.2-1~图 5.2-5 所示。

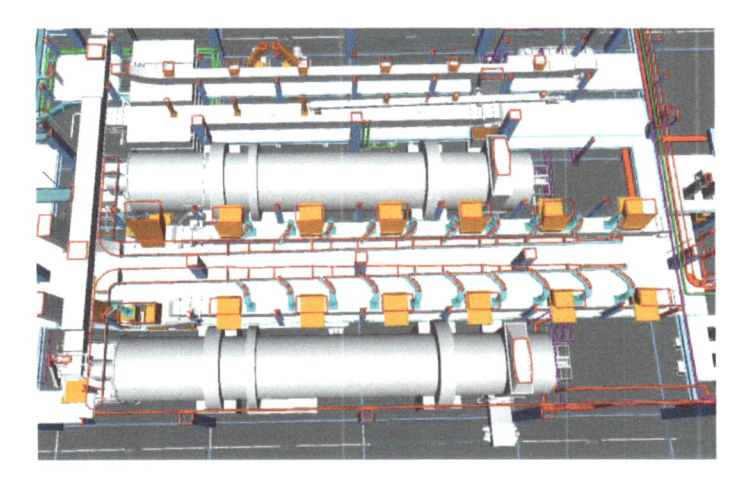

图 5.2-1 预榨车间蒸炒系统 BIM 模型图

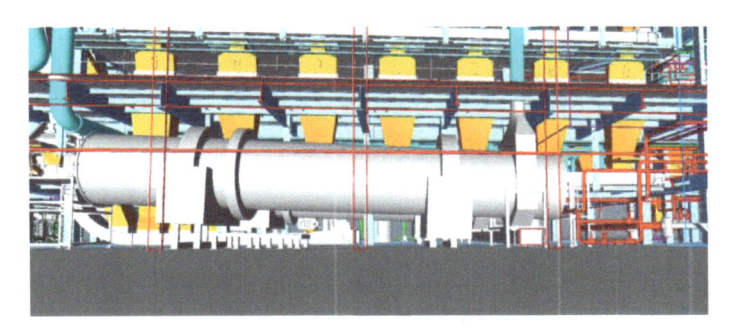

图 5.2-2 软化锅 BIM 模型图

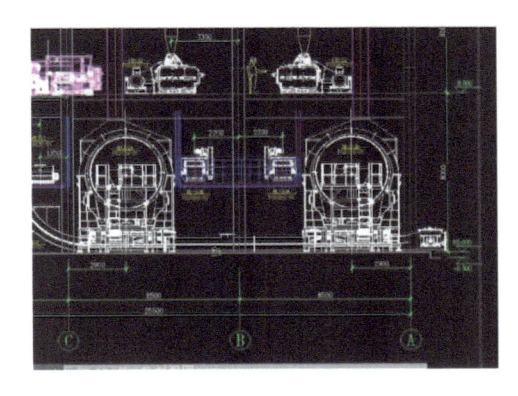

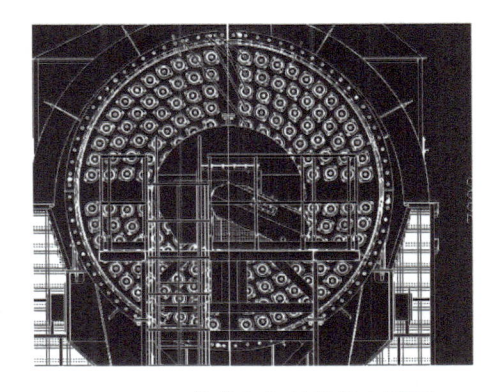

图 5.2-3 软化锅剖面图   图 5.2-4 软化锅加热排管布置图

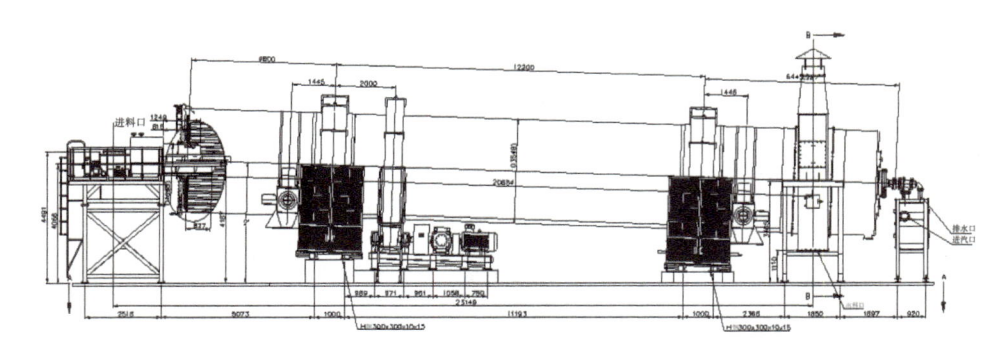

图 5.2-5　软化锅剖面图(单位:mm)

5.2.2　软化锅工作原理

滚筒软化锅,是预榨车间关键大型卧式设备。圆筒外壳上有一个大齿圈和两个铜制导轨,驱动装置通过齿轮和齿圈的啮合,使整个筒身均匀转动,托轮通过导轨支撑整个滚筒的质量。滚筒安装的倾斜角为 5°～6°。油料从进料端进入滚筒,由于滚筒的倾斜和内螺旋板的推动,运动到滚筒另一端卸出。油料在滚筒中被加热排管加热软化。

表 5-1　软化锅技术参数表

生产能力(t/d)	1 650	物料容重(t/m³)	0.3
筒体转速(rpm)	4	进料温度(℃)	65
电机功率(kW)	132(变频)+15	出料温度(℃)	115
换热面积(m²)	≈1 200	进料含水率(%)	
蒸汽压力(MPa)	≈0.75	出料含水率(%)	

5.2.3　施工前准备

(1) 设备开箱

根据制造厂提供的设备清单及零件清单,对照设备图纸进行开箱。开箱时应有制造厂、监理单位和安装单位三方代表参加,对设备的规格、数量及外表情况等进行检查。

图 5.2-6　软化锅运输到现场　　　图 5.2-7　检查软化锅大齿圈是否完好

检查滚筒、大齿圈是否由于长途运输发生过碰撞和变形;
检查托轮组件是否完好;
检查配件是否齐全,是否与发货清单一致。

（2）基础复查

设备安装前,应根据设备基础图纸,检查土建施工单位提供的基础资料、混凝土强度试验报告,对基础的基准线、标高、地脚螺栓孔的位置及尺寸等进行复查,检查是否符合规范及设计要求。不合格的设备应返修,合格后才能安装。

（3）基础处理

设备安装前,清除基础表面的污垢及预留地脚螺栓孔的积水和杂物。

用錾斧去除基础表面的疏松层,并凿成麻面。基础地脚螺栓孔两旁放置垫铁的位置应铲平。铲平的基础应放上垫铁进行找平并保证其水平度偏差在 2 mm/m 内,垫铁与基础的接触应密实,垫铁四角不应翘起。

（4）按图纸及技术文件要求,画出安装基准线及定位标记。根据图纸方位尺寸,在基础上用墨斗划出托轮支架的中线和外形尺寸线。

将基础上的预埋件进行找平校正,找平后增加的垫片与预埋件焊接牢固。

在基础预埋件 90°方位上,各焊接限位筋板 1 件。

5.3 托辊滚轮安装

表 5-2 托辊滚轮安装精度要求及检查记录表

工程名称				工程编号		
设备名称	滚筒软化锅			设备位号		
文件编号				规格型号		
项目	方位	允许值(mm)	实测值(mm)	项目	方位	允许值(mm)	实测值(mm)
标高	A	≤2		标高	G	≤2	
	B	≤2			H	≤2	
	C	≤2		托架滚轮相对尺寸	A-C	≤1	
	D	≤2			B-D	≤1	
	E	≤2			A-D	≤1	
	F	≤2			B-C	≤1	

示意图：

施工单位	监理单位	建设单位
现场代表：	现场代表：	现场代表：
	（项目章）	（项目章）
2020年10月25日	2020年10月25日	年 月 日

5.3.1 基础校平后,将托辊组件吊装到基础上,如图5.3-1、图5.3所示。

5.3.2 托辊组件校正方法:在两个托辊的90°方位,各拉两根钢丝,调整托架,使钢丝线与托辊面平行。如图5.3-3所示。

图 5.3-1 托辊吊装安装就位　　　　图 5.3-2 托辊及基座安装

图 5.3-3 托辊组件调整

5.4 滚筒吊装

滚筒软化锅(RD202A/B)为大型卧式设备,直径3.54 m,长度23.4 m,共2台,就位于0 m层基础上。设备单件重140 t,设备位于预处理车间A/B和B/C之间,属重型设备吊装。

设备主体吊装前,先安装两端底座托辊,两底座均按设计参数调整到位,经中间验收合格后再安排设备主体的吊装。吊装机械进场前,对吊装场地作回填压实,保证地面承载力足够;设备运输路线平整夯实,薄弱部位采用走道板或20 mm钢板铺设。如图5.4-1所示。

图 5.4-1 吊车进场前地基夯实铺钢板

5.4.1 吊装方案编制依据

(1) 预榨车间设备布置图、设备参数表。

(2) 无锡中粮工程科技有限公司结构设计图。

(3) SH/T 3515—2003《大型设备吊装工程施工工艺标准》。

(4) GB 6067.1—2010《起重机械安全规程》。

(5) GB/T 5082—2019《起重机 手势信号》。

(6) SH/T 3536—2011《石油化工工程起重施工规范》。

5.4.2 吊装方法与吊装步骤

(1) 先用 1 台 50 t 吊车，按照图纸标示位置将托辊组件吊装到设备基础上，并拉线找正，使托辊斜面在一个平面上，并且四个托辊的对角线相等，公差在 2 mm 以内。将托辊组件支架与预埋件点焊固定。

(2) 将出料斗下半段吊装到进料端的基础上。

(3) 将传动装置吊装在设备基础上。放置点不能影响滚筒吊装。

(4) 按照设备重量和现场位置，通过计算，选择吊车吨位。如图 5.4-2～图 5.4-5 所示。

图 5.4-2 合金钢卸扣

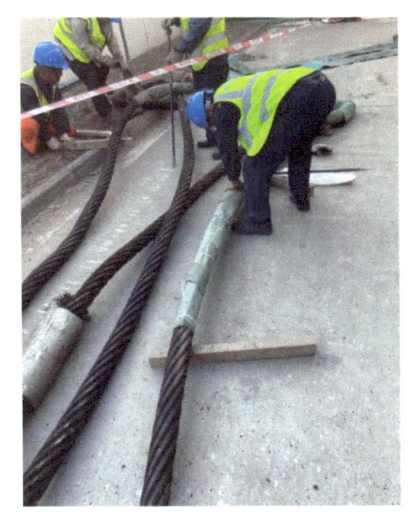

图 5.4-3 钢丝绳包裹

图 5.4-4 钢丝绳

图 5.4-5 钢丝绳

(5) 将设备货车移动到吊车起吊范围内。

(6) 两台吊车相互配合，专人指挥。吊装过程如图5.4-6~图5.4-9所示。

图5.4-6 配套钢丝绳绑扎　　　　　图5.4-7 钢丝绳

图5.4-8 定制滚筒吊装横梁　　　　图5.4-9 安装吊装横梁

(7) 用配套的两根钢丝绳在滚筒的滚圈处挂好，两台吊车同时缓慢起吊，保持设备平稳，将货车开走。一台吊车旋转移动，另一台吊车配合移动，将设备慢慢放到托辊组件上，并要求滚圈在托辊上两边相等。如图5.4-10~图5.4-16所示。

图5.4-10 滚筒起吊卸车

图 5.4-11　滚筒试吊

图 5.4-12　转体

图 5.4-13　第一台滚筒吊装

图 5.4-14　第二台滚筒吊装

图 5.4-15　两台吊车同时起吊滚筒

图 5.4-16　两台吊车配合抬起滚筒

(8) 松掉钢丝绳,检查滚圈与托轮之间是否吻合。如有间隙,需进行调整。

(9) 将出料斗上半部吊装到出料斗的下半段上,并用螺栓连接好。

5.4.3 吊装过程中数据列举

软化锅为卧式设备,共 2 台,就位于 0 m 层基础上,设备单件重 140 t。

设备信息如表 5.4-1 所示。

表 5.4-1 软化锅设备信息列表

名称	位号	单重(t)	数量(台/段)	就位高度(m)	区域	外形尺寸(mm)
软化锅	RD202A/B	140	2	0	7-10/A-C	直径 3 540 长度 23 400

吊装参数列举:

吊装选用 500 t 汽车吊;主臂:21.3 m;回转半径:9 m;额定起重量 Q:153 t。

计算载荷:$P=140$ t$+1.35$ t$+0.3$ t$=141.65$ t。

负荷率:$e=(P/Q)\times 100\%=(141.65/153)\times 100\%=92.6\%$;$Q>P$,满足吊装要求。

主吊钢丝绳:$\Phi 65-6\times 37+1-140$,四头使用;安全系数 $K=5$,容许拉力 35.99 kN。

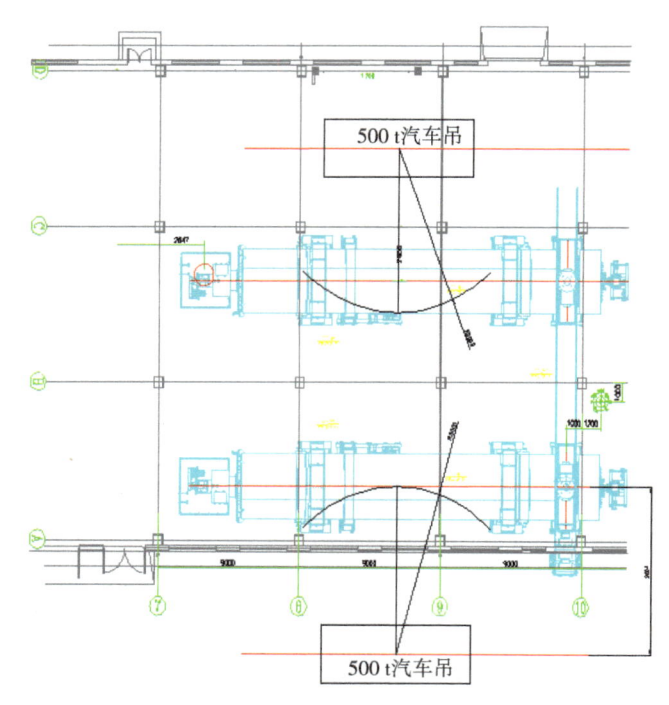

图 5.4-17 软化锅吊装平面图(单位:mm)

H-H 剖视图

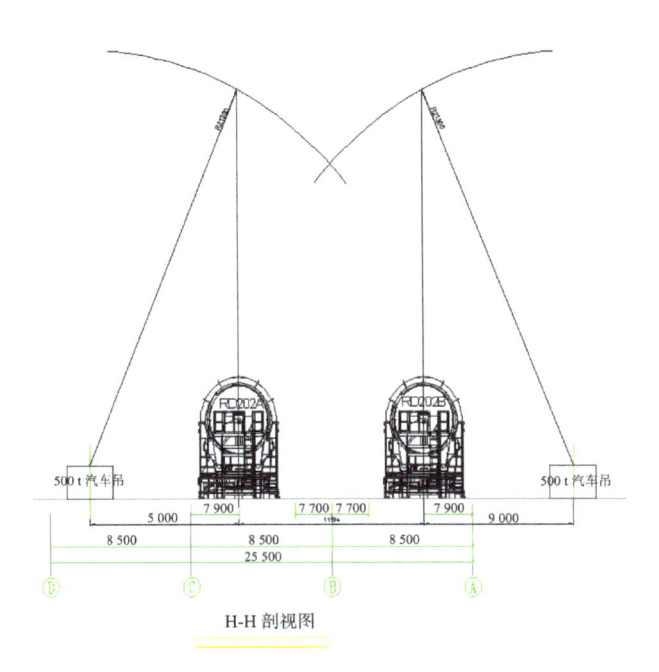

图 5.4-18　软化锅吊装立面图(单位:mm)

5.4.4　吊车技术资料

吊车性能如表 5.4-2、表 5.4-3 所示。

表 5.4-2　500 t 吊车性能表

回转半径 (m)	主臂长度(m)						回转半径 (m)
	16.1	21.3	26.5	31.7	36.9	42.1	
3	500	500					3
3.5	400	400	262				3.5
4	325	325	325	262	243		4
4.5	262	262	261	259	239		4.5
5	261	255	245	243	229	183	5
6	231	226	216	214	208	168	145	6
7	206	202	192	190	190	156	133	116	7
8	186	182	173	170	170	145	123	107	8
9	170	162	156	153	153	134	114	100	9
10	155	145	141	138	138	124	106	94	10
12	128	119	117	114	114	107	92	83	12
14	107	100	99	97	97	93	80	73	14
16				82	82	83	71	63	16
18				71	71	71	65	55	18
20				56	61	62	58	49.5	20
22				56	52	54	53	45	22
24					47	47.5	46	40.5	24
26					47	42.5	40.5	36.5	26
28						37.5	36	33.5	28
30						32.5	32	31	30

表 5.4-3　300 t 吊车性能表

工作幅度 m	15*	15	20	20	20	25	25	25	29.9	29.9	29.9
3	300	140.0									
3.5	185	140.0	140.0	135.0	140.0						
4	175	140.0	140.0	130.0	135.0						
4.5	161	140.0	140.0	122.0	135.0	135.0	135.0	130.0			
5	148	140.0	136.0	110.0	125.0	135.0	125.0	125.0	115.0	120.0	115.0
6	132	136.0	136.0	98.0	125.0	115.0	120.0	120.0	110.0	108.0	105.8
7	127	125.0	121.0	85.0	120.0	115.0	118.0	110.0	100.0	99.0	96.8
8	117	115.0	110.0	80.0	104.1	103.9	105.1	100.1	96.5	95.9	90.4
9	105	103.0	100.0	71.0	95.8	94.0	95.4	91.7	92.4	91.2	83.7
10	92	90.0	87.0	65.0	88.2	82.5	85.0	84.0	83.5	82.4	75.1
11	82	80.0	77.0	60.0	80.0	77.0	78.0	80.5	77.4	75.8	69.4
12	75.5	73.5	70.0	55.0	72.5	68.0	70.5	71.6	70.9	68.8	64.1
13			64.5	50.0	65.2	63.8	64.4	65.2	60.2	59.0	58.2
14			57.6	46.5	59.6	57.0	58.0	60.6	56.1	55.6	55.0
16			48.0	41.0	50.0	48.2	50.2	52.5	49.2	47.9	48.9
18						41.0	43.4	44.0	41.9	40.8	42.2
20						34.2	37.4	39.0	36.9	34.0	36.7
22									31.6	29.9	32.0
24									25.6	26.0	27.4
26									23.5	22.0	24.2
主臂组合	000000	000000	001000	000010	000100	110000	011000	001100	111000	210000	021000

5.4.5　吊装施工组织及管理、检查要求

（1）本吊装工程是整个工程的一部分。因此，施工单位不但将其纳入整个工程的总体管理中，还成立了专门技术小组，负责做出决策、协调该方案实施。

（2）现场设总负责人一名，实施现场指挥、调度，统一解决现场具体施工问题，协调各方面的工作，保证施工安全。

（3）试吊要求：在一切工作准备完毕并经检查无误后必须试吊。试吊时将设备吊起 0.2 m，停 10 min 对机械各受力部位及吊装索具各环节进行检查，经确认合格后再正式起吊。

（4）吊装要求：在正式吊装前，各岗位人员应列队入岗，检查本岗情况，检查合格后请示吊装命令，由技术小组下达吊装命令，方可起吊。

（5）就位时，就位人员必须与吊装指挥密切配合，指挥抬高或降落要及时。由吊装指挥发信号指挥有关岗位人员。

5.4.6　吊装质量及安全保证措施

（1）做好图纸会审，严格按照设备图尺寸复核设备基础，遇到问题提前纠正。

（2）施工过程中，必须明确施工人员分工和职责，吊装过程中，要切实听从命令，服从指挥，不得擅自离开工作岗位。

（3）在起重作业中，应有统一的指挥信号，施工人员必须熟知此统一信号，各操作岗位应协调动作。起重工要持证上岗。

（4）吊装时，整个现场由总指挥统一调配，各岗位分指挥应正确、迅速执行总指挥命令，做到传递信号迅速、正确，并对自己责任区域内的事务负责。

（5）登高 2 m 以上的高空作业人员，应体检合格，操作时佩戴安全带，并系挂在安全可靠的物体上，脚手板、脚手架应坚实稳固。

（6）施工中，要随时清理现场，清除障碍物，以利于操作。

（7）在起吊过程中，任何人不得在重物之下和受力索具附近逗留、通过。不允许有人随同重物升降。

（8）起重作业现场需设有明显的标志和警戒线，并有专人护卫，非施工人员不得擅越入内。

5.5 滚筒安装

软化锅筒体体型大，运转要求平稳，且呈倾斜布置，对滚筒安装提出很高要求。为了保证筒体运行稳定，在筒体导轨两侧设一对限位轮。如图5.5-1、图5.5-2所示。

为了调整滚筒定位精确度，可用千斤顶配合工装，将滚筒顶起，对托轮进行精确定位。如图5.5-3～图5.5-6所示。

图5.5-1　托辊与导轨安装精度检测

图5.5-2　滚筒限位轮安装与定位

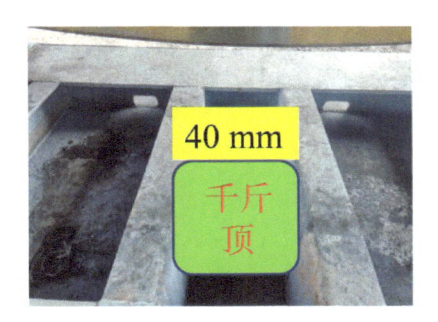

图5.5-3　千斤顶布置位置

图5.5-4　托辊用千斤顶顶起

图5.5-5　千斤顶顶起筒体

图5.5-6　千斤顶

托辊定位结束后,不要将滚圈放下、千斤顶撤除,应先再次核对4个托辊的共面、同轴和平行这几个空间位置要求,按照标准核对后再放下滚圈,撤除千斤顶。然后检查滚圈和托轮是否全接触,微调。

喂料绞龙及支架安装,如图5.5-7、图5.5-8所示。

图5.5-7　喂料绞龙安装　　　　图5.5-8　喂料绞龙安装支架

5.6　小齿轮及传动机构安装

小齿轮安装及啮合度调试,如图5.6-1、图5.6-2所示。

图5.6-1　小齿轮安装　　　　图5.6-2　小齿轮啮合度调试

托辊与导轨位置调整,如图 5.6-3 所示。

图 5.6-3　托辊与导轨位置调整

5.6.1　基础处理

基础处理:在设备就位前应铲除基础表面的麻面、铲平表面的粉层,清除油垢等杂物,使安装垫铁处的表面平整,对震动较大的设备应采用双螺母。

具体要求如下:

(1) 用斧子和錾子在基础表面铲出麻面,麻点深度一般不小于 10 mm,密度为每平方分米内有 3~5 个麻点。

(2) 去除基础表面的油污和疏松层。用錾斧将基础表面放置垫铁的位置铲平,其水平度允许偏差为 2 mm/m。垫铁放置后与基础接触均匀、稳固。

(3) 清除基础上的杂物和预留孔中的碎石、泥土、积水、油污。

5.6.2　垫铁布置

(1) 大型或重要的设备使用的垫铁应经刨削,甚至刮研。一般垫铁可经剪切、切割来制造。垫铁应不翘曲、变形,斜度一般为 1/10~1/20。

(2) 斜垫铁应成对使用,与平垫铁组成垫铁组时,一般不超过 4 块,且平垫铁放在下面。薄垫铁应放在厚垫铁与斜垫铁之间,垫铁组的高度一般在 30~70 mm。

(3) 垫铁与基础接触应均匀,其接触面积一般不小于 50%,垫铁放置应平稳牢固,平垫铁顶面水平度允许偏差在 2 mm/m 以内。

(4) 垫铁布置在地脚螺栓两侧,并应尽量靠近地脚螺栓,每组垫铁间距一般为 500 mm 左右。垫铁组外端应露出底座 10~30 mm。

5.6.3　放线、就位、找平、找正

(1) 放线、就位:确定设备中心线应按规范、图纸或设备技术文件要求,找好设备的基准线、面,确定设备安装标高,进行就位。

(2) 找平、找正:用经纬仪、水准仪、水平尺及钢丝绳确定设备的标高和水平度,配合使用吊线锤、平尺、角尺、千斤顶、手锤等工具进行找平找正。纵向为 0.1mm/m,横向为 0.20 mm/m。

(3) 设备找平找正工序：

① 在找正和找标高的基础上进行设备初平，确定设备的中心位置和安装标高，同时应考虑设备的最后调整，设备初平后灌浆地脚螺栓孔。

② 在设备初平后，待基础螺栓孔混凝土硬化后进行设备的精平，应正确选择测量基面，固定测点位置，消除误差。

③ 对减速机进行安装时，应首先测量联轴器的内径和轴的外径，考虑其配合情况，安装完毕后手动盘车，检查有无卡住现象。

④ 同轴度：对有联轴器装配的设备均应检查联轴器的同轴度。

⑤ 设备的找正应在联轴器及底座加工面上进行找正，找正按照制造厂说明书进行，如说明书无要求则根据规范要求找正。校正设备与电机联轴器的同心度和平行度，在设备的各润滑部位加上符合说明书要求的润滑剂，做好单机试运转准备工作。

传动系统安装，如图 5.6-4 所示。

图 5.6-4 传动系统安装

5.6.4 联轴器的装配

关键要掌握轮毂在轴上的装配、联轴器所联接两轴的对中度以及零部件的检查等环节。

轮毂在轴上的装配是联轴器安装的关键。本项目采用温差装配法：用加热的方法使轮毂受热膨胀，使轮毂轴孔的内径略大于轴端直径，达到"容易装配值"，不需要施加很大的力就可把轮毂套装到轴上。装配现场多采用油浴加热和焊枪烘烤。油浴加热能达到的最高温度取决于油的性质，一般在 200 ℃ 以下。

联轴器轮毂在轴上装配完后，应仔细检查轮毂与轴的垂直度和同轴度。一般是在轮毂的端面和外圆设置两块百分表，盘车使轴转动时，观察轮毂的全跳动（包括端面跳动和径向跳动）数值，判定轮毂与轴的垂直度和同轴度情况。必须使轮毂全跳动的偏差值在设计要求的公差范围内，达到质量要求。

联轴器安装前应先把零部件清洗干净。清洗后的零部件，需把沾在上面的洗油擦干。在短时间内准备运行的联轴器，擦干后可在零部件表面涂些透平油或机油，防止生锈。对于需要放置较长时间投用的联轴器，应涂以防锈油保养。

联轴器在装配后，均应盘车，看看转动情况是否良好。正确安装联轴器能改善设备运行情况,减少设备振动,延长联轴器的使用寿命。

6 材料与设备

主要吊装机具如表 6-1 所示。

表 6-1 主要吊装机具一览表

序号	名称	规格、型号	单位	数量	备注
1	汽车吊	500 t	台	1	
2	汽车吊	300 t	台	1	
3	钢丝绳	$\Phi 65-6\times 37-1400$	副	2	每根 18 m
4	钢丝绳	$\Phi 43-6\times 37-1400$	副	2	每根 16 m
5	卸扣	16 t	只	6	
6	卸扣	8 t	只	6	
7	千斤顶	20 t	只	2	

7 质量控制

7.1 本工法执行的质量标准、规范

（1）GB 50231—2009《机械设备安装工程施工及验收通用规范》。
（2）SHJ 515—1990《大型设备吊装工程施工工艺标准》。
（3）GB 6067.1—2010《起重机械安全规程》。
（4）GB/T 5082—2019《起重机 手势信号》。
（5）设备厂家提供的技术资料。
（6）设计院设计的工艺图纸。
（7）设备厂家提供的安装说明书等。

7.2 质量控制关键点

（1）基础放线定位。
（2）基础沉降观测点设置和测量。
（3）滚筒安装精度及其倾斜度控制。
（4）齿轮机构及限位系统安装精度。
（5）大型设备吊装。

7.3 质量控制措施

（1）设备安装前必须编制施工方案,经审批后方可实施。

（2）设备安装前必须做好技术交底工作。施工员编制关键工序作业指导书并下发给施工班组。

（3）关键工序结束后，应由项目质检员进行检查，合格后填写报告，交监理和业主代表检查签字后方可进行下一道工序。

（4）根据设备到货情况、施工顺序要求，分批次、集中进行安装；必要时，按施工网络计划的要求向设备采购部门提出各设备的到货顺序和时间要求，做到合理安排。

（5）根据每台设备的具体特性，依据有关施工验收规范和技术标准，编制详尽的施工方案，并制定周密的质量计划及保证措施。

（6）做好施工前的技术准备工作：编写施工方案、图纸会审、划分三级质量控制点、技术交底。

（7）做好设备基础的交接检工作及交接手续。

（8）认真做好设备的出库检查、验收工作。

（9）设备均采用吊车吊装，关键、重要的超重、超限设备的吊装，需编制相应的吊装方案。

（10）设备的找正：立式设备采用经纬仪双向找正法，卧式设备采用连通管式水准仪找正法。

（11）设备就位后要采取防护措施，防止零部件损坏、丢失。

（12）机器的找平找正采用框式水平仪，对中宜采用激光对中仪，配管前和首次开车前应进行复核。

（13）机器的解体清洗按技术文件、说明书的要求进行，清洗工作应在搭设的防护棚中进行。

（14）机器试运转时，采用测温仪、接触式转速仪、便携式测振仪进行温度、转速、振动等参数的测定。

8　安全措施

（1）操作平台、楼梯、爬梯等护栏，必须设置齐全，焊接安装，固定可靠。

（2）施工现场洞口、临边，必须设有有效的安全盖板和护栏，并挂设醒目的安全警示标志。

（3）作业人员必须经过专门的安全教育和相关培训，并经考试合格后方可进入施工现场。如图8-1所示。

（4）作业人员进入现场必须穿戴符合规定的劳动保护用品，且配备合格的安全防护用品。

（5）设备吊装前，制订吊装安全措施和吊装方案，并按起重吊装的性质和程序报请有

图8-1　所有入场人员均参加安全培训

关部门审核批准。

经批准的吊装方案,在吊装前,通过 BIM 三维模型,模拟吊装全过程,向全体起重吊装人员进行安全技术交底。如图 8-2 所示。

图 8-2　安全技术交底会

（6）起重工、电工、焊工等特殊作业人员必须持证上岗。

（7）吊装作业严格按吊装方案进行。吊装时,设置吊装安全警戒区域,与吊装无关人员禁止进入。

（8）作业期间杜绝违章指挥和违章作业行为。

（9）任何修理工作必须在停工后进行,同时应在电动机开关上挂设"正在维修,禁止启动"的标志。

（10）溶剂浸出法榨油所用溶剂正己烷易燃、易爆、有毒,容易发生火灾、爆炸或中毒的危险。油脂浸出车间设备装置,必须排除电火花或炽热金属等引起爆炸的因素。

9　环保措施

9.1　防止扬尘措施

9.1.1　由专人负责道路、施工现场以及施工区域的洒水防尘工作,保证车辆通过时不扬尘且无泥浆。禁止施工车辆带泥上路,严格执行当地城市市容、环保部门的规定。

9.1.2　凡进入现场运输或卸货的卡车及吊车,在道路上行驶的速度不得超过 5 km/h。

9.1.3　对施工场地易发生扬尘的局部区域,委派专人进行定时洒水,且铺盖丝网,防止尘土扬起。

9.2　降低施工噪音措施

9.2.1　对施工噪声进行严格控制,对投入现场施工的机具设备委派专人进行定期维修和保养,使到场设备保持完好状态。

9.2.2　对投入现场的施工机具设备逐台进行检查验收，不合格的禁止使用。

9.2.3　减少旧设备的使用，夜间严禁使用大功率设备，以便最大限度地减少人为施工噪声，施工区域噪音控制在 60 dB 以下。

9.3　控制污染措施

9.3.1　在现场设置废弃物专用回收桶，对危险废弃物实施统一收集、统一处理。可回收废弃物统一收集处理率达 80%。

9.3.2　设置回收站，对废油漆桶、废油漆刷、废旧手套、废油布、废棉纱、废旧电池以及废墨盒等统一收集、统一处理，禁止在现场私自焚烧处置。

9.3.3　要求每个焊工将焊接产生的焊条头及时回收，且在当晚下班前对焊接作业场所进行自检，禁止随意丢弃焊条头。

10　效益分析

10.1　社会效益

通过本工法的实施，工程节约了材料，减少了大量人力、设备的投入，缩短了施工工期；在保证质量的前提下，施工进度大幅提前；对促进粮油产业发展做出了贡献，受到业主及各方好评，社会效益显著。

10.2　经济效益

以中粮油脂(钦州)有限公司二厂扩建工程的安装工程项目为例，通过工法内各设备安装技术、吊装工艺的改良，保障了施工顺利完成，节约成本共计 42 万元，其中包含：人工费和管理费用 12 万元，吊装设备租用费用 25 万元，其余材料和设备的零散费用 5 万元。

项目从 2013 年投产至今，未发生由安装精度问题导致设备和生产线出现重大故障的事件。

11　工程应用

11.1　中粮油脂(钦州)有限公司二厂扩建项目

中粮油脂(钦州)有限公司二厂扩建工程的安装工程项目，包括设备、工艺管线、仪表仪器、防腐保温等，于 2013 年 3 月 30 日建成投产，顺利生产运行至今。该工程由江苏省工业设备安装集团有限公司承建。

在施工过程中，江苏省安应用"大型榨油厂软化锅安装施工工法"等技术，有效解决了软化锅设备的定位难题，有效提高了软化锅的安装精度，充分显示出企业的施工技术实力，综合效益显著。

11.2 中储粮油脂成都有限公司大豆加工项目

中储粮油脂成都有限公司大豆加工项目1 000 t/d菜籽(1 500 t/d大豆)预榨车间、浸出车间,于2015年5月25日顺利生产运行至今。该工程由江苏省工业设备安装集团有限公司承建,包括钢结构厂房制作安装、大型工艺设备安装调试等内容。

在施工过程中,施工单位通过应用"大型榨油厂软化锅安装施工工法"等技术,有效解决了软化锅设备的定位难题,将BIM技术应用到工业安装领域,有效提高了软化锅的安装精度,充分显示出企业的施工技术实力,综合效益显著。

大型榨油厂 E 型浸出器安装施工工法

1 前言

从 20 世纪 50 年代起,菜籽、大豆和葵花油的产量迅速增加,逐步取代了牛脂和猪油等动物脂肪,成为主要烹饪用油。植物种籽走向餐桌,经历了预处理、浸出、精炼等一系列加工过程。

浸出法榨油工艺经过一百多年的发展,从小规模生产到大规模集约化流水线,工艺技术水平不断提高,油脂浸出工艺日臻完美。

浸出器是浸出法制油的大型关键设备。浸出法榨油设备 BIM 模型图,如图 1.1-1 所示。

图 1.1-1 榨油厂浸出车间设备 BIM 模型图

榨油物料经过预处理,由斜刮板输送到浸出车间,先进入浸出器上部的存料箱,在刮板链框的推动下,向喷淋浸出段(直段)缓慢前进。同时,经过多次溶剂喷淋后,经弯曲段进入下层继续浸出。在浸出的最后阶段,再用新鲜溶剂喷淋,湿粕通过沥干段继续前行并自然沥干,最终从出料口(下层)排出。

1.1 E 型浸出器特点

E 型浸出器最大的特点,是物料从弯曲段进入下层时能够翻动,这使物料的浸出更加均匀透彻,料层浅,湿粕含溶少,残油率低。工艺流程如图 1.1-2 所示。

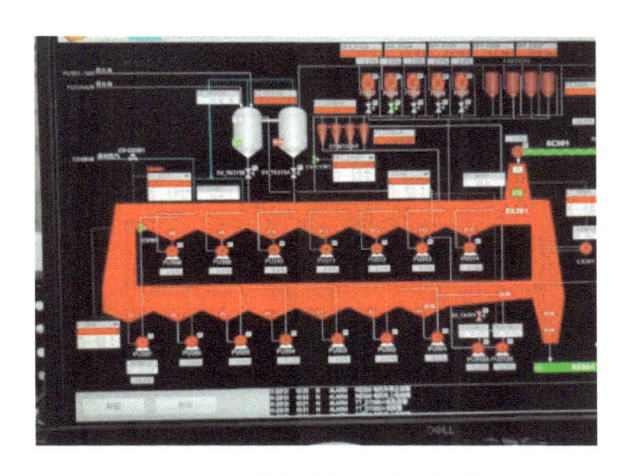

图 1.1-2　浸出器工艺流程示意图

1.2　E 型浸出器主要技术参数

E 型浸出器主要技术参数，如表 1-1 所示。

表 1-1　E 型浸出器主要技术参数表

日处理量(t)	功率(kW)	质量(t)	外形尺寸(m) 长	外形尺寸(m) 宽	外形尺寸(m) 高	备注
6 000	55	280	44.6	7.64	11.8	

1.3　E 型浸出器工作原理

1.3.1　浸出器是浸出法榨油工艺的核心设备，体型庞大，质量大，安装精度要求高，是整个工程施工安装的关键环节。E 型浸出器适合于高含油、高粉末度的物料，使用于普通油料浸出，效果亦佳。

1.3.2　E 型浸出器，适用于大豆、菜籽等多种油料浸出。

1.3.3　应用模块化设计，具有安全、稳定、萃取效率高、溶剂消耗少、能耗低等特点。

1.3.4　保证萃取效果，最大限度提高萃取液循环量。

1.3.5　密封性能好，进料更均匀，显著提高浸出系统可靠性。

1.3.6　液压双马达驱动，结构紧凑，输出扭矩可控制，安全、可靠性强。

1.3.7　采用可调节喷淋装置，可针对不同性质的物料，进行相应的调整，使得油率达到理想状态。

1.3.8　条形刮板刮扫物料，自重轻，对轨道磨损小。

E 型浸出器平面图、剖面图,如图 1.3-1 所示。

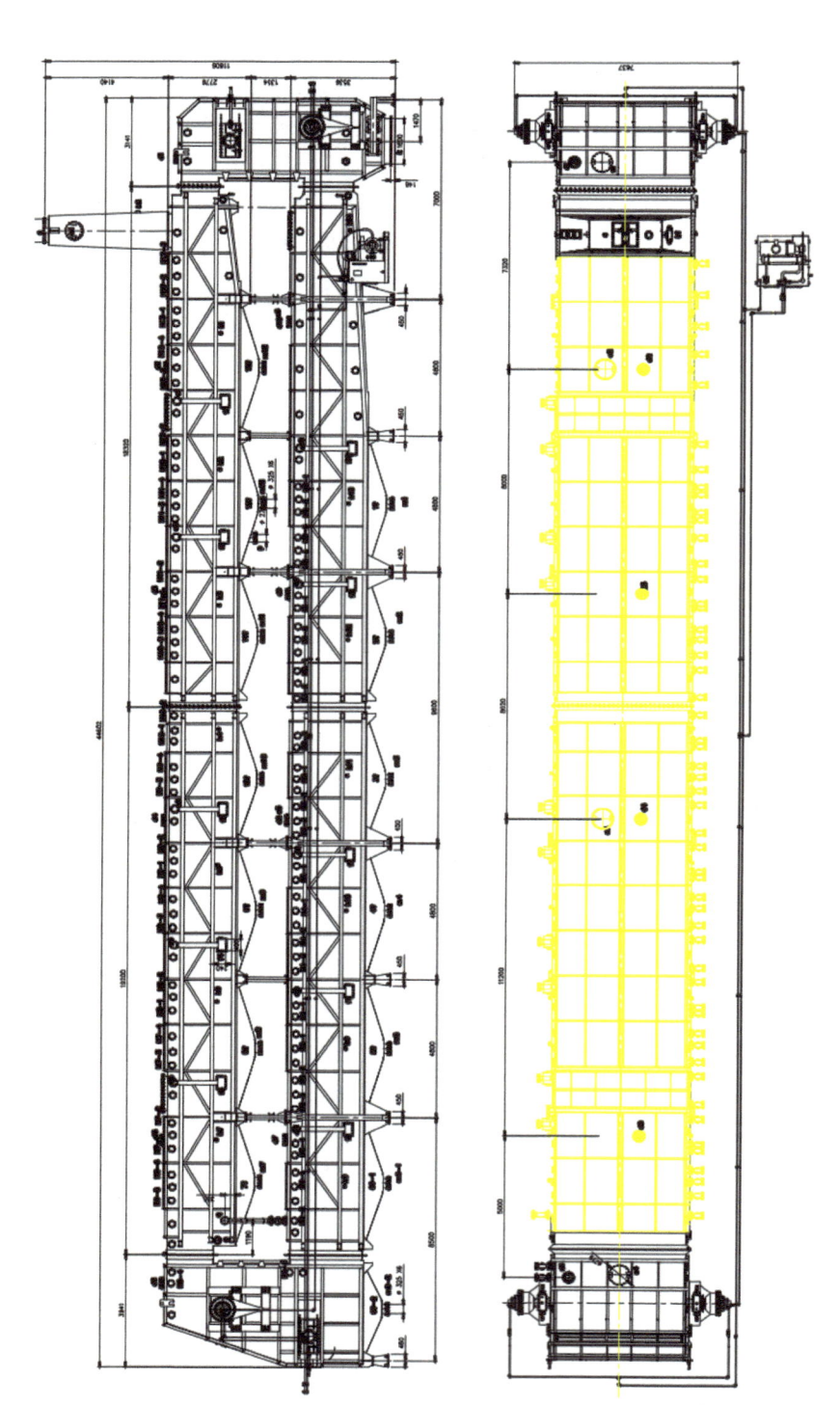

图 1.3-1　E 型浸出器剖面图(单位:mm)

2 设备安装施工技术特点

2.1 严格控制标高

从浸出器基础开始,严格控制预埋件位置及标高。

2.2 制作 BIM 模型

应用 BIM 技术制作三维模型,对车间钢结构、浸出器、工艺管道、电气管线及仪表等深化优化施工方案,调整解决碰撞问题,精确定位设备安装位置,制定安装工序,保证安装精度。如图 2.2-1、图 2.2-2 所示。

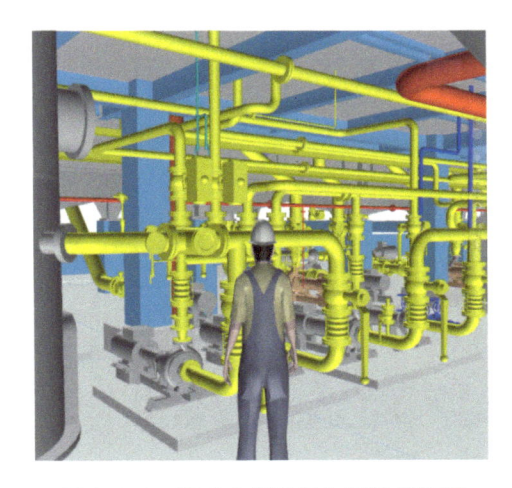

图 2.2-1 浸出车间设备与管线模型图   图 2.2-2 浸出车间设备与管线模型图

2.3 应用先进技术

应用江苏省安持有的专利、工法:《焊件对接三维调整结构》《一种重型设备水平运输装置》等实用新型专利技术,《大型榨油厂关键设备安装施工工法》(江苏省 2020 年度省级工法)等设备安装先进工艺。

2.4 精心策划

施工之前,对浸出器每一模块的特点进行分析研究,制定科学合理的大型设备吊装及安装技术方案,确保技术合理,施工安全可靠,节省投入。

3 适用范围

本技术适用于大型榨油厂浸出设备与工艺管道吊装与设备安装等。

4 工艺原理

4.1 优化设计方案

利用BIM技术对设备及管线位置等深化设计，并精确测量及定位。对钢结构支撑支架平台等实现工厂化预制加工，运至现场模块化组装，节省大量现场焊接工作量。

4.2 工厂化预制

基于BIM模型的准确性，使工程构件、组件的工厂化预制加工及装配更加准确和自动化，大大提高安装施工的效率和质量。结合二维码管理系统，对预制构件进行精确定位安装，通过模型进行可视化管理。如图4.2-1所示。

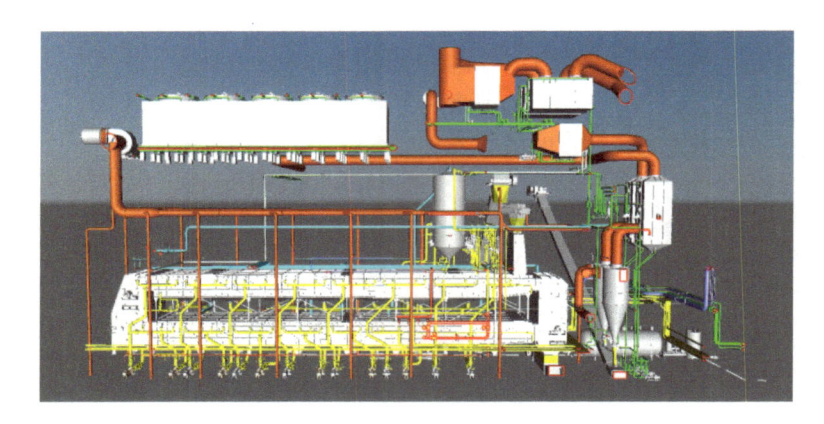

图 4.2-1　E型浸出器BIM模型图

4.3 导出材料及配件清单

采用BIM技术，使用Revit系列软件，进行三维模型创建。有别于传统施工图纸，其信息量大，数据传递更精准清晰，兼容多个文件类型，可以导出设备清单、材料清单以及单线图等。

项目团队各专业通过共享Revit中心文件，以工作集的形式进行深化设计，在设计过程中实现实时同步和共享数据，主动消除各专业间的冲突。

4.4 应用的主要关键技术

（1）利用BIM技术进行三维建模，对车间结构、设备、工艺管道深化设计；
（2）E型浸出器设备的吊装关键技术；
（3）E型浸出器设备安装技术；
（4）一种重型设备水平运输装置（江苏省安持有专利技术）。

5 工艺流程及操作要点

5.1 工艺流程

5.1.1 浸出器安装工艺流程

E形浸出器是由上壳体、下壳体、机头壳体、尾部壳体、刮板链和传动装置这六大部分组成。根据该设备的特点，确定施工工艺和顺序。

浸出器安装工艺流程：

支座安装──→下浸出段吊装与安装──→壳体密封面清理，加垫──→浸出器翻转段就位安装──→进料分段吊装就位、安装──→头部分段吊装就位、安装──→进料箱吊装就位──→减速机、齿轮、链轮安装──→刮板安装──→链轮轴找平找正──→单机试运转。

5.1.2 浸出器设备吊装与安装施工控制要点

如表 5-1 所示。

表 5-1 E型浸出器安装控制要点

序号	流程内容	控制要点	备注
1	设备到场后检查	外观及技术资料	
2	吊装前准备	弹出设备中线，焊接限位工装	
3	浸出器下浸出段 1# 吊装	下浸出段底座必须紧靠限位工装	
4	浸出器沥干段 2# 吊装	沥干段底座必须紧靠限位工装	
5	浸出器翻转段 3# 吊装	下浸出段与翻转段连接法兰螺栓拧紧	
6	浸出器上浸出段 4# 吊装	吊装时上浸出段支座下发货工装割除干净	
7	浸出器进料分段 5# 吊装	进料口方向下面，两件支撑杆是长支撑杆	
8	浸出器头部分段 6# 吊装	先将头部分段与下层沥干段用螺栓穿好	
9	浸出器进料箱吊装	用膨化聚四氟垫片W形在法兰面上垫好	
10	主动轴装配	水平度公差控制在 1 mm 以内	
11	从动轴装配	剩余游隙大于 0.1 mm	
12	链轮装配	上下链轮在同一个垂直面上，公差为 0~1 mm	
13	主轴校平	水平度控制在 0~0.05 mm 以内	
14	链条装配	依次将刮板与每节链条用螺栓连接	
15	刮板链条张紧	张紧时必须时刻检查刮板链条松弛度	
16	液压管道安装与酸洗	液压油管道焊接结束后用 36% 稀盐酸酸洗	
17	试机	试机前检查确认浸出器内无任何杂质，开机时要有专人看管	
18	试压	检查所有与浸出器箱体连接的接管焊缝、法兰、视镜等是否有泄漏	

5.2 编制吊装方案

5.2.1 设备分单体吊装和分段吊装组合安装,吊装过程完成后,应采取妥善的稳固措施,避免在组合作业过程中发生危险状况。

5.2.2 根据设备安装参数及安装位置,综合施工的安全、进度及经济性,对不同设备进行分段吊装,根据作业场地条件,采用不同型号吊车作业。

5.2.3 浸出器支撑主构件安装后,需及时对结构找正。节点为铰接方式连接的,及时完成终拧;节点为刚接的,及时完成焊接。以保证在结构载荷附加前,达到设计承载力。

5.3 设备吊装准备

5.3.1 设备到场检查

(1) 设备运到现场后,须先检查设备经过长途运输颠簸,外观是否有明显碰撞的痕迹,特别是国际项目,由于海运时间长,需检查设备外观是否有腐蚀生锈。设备到货检查如图 5.3-1 所示。

图 5.3-1 E 型浸出器设备运抵、检查

(2) 检查箱体、底座是否有变形。

(3) 核对所有零配件是否与发货清单吻合。

(4) 核对设备安装使用说明书、产品出厂合格证和材质证明等出厂技术文件,检查其规格、型号和材质是否符合设计要求。如表 5-2 所示。

表 5-2 设备检查事项一览表

序号	内容
1	厂家提供文件
2	设备的安装、维护说明书等技术文件
3	设备出厂合格证、质保书、检验试验记录
4	主要零部件材料的材质性能证明件

续表

序号	内容
5	设备装配图和部件结构图
备注	随箱图纸资料。施工班组与施工技术人员应仔细审阅图纸及说明书,比较全面地了解和掌握设备的结构、技术性能、安装技术等知识,发现问题应及时通知业主、设计、监理,确定解决方案。施工前应做好技术交底,准备好施工中所用的各种工具、量具、设备和材料,并备齐各种记录表格,以便在施工的同时做好完整的记录

5.3.2 设备吊装准备

(1) 根据图纸方位尺寸,在设备基础的预埋件上用墨斗弹出设备的中线、设备外形尺寸线。如图 5.3-2、图 5.3-3 所示。

图 5.3-2 浸出器预埋件连接　　图 5.3-3 浸出器混凝土基础支架

(2) 用水平仪对基础的预埋件进行抄平,确保基础预埋件平面度公差在 0～3 mm 以内。

(3) 按照图纸标高尺寸要求,用钢板将预埋件垫平,焊接牢固。

(4) 根据设备底座外形尺寸,用三角钢板在基础预埋件上焊接限位工装。

(5) 制定和编写设备吊装方案,根据设备重量和现场吊装位置,选择一台或两台吊车,并按照吊装方案中的位置停放好。

(6) 根据设备吊装顺序,将浸出器按 1♯～6♯ 分段编号,并按照号码先后顺序转运到施工现场。

(7) 吊装现场必须有专人指挥。

(8) 设备吊装方位内,严禁非安装作业人员进入。

(9) 准备好脚手架和焊割工具。

5.4 浸出器下浸出段 1♯ 吊装与安装

根据产量大小,浸出器设备可以分四段或六段吊装。

本工程为六段吊装:

1♯ 为下浸出段;2♯ 为沥干段;3♯ 为翻转段;4♯ 为上浸出段;5♯ 为进料分段;6♯ 为头部分段。

将吊车停在浸出器下浸出段(1♯)吊装场地,按照吊装顺序,将下浸出段(1♯)浸出器转运到现场,用四根等长的钢丝绳,将第一段浸出器用吊车平稳地吊到基础上,下浸出段底座必须紧靠限位工装。如图5.4-1、图5.4-2所示。

图5.4-1　下浸出段1♯吊装　　　　图5.4-2　下浸出段1♯吊装

5.5　浸出器沥干段2♯吊装与安装

5.5.1　将吊车开到浸出器沥干段(2♯)吊装场地。

5.5.2　将浸出器沥干段(2♯)转运到现场。

5.5.3　用四根等长的钢丝绳,将沥干段用吊车平稳地吊到基础上,沥干段底座必须紧靠限位工装。

5.5.4　用撬杠将下浸出段与沥干段连接法兰的螺栓孔对齐。

5.5.5　先将四个角的法兰孔用螺栓穿好。

5.5.6　间隔4~5个螺栓孔,穿好螺栓并拧紧。

5.5.7　把支座安装板与基础预埋钢板,点焊牢固。吊装与安装如图5.5-1~图5.5-4所示。

图5.5-1　沥干段2♯吊装　　　　图5.5-2　沥干段2♯吊装

图 5.5-3　沥干段 2♯吊装　　　　　图 5.5-4　下浸出段与沥干段法兰穿螺栓

5.6　浸出器翻转段(3♯)吊装与安装

5.6.1　浸出器翻转段(3♯)吊装,与沥干段吊装步骤一样,翻转段吊装就位后,用撬杠将下浸出段与翻转段连接法兰的螺栓孔对齐,如图 5.6-1~图 5.6-4 所示。
5.6.2　用螺栓将四个角的法兰孔穿好。
5.6.3　间隔 4~5 个螺栓孔,穿好螺栓,拧紧。
5.6.4　将支座安装板与预埋钢板点焊牢固。

图 5.6-1　翻转段用两台吊车翻转　　　　　图 5.6-2　翻转段起吊

图 5.6-3　翻转段起吊　　　　　　　图 5.6-4　翻转段就位

5.7　浸出器上浸出段(4#)吊装与安装

吊装浸出器上浸出段时，必须先将上浸出段支座下发货工装割除干净，根据支座对应的图号将六条支撑杆安装好，如图5.7-1、图5.7-2所示。

图 5.7-1　支撑杆安装　　　　　　　图 5.7-2　支撑杆安装

翻转段与上浸出段连接法兰，在螺栓拧紧前，必须检查法兰面四边间隙是否一致。如果间隙不一致，可以在上浸出段支撑杆安装板下用钢板将壳体垫平，直到上浸出段与翻转段连接法兰四面间隙一致后，才能拧紧螺栓。浸出器上浸出段吊装及翻转段、浸出段就位，如图5.7-3～图5.7-5所示。

图 5.7-3　浸出器上浸出段吊装

图 5.7-4　浸出器翻转段就位　　　　图 5.7-5　浸出器沥干段翻转段与上浸出段就位

5.8　进料分段(5#)吊装与安装

　　进料分段吊装与上浸出段吊装方法一样,在进料口方向下面,两板支撑杆是长支撑杆;其余四根支撑杆,和上浸出段的支撑杆一样,拧紧法兰连接螺栓。如图5.8-1、5.8-2所示。

图 5.8-1　进料分段吊装　　　　图 5.8-2　进料分段与支撑杆拧紧法兰连接螺栓

5.9　头部分段(6♯)吊装与安装

吊装头部分段时,先将头部分段与下层沥干段用螺栓穿好,待所有法兰上连接螺栓都穿好后,再把所有连接螺栓拧紧。如图5.9-1所示。

图5.9-1　头部分段吊装

最后再用电焊将十二根支撑杆安装板与下层壳体点焊,并焊接牢固。

5.10　存料箱吊装与安装

吊装存料箱时,先将进料分段上进料口法兰面清理干净,用膨化聚四氟垫片,以W形在法兰面上垫好。

用吊车将存料箱吊装到进料口法兰上,用螺栓穿好并拧紧。如图5.10-1～图5.10-4所示。

图5.10-1　存料箱吊装　　　　　图5.10-2　存料箱就位

图 5.10-3 存料箱安装 　　　图 5.10-4 存料箱安装

箱体法兰连接螺栓拧紧前，检查箱体内筛板接头，按照刮板链条运转方向，后方要比前方低 0~1 mm。测量确认后，方可拧紧法兰螺栓，如图 5.10-5 所示。

图 5.10-5　箱体内筛板接头检查高差满足 0~1 mm

5.11　主动轴装配

5.11.1　主轴支撑架安装

主轴支撑架安装，如图 5.11-1、图 5.11-2 所示。

图 5.11-1　主轴支撑架用
手拉葫芦拉起 　　　图 5.11-2　主轴支撑架安装就位

5.11.2　主轴吊装

将主轴吊装至所在楼层,如图 5.11-3、图 5.11-4 所示。

图 5.11-3　主轴吊装　　　　　　　　图 5.11-4　主轴吊装至楼层

5.11.3　主轴、从动轴装配

将两根主动轴,两根从动轴,分别吊装到浸出器的主轴孔和从动轴孔内。在主轴装配前,先用抄平管对设备下层主轴孔和从动轴孔的中心线进行抄平,水平度公差控制在 1 mm 以内。

如图 5.11-5～图 5.11-10 所示。

图 5.11-5　主轴装配　　　　　　　　图 5.11-6　从动轴装配

图 5.11-7　主轴打磨　　　　　　　　图 5.11-8　主轴磨光

图 5.11-9　封板安装前准备 　　　　　图 5.11-10　封板安装

如果超出公差范围,则在低点用液压千斤顶顶高,在支座下面垫相应厚度的钢板,拧紧地脚螺栓,再用水平管测量水平度,直到控制在公差范围内。

5.11.4　密封安装

机械密封,可以有效防止正压状态下毛油的泄漏。开箱检查及安装前准备,如图 5.11-11、图 5.11-12 所示。

图 5.11-11　机械密封开箱检查并涂抹油脂 　　　图 5.11-12　密封件安装前抹上油脂

5.11.5　轴承支撑、轴承座、轴承安装

依次安装好轴承支撑、轴承座,先用煤油或柴油将轴承清洗干净,再将轴承套在主轴轴承位置,最后套上涨套,如图 5.11-13～图 5.11-16 所示。

图 5.11-13　轴承座抹油脂 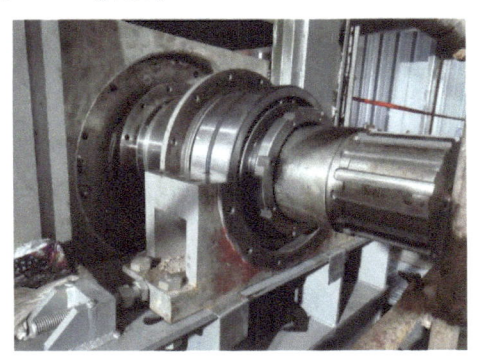　　　　　图 5.11-14　轴承座安装就位

图 5.11-15　轴承绑扎吊带　　　　　图 5.11-16　轴承安装

5.11.6　轴承涨套安装

用涨套将轴承锁紧,通过厚薄规检查轴承原始游隙,做好记录,要求轴承锁紧后游隙减少量为 0.12～0.15 mm;剩余游隙大于 0.1 mm,轴承锁紧后,加注润滑脂,润滑脂填充量要求 80%～90%。

用锉刀和砂纸将主动轴上花键上的毛刺和锈迹打磨光滑,再用清洁剂清理干净,并抹上黄油,用手拉葫芦将液压马达吊装装配到主动轴上。如图 5.11-17～图 5.11-20 所示。

图 5.11-17　轴承涨套涂抹油脂　　　　　图 5.11-18　轴承涨套安装

图 5.11-19　花键涂抹油脂　　　　　图 5.11-20　用手拉葫芦安装马达

安装好止动板,拧紧所有螺栓,如图 5.11-21、图 5.11-22 所示。

图 5.11-21　主动轴液压马达手拉葫芦装配　　图 5.11-22　液压马达装配拧紧所有螺栓

上层主动轴与下层主动轴装配步骤相同。

5.12　从动轴装配

5.12.1　先将内置填料函从从动轴头套进密封板内侧。

5.12.2　滑动密封板表面清洗干净,将轴承座先装配到滑动密封板上。

5.12.3　箱体密封板上涂耐溶剂润滑脂,装上 O 型密封圈。

5.12.4　将清洗干净的轴承和涨套依次套在从动轴上,用涨套将轴承锁紧,通过厚薄规检查轴承原始游隙,做好记录。如图 5.12-1、图 5.12-2 所示。

图 5.12-1　从动轴装配　　图 5.12-2　从动轴轴承注满油脂

5.12.5　要求轴承锁紧游隙减少量为 0.12～0.15 mm;剩余游隙大于 0.1 mm。

5.12.6　轴承锁紧后,加注润滑脂,润滑脂填充量要求 80%～90%;如图 5.12-3 所示。

图 5.12-3 从动轴涨套安装

5.12.7 最后,将密封压盖装好,拧紧螺栓,调节拉杆至恰当位置。如图 5.12-4～图 5.12-6 所示。

图 5.12-4 密封盖压好拧紧螺栓

图 5.12-5 上层从动轴涨紧调节拉杆

图 5.12-6 下层从动轴涨紧调节拉杆

5.13 链轮装配

链轮拆分。将拆分开的链轮编号。如图 5.13-1、图 5.13-2 所示。

图 5.13-1　链轮运至现场拆分　　　　　图 5.13-2　链轮编号

用锉刀将主轴和链轮上、键槽的毛刺清理干净，配好键条，并将键条安装到主轴上。如图 5.13-3、图 5.13-4 所示。

图 5.13-3　锁键打磨　　　　　　　图 5.13-4　键条安装到主轴上

在浸出器内搭好脚手架。装配上层主动轴和从动轴链轮时，在头段和翻转段壳体内，顶部吊耳上，各挂 1 t 的手拉葫芦。

用手拉葫芦依次将链轮吊到主轴上，用配套螺栓连接好，用卷尺测量主轴上两个链轮中心距离，调整尺寸，保证公差在 0～1 mm 以内。如图 5.13-5～图 5.13-10 所示。

图 5.13-5　链轮装配准备　　　　　图 5.13-6　用手拉葫芦拉起链轮装配

图 5.13-7　链轮装配

图 5.13-8　链轮装配就位

图 5.13-9　链轮装配就位检查

图 5.13-10　链轮测量

下层链轮装配方法和上层一样，但是在拧紧链轮螺栓前，必须用线锤以上层链轮位置为基准，吊垂直线，使上下链轮在同一个垂直面上，保证公差在 0～1 mm 以内，再拧紧螺栓。如图 5.13-11 所示。

图 5.13-11　吊垂直线对上下链轮定位

5.14 主轴校平

主轴装配好后,再用框式水平仪将每根主轴校平,水平度控制在 0~0.05 mm 以内。如图 5.14-1、图 5.14-2 所示。

图 5.14-1　主轴框式水平仪校平 　　　　图 5.14-2　主轴框式水平仪校平

5.15 链条装配

按照浸出器运转方向,在浸出器外面,先将链条分类摆放好,然后人工将链条分段转运到浸出器下层筛板上,并将每段用销轴连接好。

箱体法兰连接螺栓拧紧前,检查箱体内筛板接头,按照刮板链条运转方向,后方要比前方低 0~1 mm。测量确认后,方可拧紧法兰螺栓。

依次将刮板与每节链条用螺栓连接好,待到下层刮板与链条全部连接好后,再在上层浸出器进料端顶部和尾部各挂两只 5 t 的手拉葫芦,把链条拉到链轮上,再用尾部手拉葫芦,将拼装好的刮板链条平稳地向尾部拉动,直到刮板链条全部装配结束。如图 5.15-1、图 5.15-2 所示。

图 5.15-1　刮板检测 　　　　图 5.15-2　刮板安装

刮板链条全部装配结束后,用手拉葫芦将两端链条接头拉并拢,再用销轴将链条对接好。

5.16　刮板链条张紧

浸出器上层和下层,都各有一根从动轴,可以同时张紧。张紧时,先松开滑动板上下紧固螺栓,用扳手旋转拉杆上的螺母,将从动轴慢慢向后拉。

张紧时必须时刻检查刮板链条松弛度,以确保进料段刮板链条向上翻转与翻转段刮板链条向下翻转时,刮板和筛板有 5～10 mm 的间隙。

刮板链条张紧结束后,再将滑动密封板上下连接螺栓锁紧。如图 5.16-3～图 5.16-7 所示。

图 5.16-3　刮板链条安装 　　　　　　　图 5.16-4　浸出器刮板张紧

图 5.16-5　法兰面粘贴膨化聚四氟密封带 　　　图 5.16-6　法兰面粘贴 W 形聚四氟密封带

图 5.16-7　拧紧螺栓保证法兰面间隙一致

5.17　液压管道安装与酸洗

液压系统对脏污非常敏感，除了安装时注意不要有脏污进入液压系统和管路接口，还要按照清洗要求对长长的管路进行清洗。

油管焊接处的管内壁使用圆锉刀去除毛刺。毛刺去除后，用压缩空气将管内吹扫 1 min。焊接使用氩弧焊。

液压油管道焊接结束后，必须用 36% 稀盐酸（HCl）与水（H_2O）以 0.17∶10 比例调配的酸水进行酸洗。

用布和胶带封堵一端管头，将另一端管头抬高，用漏斗将酸液灌入管内，直至灌满溢出，倒出酸液后，按 1∶1 比例将"主刻净"与水进行调配混合灌入管内，停留 1 min 后倒出。

用自来水冲洗管道，持续 5 min，将管道一头抬高，用压缩空气吹扫内壁，另一端用纸检查，无水漏出即可。封堵一端管头，用漏斗灌入液压油，直至灌满溢出。过程中，可用木槌轻轻敲打振动管道，溢出气泡，再将油倒出，循环三次。液压泵站在加液压油前，必须将油箱内杂质清理干净后，才能加液压油。

如图 5.17-1～图 5.17-6 所示。

图 5.17-1　液压泵站安装　　　　图 5.17-2　液压泵站安装

图 5.17-3　液压马达油管安装 　　　　图 5.17-4　液压泵站油管安装

图 5.17-5　液压泵站注油 　　　　图 5.17-6　桶装液压油

5.18　试机

5.18.1　试机准备

试机前,必须确认浸出器内无任何杂质,开机时要有专人看管,发现异常响声,必须立即停机检查。刮板和筛板有摩擦响声,属于正常现象。空载时,油压正常在2.5 MPa。如图5.18-1、图5.18-2所示。

图 5.18-1　试压油压表读数　　　　　　图 5.18-2　视镜安装

5.18.2　试压准备工作
（1）关闭所有油斗下面的球阀；
（2）关闭所有喷淋管阀门；
（3）检查所有视镜是否全部装配完成；
（4）检查所有检修门是否全部装配完成；
（5）E107 湿粕刮板注水液封，水位高度超过湿粕斗下料口法兰 300～500 mm；
（6）在存料箱和密封绞龙之间法兰处插盲板密封；
（7）关闭所有与箱体连接管道的阀门；
（8）箱体与气相管道连接法兰处插盲板密封；
（9）在浸出器箱体上，焊接两个 DN15 mm 的接管，装上快开球阀，一个接压缩空气，一个接 U 型压力计。

5.19　试压

5.19.1　在 U 型压力计上，用卷尺、记号笔，标出水位水平线和上下 400 mm 的刻度；打开进气阀，当 U 型压力计上水柱到 300 mm 时关闭。

5.19.2　用刷子沾肥皂水，将所有与浸出器箱体连接的接管焊缝、法兰、视镜等都刷一遍，检查是否有泄漏的地方，如果有泄漏及时处理。

5.19.3　保压 4 h，确认 U 型压力计没有掉压现象，试压合格，做好记录后泄压。

6　材料与设备

材料设备由专人管理，现场材料、设备分类堆放，做到堆放有序、标识齐全明了，做好材料及设备的妥善保管。

施工前，施工设备、计量器具、专用工装等配备齐全。如表 6-1 所示。

表 6-1　设备安装工器具表

序号	名称	规格	数量	产地	备注
1	直流焊机	ZX5－400	35	国产	
2	氩弧焊机	NSA300	10	国产	
3	钻床	立式 $\varphi40$	2	国产	
4	磁座钻	$\Phi25$	8	国产	
5	角向磨光机	$\Phi100$	20	国产	
6	烘箱	500℃	1	国产	
7	电动试压泵	P40 MPa	2	国产	
8	冲击钻	$\Phi22$	6	国产	
9	吊装索具	各种规格	20	国产	
10	千斤顶	3～15 t	8	国产	
11	倒链	3 t,1 t	10,6	国产	
12	管子钳	$\Phi50$	10	国产	
13	配口钳	$\Phi100$	10	国产	
14	经纬仪	3″	2	国产	
15	水准仪	3″	2	国产	
16	平尺	3 m	6	国产	
17	柜架水平仪	0.2‰	1	国产	
18	钳工水平仪	0.2‰	1	国产	
19	塞尺		4	国产	
20	试压用压力表	0～2.5 MPa	6	国产	
21	吊线锤	磁性	4	国产	
22	弯管机	$\Phi100$	3	国产	
23	套丝机	$\Phi50～100$	2	国产	
24	台虎钳		2	国产	
25	电气调试设备		1	国产	
26	汽车起重机	300 t,150 t	1,1	国产	

7　质量控制

7.1　本技术依据的规范、规程等质量标准、技术资料

（1）HG 20201—2000《工程建设安装工程起重施工规范》；

（2）GB 50231—2009《机械设备安装工程施工及验收通用规范》；

（3）HG 20203—2000《化工机器安装工程施工及验收通用规范》；

（4）GB 50236—2011《现场设备、工业管道焊接工程施工规范》；

(5) 工程施工图纸；

(6) 设备厂家提供的技术资料设备出厂说明书等。

7.2 质量控制关键点

(1) 基础测量放线；

(2) 钢支撑安装；

(3) 大型设备吊装与安装；

(4) 浸出器主轴、链轮、链条等安装。

7.3 质量控制措施

7.3.1 浸出器链条、栅板、视镜等均为外购件，产品应配有生产厂家产品合格证。经检验与浸出器主机配件尺寸相吻合后，方能进行装配。

7.3.2 固定后的栅板表面要平整，不得有局部凹凸现象，允许按链条刮板运动方向的后栅板高于前栅板 1 mm。不允许反向高。栅板沿宽度方向相接时，接口平整、平滑过渡。

7.3.3 链轮安装在轴上，检查链轮纵向垂直面与轴中心线的垂直度，链轮半径方向与轴中心线垂直度＜0.15 mm。

7.3.4 链轮安装后，检查不同轴的两个链轮是否在一个铅垂面，调整二者之间的平面度≤1 mm。

7.3.5 刮板链条安装后，用张紧装置调整刮板链条，做到松紧度适中。

7.3.6 浸出器冷作成形及焊缝外观质量应符合要求，浸出器全部壳体应气密无泄漏。

7.3.7 整机组装后，检查各传动部件，减速装置按使用说明书加机械油，轴承部加黄油，各传动部件运动时不得有阻滞现象，开车后运转要平稳，整体传动运转 10 h，做试车记录。

7.3.8 外部碳钢表面刷防锈漆两道，银粉漆一道。

7.3.9 浸出器现场安装时组焊外部油斗，组焊完毕后，焊缝用煤油检测确保无渗漏。

7.3.10 浸出器在现场落位后，预埋板与浸出器之间不留间隙，与土建预埋板焊接。

7.3.11 做好施工测量。主要包括设备地脚螺栓的测量、管道及支吊架的安装测量放线、设备各类偏差等内容。测量的原始记录资料必须真实、完整，并妥善保管。对测量的仪器定期检测，做好日常保养，保证状态良好。

8 安全措施

(1) 建立健全安全生产制度。浸出器设备安装施工中，大型设备吊装、高处作业，与建筑结构施工等同场施工，交叉施工较多，存在高处坠落、物体打击、起重伤害、触电等危险。建立安全生产责任制度，并严格执行安全施工管理措施。

（2）安全技术交底。每项施工作业前，对班组作业人员进行安全技术交底，特别是安全防护要求，并做好记录。如图 8-1 所示。

图 8-1 施工前安全技术交底

（3）动火作业必须先办理动火作业票，符合要求后方可实施动火作业。

（4）进行切割、气割、打磨作业的人员，必须戴好防护眼镜，进行焊接作业时戴好防护面罩。

（5）对作业区域的洞口、临边等，严格实施遮盖、设置护栏等措施。

（6）进入容器内部作业时，应采取通风降温、排烟排尘等措施。

（7）所有的机械、安全工器具、起重工器具、电气工器具等应验收合格后方可投入使用。

（8）对租赁吊车的性能及操作人员上岗证件进行检查，吊车合格方可租用。

（9）现场施工用电设专人管理，施工用电作业人员持证上岗。

（10）所有电动工具配备漏电保护器，电动设备采用接零保护。

（11）安全警戒：需要做提示、警告、禁止、命令的场所，安全标志牌布置在醒目处。短期施工和不便布设安全围栏的作业场所，拉好安全警戒绳。

9 环保措施

（1）严格遵守环保法律法规，减少粉尘、废气、废水、废液、固体废弃物以及噪声污染；

（2）施工过程中选用无毒材料；

（3）及时清理垃圾和包装物品，并送至垃圾堆放场或建设单位指定的地点；

（4）严格施工总平面管理，不在道路两侧、沟道上堆放物品；

（5）施工区、生活区、材料堆放场地由专人负责清扫、维护，保持整洁畅通；

（6）按需领料，运放现场的材料不占道，不影响人员通行；

（7）做好成品保护，对上道工序的成果给予保护，不损伤、不污染；

（8）法兰接口处出厂前的保护设施，在施工配管前不得随意或提前拆除；

（9）已进行校验合格的压力表、安全阀等安全附件做好产品保护；
（10）定期组织职工体检和职业病检查，保障职工的身体处于健康状态；
（11）对扬尘、有毒场所采取通风、吸尘措施，加强个人防护，避免危害。

10　效益分析

中粮东海榨油厂新建 5 000 t/d 大豆饲料蛋白、3 000 t/d 菜籽项目，位于张家港市金港镇——长江沿岸天然良港张家港港。项目由江苏省工业设备安装集团有限公司承建，于 2021 年 3 月 24 日开工建设。通过本工法的实施，中粮东海新建 5 000 t/d 大豆压榨生产线，于 2022 年 4 月 23 日一次开车成功并产出合格产品。车间开始预热 6 小时后即产出毛油及豆粕，设备运行稳定，各项指标良好。项目取得了良好的社会效益和经济效益。

11　工程应用

11.1　中粮东海粮油第五榨油厂项目

经过中粮东海粮油第五榨油厂项目的工程实践，江苏省安应用 BIM 技术深化优化设计方案，建立三维模型，应用持有的专利技术，制定详细的施工方案，提前预测施工中可能遇到的问题并在施工之前解决，提高了浸出器安装技术水平，提高了施工效率，缩短了工期，受到业主方好评。同时，也为今后同类工程的施工积累了宝贵经验。

11.2　中储粮油脂工业盘锦有限公司油脂加工项目

中储粮油脂工业盘锦有限公司，建筑面积 11 669 m^2，项目内容包括 5 000 t/d 预处理、浸出、豆粕粉碎灌装车间。工程于 2016 年 8 月开工，于 2018 年 12 月投产。在该项目建设过程中，使用了"大型榨油厂 E 型浸出器安装施工工法"，施工效率提高了，工期缩短了，整套设备工艺运行稳定。项目取得了良好的社会效益和经济效益。

大型粮油码头覆盖带气垫输送系统设备安装施工工法

1 前言

1.1 气垫输送机概述

中国食用油原料依赖进口,大宗油料散料运输,通过国际远洋航运优势明显,水上散粮运输船舶吨位日趋大型化。大型粮油企业的码头装卸设备也朝着大型、高效、低能耗方向发展。港口运输机械主要包括连续输送机械、港口装卸机械、辅助设备三大类。港口运输机械在散货码头专业化方面起着关键作用,而带式输送机作为港口运输机械的重要组成部分之一,对于实现港口运输机械可靠、高效、节能、经济运行十分重要。

气垫输送机是利用薄气膜支承输送带的带式输送机。它将托辊带式输送机的托辊,用带孔的气室盘槽代替。当气源向气室内提供具有一定压力和流量的空气后,气室内的空气经壳体的小孔逸出,在输送带和盘槽之间形成一层具有一定压力的气膜支承输送带及其上部物料。把按一定间距布置的托辊支承变成了连续的气垫支承,输送带与托辊之间的滚筒摩擦,变成输送带与盘槽间以空气为介质的流体摩擦,减小运行阻力,降低能耗,提高了输送效率。

1.2 覆盖带气垫输送系统设备结构组成

覆盖带气垫皮带输送机,是将气垫输送机顶部盖板和接料口改设为一条纵向柔性横向刚性的橡胶带。卸粮机的出料溜槽,在机架下伸入输送机盖带下,形成卸料入口,卸料口可随卸粮机的移位任意改变位置。大型运粮船使用移动式卸粮机卸料,与传统门机抓斗配合接料斗作业相比,卸粮机与盖带机协同作业,过程密闭连续,装、运、卸基本做到全程无抛洒、无扬尘。大型散粮船舶可以连续作业,更加高效快捷。

覆盖带气垫皮带输送机,主要由以下部件构成:驱动装置、输送带、气室及供气装置、张紧装置、机架、进料装置、卸料装置、清扫装置、盖带及盖带支架、除尘设备等。输送机结构,如图 1.2-1 所示。

1.3 工程简介

1.3.1 张家港中粮东海仓储有限公司码头卸船机项目,采用覆盖带气垫皮带输送机,为国内第一条配合卸船机使用的卸船工艺输送系统,相较于传统卸运方式,覆盖带气

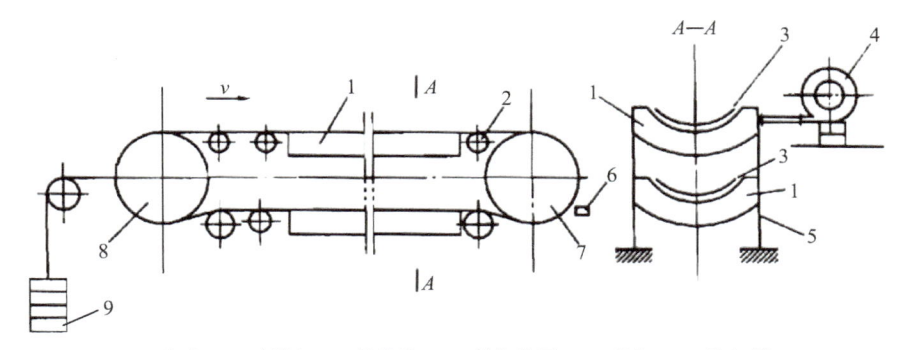

1—气室；2—托辊；3—输送带；4—供气装置；5—机架；6—清扫器；
7—驱动装置及传动滚筒；8—改向滚筒；9—拉紧装置。

图 1.2-1　气垫带式输送机简图

垫皮带输送机具有运输速度快、效率高、能耗低、皮带摩擦阻力小等优点。该气垫输送机运输量每小时可达 1 200 t。气垫皮带机输送系统工艺如图 1.3-1 所示。

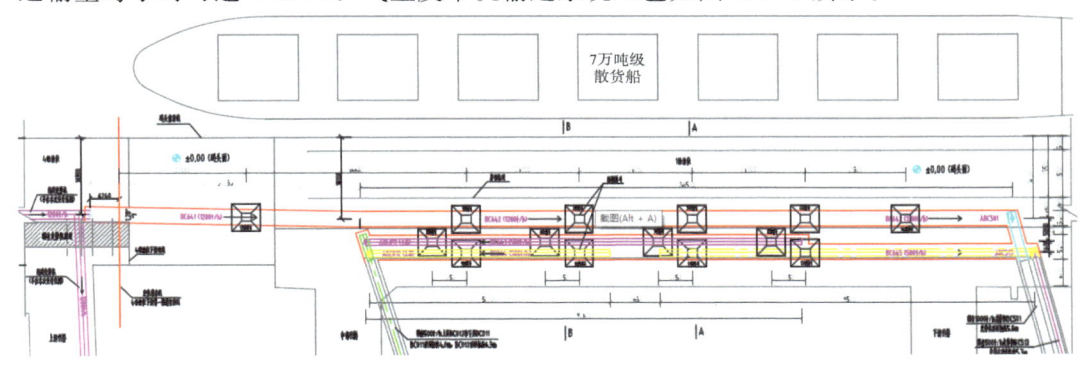

图 1.3-1　气垫皮带机输送系统工艺布置图

1.3.2　装卸货物为散粮

输送设备参数表如表 1-1 所示。

表 1-1　输送设备参数表

设备型号	ASBC1000
线速度(m/s)	3.15
功率(kW)	30
物料/容重(kg/m³)	大豆/0.71
产量(t/h)	500
设备总长(m)	118
水平长度(m)	118
物料温度	常温
其他要求	机头装头部清扫器

覆盖带气垫皮带输送机是一种先进的皮带运输系统,其工作原理是在气室盘槽与皮带非工作面之间形成气垫,工作时由气垫支撑皮带运行,配合卸船机进行卸粮工作并输送至筒仓。

气垫机立面图、截面图,如图 1.3-2～图 1.3-4 所示。

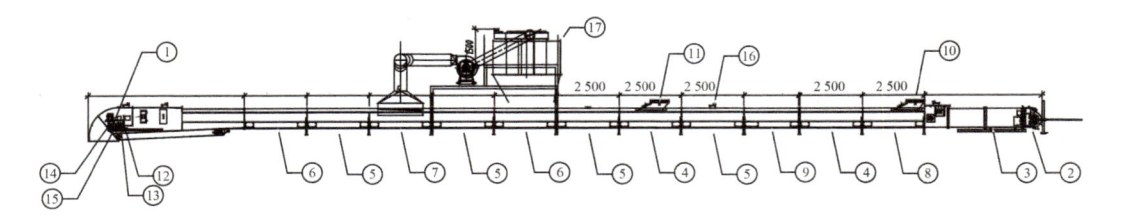

1—机尾,2—机尾过渡节,3—门架支腿,4—机尾过渡节,5—机尾进料、口,6、7、8—通风中间节与风管,9—带压缩空气接口中间节,10—中间节盖板,11—中间节,12—带快开门盖板,13—进风中间节,14—风机除尘器平台,15—除尘器短接。

图 1.3-2 气垫皮带机立面图(单位:mm)

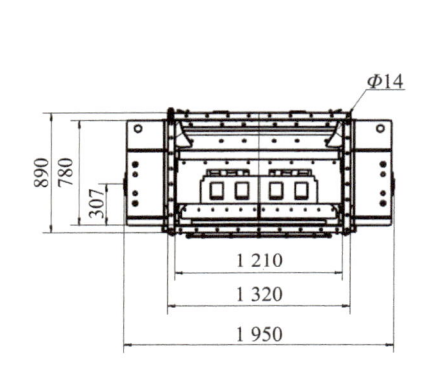

图 1.3-3 机尾截面图(单位:mm)

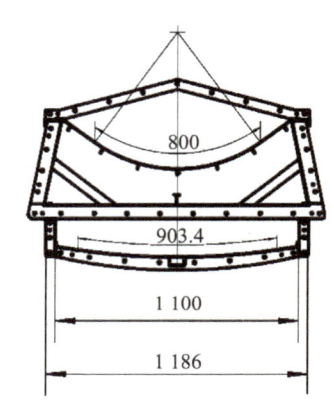

图 1.3-4 中间节截面图(单位:mm)

2 工法特点

(1) 应用 BIM 技术,对码头输送系统进行深化设计,明确设备安装位置,优化工艺管线,确定设备、管线、钢结构的安装工序。
(2) 使用全站仪进行放线,实现基础、支架、设备、管道的精确定位。
(3) 从钢结构基础开始,严格控制标高、几何尺寸,保证输送系统与卸粮机协同工作。
(4) 应用硫化搭接技术,实现皮带平整、高强连接。
(5) 利用条式水平仪进行转动轴水平度测量,为动力传动联接同心调整提供条件。
(6) 保证输送皮带的直线度、水平度,确保运行顺畅不跑偏。
(7) 卸船机与气垫皮带输送机有机组合,精准安装,保证高效、协同工作。

3 适用范围

本工法适用于粮油码头散料气垫输送系统设备安装等工程施工。

4 工艺原理

4.1 基于BIM技术的深化优化设计

基于BIM技术，深化优化设计方案。根据输送系统工艺布置，结合码头现场情况，对支撑结构、设备、工艺、除尘等各专业的图纸进行深化优化工作。

(1) 充分了解对设备的要求，主要依据是输送量；料流均匀时，按过载量10%运量设计计算。

(2) 测定输送线路的详细尺寸；主要包括最大长度、倾角及提升高度和连接尺寸等。

(3) 充分掌握工作条件和环境状况：环境温度、港口潮汐特点、使用地点、环保要求等。

(4) 统筹考虑给料和卸料方法、运转时间、工作天数、服务年限等要求，确保输送机系统稳定、安全、高效运行。

4.2 本工法关键技术

(1) 利用BIM技术对除尘设备、风网、支撑结构等深化设计，构配件工厂加工预制，现场组装，减少在码头的加工作业。

(2) 皮带输送机安装技术，包括：整机直线度与水平度控制、筒节连接平滑度、连接面的密封性以及张紧有效行程控制。

5 工艺流程及操作要点

5.1 工艺流程

基础验收→放线→壳体、支腿分段组装→设备吊装→直线度复核与调整→输送带安装→皮带硫化→张紧调整→设备调试。

5.2 施工准备

5.2.1 基础验收及设备划线

(1) 基准点确定。设备安装前，应按已确认的深化图和基础、支承结构的实测资料，定位皮带机的纵向中心线、机头或机尾起始位置，作为设备安装的基准。

(2) 基础检查复测。利用经纬仪测定划线，沿输送方向在基础上标示中心线、头部滚筒中心线、尾部滚筒中心线、张紧改向滚筒中心线，以中心线划出驱动装置支架、皮带各支腿的中心线。

① 基础几何尺寸偏差要求在±20 mm范围内；

② 基础中心位置偏差以皮带机中心线为基准≤20 mm；

③ 预埋件、预留孔验收合格。

(3) 支腿定位划线。筒体吊装前,按照设备小样图尺寸,依据中心线定位各支腿位置。

5.2.2 设备到货检查

安装前应熟悉气垫皮带输送机的使用说明及施工图纸。设备到货后,配合业主、设计、设备厂家等,按装箱清单核对名称、型号、规格、数量以及外观完好性,检查是否符合设计和产品标准的要求,产品合格证书是否齐全。设备外观应无变形、无漆面损伤和锈蚀,包装良好。

5.2.3 编制施工计划

施工前编制详细的施工计划和作业流程,对班组成员交底。

5.3 气垫皮带机安装技术要点

5.3.1 设备参数及技术要求

(1) 机头与机尾设备参数表如表 5-1 所示

表 5-1

序号	部件名称	规格型号
1	衬板材料/厚度(mm)	聚氨酯/10
2	头轮直径(mm)	630
3	头轮结构	鼓式头轮
4	覆盖层形式	插片包胶
5	包胶厚度(mm)	15
6	轴承品牌/型号	TIMKEN22222EK/W33
7	轴承座品牌/型号	TIMKENSNL3140
8	尾轮直径(mm)	1 000
9	尾轮结构	翼型鼓式
10	轴承品牌/型号	TIMKEN22218EK
11	轴承座品牌/型号	TIMKENSNL518

(2) 头尾部设备安装前,检查滚筒的轴承座是否歪斜,滚筒轴承座的螺栓是否松动,滚筒的橡胶层是否有损坏。

(3) 以滚筒轴线为准进行机架找正,找正完毕后,将机架支腿焊接固定在预埋件或廊架上。

① 固定后的滚筒用手盘车要灵活。
② 滚筒纵横中显现偏差≤5 mm。
③ 滚筒水平偏差≤5 mm。
④ 轴中心标高偏差在±10 mm 范围内。
⑤ 滚筒轴中心线与皮带机长度中心线角度保持垂直。如图 5.3-1、图 5.3-2 所示。

图 5.3-1　机头吊装　　　　　　　　图 5.3-2　机尾进料口定位

5.3.2　设备安装

(1) 以进、出料溜槽的角度满足输送物料的最小溜角为原则,定位机头或机尾的准确位置,从一端按顺序依次安装。

(2) 根据设备定位位置拉设中心线,标识设备支腿内(或外)边线,作为支腿定位依据。

(3) 一端就位后,按顺序安装中间节。先将中间节支腿按图纸要求沿支腿位置依次点焊在基础预埋件上,再将中间架与支腿连接,最后将需要焊接的部位进行焊接固定。

① 支腿与基础面要垂直,构架标高在±10 mm 范围内。

② 构架中心线偏差≤每段长度的 0.5‰。

③ 构架横向(纵向)水平偏差≤构架长度(宽度)的 2‰,且全长≤10 mm。

支腿及中间节安装如图 5.3-3～图 5.3-6 所示。

图 5.3-3　中间壳体拼装　　　　　　图 5.3-4　壳体吊装

图 5.3-5　支腿位置图　　　图 5.3-6　筒节直线度复查

5.3.3　驱动装置安装

(1) 驱动装置包括电机和减速机,供货方式为厂内组装成整体运输到场,电机与减速机之间联轴器同心已经粗找正,驱动装置参数如表 5-2 所示。

表 5-2

名称	型式/规格
电机与减速机	欧米茄联轴器
型号	E30-M
减速机与设备	蛇形弹簧联轴器
型号	JS110

(2) 安装驱动装置时,基本前提是保证减速机传动轴与皮带机机头主轴同心,根据此条件,确定减速机支架高度和平面尺寸;对于动力座(电机+减速机)与机头非共用基础的,应注意必须加强动力座与机头支架间连接的刚性,避免运行过程中相互移位。联轴器同心度要求径向跳动≯0.37 mm。

图 5.3-8　减速机吊装　　　图 5.3-9　减速机安装

(3) 驱动装置安装调试时,电机温升正常。

(4) 减速机试运转无异常响声和振动现象,箱体表面温度不超标准,齿面无过量磨损,紧固螺栓不松动。

(5) 制动器和逆止器无异常声音和发热现象,转动销轴无卡阻或异常磨损。

5.4 皮带安装

(1) 气垫输送机皮带型号如表 5-3 所示

表 5-3　皮带参数表

型号	EP200-2
带宽(mm)	800
抗拉强度(N/mm)	400

(2) 根据皮带工作面朝向,将带卷架设在释放支架上。

(3) 皮带端部固定夹具,用卷扬机穿绕钢丝绳牵引连接夹具完成对皮带的安装。如图 5.4-1、图 5.4-2 所示。

图 5.4-1　皮带卷架设　　图 5.4-2　皮带卷架设由卷扬机牵引

(4) 在夹具通过卸粮机架、张紧轮和头部皮带轮时,应缓慢行进,避免刮擦边部结构件。如图 5.4-3、图 5.4-4 所示。

(5) 安装就位的皮带,搭头部位应在皮带机上部相对宽敞的位置,便于硫化作业。

5.5 皮带搭接

5.5.1 皮带硫化搭接

硫化搭接是把生料体加硫黄加热进行混炼后,经过化学变化而变成具有弹性的橡胶的技术。硫黄原子在橡胶分子与分子之间起桥梁作用,使橡胶分子结合在一起,完成硫化搭接。硫化搭接关键技术条件:硫化温度、硫化时间、硫化压力。硫化温度控制在 145±5℃,硫化压力控制在 1.5~1.8 MPa,硫化时间控制在 45 min。

图 5.4-3　夹具牵引皮带　　　　　　图 5.4-4　皮带就位

5.5.2　搭接准备

（1）根据施工作业现场条件，考虑如下情况：

① 能安全地进行硫化胶接作业，机具转运方便；

② 作业环境通风好、湿度小和灰尘少；

③ 必要时用篷布搭设临时操作棚。

（2）硫化机检查

将热板通电加热到硫化工艺温度后，每块热板至少测量上下左右中部的 9 个点，有异常的必须检修或调换加热板。对水囊加压系统试压，检查隔热板是否完整、电控箱是否通电完好。

5.5.3　胶带牵引到位

接头前，应先将胶带接头牵引到位，使胶带的接头交叠长度大于等于皮带宽度。因钢绳带的伸长率较小，此时重锤式张紧装置可处于下三分之一低位。

5.5.4　定中心线

（1）胶带接头的直线度十分关键，直接关系到皮带运行的左右偏差。

（2）先根据胶带宽度的中点，在一端胶带定出 3 个点，间隔至少 6 m，并做好不易去除的标记，保证胶带切割后留存的中心线长度不小于 5 m。

（3）定出另一端中点后，将两端胶带对直，接头部位交叠，使胶带两侧在搭接点前后共线。确定对直无误后，在接头部位以外将胶带固定在接头平台上。

5.5.5　划线

（1）根据接头技术参数，依次量出各线位置。

（2）先在胶带一头，划一垂直于胶带长度方向的直线。然后根据接头角度量出对角边的长度，划出切割斜角边。

（3）根据接头长度，分别量出两边长度线并划线，并由专人核对。将上面胶带的切割基准线描绘到下面胶带头子，划出布层切割线、面胶过渡斜线等。如图 5.5-1、图 5.5-2

所示。

图 5.5-1　划线　　　　　　　　图 5.5-2　切割

5.5.6　剥钢丝绳

（1）依次划出各切割线，在切割基线上将胶层切割到钢丝绳。

（2）先将胶带两边的边胶、钢丝绳端头的胶割开，再沿水平方向朝外侧平拉抽出钢丝绳。

5.5.7　切割钢丝绳

将抽出的钢丝绳，按顺序排放在作业平台上，按接头加工要求的长短逐根裁断钢丝绳。

5.5.8　表面处理

（1）用钢丝针轮将钢丝绳表面打磨成粗糙状。注意在钢丝绳上保留 0.5 mm 左右的橡胶，以增加钢丝绳与接头胶料的粘合力。

（2）将基准线过渡斜面同样打磨成粗糙面。

（3）在接头平板下表面上铺设好用溶剂清洁过的下覆盖胶、芯胶层。

（4）对打磨后的钢丝绳、基准线过渡面用干净的毛刷蘸溶剂（120♯汽油、苯等）进行清洗，待溶剂完全挥发后再对其涂刷胶浆，涂刷 2～3 遍。

5.5.9　钢丝绳排列

（1）按接头型式要求将钢丝绳排放在（下）芯胶上面，在胶带中心线上用嵌条胶固定。

（2）将两边钢丝绳和切割好的嵌条胶依次排列上去，钢丝绳保持与胶带中心线平行和不弯曲。

（3）全部钢丝绳排列完毕，涂刷胶浆。

5.5.10　覆盖上胶层

（1）用溶剂或胶浆清洁过的（上）芯胶片平整地覆盖在接头部位。

（2）沿钢丝绳与基准线过渡线下沿将多余的芯胶层裁去。

（3）将清洁过的（上）覆盖胶层平整地覆盖在芯胶层上。

(4)根据基准线过渡区斜面,将覆盖胶层在接头基准线上裁切成相应的斜面。

(5)将接头部位翻起,裁切(下)芯胶层和覆盖胶层。

(6)封口处理,整个接缝处贴上芯胶。

5.5.11 装硫化平板并加压

(1)将垫铁放在带坯两边,将丝杆略微收紧。

(2)合上热板,放好隔热夹板,将铝合金槽钢放上,上螺栓。

(3)加压采用两次加压法,即:先将水囊压力加到 1.2 MPa 左右,接通电源加温到 100℃以下;再加压到工艺表压,然后升温到工艺硫化温度。如图 5.5-3、图 5.5-4 所示。

图 5.5-3 装硫化板　　　　图 5.5-4 加压硫化

5.5.12 硫化

(1)当热板温度达到硫化温度时,按下硫化计时开关。

(2)硫化过程中,密切注意水囊压力,有漏压情况及时补压。

5.5.13 检查和整修

检查接头部位整体情况:是否有起泡、缺胶和其他异常情况。复查接头中心线偏差,并将检查情况记录在《接头检查记录表》中。皮带 10 m 长度内中心线偏差超过 25 mm 的,或接头有大量起泡可能影响接头强度的,必须重新接头。

5.6 张紧装置安装

(1)张紧装置可以补偿输送带弹性和塑性形变,使输送带有足够的张力,防止皮带输送机打滑。

(2)张紧装置钢丝绳不能有生锈和断丝现象,输送带不能出现松弛现象。

(3)尽量安装在输送带张力最小的地方,从而减小张紧拉力。

(4)中间垂直张紧装置安装时,根据皮带滚筒中心确定张紧装置安装位置,将张紧滚筒滑道找正,装上张紧滚筒、配重箱及配重。

① 张紧装置安装时,应保证张紧滚筒中心线和皮带中心线垂直度。

② 滚筒纵横中心线偏差≤5 mm。
③ 滚筒水平度偏差≤0.5 mm。
④ 配重块应放平稳,配重量应为设计量的 2/3,配重防护栅栏安装应符合设计要求。如图 5.6-1~图 5.6-4 所示。

图 5.6-1　配重箱安装　　　　　　　图 5.6-2　牵引绳过张紧轮

图 5.6-3　重力张紧　　　　　　　图 5.6-4　张紧房结构

5.7　气室系统安装及密封性检验

5.7.1　气室焊缝应均匀、平直、光滑。

5.7.2　盘槽安装

(1) 每节气室盘表面应规则光滑,不应有局部凸起、凹陷和明显折痕,气孔不允许有毛刺;

(2) 在盘槽的任意横截面,其包络线的线轮廓度应为 2 mm;

(3) 气室两法兰端面应平整;

(4) 气室法兰端面应与盘槽之中心母线垂直,气室盘槽中心母线的直线度为 1/1 000,对角线长度之差应不大于气室长度的 1/1 000,最大值应不大于 3 mm;

(5) 气室联接后除盘槽气孔外,其余部位均不得漏气。

5.7.3 气室压力应达到设计值的要求

在气室全长范围内气垫应均匀、稳定。气垫最小厚度应大于输送带和盘槽表面局部所允许面轮廓度的总和,最大厚度不应使输送带飘离盘槽或使物料在运行中失稳。

5.7.4 气室密封性及压力检验

(1) 气室密封性检验。气室及气室连接处泄漏检验,应在现场安装后进行。在各连接处涂皂膜,然后风机以额定压力送气,目测泄漏情况。

(2) 气室压力的测定。在气垫机空载和额定载荷运行工况条件下,分别测定气室气压。在具有独立供气装置的每一段气室上,距离两端和供气装置风管约 1 m 的部位,作为气室压力的测点。

5.7.5 气垫机材料及除尘器等设备,如表 5-4 所示。

表 5-4 气垫机材料及设备明细表

序号	中间节	参数
1	标准节长度(m)	2.5
2	盘槽材料/厚度(mm)	Q235 酸洗板/3
3	侧板材料/厚度(mm)	Q235/3
4	盖板材料/厚度(mm)	Q235/3
5	气垫机型式	双气垫
6	风机额定风量(m³/h)	800
7	风机风压(Pa)	3 500
8	风机数量	1
9	风机功率(kW)	15
10	除尘器风量(m³/h)	8 000
11	除尘器数量	1
12	除尘器功率(kW)	15

5.7.6 气垫输送系统使用的压缩空气,由厂区公共系统供应。

(1) 压缩空气管道干管沿输送机壳体下部平台敷设,支管根据设备接气点位置设置,支管设控制阀。

(2) 主管道末端和最低点设疏水阀。

(3) 主管道按设计要求坡度安装,偏差不得超过±0.05%。

压缩空气管道安装,如图 5.7-1、图 5.7-2 所示。

图 5.7-1　压缩空气进气管道安装 　　　　图 5.7-2　压缩空气管道阀门安装

5.7.7　除尘系统安装，如图 5.7-3、图 5.7-4 所示。

图 5.7-3　除尘器安装 　　　　　　　　　图 5.7-4　风管安装

5.8　卸船机安装

5.8.1　卸船机选用布勒连续式机械卸船机，实现谷物、油籽及其副产品的高效卸料。该卸船机技术成熟，采用轨道式移动设计，卸料温和，每小时可卸料 1 200 t。操作原理：垂直链式输送机底滑脚沉入待卸散装物料中，环形输送链拾取物料，在输送套管内部

形成紧密的物料柱,该物料柱匀速向出口移动,通过溜槽进入输送皮带机。主要结构包括起重台架结构、龙门架式链式输送机、桁架大臂、反冲筒等。如图 5.8-1 所示。

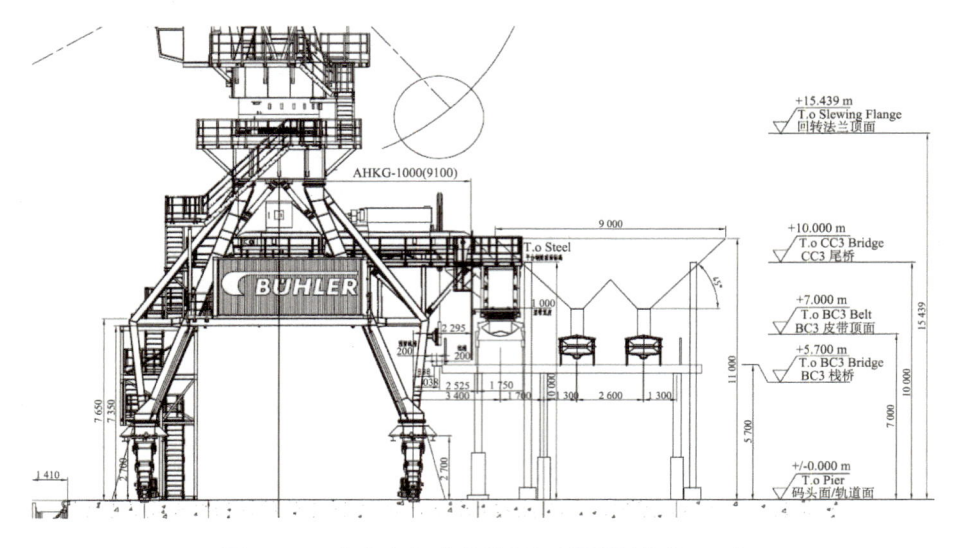

图 5.8-1　卸船机与皮带输送机剖面图(单位:mm)

5.8.2　卸船机体型巨大,吊装时采用浮吊吊装。如图 5.8-2、图 5.8-3 所示。

图 5.8-2　卸船机机架吊装　　**图 5.8-3　卸船机机架安装**

5.8.3　卸船机通过机架将覆盖带输送系统上的覆盖带架起,通过溜槽将散料输入输送带,形成协同工作的卸粮输送系统。卸船机机架、溜槽及输送机盖带安装,如图 5.8-4～图 5.8-7 所示。

图 5.8-4　卸船机与盖带机位置关系 　　图 5.8-5　卸船机出料溜槽与盖带的位置关系

图 5.8-6　覆盖带端部固定 　　图 5.8-7　覆盖带穿过卸船机机架

5.9　控制系统安装

5.9.1　控制系统操作方式与功能

控制系统控制的对象有皮带机等工艺生产设备，以及拉绳开关、跑偏开关、打滑检测器、溜槽堵塞检测器等皮带机安全保护装置。控制系统设备参数如表 5-5 所示。

表 5-5　控制系统设备明细表

速度传感器	P+F/TRUCK
跑偏传感器	P+F/TRUCK
低气压报警开关	德维尔
防堵传感器	P+F/TRUCK
减速箱温度传感器	PT100（4 线制接线）电阻输出，接线需航空插头型
头部轴温传感器	PT100（4 线制接线）电阻输出，接线需航空插头型
尾部轴温传感器	PT100（4 线制接线）电阻输出，接线需航空插头型
拉绳开关	P+F/TRUCK

5.9.2　系统启动时，输送系统从终端设备开始，逆物料输送方向依次起动。

5.9.3　停车时，其次序与起动的顺序相反，即先停给料设备，然后自输送系统的最先设备开始，顺物流输送方向依次延时停车。

5.9.4　当某一设备发生故障时，其前面（逆物料输送方向为前）的所有设备应立即停止运行,而后面的设备仍继续运转,直到物料排空为止。

5.10 系统调试

5.10.1 设备调试应具备的条件
(1) 皮带输送机、盖带、卸粮机、张紧装置等设备和管线等均已安装完毕;
(2) 皮带直线度、水平度等已调整至允许范围,各设备安装找正调平完毕;
(3) 试运转需要的动力、介质、材料、机具、检验仪器,应符合要求;
(4) 对人身或机械设备可能造成损伤的部位,相应的安全设施和安全防护装置已设置完善;
(5) 编制的试运转方案和操作规程,已得到技术主管批准和同意;
(6) 试运转机械设备周围的环境应清扫干净,不得产生粉尘和较大的噪声。

5.10.2 空载试验
(1) 空载试验时气垫机在无载荷状态下应连续运转 2 h。并应符合下列条件:
① 输送带运行方向与规定的方向相一致;
② 驱动装置和供气装置运转无异常;
③ 输送带运行平稳,无"飘带"或跑偏现象;
④ 各部位无异常声音。
(2) 在连续运转 2 h 后,分别试验气垫机所配置的各种开关和按钮,应有效、灵敏、可靠,目测其能否正常报警和停机。试验重复三次。

5.10.3 输送机负载试验
(1) 气垫机试验时输送的物料应满足的要求。
① 检查输送物料的物理性能,如堆积密度、粒度、含水率等各项指标是否与设计要求相一致。
② 检查供料是否均匀并使其达到额定输送量。
(2) 试验要求
在正常运行速度下,连续运行不少于 0.5 h,累计运行不少于 8 h。
气垫输送机试运转调试如图 5.10-1、图 5.10-2 所示。

图 5.10-1 单机调试

图 5.10-2 皮带机带料调试

6 材料与设备

6.1 主要施工机械设备。

如表 6-1 所示。

表 6-1 主要施工机械设备表

序号	机械设备名称	型号规格	数量（台）	额定功率（kW）	备注
1	直流焊机	ZX5-400	18	28	
2	氩弧焊机	NSA300	10	17	
3	钻床	立式 $\Phi 40$	2	6	
4	台钻	$\Phi 13$	4	4	
5	磁座钻	$\Phi 25$	3	4	
6	角向磨光机	$\Phi 125$	15	0.7	
7	角向磨光机	$\Phi 100$	15	0.7	
8	烘箱	500℃	1		
9	烘箱	350℃	2		
10	手枪钻	$\Phi 13$	12		
11	吊装索具	各种规格	20		
12	千斤顶	3～15 t	8		
13	倒链	3 t	20		
14	倒链	1 t	16		

6.2 工程试验和检验仪器设备。

见表 6-2 所示。

表 6-2 工程试验和检验仪器设备

序号	仪器设备名称	数量	备注
1	经纬仪	2	已校验
2	水准仪	2	已校验
3	柜架水平仪	2	已校验
4	钳工水平仪	2	已校验
5	塞尺	4	
6	管工水平仪	10	已校验
7	磁性吊线锤	8	
8	振动仪	1	已校验
9	测温仪	1	已校验
10	30 m 卷尺	4	
11	15 m 卷尺	4	
12	3 m 卷尺	20	

(续表)

序号	仪器设备名称	数量	备注
13	接地电阻仪	1	已校验
14	兆欧表	1	已校验
15	钳型电流表	2	已校验

7 质量控制

7.1 本工法依据的技术标准及施工规范

（1）GB 50270—2010《输送设备安装工程施工及验收规范》；
（2）GB 50231—2009《机械设备安装工程施工及验收通用规范》；
（3）GB 50431—2020《带式输送机工程技术标准》；
（4）JB/T 7854—2008《气垫带式输送机》；
（5）GB 14784—2013《带式输送机 安全规范》；
（6）GB 50205—2020《钢结构工程施工质量验收标准》；
（7）施工图纸及其他技术文件。

7.2 质量控制关键点

（1）基础放线定位；
（2）皮带直线度及水平度控制及测量；
（3）卸船机吊装及安装；
（4）输送机系统调试。

7.3 质量控制措施

（1）设备安装前必须编制施工方案，经审批后方可实施。
（2）设备安装前必须做好技术交底工作。施工员应编制关键工序作业指导书并下发给施工班组。
（3）关键工序结束后，应由项目质检员进行检查，合格后填写报告，交监理和业主代表检查签字后方可进行下一道工序。
（4）根据设备到货情况、施工顺序要求，分批次、集中进行安装，做到合理安排。
（5）根据每台设备的具体特性，依据有关施工验收规范和技术标准，编制详尽的施工方案，并制定周密的质量计划及保证措施。
（6）做好施工前的技术准备工作：编写施工方案、图纸会审、划分三级质量控制点、技术交底。
（7）做好设备基础的交接检工作及交接手续。
（8）认真做好设备的出库检查、验收工作。
（9）设备均采用吊车吊装，关键、重要的超重、超限设备的吊装，需编制相应的吊装方案。

(10) 设备的找正：采用经纬仪双向找正法。

(11) 设备就位后要采取防护措施，防止零部件损坏、丢失。

(12) 机器找平找正采用框式水平仪，对中宜采用激光对中仪，配管前和首次开车前应进行复核。

8 安全措施

8.1 带式输送机安全防护配置

(1) 码头带式输送机必须配有预防台风掀翻输送带的设施，对堆场内的堆取料输送机及码头上的装卸船输送机必须配置防风链和防风杆。两者均按 25 m 设置一套。

(2) 防风链不工作时放入中间架两侧的链盒内，防风杆不工作时置于输送带下方。

(3) 带式输送机本身应严格防护，主要防护人员能够触及的转动或移动设备。

(4) 在工作台、工作场所、通道等临边部位设置牢固的护栏。

8.2 安全技术交底及防护措施

(1) 特种作业人员持证上岗。施工前做好安全技术交底，施工人员需做好防护措施。如图 8.2-1、图 8.2-2 所示。

图 8.2-1 班组安全交底

图 8.2-2 安装过程质量安全检查

(2) 供电和电气设施有过载保护、短路保护、漏电保护装置。

(3) 露天安装的电机、电器、配电箱设有防尘、防雨措施。

(4) 电气操作运行场所只允许相关专业人员进入操作。

(5) 构筑物按规范要求设置防雷措施。

8.3 季节安全防护措施

码头工程作业大部分为露天作业，夏季高温、冬季低温造成作业人员过度疲劳，容易引起工伤事故。夏季高温还可能直接引起人员中暑。针对高低温危害，本工程采取了相应的防暑、保温个体防护措施，并在极端温度季节适当调整作业时间。

医疗、卫生、急救设施：在作业区配备临时的急救医疗器具，以及救生衣、救生圈等用具以供急用。

9　环保措施

9.1　大气污染源及污染物处置

（1）施工和材料运输过程发生扬尘，造成空气中总悬浮颗粒物浓度升高；
（2）施工车辆运输和工程作业产生扬尘，造成施工场所附近地面粉尘浓度升高；
（3）施工机械排放的废气以及施工船舶和运输车辆排放的尾气。

这些都会对周围环境和施工人员造成一定危害。采取定期喷洒水雾等措施，可有效抑制粉尘飞扬，减少二次粉尘的生成。

9.2　声污染源及噪声污染防治

主要是施工机械和车辆产生的噪声，应控制在 100 dB 以下。

9.3　固体废弃物及废弃物处理

固体废弃物主要是施工垃圾及施工人员产生的生活垃圾。生活垃圾由环卫部门定期拖运至垃圾处理场处理，建筑垃圾由施工单位回收利用。

9.4　生态环境防范措施

加强施工期生态环境保护和污染防治工作。落实施工期废水不排江措施，施工弃渣应定点弃置，不得倾倒入长江。采取有效措施防止水土流失和生态破坏，严格控制施工对长江岸线、水环境和长江水生生物的影响。

10　效益分析

卸料机、气垫皮带输送机用途广泛，我国沿海地区社会经济建设快速发展，大中型港口码头数量日益增加，对港口码头装卸及输送设备运作安全可靠性和效率提出了更高要求。

本工法所述气垫皮带输送机和配套电气工程、卸料设备等顺利竣工投用，对港口码头重要输送设备进行了革新和发展，改善了码头繁重和恶劣的作业条件，也可以在电厂、冶金、粮食、化工等行业得到广泛应用。

11 应用实例

11.1 张家港中粮东海仓储有限公司码头卸船机项目

工程位于长江下游福姜沙河段,在张家港保税区十字港下游约1.1 km处,中粮东海粮油码头7万t级泊位1♯泊位。地貌属长江漫滩。项目完成后,泊位综合通过能力达到320万t。工程内容包括:10万t筒仓设备及工艺电气安装、码头输送系统及卸粮机等设备安装。皮带机栈桥采用钢框架结构。

工程于2021年7月12日开工,2022年4月16日进料调试,整个系统顺利投入使用。工程施工中使用多项新型技术,进度计划合理,人员调配高效,克服了疫情影响和材料涨价等不利因素影响,最大限度地提高了安装效率。

11.2 武汉和润物流有限公司码头新建皮带廊及筒仓机械楼设备安装工程项目

武汉和润物流有限公司码头新建皮带廊及筒仓机械楼设备安装工程项目,主要内容有:气垫带式输送机、全密封哑铃型托辊皮带机、斗式提升机、输送机、电子计量秤、除尘器、低压风机及辅助设备等。

工程由江苏省工业设备安装集团有限公司承建,于2019年10月15日开工,2020年1月20日设备试运转,运行状况良好。

第五章

附录

附录 A 江苏省安承建粮油工程项目简介

1952年,江苏省工业设备安装集团有限公司创立。在参与新中国建设和改革开放四十多年经济建设中铸就了骄人业绩,承担了众多国内外大型石油、化工、制药、电子、电力、建材、冶金、轻工、机械制造等工业项目和高级民用建筑机电、市政公用工程等项目的施工任务。

本附录列出的是1994年以来,江苏省安承建的部分粮油工程项目,按照时间顺序列出,供读者查阅。

1994年

项目名称:榨油厂区所有设备、油罐、电气、管道、钢结构等安装

建设单位:中粮东海粮油(张家港)有限公司

项目地点:江苏省张家港市金港镇

施工时间:1994—2002年

1994年12月—2000年6月,榨油一厂所有设备、油罐、电气、管道、钢结构等;

2000年10月—2001年5月,榨油二厂设备、工艺管线、仪表电气安装;

2000年,储罐制作安装及浸出器本体管路安装;

2001年,新增码头至机械楼输送系统、新建粕库、打包房工程。

2001年10月—2002年4月

1. 菜籽榨油厂设备、工艺管线、仪表电气安装工程;
2. 菜籽榨油厂1 001 t皂脚罐制作安装、振动筛拆装;
3. 榨油二厂扩建安装工程;
4. 250 t罐群制作安装工程;
5. 菜粕库、打包房设备、工艺等安装;
6. 新增DR105线大豆系统设备及相配套的管道、非标制作安装、电气安装等。

项目负责人:杨晓平、陈国才、居学忠、焦永胜、曾少龙、王俊峰、李郁华、吴晓平

技术负责人:王俊峰、李郁华

工程特点及获奖情况:中粮东海粮油工程,总投资2.28亿美元,占地面积84.5万 m^2,主要有大豆、小麦、大米加工以及油脂深加工项目,包括榨油、精炼、饲料、小包装、面粉、大米、专用油脂、大豆磷脂等多个专业生产厂,1997年8月全面投产。生产的"福临门"牌系列食用油、面粉及大米,"四海""五湖"牌饲料等粮油产品,畅销海内外。

中粮东海粮油从一片滩涂地开始建设,发展成为亚洲最大的粮油基地。江苏省安作为承建商之一,为东海粮油基地的建设和发展付出了辛勤劳动和智慧。如图1-1~图1-4所示。

中粮东海榨油一厂

中粮东海粮油筒仓

中粮东海(张家港)粮油基地

中粮东海粮油码头卸粮及输送系统

1996 年

项目名称:精炼油厂钢结构、设备安装等工程
建设单位:黄海粮油工业(山东)有限公司
项目地点:山东省日照市岚山港港区
施工时间:1996 年 7 月—2003 年 2 月
项目负责人:司增明
工程特点及获奖情况:

1996 年,1 200 t/d 钢结构、设备安装工程;

2001 年,1 200 t/d 钢结构、设备安装工程,打包房、散粕库、机械楼、天桥等钢结构制作、设备安装工程;

2002 年,成品库、副料库钢结构制安工程;

2003 年,成品库、副料库钢结构制安工程,600 t 精炼厂扩建工程,600 t 分提车间钢结构及设备制安工程。

1999 年

项目名称:3 600 t/d 浸出油项目设备电气安装及配套工程

建设单位：金光食品（宁波）有限公司

项目地点：浙江省宁波市北仑开发区

施工时间：1999年7月—2001年3月

项目负责人：袁金余 杨晓平

技术负责人：焦永胜

工程特点及获奖情况：3 600 t/d浸出油项目设备及电气安装工程，筒仓、预处理车间栈桥及输送机安装工程，豆粕库设备和电气安装工程，土建及钢结构工程等，合同额累计4 300万元，是当年国内大型榨油厂之一。

2001年

1. 项目名称：益海嘉里广西（防城港）粮油生产基地

建设单位：嘉里粮油（防城港）有限公司

项目地点：广西防城港市出海大道1号

施工时间：2001年2月10日—2019年6月30日

项目负责人：史厚军、岳顺林、曾少龙、成守祥、章春生、吴祥荣、滕磊

技术负责人：王祖跃

安全员：戴祖荣

工程特点及获奖情况：

益海嘉里广西（防城港）粮油生产基地项目多，建设时间跨度大，使用国际先进生产设备，工艺技术复杂。从2001年2月大海粮油建厂初期第一个项目2 200 t/d榨油厂设备安装，到2019年项目发酵豆粕生产线设备、工艺管道安装工程，江苏省安共承建25个项目，合同额累计1.5亿元人民币。

主要项目有：

2001年，2 200 t/d榨油厂设备安装、筒仓机械楼设备安装工程；

2002年，膨化改造；

2003年，4 000 t/d榨油厂设备安装及配套的油罐项目、筒仓机械楼粕库小包装设备安装；

2004年，豆粕库厂房钢结构制作安装；

2006—2007年，钢结构厂房制作安装；

2007年，榨油二厂膨化脱皮及白豆片系统改造工程工艺设备及管道安装；

2010年，新建油罐区油罐本体及罐顶廊道制作安装工程，糖蜜豆皮车间设备、工艺、电气仪表制作安装；

2018—2019年，发酵豆粕厂房项目及发酵豆粕生产线设备、工艺管道安装工程。

其中，大海粮油厂区建设项目，位于广西防城港市港口港务局内。因场地受限，发酵豆粕项目是在拆除早期小包装厂房的基础上建设起来的。这些项目涉及土建钢结构、设备工艺管线安装、电气仪表安装、油罐制作安装、厂区管廊工程等。如图1-5、图1-6所示。

益海嘉里防城港发酵豆粕
车间设备安装

益海嘉里防城港榨油厂浸出
车间设备安装

2. 项目名称：豆粕库设备、电力、照明安装等工程

建设单位：金海粮油工业（秦皇岛）有限公司

项目地点：河北省秦皇岛市港务局

施工时间：2001年7月—2004年9月

项目负责人：曾少龙、成守祥

技术负责人：吴晓平、陈国和、齐景春、苏金华

安全员：戴祖荣

工程特点及获奖情况：

2001年，豆粕库设备、电力、照明安装等工程；厂区工艺外管网、管廊管架工程；站台库、豆粕棚设备、动力照明增加工程；

2002年，二期锅炉房钢结构制作安装，如图1-7所示；

2003年，二期榨油设备、工艺管道、电气仪表安装工程（4 000 t）；罐区工艺管道安装；筒仓机械楼、小机械楼改造钢结构工程；

2004年，磷脂饲料车间钢结构及设备安装，如图1-8所示；榨油二厂水化脱胶工程机电安装工程。合同额累计2 000万元。

锅炉房钢结构安装

设备安装

2003 年

项目名称:黄石油厂改造、油罐制作及仪表电气安装工程
建设单位:中粮集团有限公司
项目地点:湖北省黄石市关帝村
施工时间:2003 年 7 月—2003 年 11 月
项目负责人:居学忠
技术负责人:王亮
安全员:周密
工程特点及获奖情况:油罐制作安装;精炼、冬化、氢化车间设备工艺、仪表安装工程;榨油一、二、三厂改造工程;新建筒仓机械楼设备及工艺;榨油四厂设备安装工程(4 000t),浸出、预榨车间设备、工艺管道、仪表电气及风管溜槽制作安装工程;3 000 t 油罐制作安装。合同额累计 1 700 万元。

2004 年

项目名称:中粮油脂(荆门)钟祥榨油厂设备工艺管线安装工程
建设单位:中粮油脂(荆门)钟祥榨油厂
项目地点:湖北省钟祥市
施工时间:2004 年 12 月—2009 年 1 月
项目负责人:王俊峰
技术负责人:周密
安全员:李臣春
工程特点及获奖情况:
2004 年,榨油厂设备工艺管线安装;
2005 年,新建 5 万 t 油罐本体制作安装;
2006 年,新建 6 万 t 油罐制作安装;
2008 年,三期油罐区油罐防腐维护及保温安装工程,散油库 1#罐区加热组件改造工程。合同额累计 2 900 万元。

冷却塔设备管道安装   冷却水管道安装

2007 年

1. 项目名称：新建粕筒仓机械楼钢结构制安

建设单位：益海（连云港）粮油工业有限公司/油化公司

项目地点：江苏省连云港市

施工时间：2007 年 9 月—2008 年 1 月

项目经理：朱锦海

技术负责人：常小奇

安全员：宗永平

工程特点及获奖情况：工程主要内容包括新建粕筒仓机械楼钢结构制安；开发区小包装罐区管线保温及设备工艺安装等。合同额合计 365 万元。

筒仓机械楼钢结构预制 　　**钢结构安装**

2. 项目名称：打包房钢结构及设备，榨油厂外围管道、管架

建设单位：益海（烟台）粮油工业有限公司

项目地点：山东省烟台市芝罘区港湾大道 100 号

施工时间：2007 年 11 月—2007 年 12 月

项目经理：蒋玉龙

技术负责人：王祖跃

安全员：史先龙

工程特点及获奖情况：工程主要内容包括打包房钢结构及设备，榨油厂外围管道、管架等。合同额合计 260 万元。

外围管道、管架安装

2008 年

1. 项目名称：益海嘉里（安徽）粮油工业有限公司榨油厂及筒仓工程

建设单位：益海嘉里（安徽）粮油工业有限公司

项目地点：安徽省芜湖市鸠江区二坝镇鸠江经济开发区

施工时间：2008年7月—2009年3月

项目经理：王俊峰

技术负责人：陆锋

安全员：张健

工程特点及获奖情况：工程主要内容包括榨油厂及筒仓打包房设备安装、工艺管线安装、电气仪表安装调试、风管溜槽制作安装、油罐制作安装等，合同额累计720万元。2008年7月开工，10月主体施工结束。该项目具有工业项目工期短、工作量大、作业内容复杂等特点。项目中标后，迅速组建强有力的施工团队，与钢结构施工协同作业，浸出器、蒸脱机、烘干塔等大型设备吊装安装，工艺管线及电气仪表安装，设备调试，保温收尾等衔接顺畅。工艺及电仪施工阶段主要侧重点为大口径循环水管及压力管道的施工，调试阶段侧重于单机调试，并配合业主联调。项目荣获"江苏省2010年度安装优质工程奖（扬子杯）"。

2. 项目名称：益海（泰州）粮油工业有限公司榨油一、二厂及筒仓工程

建设单位：益海（泰州）粮油工业有限公司

项目地点：江苏省泰州市高港区永安洲镇疏港北路1号

施工时间：2008年8月6日—2009年12月28日

项目负责人：曾少龙

技术负责人：吴晓平

安全员：宗永平

工程特点及获奖情况：4 000 t/d 榨油厂设备安装及配套的油罐项目、筒仓机械楼粕库小包装设备安装；豆粕库厂房钢结构制作安装；钢结构厂房制作安装。合同额累计5 000万元。

益海嘉里（安徽）粮油工业有限公司榨油厂

设备管道安装 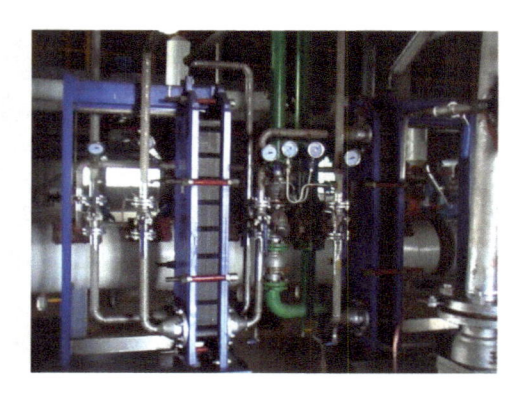　　　　　　仪表管道安装

2009 年

1. 项目名称：榨油厂机电设备安装、罐区工艺和外管网管架

建设单位：益海嘉里（兖州）粮油工业有限公司

项目地点：山东省兖州市

施工时间：2009 年

项目经理：成守祥

技术负责人：陆锋

安全员：周亚宝

工程特点及获奖情况：工程主要内容包括榨油厂机电设备安装及罐区工艺和外管网管架等。合同额累计 885 万元。

2. 项目名称：机械楼钢结构工程；机械楼、烘干塔工艺设备安装工程

建设单位：益海嘉里（吉林）粮油食品工业有限公司

项目地点：吉林省吉林市龙潭区乌拉街镇亚复村

施工时间：2009 年 4 月—2009 年 8 月

项目经理：朱锦海

技术负责人：常小奇

安全员：翟卫

工程特点及获奖情况：工程主要内容包括机械楼钢结构工程；机械楼、烘干塔工艺设备安装工程等。合同额 247 万元。一期工程 2010 年 10 月竣工投产，日加工水稻 700 t/d，油葵 700 t/d，米糠 300 t/d。

烘干塔工艺设备安装

3. 项目名称：12 万 t 油罐主体工程等

建设单位：中粮东海粮油工业（张家港）有限公司

项目地点：江苏省张家港市保税区

施工时间：2009 年 9 月—2011 年 10 月

项目经理：王俊峰

技术负责人：陆锋

安全员：张健

工程特点及获奖情况：工程主要内容包括 12 万 t 油罐主体工程；新建特油二期项目油罐区工程；新建 300 t/d 脱蜡生产线项目；特油二期 200 t/d 半连续精炼、50 t/d 棕榈仁油分提线及附属油罐（3 200 t）土建钢结构、设备、工艺、电气工程。

中粮东海粮油基地卫星图片

2010 年

1. 项目名称:钦州榨油厂工程

建设单位:中粮油脂(钦州)有限公司

项目地点:广西壮族自治区钦州市钦州港

施工时间:2010年5月30日—2010年11月27日

项目负责人:曾少龙

技术负责人:吴祥荣

安全员:李臣春

工程特点及获奖情况:中粮油脂(钦州)榨油厂工程,建筑面积11 091.8m²。施工内容包括预处理车间、浸出车间及配套生产辅助设施等。具体包括基础工程、建筑装饰、钢结构、给排水、暖通、电气仪表工程等。工程于2010年5月30日开工,2010年11月27日竣工,历时6个月。

中粮油脂(钦州)榨油厂
工程竣工典礼

左起:袁金余、郭政华、曾少龙
在竣工典礼现场

中粮油脂(钦州)榨油厂工程

2. 项目名称:中粮佳悦(天津)有限公司蛋白饲料加工项目精炼一、三厂及配套项目制作安装工程

建设单位:中粮佳悦(天津)有限公司

项目地点:天津市滨海新区临港经济区渤海40路510号

施工时间:2010年12月20日—2011年8月15日

项目主体设备供应商：力必浩（上海）油脂设备有限公司

设计单位：无锡中粮工程科技有限公司

项目负责人：王俊峰

项目经理：张超余

安全员：吴荣斌

工程特点：中粮佳悦（天津）有限公司蛋白饲料加工项目精炼一、三厂及配套项目制安工程，包含2套1 000 t/d精炼设备，呈对称结构布置。合同项目包括零米层以上建筑、钢结构厂房制作安装；消防工程、设备安装、工艺安装、电气仪表安装；设备工艺管线的防腐保温；辅助罐区的储罐制作安装、罐区管线安装。合同额累计3 769万元。

该项目是油脂工程第一次同时进行两套结构及工艺设备的安装，项目投产后，每天可生产2 000 t精炼食用油。按照业主预期目标，在2011年8月15日施工完成，保证了项目在中秋节前顺利投产，保证市场食用油供应，且及时稳定成品食用油市场。成套设备整体运行稳定，各项指标均达到国家和行业要求，受到业界一致好评。

天津中粮佳悦一、三精炼厂设备吊装　　　　天津中粮佳悦一、三精炼厂外景

3. 项目名称：食用蛋白车间扩建钢结构工程、锅炉房扩建钢结构工程；污水处理设备及工艺管线安装工程

建设单位：秦皇岛金海食品工业有限公司

项目地点：河北省秦皇岛市

施工时间：2010年8月—2011年7月，2013年7月—2013年9月

项目负责人：翟钱、成守祥

技术负责人：张祥、陆锋

安全员：瞿国强

工程特点及获奖情况：食用蛋白车间扩建钢结构工程，锅炉房扩建钢结构工程，备品备件库钢结构工程，空压机房钢结构工程，新建管廊钢结构工程；污水二车间二期污水处理设备及工艺管线安装工程。合同额累计2 300万元。

4. 项目名称：东海粮油特油二期200 t/d半连续精炼、50 t/d棕榈仁油分提线及附属油罐

建设单位：中粮东海粮油（张家港）工业有限公司

项目地点：江苏省张家港市金港镇

施工时间：2010年12月10日—2011年8月20日

项目负责人:张超余

技术负责人:陆锋

安全员:张健

工程特点及获奖情况:200 t/d 半连续精炼、50 t/d 棕榈油仁分提车间及附属油罐(3 200 t),桩基、土建钢结构、设备、工艺管线、电气仪表安装、外围罐区及工艺。合同额累计5 306 万元。工程于 2010 年 12 月 10 日开工,2011 年 8 月 20 日竣工验收,历时 9 个月。

该项目荣获"2013—2014 年度中国安装工程优质奖(中国安装之星)"。

东海特油二期精炼厂　　　　　　中粮东海油罐工程

中国安装之星获奖证书

2012 年

项目名称:600 t/d 精炼车间系统安装工程

建设单位:中储粮油脂(新郑)有限公司

项目地点:河南省郑州市新郑市庆安路

施工时间:2012 年 8 月 5 日—2012 年 12 月 22 日

项目经理:成守祥

技术负责人:李郁华

安全员:周密

工程特点及获奖情况:

工程施工包括土建、钢结构厂房及相关的照明、给排水、防雷接地等；整套精炼设备、工艺管道、电气、保温等内容。合同额累计1 253万元。

2013年

1. 项目名称：大豆油精炼项目工程
建设单位：中储粮油脂（日照）有限公司
项目地点：山东省日照市海滨5路中储粮日照粮油储备库
施工时间：2013年3月1日—2013年6月30日
项目负责人：成守祥
项目经理：齐景春
技术负责人：郝红亮
安全员：翟卫
工程特点及获奖情况：

中储粮（日照）2.2万t油罐区工程

工程施工包括2.2万t油罐基础、罐本体制作安装及配套电气、管道安装、工程材料设备供应及安装等内容。合同工期总计114天。合同额累计1 350万元人民币。

2. 项目名称：浙江和润物流有限公司和润物流仓储设施项目设备安装工程
建设单位：浙江和润物流有限公司
项目地点：浙江省舟山市定海区舟山经济开发区临港工业园区
施工时间：2013年6月18日—2013年8月18日
设计单位：浙江和润物流有限公司
项目负责人：曾少龙
项目经理：吴祥荣
技术负责人：苏幸幸
安全员：夏厚长

工程特点：工程内容包括带式输送机13台、刮板机13台、计量秤2台、除尘器及配套风机、空气压缩机系统、通风机、发放软管、闸阀门、粮食溜管、风管、灰管、电动葫芦等设备的安装调试等全部工作内容。合同额累计113万元。

和润物流仓储设施项目设备安装工程

3. 项目名称:武汉和润物流公司码头皮带廊钢结构及码头、机械楼、筒仓输送设备安装工程

  建设单位:武汉和润物流有限公司

  项目地点:湖北省武汉市汉南区纱帽街人武路

  施工时间:2013 年 10 月 10 日—2014 年 1 月 10 日

  设计单位:武汉和润物流有限公司

  项目负责人:曾少龙

  项目经理:蒋玉龙

  技术负责人:张祥

  安全员:宗永平

  工程特点:工程内容包括码头皮带廊钢结构及码头、机械楼、筒仓输送设备安装。合同额累计 389 万元。

4. 项目名称:天津中粮佳悦临港仓储有限公司新增 7.6 万 m^3 油罐项目设备安装工程

  建设单位:中粮佳悦(天津)有限公司

  项目地点:天津市滨海新区临港经济区渤海 40 路 510 号

  施工时间:2013 年 8 月 15 日—2014 年 6 月 15 日

  设计单位:无锡中粮工程科技有限公司

  项目负责人:王俊峰

  项目经理:章春生

  技术负责人:齐景春

  安全员:吴荣斌

  工程特点:天津中粮佳悦临港仓储有限公司新增 7.6 万 m^3 油罐项目设备安装工程,包括 8 台 5 000 m^3、6 台 3 500 m^3、15 台 1 000 m^3 共 29 台罐体制作安装、罐体附件制作安装、罐区及发油房设备管道安装、管廊结构制作安装、配套电气及工艺设备安装以及防腐保温。合同额累计 3 226 万元。罐体内加热盘管采用蛇形管和弯曲半径渐缩管,现场放样加工难度很大。项目部克服困难,集思广益,分段标号,分阶段设置弯曲半径,选用机械化设备制作,保证管道弯曲的过渡连贯性。

天津中粮佳悦罐区工程　　　　　　天津中粮佳悦罐区工程

5. 项目名称:精炼车间设备、工艺管线以及仪表电气安装工程项目

建设单位:益海嘉里(泰安)油脂工业有限公司

项目地点:山东省泰安市岱岳区南留街5号

施工时间:2013年10月8日—2014年2月8日

项目负责人:成守祥

项目经理:李郁华

技术负责人:夏厚长

工程特点:工程内容包括益海嘉里(泰安)油脂工业有限公司精炼车间设备、工艺管线以及仪表电气安装工程项目等。合同额累计300万元。

2014年

1. 项目名称:中储粮油脂成都有限公司1 000 t/d菜籽(1 500 t/d大豆)预榨车间、浸出车间系统安装工程;油脂油料加工项目450 t/d精炼车间系统安装工程;油脂油料加工项目(一期)散料输送栈桥、转接塔等建筑工程总承包;新建4.5万t中转油罐项目施工总承包。

建设单位:中储粮油脂成都有限公司

项目地点:四川省成都市新津区普兴街道

施工时间:2014年1月28日—2015年6月1日

设计单位:河南工大设计研究院

榨油设备成套供应商:迪斯美油脂工程(无锡)有限公司

精炼设备成套供应商:郑州远洋油脂工程技术有限公司

项目负责人:成守祥

项目经理:张超余、章春生

技术负责人:齐景春

工程特点:中储粮油脂成都有限公司油脂油料加工项目整个项目分成若干个标段。江苏省安承建其中4个核心标段:1 000 t/d菜籽(1 500 t/d大豆)预榨车间、浸出车间,450 t/d精炼车间,油罐项目,输送栈桥项目。整个项目包括土建、钢结构、围护结构、消防、设备安装、工艺管道安装、电气仪表安装、防腐保温、罐体制作安装及附件安装等。合同额累计7 257万元。

中储粮成都精炼设备安装工程　　　　中储粮成都榨油厂设备安装工程

2. 项目名称:中粮粮油工业(九江)有限公司一期项目外网管架工程
建设单位:中粮粮油工业(九江)有限公司
项目地点:江西省九江市
施工时间:2014年3月,工期60天
项目负责人:滕磊
技术负责人:滕磊
安全员:瞿国强
工程特点及获奖情况:外围管线安装,管架钢结构及附属工程,管架上所有铝合金桥架安装,厂区外围电缆敷设施工等。合同额累计489万元。

2016 年

1. 项目名称:中粮(东莞)粮油工业有限公司厂区精炼一、二厂磷脂厂、磷脂灌装车间
建设单位:中粮(东莞)粮油工业有限公司
项目地点:广东省东莞市麻涌镇新沙公园路11号
施工时间:2016年1月13日—2017年3月29日
项目主体设备供应商:迪斯美油脂机械贸易(无锡)有限公司(曾用名:迪斯美油脂工程(无锡)有限公司)
设计单位:无锡中粮工程科技有限公司
监理单位:深圳市恒浩建工程项目管理有限公司
项目负责人:王俊峰
技术负责人:陆锋
安全员:瞿国强
工程特点:中粮(东莞)粮油工业有限公司厂区精炼一、二厂磷脂厂、磷脂灌装车间,建筑面积12 778.11 m^2,建筑高度24 m。精炼一、二厂磷脂厂、磷脂灌装车间项目内容包括(按招标图纸及工程量清单所含内容)四个区域组合:1 000 t/d精炼一厂、400 t/d精炼一厂、磷脂车间、磷脂灌装车间。项目具体内容包括:桩基及土建工程;钢结构厂房制作安装;设备、工艺管线安装工程;电气工程;辅助罐区罐体制作工程;给排水工程;消防工程;弱电工程;非标设备制作工程,部分设备供货与安装、调试以及深化设计等所有相关工程。合同额累计4 336万元。

中粮(东莞)榨油厂精炼车间　　　　中粮(东莞)榨油厂精炼设备与管道

工程于 2016 年 1 月 13 日开工,2017 年 3 月 29 日施工完成。项目投产后,成套设备整体运行稳定,各项指标均达到国家和行业要求。

2. 项目名称:中储粮油脂工业盘锦有限公司油脂加工项目(5 000 t/d 压榨车间系统安装及服务项目)

建设单位:中储粮油脂工业盘锦有限公司

项目地点:辽宁省盘锦市盘锦港荣兴港区内

施工时间:2016 年 8 月 20 日—2017 年 12 月 15 日

项目主体设备供应商:皇冠亚细亚工程技术(武汉)有限公司

设计单位:河南工大设计研究院

监理单位:中咨工程管理咨询有限公司

项目负责人:章春生

技术负责人:齐景春

安全员:周密、瞿国强

工程特点:中储粮油脂工业盘锦有限公司,建筑面积 11 669.51 m²。项目内容包括 5 000 t/d 预处理、浸出、豆粕粉碎磷脂灌装车间(管桩施打除外)的土建、钢结构厂房制作与安装,机电设备安装,工艺管道制作安装,电气、仪表、防腐、保温、伴热、照明、给排水、消防预留、采暖、防雷接地、配套设施、材料供货、部分设备供货与安装、调试以及深化设计等相关工程。

工程于 2016 年 8 月 20 日开工,项目地处国内严寒地带,部分专业在冬季不能施工,冬季间隙期 3 个月,项目于 2017 年 12 月 20 日施工完成。由于其他标段的配套设施和部分专业验收备案,榨油厂在 2018 年 12 月 28 日投产。项目投产后,整套设备工艺运行稳定,指标参数达到项目预计要求,豆粕产品的品质非常好,在东北地区很受欢迎,同时也填补了中储粮油脂工业在东北地区的空白。日产量最大达到 6 000 t/d,是当年国内大豆压榨行业日产量最大的单体工厂。

中储粮盘锦榨油厂　　　　中储粮盘锦榨油厂浸出车间

2018 年

1. 项目名称:益海(泰州)粮油工业有限公司稻米油扩产及资源综合利用-稻米油精炼车间(二)

建设单位：益海（泰州）粮油工业有限公司

项目地点：江苏省泰州市高港区永安洲镇疏港北路1号

施工时间：2018年6月6日—2019年6月20日

项目负责人：吴晓平

技术负责人：苏幸幸

安全员：裴维平

工程特点及获奖情况：益海（泰州）粮油工业有限公司稻米油扩产及资源综合利用-稻米油精炼车间（二）工程，建筑面积5 440.19 m²，总造价1 572.5万元。施工内容包括基础工程、建筑装饰、钢结构、给排水、等施工内容。工程于2018年6月6日开工，2019年6月20日竣工。

益海（泰州）稻米油车间筏板基础浇筑　　稻米油精炼车间C型钢安装

2. 项目名称：益海（泰州）粮油工业有限公司稻米油扩产设备工艺管道安装工程

建设单位：益海（泰州）粮油工业有限公司

项目地点：江苏省泰州市高港区永安洲镇疏港北路1号

施工时间：2018年10月22日—2019年5月4日

项目负责人：吴晓平

技术负责人：苏幸幸

安全员：裴维平

工程特点及获奖情况：益海（泰州）粮油工业有限公司稻米油扩产设备工艺管道安装工程，总造价824万元，施工内容包括设备安装、工艺管道制作安装等内容，工程于2018年10月22日开工，2019年5月4日竣工。

稻米油车间结晶罐吊装　　稻米油车间结晶罐安装

2019 年

项目名称:中粮(东莞)粮油工业有限公司厂区工程 5 000 t/d 饲料蛋白加工厂预处理车间、5 000 t/d 饲料蛋白加工厂浸出车间

建设单位:中粮(东莞)粮油工业有限公司

项目地点:广东省东莞市麻涌镇

施工时间:2019 年 3 月 28 日—2021 年 1 月 18 日

项目负责人:王俊峰

项目经理:齐景春

技术负责人:齐景春

施工经理:陆峰

安全员:瞿国强、孙道平、袁如金、周密

工程特点及获奖情况:中粮(东莞)榨油厂二期工程,建筑面积 20 530 m²。施工内容包括预处理车间、浸出车间及配套生产辅助设施等。具体有基础工程、建筑装饰、钢结构、给排水、暖通、电气仪表工程等。工程于 2019 年 3 月 28 日开工,2020 年 12 月 15 日投干料试车,2021 年 1 月 18 日投产,历时 1 年 10 个月。项目投产后,是当年全国日产量最大的榨油车间。

中粮(东莞)榨油二厂浸出车间

中粮(东莞)粮油工业有限公司厂区

江苏省安中粮东莞项目部

江苏省安中粮东莞项目部

榨油二厂开工 　　　　　　　　　　　　榨油二厂投产

2020 年

1. 项目名称：益海嘉里（太原）粮油食品工业有限公司 1 500 t/d 面粉加工项目-工艺设备安装

建设单位：益海嘉里（太原）粮油食品工业有限公司

项目地点：山西省太原市综改示范区西贾北街 69 号

施工时间：2020 年 4 月 1 日—2021 年 8 月 25 日

项目主体设备供应商：意大利 GBS 公司

设计单位：意大利 GBS 公司

项目负责人：李郁华

项目经理：张祥

安全员：瞿国强

工程特点：益海嘉里（太原）粮油食品工业有限公司 1 500 t/d 面粉加工项目-工艺设备安装，筒仓预处理、杂质处理发放；制粉车间清理工段、制粉工段、后处理打包工段及麸皮打包工段；入库机械手码垛、小包装车间、压缩空气系统、工艺水管网、非标件、循环风系统，从小麦进仓到面粉成品包装全过程的设备工艺安装。合同额累计 1 472 万元。

项目于 2020 年 4 月 1 日开工建设，粉磨机多达百台，粉磨机下部全部都是孔洞，给设备安装、倒运、人员站位等造成安全管控压力。项目部克服后期溜管安装等困难，于 2021 年 8 月 25 日竣工验收，保证了项目在节前顺利投产，成套设备整体运行稳定，各项指标均达到国家和行业要求。

面粉车间输送系统 　　　　　　　　　　面粉加工管道系统

太原面粉厂外景 　　　　　　　　面粉厂流量称

面粉皮带输送机 　　　　　　　　面粉皮带输送机

2. 项目名称:益海(泰州)粮油工业有限公司皂角综合利用车间设备及工艺管道安装工程

建设单位:益海(泰州)粮油工业有限公司

项目地点:江苏省泰州市高港区永安洲镇疏港北路1号

施工时间:2020年7月5日—2021年5月1日

项目负责人:仇浩喜

技术负责人:苏幸幸

安全员:裴维平

工程特点及获奖情况:益海(泰州)粮油工业有限公司皂角综合利用车间设备及工艺管道安装工程,总造价720万元,施工内容包括设备安装、工艺管道制作安装等内容,工程于2020年7月5日开工,2021年5月1日竣工。

皂角车间高压泵管道 　　　　　　　皂角车间设备与管道

3. 项目名称：新建 5 000 t/d 饲料蛋白项目；3 000 t/d 菜籽压榨及配套粕库；1 200 t/d 精炼及 60 t/h 污水处理项目；3 000 t/d 菜籽压榨工艺设备及电气安装工程等。

建设单位：中粮东海粮油（张家港）工业有限公司

项目地点：江苏省张家港市金港镇

施工时间：2020 年 12 月 10 日—2021 年 11 月 8 日

项目负责人：王俊峰

项目经理：滕磊、张祥

技术负责人：齐景春

安全员：周密、瞿国强

工程特点及获奖情况：中粮东海粮油（张家港）工业有限公司五期榨油厂及配套工程。包括新建 5 000 t/d 饲料蛋白、3 000 t/d 菜籽压榨及配套粕库、1 200 t/d 精炼及 60 t/h 污水处理项目、3 000 t/d 菜籽压榨工艺设备及电气安装工程等。合同额累计 748 万元。

依托该项目研发的《大型榨油厂软化锅安装施工工法》等 3 项工法获评省级工法，《毛油罐制作与安装技术》《大型榨油厂 E 型浸出器吊装与安装施工技术》等 10 篇论文获奖。

东海粮油榨油五厂预处理车间 　　　　　　　东海粮油榨油五厂浸出车间

中粮东海(张家港)码头卸粮机

中粮东海榨油五厂菜粕库打包房

王俊峰、周密与中粮东海领导合影

江苏省安中粮东海项目部

2021 年

1. 项目名称:益海嘉里(泰州)生物科技有限公司发酵豆粕项目设备工艺管道安装工程

建设单位:益海嘉里(泰州)生物科技有限公司

项目地点:江苏省泰州市高港区永安洲镇疏港北路1号

施工时间:2021年3月9日—2021年10月20日

项目负责人:仇浩喜

技术负责人:苏幸幸

安全员:裴维平

工程特点及获奖情况:益海嘉里(泰州)生物科技有限公司发酵豆粕项目设备工艺管道安装工程,合同额累计848万元,施工内容包括设备安装、工艺管道制作安装等内容,工程于2021年3月9日开工,2021年10月20投产运营。

豆粕车间除尘器安装　　　　　　　干燥硫化床组对

2. 项目名称:新建10万t筒仓、5.2万t油罐及码头卸船机项目10万t筒仓工艺设备电气安装工程

建设单位:张家港中粮东海仓储有限公司

项目地点:江苏省张家港市金港镇

施工时间:2021年7月12日—2022年4月16日

项目负责人:王俊峰

项目经理:张祥

技术负责人:齐景春

安全员:周密、袁如金

工程特点及获奖情况:张家港中粮东海仓储有限公司新建10万吨筒仓、5.2万t油罐及码头卸船机项目10万t筒仓工艺设备及电气安装工程。内容包括:10万t筒仓及工艺设备安装;10万t筒仓设备电气安装;10万t筒仓MCC、PLC控制系统;高低压配电柜安装;10万t筒仓电气系统安装。合同额累计2 710万元。

依托该项目研发的《大型榨油厂斗提机安装施工技术》等19篇论文荣获江苏省安装行业优秀论文奖。

大豆磷脂油

东海粮油码头卸粮系统

江苏省安中粮东海项目部

3. 项目名称:1#泊位移动皮带机改固定皮带机项目皮带机工艺设备电气安装及廊道基础等配套工程

建设单位:张家港中粮东海仓储有限公司

项目地点:江苏省张家港市金港镇

施工时间:2021年12月28日—2022年7月30日

项目负责人:王俊峰

项目经理:张祥

技术负责人:齐景春

安全员:周密

工程特点及获奖情况:中粮东海粮油工业(张家港)有限公司码头1#泊位移动皮带机改固定皮带机项目。内容包括:皮带机工艺设备、电气安装及廊道基础等配套工程;所有设备安装;所有工艺管线、溜槽安装;压缩空气管道采购及安装;非标设备制作、供货及安装等。合同额累计1 062万元。

依托该项目研发的"大型粮油码头覆盖带气垫输送系统安装施工工法"获评2022年度江苏省安装工法。

中粮张家港码头卸船机及气垫输送系统

2022 年

1. 项目名称:中粮新沙粮油工业(东莞)有限公司大豆蛋白浸出工程—锅炉房改建油罐项目

建设单位:中粮新沙粮油工业(东莞)有限公司

项目地点:广东省东莞市麻涌镇新沙港

施工时间:2022年10月20日—2023年6月20日

项目负责人:王俊峰

项目经理:齐景春

施工经理:陆锋

技术负责人:齐景春

安全员:周密

工程特点及获奖情况:工程位于广东省新沙港工业区,占地面积3 920 m²,主要施工内容包括大型储油罐6座,输油及蒸汽管道3 000 m及附属设施。计划工期240天。项目建成后,将大幅提高新沙工厂的存储能力和发放能力,提高新沙工厂的产能。

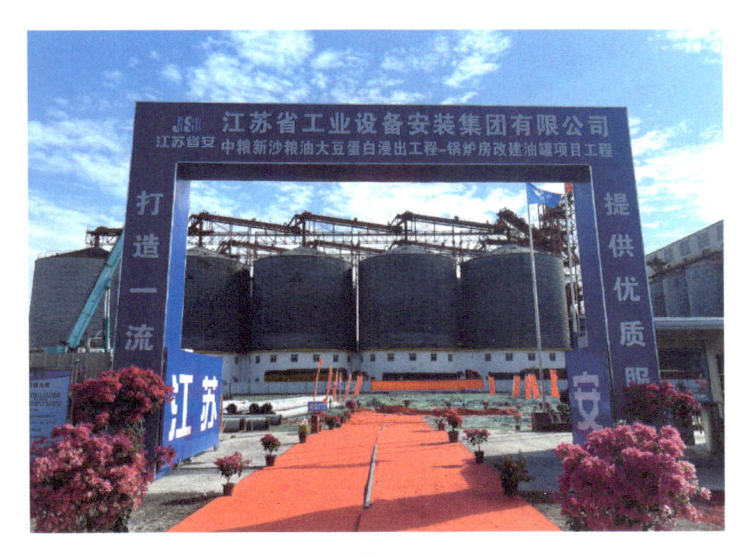

中粮新沙油罐项目开工现场

中粮新沙公司领导与油罐项目参建各方合影

2. 项目名称:成都新津区中粮油脂公司菜籽小榨、油脂精炼及灌装项目

建设单位:中粮新沙粮油工业(东莞)有限公司

项目地点:四川省成都市新津区普兴街道中粮厂区

施工时间:2022年12月19日—2023年7月5日

项目负责人:王俊峰

项目经理:齐景春

施工经理:陆锋

技术负责人:齐景春

安全员:周密

工程特点及获奖情况:成都油脂精炼及工艺设备安装工程,施工内容包括600 t精炼和300 t脱蜡生产线,钢结构工程及机电安装工程设备、电气、仪器仪表、管道、罐体、非标设备及防腐保温施工。计划工期195天。

2022年12月19日,江苏省安承建的成都新津区中粮油脂公司菜籽小榨、油脂精炼及灌装项目工程,正式开工建设。这是工业分公司承接的中粮集团西部区的首个项目,把该项目建成精品工程,对拓展西部区粮油工程市场,具有标志性意义。

江苏省安中粮成都项目部

3. 项目名称:益海嘉里(青岛)粮油工业有限公司精炼、污水车间机电设备安装工程

建设单位:益海嘉里(青岛)粮油工业有限公司

项目地点:山东省青岛市胶州市洋河镇绿色健康科技产业园

施工时间:2022年12月10日—2023年5月10日

项目经理:李郁华

技术负责人:惠祥池

安全员:孔睿

工程施工内容包括益海嘉里(青岛)粮油工业有限公司精炼、污水车间设备安装、管道安装、电气仪表安装、非标件制作、防腐保温、建筑照明电气,以及配合土建机电竣工验收等工作。计划工期150天。

益海嘉里(青岛)精炼项目结晶罐吊装

脱臭塔吊装

附录B 粮油工程科技创新获奖成果一览表

序号	研究课题	获奖类别	主要完成人员	批准文号成果编号
1	基于BIM的大型榨油厂关键设备综合安装技术	2020年度江苏省安装科技创新奖三等奖	齐景春　马　记　陆　锋　王俊峰　章春生　李郁华	苏安协〔2020〕39号 JSAZKJJ2020008
2	中粮(东莞)榨油厂BIM成果应用	第五届江苏省安装BIM技术创新大赛三等奖	王宇杰　黄慕雨　王　可　毛　俊　王俊峰　齐景春	苏安协〔2020〕26号 2020-BIM-052
3	中粮东海粮油3 000 t/d菜籽压榨项目BIM成果	第六届江苏省安装BIM技术创新大赛三等奖	王俊峰　黄慕雨　吴祥荣　滕　磊　王　可　王宇杰	苏安协〔2021〕34号 2021-BIM-064
4	中粮东海榨油厂浸出器安装施工工法	江苏省工法	李郁华　曾少龙　周炳高　李　飞　王成力	苏建质安〔2011〕49号 JSSJGF2011-1-013
5	液压提升装置组装塔类、储罐类设备施工工法	江苏省工法	马　记　蒋玉龙　吕海泉　李金连　李郁华	苏建质安〔2015〕24号 JSSJGF2014-2-007
6	大型榨油厂关键设备安装施工工法	江苏省安装工法	齐景春　王俊峰　陆　锋　李郁华　马　记	苏安协〔2020〕36号 JSAZGF019-2020
7	大型榨油厂软化锅安装施工工法	江苏省安装工法	马　记　齐景春　王俊峰　滕　磊　岳启楼	苏安协〔2021〕41号 JSAZGF026-2021
8	大型粮油码头覆盖带气垫输送系统安装施工工法	江苏省安装工法	齐景春　盛　富　李东初　高　强　周　强	苏安协〔2022〕36号 JSAZGF024-2022
9	大型榨油厂E型浸出器安装施工工法	江苏省安装工法	齐景春　章春生　王俊峰　孙春峰　陆　锋	苏安协〔2022〕36号 JSAZGF025-2022
10	大型榨油厂钢结构预制装配式施工方案	江苏省建筑业优秀施工方案三等奖	齐景春　陆　锋　王俊峰　滕　磊　王燕翔	苏建协质〔2022〕10号
11	大型榨油厂DTDC设备安装施工方案	江苏省建筑业优秀施工方案三等奖	齐景春　毛　俊　黄慕雨　惠祥池　吴祥荣　盛　富	苏建协质〔2022〕10号
12	大型榨油厂调质塔设备吊装与安装施工方案	江苏省建筑业优秀施工方案三等奖	齐景春　章春生　栾晓军　高　强　瞿国强	苏建协质〔2022〕10号
13	大型榨油厂关键设备安装施工方案	江苏省建筑业优秀施工方案三等奖	齐景春　王俊峰　滕　磊　孙春峰　李东初　赵家顺	苏建协质〔2022〕10号

(续表)

序号	研究课题	获奖类别	主要完成人员	批准文号成果编号
14	大型榨油厂溶剂罐吊装施工方案	江苏省建筑业优秀施工方案三等奖	齐景春 李东初 栾晓军 毛 俊 黄慕雨	苏建协质〔2022〕10号
15	中粮（东莞）粮油工业有限公司总图综合管网工程施工方案	江苏省建筑业优秀施工方案二等奖	齐景春 栾晓军 陆 锋 滕 磊 惠祥池	苏建协质〔2022〕10号
16	大型榨油厂蒸汽管道安装施工方案	江苏省建筑业优秀施工方案三等奖	齐景春 毛 俊 黄慕雨 惠祥池 吴祥荣 盛 富	苏建协质〔2022〕10号
17	粮油工业大型设备综合安装技术创新研究与应用	2022年度江苏省安装科技创新奖一等奖	齐景春 王俊峰 陆 锋 李郁华 刘宏桂 苏幸幸 姜 亮 姜大伟 栾晓军	苏安协〔2022〕38号 JSAZKJJ2022003

榨油厂关键安装工法证书

中粮东海粮油 BIM 大赛获奖证书

2020 年度科技创新奖奖牌

2022 年度科技创新奖奖牌

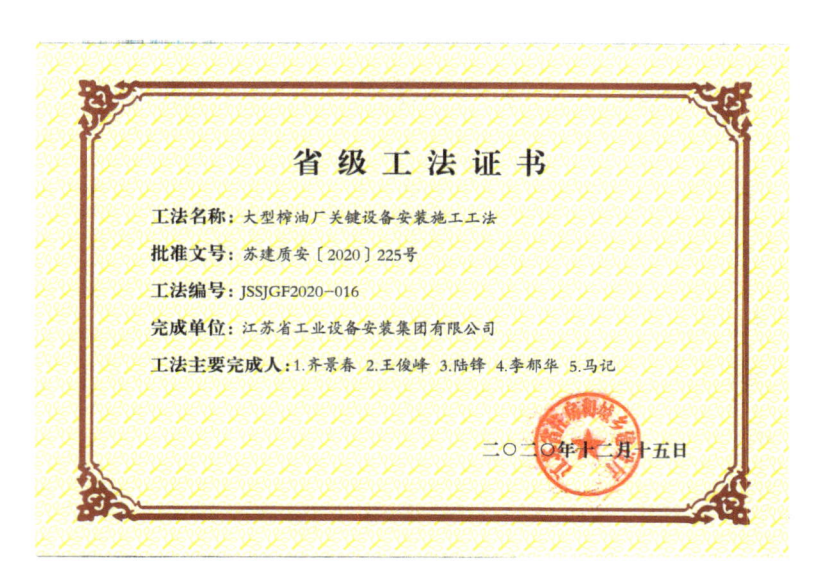

省级工法证书

附录 C 粮油工程优秀 QC 小组获奖成果一览表

序号	QC 成果名称	获奖类别	主要完成人	获奖时间
1	研发榨油厂正己烷储罐吊装与安装施工技术	江苏省安装优秀 QC 小组Ⅱ类成果	齐景春 吴祥荣 孙春峰 滕磊 李东初 周密 汤坤永 沈太金 王可 黄慕雨 周强 盛富	2021.9
2	提高大型面粉厂设备安装一次投料合格率	江苏省安装优秀 QC 小组Ⅱ类成果	张祥 李郁华 赵家顺 瞿国强 陈庆喜 盛富 高强 潘秋阳 路来兵 赵宏旗	2021.9
3	研发大型榨油厂软化锅安装施工新技术	江苏省安装优秀 QC 小组Ⅲ类成果	齐景春 王俊峰 滕磊 吴祥荣 周密 孙春峰 周强 王可 黄慕雨 盛富 李东初 沈太金	2021.9
4	研发大型榨油厂立式蒸脱机设备安装技术	江苏省安装优秀 QC 小组Ⅲ类成果	齐景春 王俊峰 滕磊 吴祥荣 周密 孙春峰 黄慕雨 周强 高强 盛富 李东初 沈太金	2021.9
5	研发大型榨油厂调质塔安装施工新技术	江苏省安装优秀 QC 小组Ⅲ类成果	齐景春 王俊峰 吴祥荣 周强 周密 孙春峰 马星俊 王可 吴荣斌 高强 李东初 沈太金	2021.9
6	研发榨油厂废气治理工程高空风管安装技术	江苏省安装优秀 QC 小组Ⅲ类成果	齐景春 王俊峰 滕磊 孙春峰 李东初 周密 汤坤永 沈太金 王可 黄慕雨 周强 栾晓军	2021.9
7	大型榨油厂 DTDC 设备安装技术创新	南京市工程建设优秀 QC 小组Ⅱ类成果	齐景春 章春生 李郁华	2021.2
8	榨油厂箱形浸出器设备安装技术创新	南京市工程建设优秀 QC 小组Ⅲ类成果	齐景春 张祥	2021.2
9	提高大型榨油厂蒸汽管道安装质量	南京市工程建设优秀 QC 小组Ⅲ类成果	陆锋 齐景春 栾晓军	2021.2
10	粮油产业园外管网管架沉降矫正施工方法研讨	南京市工程建设优秀 QC 小组Ⅲ类成果	陆锋 齐景春 李东初	2021.2

（续表）

序号	QC 成果名称	获奖类别	主要完成人	获奖时间
11	大型榨油厂溶剂罐吊装与安装施工技术创新	南京市工程建设优秀 QC 小组Ⅲ类成果	王大新　齐景春　王俊峰	2021.2
12	大型榨油厂废气治理工程风阀安装施工技术创新	南京市工程建设优秀 QC 小组Ⅲ类成果	齐景春　陆锋　王俊峰	2021.2
13	大型榨油厂蒸发器吊装施工技术创新	南京市工程建设优秀 QC 小组三等奖	齐景春　王俊峰　陆锋	2020.3
14	提高 BIM 模型的综合建模效率	南京市工程建设优秀 QC 小组成果三等奖	王俊峰　王宇杰	2020.3
15	产业园外管网管架沉降矫正施工	江苏省安装优秀 QC 小组Ⅲ类成果	陆锋　李东初　王俊峰　齐景春　栾晓军　孙春峰　邢君杰　陈乃华　汤坤永　沈太金　王可　毛俊　黄慕雨	2020.8
16	大型榨油厂 DTDC 设备安装技术创新	江苏省安装优秀 QC 小组Ⅱ类成果	齐景春　章春生　栾晓军　陆锋　滕磊　李东初　陈庆喜　赵家顺　李郁华　孙春峰　沈太金　袁如金　周密	2020.8
17	大型榨油厂环形浸出器设备安装技术创新	江苏省安装优秀 QC 小组Ⅲ类成果	齐景春　章春生　栾晓军　陆锋　王俊峰　滕磊　李东初　陈庆喜　赵家顺　李郁华　孙春峰　沈太金　张强华　袁如金　周密	2020.8
18	第一蒸发器吊装技术创新	江苏省安装优秀 QC 小组Ⅱ类成果	齐景春　陆锋　王俊峰　栾晓军　孙春峰　袁如金　孙道平　李东初　邢君杰　陈乃华　汤坤永　沈太金　王可　毛俊　黄慕雨	2020.8
19	环形刮板机安装技术创新	江苏省安装优秀 QC 小组Ⅲ类成果	齐景春　陆锋　王俊峰　栾晓军　孙春峰　袁如金　孙道平　李东初　邢君杰　陈乃华　汤坤永　沈太金　王可　毛俊　黄慕雨	2020.8
20	提高大型榨油厂蒸汽管道安装质量	江苏省安装优秀 QC 小组Ⅲ类成果	陆锋　齐景春　王俊峰　栾晓军　孙春峰　滕磊　孙道平　李东初　袁如金　陈乃华　汤坤永　沈太金　张强华　邢君杰　王可　毛俊	2020.8
21	榨油厂平转式浸出器设备安装技术创新	江苏省安装优秀 QC 小组Ⅱ类成果	齐景春　陆锋　栾晓军　孙春峰　滕磊　孙道平　李东初　袁如金　陈乃华　汤坤永　沈太金　张强华　邢君杰　王可　毛俊　黄慕雨　王宇杰	2020.8

(续表)

序号	QC成果名称	获奖类别	主要完成人	获奖时间
22	榨油厂箱形浸出器设备安装技术创新	江苏省安装优秀QC小组Ⅱ类成果	齐景春 陆锋 滕磊 汤坤永 陈庆喜 栾晓军 张祥 苏幸幸 周密 李东初 赵家顺 刘涛 孙春峰 惠祥池	2020.8
23	提高BIM应用过程中综合建模效率	江苏省安装优秀QC小组Ⅰ类成果	王宇杰 黄慕雨 王可 毛俊 陆锋 王俊峰 马记 齐景春	2020.8
24	提高截桩施工工艺安全进度质量	江苏省安装优秀QC小组Ⅱ类成果	栾晓军 李东初 孙春峰 黄慕雨 王可 沈太金	2019.9
25	提高钢结构制作与吊装质量	江苏省安装优秀QC小组Ⅱ类成果	王俊峰 齐景春 陆锋 栾晓军 孙春峰 瞿国强 李东初 杨吉水 汤坤永 沈太金	2019.9
26	大型榨油厂台风季安全文明施工管理	江苏省安装优秀QC小组Ⅲ类成果	齐景春 陆锋 瞿国强 栾晓军 孙春峰 李东初 孙道平 杨吉水 陈乃华 汤坤永 沈太金	2019.9
27	研发榨油厂大型地埋储罐吊装与安装施工技术	江苏省安装优秀QC小组Ⅰ类成果	齐景春 吴祥荣 孙春峰 滕磊 李东初 瞿国强 汤坤永 沈太金 王可 黄慕雨 周强 盛富	2022.8
28	研发大型榨油厂大豆加热器安装施工新技术	江苏省安装优秀QC小组Ⅱ类成果	齐景春 王俊峰 吴祥荣 周强 周密 孙春峰 马星俊 吴荣斌 高强 王可 李东初 沈太金	2022.8

QC成果获奖证书

附录 D 粮油工程获奖优秀论文一览表

序号	论文题目	获奖类别	主要完成人	颁奖单位及文号
1	预制装配式精炼厂房钢结构制作与吊装技术	江苏省安装行业论文大赛二等奖	王俊峰　齐景春　陆锋	江苏省安装行业协会苏安协【2020】11号
2	深耕粮油工业市场　锻造硬核安装队伍	江苏省安装行业论文大赛三等奖	梅卫东	江苏省安装行业协会苏安协【2020】11号
3	大型榨油厂工程台风季安全施工管理初探	江苏省安装行业论文大赛三等奖	齐景春	江苏省安装行业协会苏安协【2020】11号
4	机电安装工程的材料采购管理	江苏省安装行业论文大赛三等奖	栾晓军　孙春峰	江苏省安装行业协会苏安协【2020】11号
5	网格式电缆桥架在工业厂房中的施工应用	江苏省安装行业论文大赛三等奖	孙春峰	江苏省安装行业协会苏安协【2020】11号
6	工程项目施工管理回顾与思考	江苏省安装行业论文大赛三等奖	李郁华	江苏省安装行业协会苏安协【2020】11号
7	稻米油精炼车间钢结构吊装技术	江苏省安装行业论文大赛三等奖	苏幸幸	江苏省安装行业协会苏安协【2020】11号
8	岭南地区工程建设项目白蚁防治实践与探索	江苏省安装行业论文大赛三等奖	王燕翔　陈乃华	江苏省安装行业协会苏安协【2020】11号
9	基于BIM技术大型榨油厂钢结构预制装配式施工	江苏省安装行业论文大赛一等奖	齐景春	江苏省安装行业协会苏安协【2021】18号
10	大型榨油厂蒸汽管道安装质量控制	江苏省安装行业论文大赛三等奖	陆锋　齐景春	江苏省安装行业协会苏安协【2021】18号
11	大型榨油厂平转式浸出器设备安装技术创新	江苏省安装行业论文大赛二等奖	齐景春　王燕翔	江苏省安装行业协会苏安协【2021】18号
12	大型榨油厂环形浸出器设备安装技术创新	江苏省安装行业论文大赛三等奖	齐景春　章春生	江苏省安装行业协会苏安协【2021】18号
13	大型榨油厂箱形浸出器设备安装技术创新	江苏省安装行业论文大赛二等奖	齐景春　王俊峰	江苏省安装行业协会苏安协【2021】18号
14	大型榨油厂环形刮板机安装技术创新	江苏省安装行业论文大赛二等奖	齐景春　滕磊　陈乃华	江苏省安装行业协会苏安协【2021】18号
15	大型榨油厂DTDC设备安装技术	江苏省安装行业论文大赛二等奖	齐景春　栾晓军	江苏省安装行业协会苏安协【2021】18号
16	大型榨油厂调质塔设备吊装与安装施工技术	江苏省安装行业协会论文大赛二等奖	齐景春　李郁华	江苏省安装行业协会苏安协【2021】18号
17	大型榨油厂第一蒸发器吊装施工技术创新	江苏省安装行业协会论文大赛二等奖	齐景春　惠祥池	江苏省安装行业协会苏安协【2021】18号

（续表）

序号	论文题目	获奖类别	主要完成人	颁奖单位及文号
18	溶剂罐吊装与安装过程问题探讨	2022年中国安装行业优秀论文	齐景春	中国安装协会 中安协【2022】7号
19	毛油罐制作与安装技术	2022年中国安装行业优秀论文	齐景春　毛俊	中国安装协会 中安协【2022】7号
20	榨油厂防爆电动葫芦安装与交付	江苏省安装行业协会论文大赛二等奖	齐景春	江苏省安装行业协会 苏安协【2021】18号
21	皂角综合利用车间反应釜管道整修技术	2022年中国安装行业优秀论文	苏幸幸　吴晓平 仇浩喜	中国安装协会 中安协【2022】7号
22	提高职业化素养　推进人才队伍建设	江苏省安装行业协会论文大赛三等奖	梅卫东	江苏省安装行业协会 苏安协【2021】18号
23	夯实技师队伍　实现高质量发展	江苏省安装行业协会论文大赛三等奖	王俊峰	江苏省安装行业协会 苏安协【2021】18号
24	浅谈面粉加工项目安装施工管理	江苏省安装行业协会论文大赛三等奖	李郁华　张祥 陈庆喜	江苏省安装行业协会 苏安协【2021】18号
25	浅析新建面粉厂设备安装技术	江苏省安装行业协会论文大赛二等奖	张祥　赵家顺 瞿国强	江苏省安装行业协会 苏安协【2021】18号
26	粮油产业园综合管网施工安装技术	2022年中国安装行业优秀论文	栾晓军　滕磊 惠祥池	中国安装协会 中安协【2022】7号
27	大型榨油厂5.2万t储油罐制作与安装技术	江苏省安装行业协会论文大赛一等奖	齐景春	江苏省安装行业协会 苏安协【2022】16号
28	大型榨油厂E型浸出器吊装与安装施工技术	江苏省安装行业协会论文大赛一等奖	齐景春 周强	江苏省安装行业协会 苏安协【2022】16号
29	大型榨油厂软化锅安装施工技术	江苏省安装行业协会论文大赛二等奖	齐景春	江苏省安装行业协会 苏安协【2022】16号
30	大型榨油厂豆皮仓设计与制作安装技术	江苏省安装行业协会论文大赛二等奖	齐景春	江苏省安装行业协会 苏安协【2022】16号
31	粮油产业园管架沉降矫正施工技术探讨	江苏省安装行业协会论文大赛二等奖	陆锋　李东初 黄慕雨	江苏省安装行业协会 苏安协【2022】16号
32	论面粉厂核心设备的安装工艺	江苏省安装行业协会论文大赛二等奖	赵家顺	江苏省安装行业协会 苏安协【2022】16号
33	坚持科技创新　提升粮油工程施工质量水平	江苏省安装行业协会论文大赛三等奖	梅卫东	江苏省安装行业协会 苏安协【2022】16号
34	大型粮油工程安全文明施工管理	江苏省安装行业协会论文大赛三等奖	王俊峰	江苏省安装行业协会 苏安协【2022】16号
35	SolidWorks在榨油厂工程中的应用	江苏省安装行业协会论文大赛二等奖	王可	江苏省安装行业协会 苏安协【2022】16号
36	论气垫盖带机安装施工技术	江苏省安装行业协会论文大赛三等奖	张祥	江苏省安装行业协会 苏安协【2022】16号
37	论打包房悬挂式装车机的安装工艺	江苏省安装行业协会论文大赛三等奖	张祥	江苏省安装行业协会 苏安协【2022】16号

(续表)

序号	论文题目	获奖类别	主要完成人	颁奖单位及文号
38	发酵豆粕车间钢结构施工技术探讨	江苏省安装行业协会论文大赛三等奖	滕磊 齐景春	江苏省安装行业协会 苏安协【2022】16号
39	面粉加工设备安装施工管理	江苏省安装行业协会论文大赛三等奖	李郁华 陈庆喜 潘秋阳	江苏省安装行业协会 苏安协【2022】16号
40	基于新建榨油厂施工现场的安全文明管理	江苏省安装行业协会论文大赛三等奖	赵林海 刘桂廷	江苏省安装行业协会 苏安协【2022】16号
41	落实工人实名制 提高劳务队伍管理水平	江苏省安装行业协会论文大赛三等奖	栾晓军 孙春峰 惠祥池	江苏省安装行业协会 苏安协【2022】16号

论文获奖证书